湖盆极浅水三角洲沉积体系与油气成藏
—— 以渤海海域新近系为例

徐长贵 杜晓峰 刘 豪 著

科学出版社
北 京

内 容 简 介

本书通过总结渤海海域新近系典型拗陷湖盆萎缩期极浅水三角洲体系的研究成果，形成了极浅水三角洲沉积特征、沉积充填过程古环境响应等理论和浅水沉积古水深定量恢复、古湖泊重建、砂分散体系半定量刻画等技术，该系列理论和技术体系在渤海海域新近系的油气勘探中发挥了巨大的作用，对国内外其他类似盆地的充填动力学分析和油气勘探也有较好的应用前景和推广价值。本书内容包括渤海海域新近系高分辨率层序地层学、极浅水三角洲形成的古地理条件、极浅水三角洲及其伴生相的沉积特征与相序演化、拗陷盆地古湖泊单元及其沉积差异对比、现代湖泊极浅水三角洲沉积类比、极浅水三角洲沉积过程物理模拟、极浅水三角洲大面积砂的控制作用与发育模式、极浅水三角洲大面积岩性圈闭的形成条件以及岩性油气藏勘探实例分析等。

本书可供高等院校地质学、资源勘查、石油工程、海洋科学等相关专业教师和学生参考，也可供从事油气地质勘探与开发技术人员参考。

审图号：GS 京（2025）1218 号

图书在版编目（CIP）数据

湖盆极浅水三角洲沉积体系与油气成藏：以渤海海域新近系为例 / 徐长贵，杜晓峰，刘豪著. -- 北京：科学出版社，2025.7
ISBN 978-7-03-075359-5

Ⅰ．①湖⋯ Ⅱ．①徐⋯ ②杜⋯ ③刘⋯ Ⅲ．①渤海－沉积体系－研究 ②渤海－油气藏形成－研究 Ⅳ．①P588.2 ②P618.130.2

中国国家版本馆 CIP 数据核字(2023)第 059932 号

责任编辑：孟美岑　柴良木 / 责任校对：何艳萍
责任印制：肖　兴 / 封面设计：北京图阅盛世

科学出版社 出版
北京东黄城根北街16号
邮政编码：100717
http://www.sciencep.com

北京建宏印刷有限公司印刷
科学出版社发行　各地新华书店经销

*

2025 年 7 月第 一 版　　开本：787×1092　1/16
2025 年 7 月第一次印刷　印张：18 1/2
字数：436 000
定价：278.00 元
（如有印装质量问题，我社负责调换）

作者简介

徐长贵，1971年出生，江西景德镇人。现为中国海洋石油有限公司总地质师，教授级高级工程师，中国海洋石油集团有限公司首席科学家，国务院政府特殊津贴专家。长期致力于我国海洋油气地质基础理论研究与勘探实践，先后承担了"十五"重点攻关课题《渤海下第三系油气勘探地质评价技术》、"十三五"国家重大专项《渤海海域勘探新领域及关键技术研究》、十四五全国油气资源评价海域项目、中海油重大科技攻关项目《南海大中型天然气田形成条件、勘探潜力与突破方向》等重大课题。获得国家科技进步奖一等奖1项、二等奖2项和省部级科技进步特等奖2项、一等奖6项，入选国家科技创新领军人才、国家百千万人才工程"有突出贡献中青年专家"、海南省千人专项人才、中国地质学会会士、中国石油学会会士，获李四光地质科学奖科研奖和全国劳动模范等荣誉称号。第一发明人授权国家发明专利8件，出版专著5部，发表第一作者学术论文62篇，其中SCI、EI收录32篇，包括7篇中国知网高被引论文和3篇中国精品科技期刊顶尖学术论文。

前　言

　　自 2000 年以来，作者带领团队一直致力于渤海海域新近系浅层油气勘探，经过近二十多年锲而不舍的深化研究，提出了渤海海域新近系"极浅水三角洲"的概念，形成了关于深时极浅水三角洲的沉积特征、沉积相序、动力学背景以及大面积砂体富集机制的工业化应用等推荐做法，持续在国内外发表了一些文章，一直想撰写一本与渤海海域极浅水三角洲体系和油气成藏相关的专著，以便供沉积学界和石油地质同行参考和研讨，也可以作为高校相关专业研究生教学的参考。然而，多年来，每次提笔之时都深感自身学术功底不足、水平有限，迟迟未能完成这一夙愿。鉴于渤海海域油气勘探的迫切需要，加之师长和同行的积极鼓励和支持，才使作者敢于开始积极筹备和编写工作，并组织渤海沉积研究团队的骨干学者和长期合作的中国地质大学（北京）刘豪教授团队一起参与这项编写工作，因此本书是集体智慧的结晶。

　　与传统的 Gilbert 型三角洲不同，浅水三角洲通常具有以分流河道砂体为主、河口坝厚度较薄甚至不发育、前缘相带十分宽广和砂体具条带等特征。受平缓地貌、较浅的水体、古气候、沉积物供给以及可容空间大小等综合影响，导致多期浅水三角洲前缘相带与河湖交互带砂体叠置发育且成为最有利的油气富集层之一。浅水三角洲的独特沉积相类型和重要的油气资源意义，使其在国内外沉积学界和石油地质领域受到广泛关注并作为研究热点。

　　"浅水三角洲"这一概念最早由 Fisk 等（1954）提出，通常指的是在水体较浅和构造相对稳定的台地和陆表海，或者地形平缓、整体缓慢沉降的内陆拗陷盆地中形成的、以分流河道（水上和水下）为骨架砂体的河控三角洲（Fisk，1961；Donaldson，1974；Coleman，1988；Postma，1990；Plink-Björklund，2020）。国外关于浅水三角洲的研究多以现代沉积为主，而国内学者主要聚焦于深时浅水湖盆。在我国松辽、鄂尔多斯、四川、渤海湾等盆地中都发现浅水三角洲沉积，许多学者结合地球物理、钻测井及岩心等资料，在浅水三角洲的沉积特征、沉积模式、沉积动力学以及对油气成藏的控制作用等方面开展了大量研究（如，吕晓光等，1999；韩晓东等，2000；代黎明等，2007；武富礼等，2004；朱伟林等，2008；刘柳红等，2009；张昌民等，2010；Zou et al.，2010；Alonso-Zarza et al.，2011；Li et al.，2014；Zhu et al.，2017；Liu et al.，2018；Tian et al.，2019；Feng et al.，2021；Zhang et al.，2021）。通过对现代沉积和深时盆地的研究，人们对浅水三角洲沉积特征和内部构成基本达成共识。但是，国际沉积学界对界定和判断深时浅水三角洲沉积的成因依据依然存在诸多争议，越来越多的研究认为古环境，特别是盆地古水深，是判断浅水三角洲存在的重要依据之一（Nichols，2005；Alonso-Zarza et al.，2009；North and Davidson，2012；Liu et al.，2016b；Zhu et al.，2017；Tian et al.，2019；Feng et al.，2021；Zhang et al.，2021）。同时，有关浅水三角洲沉积的控制作用、沉积动力学过程及沉积模式也越来越多地被关注。大量研究表明，浅水三角洲的沉积与形成过程受平缓地貌、气候、物源供给通量、相对湖平面以及可容空间等综合影响（Postma，1995；Kroonenberg et al.，1997；Syvitski et al.，

2005；Grenfell et al.，2014；Ambrosetti et al.，2017；Winsemann et al.，2021），而平缓的沉积地貌、浅水环境、流体性质（如非限定流、河道化流）、搬运机制（如摩擦主导）及波浪改造等是分流河道形成类型（如席状化、河道化）、分布范围及规模的重要控制因素（Nichols，2005；Nichols and Fisher，2007；Fisher et al.，2007）。其中，气候变化导致的降雨和蒸发控制了湖平面频繁波动和沉积物通量改变，古气候和古水深波动则是可容空间变化的主要内因。前人大量关于浅水三角洲沉积特征、发育过程等的研究为我们了解这一特殊沉积相类型及其油气资源意义提供了十分重要的窗口。关于浅水沉积的控制因素的探讨，也必将引起更多学者的关注。尽管如此，前人的研究成果给了我们更为深入的探索空间：①浅水三角洲形成的古地貌、古物源、古气候和古水深等古地理条件亟须系统性研究，特别是在定量古水深恢复基础之上的古湖泊重塑等方面的分析，这不仅仅是长期以来深时盆地古环境研究的难题，而且也是浅水湖盆古地理重建过程中十分重要的课题；②有关浅水湖盆的"河湖"之争一直存在，开展古气候驱动下古湖泊演化与沉积记录之间内在联系的研究，为进一步揭示浅水湖盆各相带的差异沉积过程提供十分重要的基础；③一直以来，有关浅水湖泊大面积砂体富集程度的古环境控制作用等方面的研究依然十分薄弱，通过现代浅水湖泊系统性类比、河湖交互背景下水槽模拟实验等手段和方法，阐明浅水三角洲大面积砂发育特征，揭示其形成的动力学背景和控制作用，为进一步大面积岩性油气藏勘探提供重要的理论支撑。

渤海海域新生代盆地是在华北克拉通基底之上发育起来的多旋回裂谷盆地。进入新生代，西太平洋板块持续俯冲效应持续显现，渤海海域形成了受控于地幔隆升伸展、郯庐走滑拉分、板块远程碰撞的多动力源的区域地质背景，走滑拉分与伸展断陷两种构造应力体制在渤海相互叠加干涉，形成了构造极其复杂的陆相盆地。至新近纪，渤海湾盆地进入热沉降阶段，地幔热隆起引发的拉张作用几近消失，板块活动引发的右旋走滑作用占据主导地位，走滑应力与拉张应力配比更加悬殊，正断层活动不明显，局部拉张活动也是由走滑作用派生而来，因此断层垂向活动性并不明显。差异的构造活动导致了渤海海域新近系发育广泛，盆地具有明显的构造稳定、盆大坡缓的特征，为以河控三角洲为主的浅水沉积体系的发育提供了良好的地质背景。

20世纪，在渤海油田针对新近系浅层的油气勘探进行了大规模的勘探活动，但受资料和理论认识的限制，2000年前，人们普遍认为新近系发育河流相沉积，基于河流相中单一河道砂控制下的油气田规模较小。2000年后，随着油气勘探程度不断提高和新资料的不断获取，河流相概念已经不能合理地解释油藏发育的地质条件，在对岩心、电测曲线、古生物和地球物理等资料重新认识的基础上，认为渤海海域新近系明化镇组存在广泛分布的大型浅水湖泊和浅水三角洲。相对于国内外其他类似盆地，渤海海域新近系的沉积体系具有自身特色，主要体现在：①湖盆水体更浅，岸线迁移频繁，古湖岸带发育，并将河控三角洲定义为极浅水三角洲；②发育河流、河湖交互和极浅水三角洲多类型沉积体系或沉积相带，其中极浅水三角洲以分流河道为主，河口坝不发育，具有明显的不连续的垂向沉积层序；③不同相带的沉积相判识标志难度大，特别是在水浅、古湖岸线频繁进退的大背景下，水下分流河道与陆上河道特征相似，易于混淆；④受古气候变迁、湖平面波动、多物源供给和汇聚条件差异变化等的共同影响，在河湖交互带最易于形成大面积砂。上述有关认识为渤海海域新近系油气勘探取得新突破奠定了重要基础。

特别是近年来，作者所带领的团队对渤海新近系沉积层序、湖盆动力学背景以及大面积砂体富集机制开展了十多年的持续攻关，在新近系明化镇组极浅水三角洲沉积相序及拗陷湖盆多类型沉积体系分析、古水深的定量恢复与古地理条件系统重建、多地质因素结合下古气候变迁-湖平面波动对极浅水三角洲沉积记录的控制作用、大面积砂体富集的成因机制及砂分散体系发育模式等方面做了深入的研究，形成了深时拗陷湖盆萎缩期极浅水三角洲较为完善的理论体系，并在古湖泊体系中有关古水深、古地貌、古气候恢复以及大面积砂刻画技术等方面建立了工业化应用工作流程，在渤海油田油气勘探中取得了良好的效果，成功指导了渤海油田新近系垦利 6-1 等多个亿吨级油田的发现，为渤海油田的增储上产做出了重要贡献。

本书是对以渤海海域新近系为典型代表的极浅水三角洲沉积体系与油气成藏等方面的全面、系统总结的专著，集中了多年来参与渤海浅层研究的全体人员的智慧和辛勤劳动。本书由徐长贵构思，共分 9 章，前言由徐长贵执笔；第 1 章浅水三角洲研究概述，由徐长贵、刘豪、赵春晨执笔；第 2 章渤海海域新近系沉积地质背景，由徐长贵、杜晓峰、刘豪、徐伟执笔；第 3 章渤海海域新近系层序地层格架，由刘豪、赵春晨、杜晓峰、孟俊执笔；第 4 章极浅水三角洲形成的古地理条件和特征，由徐长贵、杜晓峰、刘豪、赵春晨、孟俊执笔；第 5 章极浅水三角洲沉积相标志与沉积相序特征，由徐长贵、杜晓峰、刘豪、孟俊、郝诗濛执笔；第 6 章现代浅水三角洲沉积类比与水槽模拟实验分析，由杜晓峰、徐长贵、刘豪执笔；第 7 章渤海海域极浅水三角洲大面积砂体形成的控制作用，由徐长贵、杜晓峰、刘豪、赵春晨执笔；第 8 章大面积岩性圈闭的形成条件分析，由杜晓峰、徐长贵、黄晓波、徐伟执笔；第 9 章渤海新近系大面积岩性油气藏勘探实例与潜力分析，由杜晓峰、徐长贵、黄晓波、徐伟执笔。全书稿由徐长贵、杜晓峰、刘豪统编，并由徐长贵最后审定。本书编写过程中还得到了吕丁友、杨海风、郭涛等同志的支持和帮助，在此一并表示感谢！

未来，随着勘探程度的不断提高以及对油气资源需求的不断增长，浅层和与浅水三角洲、河湖交互体系相关联的岩性油气藏是下一步储量增长的重要领域之一。渤海海域新近系勘探对大面积砂体发育的控制作用、可预测的理论模式的需求会越来越迫切，本书介绍的渤海海域新近系极浅水三角洲沉积体系与油气成藏理论将发挥越来越重要的作用，在为渤海海域新近系油气藏勘探提供重要保障和支持的同时，对其他类似盆地的油气勘探也有较好应用前景和推广价值。

浅水三角洲体系不仅仅是国际沉积学研究的热点，也是一项多学科交叉的重大课题，本书是以渤海海域新近系为例对极浅水三角洲相关理论和技术方法的系统总结，仅仅是深时浅水湖泊沉积体系研究的一个开端，希望能起到抛砖引玉的作用。由于时间和水平有限，书中难免有不足之处，敬请广大读者批评指正。

徐长贵

2023 年 6 月于北京

目 录

前言
第1章 浅水三角洲研究概述···1
  1.1 国内外研究现状···1
  1.2 渤海海域新近系极浅水三角洲的提出与研究现状·······································5
第2章 渤海海域新近系沉积地质背景···8
  2.1 渤海海域地质背景···8
  2.2 渤海海域新生代构造特征与演化历史···8
  2.3 渤海海域地层发育特征···14
第3章 渤海海域新近系层序地层格架··18
  3.1 拗陷湖盆萎缩期层序划分难点与原则··18
  3.2 渤海海域新近系层序地层学分析···21
  3.3 渤海海域新近系三级层序分布特征及时空演化······································46
第4章 极浅水三角洲形成的古地理条件和特征··53
  4.1 古地貌条件··53
  4.2 古物源条件··65
  4.3 古气候条件··80
  4.4 古水深条件··86
  4.5 渤海海域新近系拗陷萎缩期古湖泊体系重建··99
第5章 极浅水三角洲沉积相标志与沉积相序特征··122
  5.1 河流相··122
  5.2 湖泊相··128
  5.3 极浅水三角洲··129
  5.4 河湖交互沉积体系··145
  5.5 极浅水三角洲与河湖交互体系的差异对比···146
  5.6 渤海海域新近系主要层序沉积体系平面展布特征——以渤南地区为例·········153
第6章 现代浅水三角洲沉积类比与水槽模拟实验分析······································161
  6.1 现代浅水三角洲沉积类比··161

  6.2 河湖交互背景下水槽模拟实验 ·· 170

  6.3 极浅水湖盆连续沉积演化过程 ·· 181

第7章 渤海海域极浅水三角洲大面积砂体形成的控制作用 ·· 186

  7.1 大面积砂体半定量预测 ·· 186

  7.2 大面积砂体发育动力学背景与控制作用 ·· 210

第8章 大面积岩性圈闭的形成条件分析 ·· 235

  8.1 大面积岩性圈闭形成的物质基础 ·· 235

  8.2 大面积岩性圈闭成藏条件及油气运聚定量表征 ·· 236

  8.3 大面积岩性圈闭形成模式 ·· 243

第9章 渤海新近系大面积岩性油气藏勘探实例与潜力分析 ·· 251

  9.1 勘探实例分析 ·· 251

  9.2 勘探潜力分析 ·· 259

参考文献 ··· 263

第1章 浅水三角洲研究概述

1.1 国内外研究现状

浅水三角洲这一概念最早由 Fisk 等（1954）提出，通常是指在水体较浅和构造相对稳定的台地和陆表海或地形平缓、整体缓慢沉降的内陆拗陷盆地中形成的、以分流河道（水上和水下）为骨架砂体的河控三角洲（图 1-1）（如，Fisk，1961；Donaldson，1974；Coleman，1988；Postma，1990；Plink-Björklund，2020）。与传统的 Gilbert 型三角洲不同，浅水三角洲通常具有以分流河道砂体为主、河口坝厚度较薄甚至不发育、前缘相带十分宽广和砂体具条带等特征（如，Lemons and Chan，1999；Plint，2000；Hoy and Ridgway，2003；Ganil and Bhattacharya，2007；Keumsuk et al.，2007；Alonso-Zarza et al.，2011；Ambrosetti et al.，2017；Liu et al.，2018；王夏斌等，2020；Hao et al.，2021）。受平缓的地貌、干湿交替的古气候、较浅的水体、丰富的沉积物供给以及可容空间大小等综合影响（如，Postma，1995；Kroonenberg et al.，1997；Syvitski et al.，2005；Grenfell et al.，2014；Liu et al.，2016b；Tian et al.，2019；Hao et al.，2021），浅水三角洲及其伴生的沉积体系成为有利的油气富集层之一（如，韩晓东等，2000；张昌民等，2010；Zou et al.，2010；Zhu et al.，2017；Feng et al.，

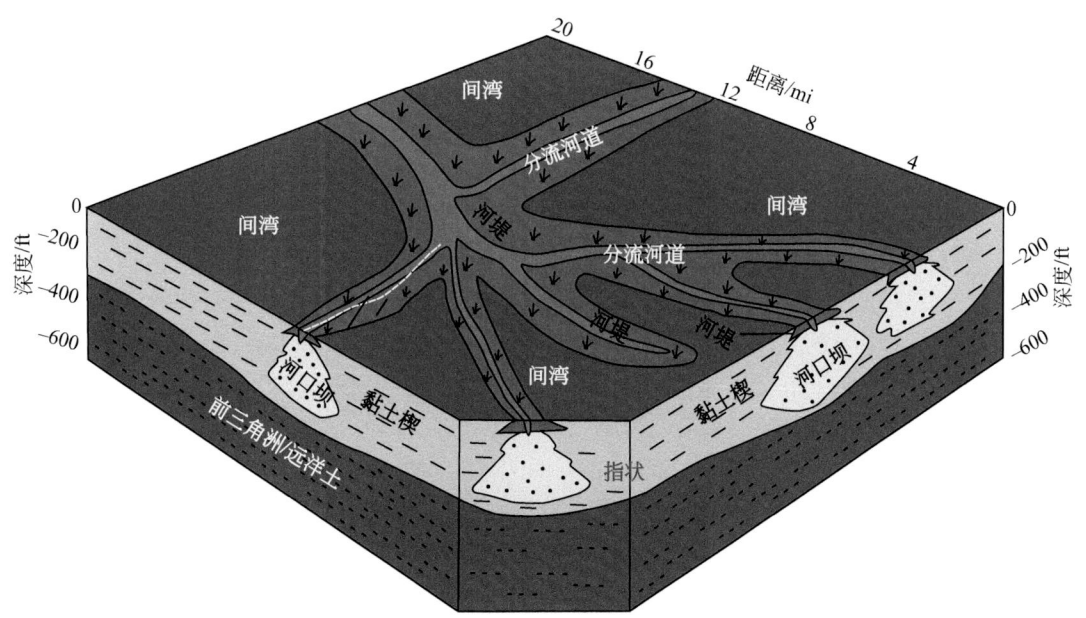

图 1-1 美国密西西比浅水三角洲发育模式（据 Fisk et al.，1954，有修改）

1ft = 3.048×10^{-1}m；1mi = 1.609344km

2021；Zhang et al.，2021）。因此，浅水三角洲因其独特的沉积相类型和重要的油气资源意义，在国内外沉积学界和石油地质领域均获得了广泛关注并成为研究热点。

国外关于浅水三角洲的研究多以现代沉积为主，而国内学者主要聚焦于深时浅水湖盆。尽管如此，有关浅水三角洲的发育特征、内部组成和平面展布等方面已形成诸多共识。越来越多的研究表明，与吉尔伯特型三角洲叠置样式不同，浅水三角洲缺乏明显的顶积层、斜交层和底积层（Hoy and Ridgway，2003；Cornel and Janok，2006），以水下分流河道为主体的三角洲前缘亚相是浅水三角洲最主要的组成部分（如，Kroonenberg et al.，1997；Olariu and Bhattacharya，2006；Edmonds and Slingerland，2008；Ambrosetti et al.，2017；Zhu et al.，2017；Zhang et al.，2018；Ke et al.，2019）。Donaldson（1974）通过对美国全新世瓜达卢佩三角洲的研究认为，该三角洲为一典型浅水环境中的河控三角洲，三角洲前缘平均厚度约为1m，最大厚度为2.4m，分流河砂体的厚度可达到5m。在我国松辽盆地、鄂尔多斯盆地、四川盆地、渤海湾盆地等地区，以及现代湖盆中都发现了浅水三角洲沉积，许多学者结合地球物理、钻测井及岩心资料明确了浅水三角洲的沉积特征（吕晓光等，1999；韩晓东等，2000；武富礼等，2004；代黎明等，2007；朱伟林等，2008；刘柳红等，2009；李元昊等，2009；张昌民等，2010；Zou et al.，2010；Li et al.，2014；房亚男等，2016；Liu et al.，2018；Tian et al.，2019；刘宗堡等，2022）。Zhu 等（2017）通过对松辽盆地齐家地区青山口组的研究认为，该地区发育的浅水三角洲可划分为三角洲平原、三角洲前缘和前三角洲，其中三角洲前缘亚相占主导，并可进一步划分为内前缘和外前缘。三角洲内前缘形成于盆地的洪泛期水位和低水位之间，发育水下分流河道、分流间砂、分流间泥和河口沉积物，三角洲外前缘位于湖泊低水位和正常波基面之间，发育席状砂、远端坝和分流间泥岩。Zou 等（2010）以鄂尔多斯盆地延长组为例，识别出四个三级湖侵-湖退旋回和两个较大的浅水三角洲沉积旋回，认为浅水富砂三角洲沿平缓的湖岸和在盆地中部广泛发育。前三角洲亚相以浅湖相深色页岩为特征。三角洲前缘亚相由河口坝、片状砂、水下末端分流河道和分流间湾等微相组成。其中，河口坝沉积物厚度为 2~3m，由总体向上变粗的粉砂岩岩相序列组成；分流河道的厚度为 1~2m，其特征是总体向上变细的岩相组合，由块状细粒砂岩组成，但砂体的宽度较大，一般为 300~500m，鲜见河道下切（图 1-2）。

在揭示浅水三角洲发育特征的同时，越来越多的研究开始关注并探讨浅水三角洲的沉积过程、控制作用和发育模式。古气候、古水深、古地貌和稳定的构造沉降等因素相结合，共同控制了浅水三角洲的沉积记录、沉积过程及演化（如，Postma，1995；Kroonenberg et al.，1997；韩晓东等，2000；Syvitski et al.，2005；Nichols，2005；Allen and Fielding，2007；Ganil and Bhattacharya，2007；Fisher et al.，2007；胡明毅等，2009；Grenfell et al.，2014；Ambrosetti et al.，2017；Liu et al.，2016b；Tian et al.，2019；Hao et al.，2021；侯东梅等，2021；Winsemann et al.，2021；杜晓峰等，2021；徐长贵等，2022），其中潮湿环境下有利于浅水三角洲前缘相带的大面积发育（Zhu et al.，2017）（图 1-3）。而前缘亚相中分流河道的沉积过程、叠置样式、发育规模以及富砂程度等明显受物源性质、基准面升降、微古地貌特征、浅水环境以及搬运机制、波浪改造、流体性质等共同控制（Nichols，2005；Nichols and Fisher，2007；Fisher et al.，2007；Liu et al.，2016b，2018）。湖平面下降的低可容空间时期（低水位期）发育向盆方向进积的、河道侵蚀明显的、相互叠置的分流河道砂（Olariu and Bhattacharya，2006；Liu et al.，2016b，2018），湖平面上升的高可容空间时期（高水位期）则以多期加积的、孤立-板状组合的浅水沉积记录为主（Kroonenberg et al.，1997；Liu et al.，2016b，2018；Zhang et al.，2018）。Zou 等（2010）通过与鄱阳湖现代赣江三角洲的对比分析指出，缓慢的盆地沉降、丰富的沉积物供应、自循环过程和敞流型湖泊环境是全流域富砂三角洲序列发育的 4 个主要控制因素。

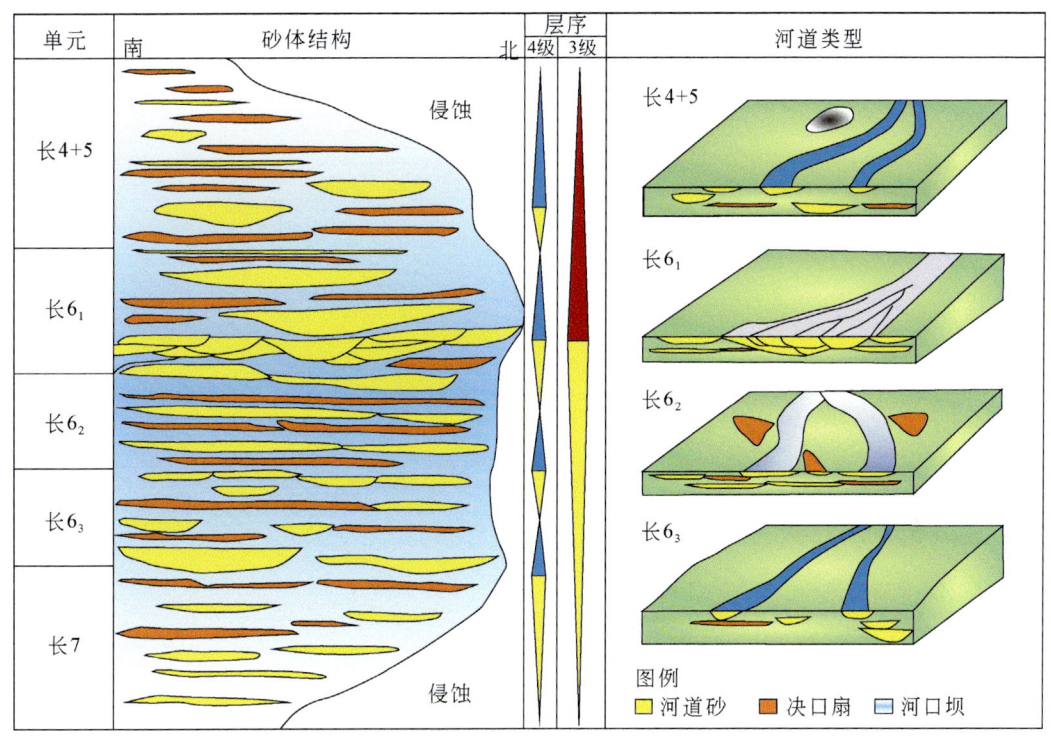

图 1-2　鄂尔多斯盆地延长组浅水三角洲砂体结构及河道类型模式（据 Zou et al.，2010，有修改）

尽管人们对浅水三角洲沉积特征和内部构成的研究取得了较为一致的认识，但是国际沉积学界对界定和判断深时浅水三角洲沉积的成因依据依然存在诸多争议。例如，浅水三角洲发育最关键的判识依据是什么？露头和钻孔所揭示的具有河道特征的岩相组合是否一定是浅水三角洲？浅水三角洲的分流河道与河流相中的"河流分支体系"（fluvial distributary systems）的差异性在哪里？Nichols 和 Fisher（2007）指出受干旱气候和缓坡地形的控制，河流分支体系远端的"末端扇"（terminal splays）与河控三角洲十分相似（图 1-4），而真正的浅水三角洲沉积则是短暂的。Fisher 等在 2007 年也认为河流分支体系远端的末端扇和浅水三角洲具有相同的岩相特征，其中气候条件和是否存在较浅的湖水是区分二者最主要的环境要素。与此同时，越来越多的研究也认为，古环境特别是盆地湖水分布和古水深大小是判断浅水三角洲存在的重要的地质约束（Nichols，2005；Alonso-Zarza et al.，2009；North and Davidson，2012；Liu et al.，2016b；Zhu et al.，2017；Tian et al.，2019；Feng et al.，2021；Zhang et al.，2021）。但遗憾的是，一直以来有关深时浅水三角洲的定量

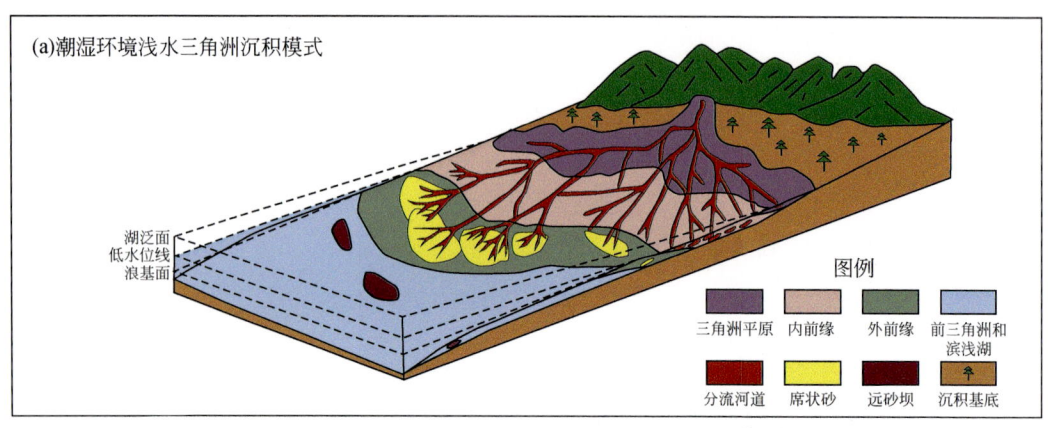

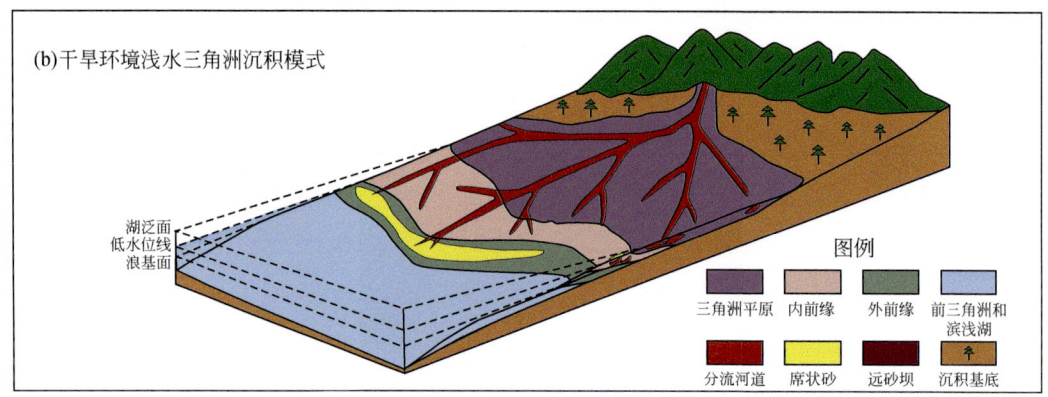

图 1-3　松辽盆地齐家地区青山口组潮湿环境（a）和干旱环境（b）浅水三角洲沉积模式
（据 Zhu et al., 2017, 有修改）

古水深研究十分薄弱。现代浅水三角洲研究表明，洞庭湖草尾－蒿竹河浅水三角洲分流河道砂泥比较低，控制水深一般介于 3～5m（如，杜耘等，2003；尹太举等，2012）；美国全新世 Guadalupe 河控三角洲分流河道厚度约为 1～2.4m，其控制水深约为 2～5m（Donaldson，1974）。古老地层的浅水沉积是否也具有类似水深范围，值得我们进一步关注。Liu 等（2016b）通过与现代湖泊类比，结合地球化学、古生物等的综合分析，指出渤海新近系明化镇组水体深度大致为 1～4m。从上述大量的研究不难看出，古水深、古气候是浅水三角洲区别于河流沉积的主要古环境要素，开展浅水三角洲识别及其动力学研究的核心在于古环境重建，而深时古水深的定量恢复是今后很长一段时间内值得关注的重要课题。

此外，浅水三角洲沉积的油气成藏同样受到广泛关注（如，吕晓光等，1999；韩晓东等，2000；武富礼等，2004；代黎明等，2007；朱伟林等，2008；刘柳红等，2009；张昌民等，2010；Zou et al., 2010；Li et al., 2014；Liu et al., 2018；Tian et al., 2019；徐长贵等，2022）。在不同基准面的旋回变化过程中，储层砂体明显受沉积相带的控制，浅水三角洲前缘水下分流河道砂体储层物性良好，是有利的储集相带（Zhu et al., 2017）。在干旱气候条件下形成的浅水三角洲表现出大平原、小前缘和树枝状分支河道等特征。在潮湿气候条件下形成的浅水三角洲表现出小平原、大前缘和网状分支通道等特征，为大型的隐蔽油气藏提供了

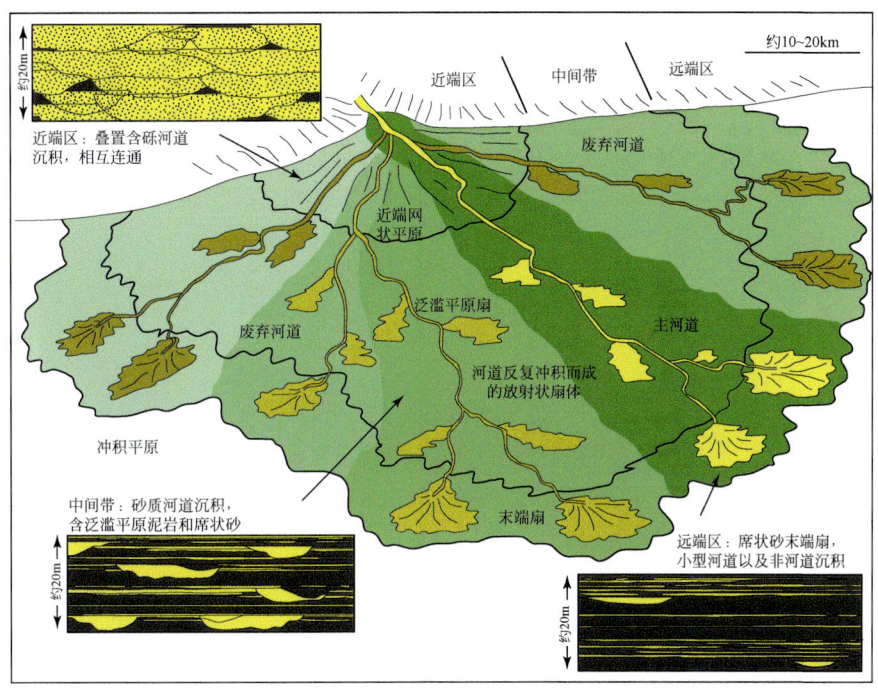

图 1-4 河流分支体系发育模式图（据 Nichols and Fisher，2007，有修改）

很好的沉积背景（Zhu et al.，2017）。更为深入的研究表明，受温润古气候、多物源水系、频繁波动的古水深以及合适的汇聚条件等综合因素的影响，浅水三角洲大面积砂体发育，是大面积岩性油气藏勘探的重要领域（徐长贵等，2022）。其中，温润气候在为充足的降雨量提供古环境背景的同时，也影响了多古水系的发育，有利于高成砂率母岩的风化和搬运；而频繁波动的古水深则控制了古湖岸线的大范围往返迁移，再叠合合适的汇聚条件等因素，有利于河湖交互体系和湖泊浅水三角洲体系大面积砂体的发育，为大面积岩性油气藏的形成提供了无限可能（Liu et al.，2016b，2018；杜晓峰等，2021；徐长贵等，2022）。

1.2 渤海海域新近系极浅水三角洲的提出与研究现状

渤海海域作为最主要的近海油气勘探海域之一，新近系油气藏占据着十分重要的地位。渤海海域新近系包括馆陶组和明化镇组，是一典型的拗陷湖盆（徐长贵等，2002；朱伟林等，2008；赖维成等，2009）。众多科研工作者在对近年新积累的地质、地球物理等资料深入分析的基础上，认为渤海海域新近系明化镇组发育广泛分布的大型浅水湖泊和浅水三角洲沉积（如，徐长贵等，2002；朱伟林等，2008；邓强等，2009；赖维成等，2009；Sun et al.，2020；Tan et al.，2020）。与浅水三角洲相关的石油地质储量约 15 亿 m^3，占渤海海域新近系储量的 68%，占总储量的 43%。其中，黄河口凹陷及其围区已发现多个以浅水三角洲沉积为主体的浅层大中型油气藏。2019～2021 年渤海南部新近系多个油田取得突破，为渤海海域每年 3000 万 t 产量做出了重大贡献。

渤海海域新近系沉积体系的研究大体经历以下阶段：

2000 年之前，人们普遍认为新近系发育河流相沉积。2000 年之后，随着油气勘探程度不断提高和新资料的不断获取，河流相的概念已经不能合理地解释油藏发育的地质条件，于是在对岩心、电测曲线、古生物和地球物理等资料重新认识的基础上，认为渤海海域新近系明化镇组存在广泛分布的大型浅水湖泊和浅水三角洲沉积，而且沉积水体更浅，又称为极浅水三角洲（徐长贵等，2002；代黎明等，2007；朱伟林等，2008；邓强等，2009；赖维成等，2009；Li et al.，2014；Tian et al.，2019；Sun et al.，2020；Tan et al.，2020）。渤海海域新近系极浅水三角洲以分流河道为主，河道砂体多期切割且具有典型的低砂地比（单期河道砂体厚度一般为 2~3m，最大厚度小于 10m）的特征，并据此建立了极浅水三角洲高水位期孤立透镜状、低水位期拼合-侧向叠置的砂体发育模式（徐长贵等，2002；代黎明等，2007；朱伟林等，2008；邓强等，2009；赖维成等，2009；Li et al.，2014；Liu et al.，2018；Tian et al.，2019）。与此同时，渤海海域新近系极浅水三角洲的控制作用以及原始古环境重建等研究越来越被沉积学家所重视。大量研究表明，多物源供给（Tian et al.，2019；Sun et al.，2020；Hao et al.，2021）、平缓的构造古地貌（Liu et al.，2016b，2018；Tian et al.，2019；Hao et al.，2021）、早期湿润-温暖和晚期半湿润-半干旱的气候变迁（Liu et al.，2016b；Hao et al.，2021）以及浅水和频繁的湖平面波动（吴小红等，2010；Liu et al.，2016b；Tian et al.，2019；Hao et al.，2021；侯东梅等，2021）等因素决定了多期分流河道型极浅水三角洲的发育和富集。

近年来，尽管发育极浅水三角洲的认识已被广泛接受，但有关渤海海域新近系的"河湖"争议也一直存在。比如，通过对部分钻井中某些层段的红色泥岩、反映陆相环境的孢粉数据等分析，学者开始怀疑明化镇组可能还发育多期短暂的河流相（Tian et al.，2019；Tan et al.，2020）。"十二五"至"十三五"期间，以渤海海域渤南地区为例，在充分利用现代湖泊类比考察，结合古地磁年代学、元素地球化学、古生物学、岩相学等方法联合开展了新近纪古水深定量恢复与古湖泊重建，并将渤海海域渤南地区古湖泊划分为陆相区（河流沉积为主）、古湖岸带（河湖交互沉积）和湖泊区（浅水三角洲沉积为主）三个单元（杜晓峰等，2021）。古湖泊体系重建工作为消除沉积相分析的多解性提供了古环境证据，在证实渤海海域新近系存在浅水湖泊和河流共存的同时，进一步揭示了浅水湖盆-极浅水三角洲-古湖岸带-河流等多个沉积单元的河湖交互过程（杜晓峰等，2021）。更为重要的是，伴随渤海海域新近系油气勘探不断取得重大突破（如渤南 KL10-2、KL6-1 等亿吨级油田的发现）（徐长贵等，2021），越来越多的证据表明除了多期极浅水三角洲的砂体发育差异性显著外，大油气田的发现与极浅水三角洲、河湖交互体系等沉积砂体的多期叠置息息相关，因此大面积砂体的发育、富集及其控制因素也越来越受到人们的重视。徐长贵等（2022）利用古生物、重矿物、地震及钻井等资料的综合分析，深入探讨了渤海南部明化镇组下段源汇体系及其对大面积岩性油气藏的控制，指出研究区明化镇组下段沉积期主要发育河流、河湖交互和浅水湖泊三种沉积体系。其中，受温带-亚热带古气候、充足的降雨量、发达的古水系、成砂率高的母岩、频繁波动的古水深以及大范围迁移的古湖岸线等多重因素的控制，有利于河湖交互和湖泊浅水三角洲大面积砂体的发育，具备形成大面积岩性油气藏的潜力。

综上所述，浅水三角洲是当前国际沉积学研究的重点，也是油气勘探的重要目标。前人大量关于浅水三角洲沉积特征、发育过程和控制因素的研究为我们了解这一特殊沉积相类型及其油气资源意义提供了十分重要的窗口；关于渤海海域新近系浅水沉积、砂体富集的地貌、物源、古气候和湖平面等控制因素的探讨，也必将引起国内外学者的广泛关注。

第 2 章　渤海海域新近系沉积地质背景

渤海海域油气资源极为丰富，中国近海最大的海上自营油田——渤海油田就位于渤海海域，油气勘探面积约 $5.1×10^4 km^2$。渤海油田自 1967 年"海一井"勘探成功至今，先后经历了艰苦创业、对外合作、快速发展三个主要阶段。截至 2018 年，渤海海域已发现各级石油地质储量 60 亿 t。目前已成为中国东部最重要的海上能源生产基地，年稳产油气约 3000 万 t（徐长贵等，2020）。

2.1　渤海海域地质背景

渤海湾盆地坐落于亚洲大陆的东部，是叠置在华北中生界—古生界基底上的新生代克拉通裂谷断陷盆地，西北受限于燕山山脉，西部受限于太行山脉，东部是胶辽隆起，南部是鲁西隆起，整个盆地面积约 20 万 km^2。

渤海海域地理上位于渤海湾盆地东部，面积约 7.3 万 km^2，属于渤海湾盆地的主要组成部分。渤海海域具有断裂系统复杂多样、多隆多拗、多凸多凹的特点，由渤中拗陷、下辽河拗陷（辽东湾）、黄骅拗陷（渤西）、埕宁隆起、济阳拗陷（渤南）5 个向海域延伸的一级构造单元组成。结合盆地基底形态及新生界各层系地层展布特征，将渤海海域划分成辽东湾地区、渤东地区、渤中-渤西地区、渤南地区四个大的区域，包括 15 个凹陷和 17 个凸起（图 2-1）。

本书研究的重点区域位于渤海海域渤南地区，受走滑-拉张双重构造应力的影响，平面上隆凹相间构造格局明显，由渤南低凸起、黄河口凹陷、莱北低凸起、莱州湾凹陷、垦东凸起、潍北凸起等多个二级构造单元组成，东部紧邻胶东隆起，西部紧靠鲁西隆起，北部与渤中凹陷接壤。

2.2　渤海海域新生代构造特征与演化历史

作为渤海湾盆地重要的组成部分，渤海海域新生代构造演化受到西太平洋板块俯冲、印度洋板块碰撞等周缘板块运动以及地幔热活动等多动力源的影响（图 2-2），郯庐断裂左旋到右旋的转变、拉张作用与走滑作用强弱的转变、地幔上涌水平拉张到热沉降的转变等作用样式同时进行，不同性质的应力方向及大小的变化是决定这些转变的直接因素。

自晚古生代以来，渤海海域所处的华北板块相继受到北部西伯利亚板块、南部扬子板块、印度板块以及东部太平洋板块的共同作用，深部地幔运动与走滑断裂活动极为活跃。特别是中晚三叠纪以来，印支期华北板块受南部扬子板块俯冲碰撞，在渤海湾盆地内部形成广泛的近 E-W 向大型宽缓褶皱和断裂。

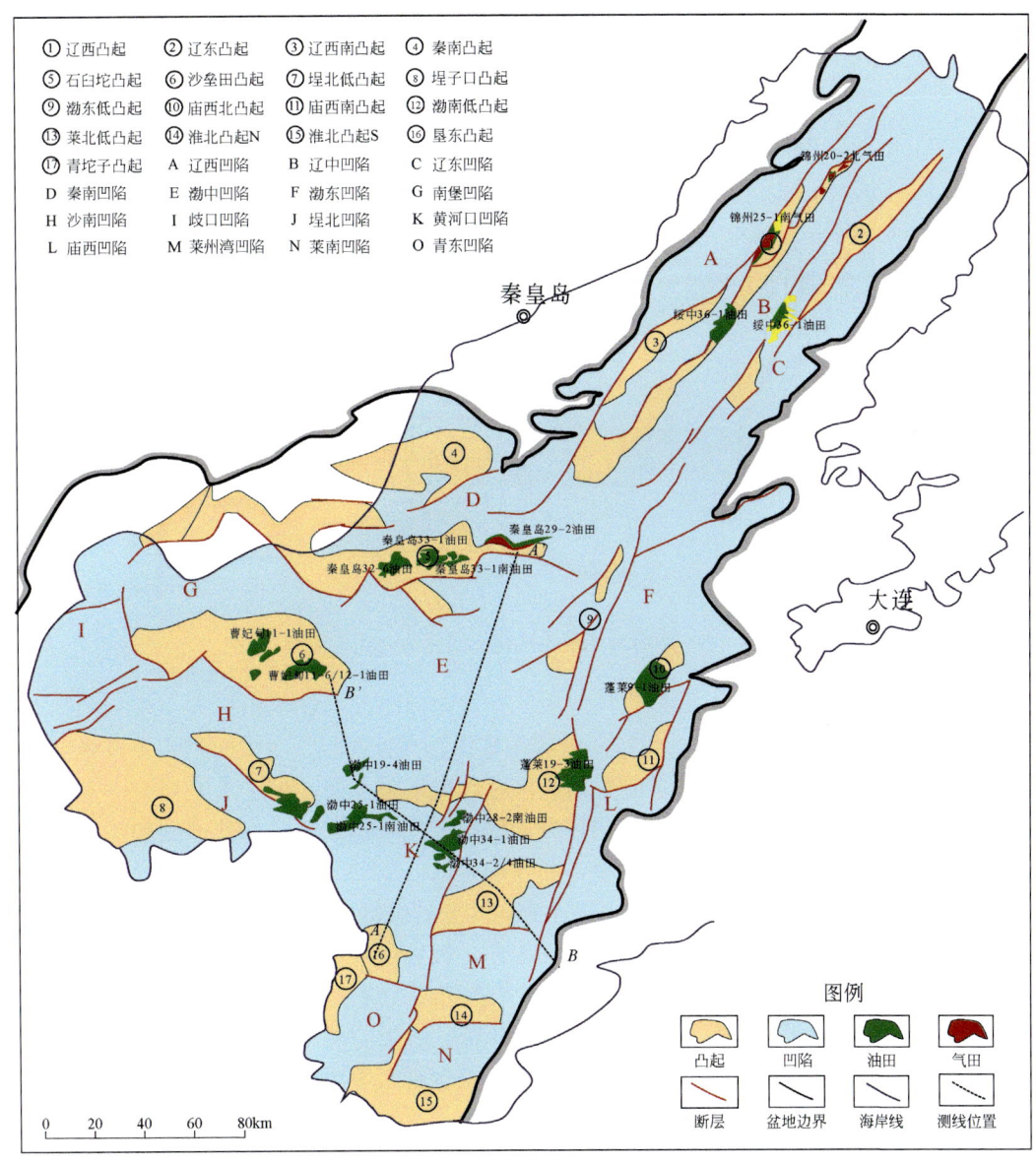

图 2-1 渤海海域构造单元区划图

早-中侏罗世受东部太平洋板块持续俯冲挤压,渤海海域由近南北向挤压转换成 NW-SE 向挤压,盆内形成大量 NNE 向窄陡褶皱和逆冲断裂;进入晚侏罗世—早白垩世,渤海湾盆地整体结束挤压机制,转为左旋走滑扭动兼具伸展背景,形成研究区区域性构造反转,晚白垩世再次经历短暂的挤压改造。

进入新生代,太平洋板块斜向俯冲形成弧后幔隆伸展与走滑拉分,成为主导渤海海域发育演化的动力,剪切与拉张两种构造应力相互叠合形成渤海海域走滑与伸展共生的构造格局。古近纪早期的构造活动被地幔热隆起引发的区域性拉张作用所主导,上地幔上隆和软流圈在岩石圈底部的侧向流动导致地壳引张破裂,以伸展构造变形为主,这种引张应力

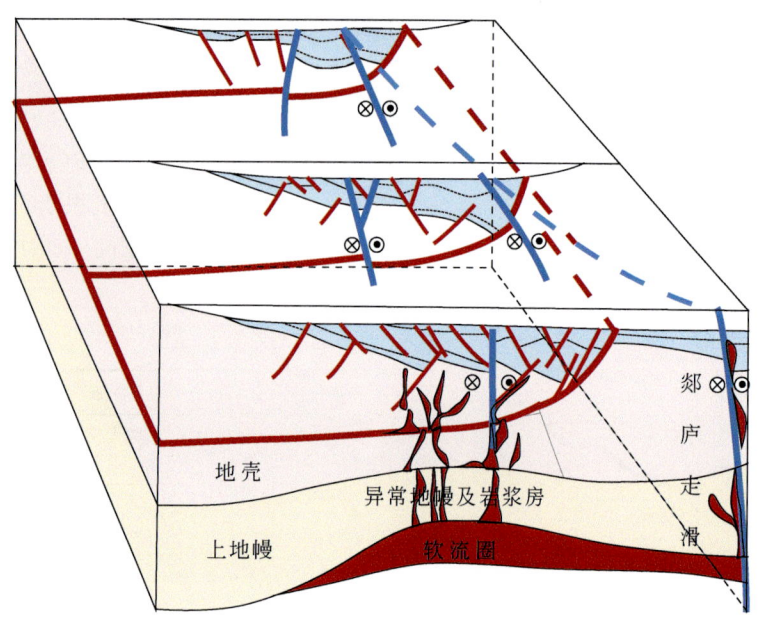

图 2-2 渤海海域新生代构造演化动力模式图解

在渤海湾盆地不同地区具有不同的作用方向，辽东湾拗陷以 NWW-SEE 向引张为主，渤中拗陷具有近 SN 向和 NWW-SEE 向双向引张特征，渤南地区以近 SN 向引张占主导地位，不同方向的拉张作用直接导致了不同走向的区域性大断裂发育，如辽西 1 号、辽中 2 号、莱北断裂、黄北断裂等，这些断裂开始控制次级单元的构造沉降，对盆地结构样式具有明显的控制作用。同时，中生代郯庐断裂带的左旋走滑活动仍在继续，但在古近纪早期已有所减弱。在古近纪中期，受太平洋板块俯冲方向转变的影响，渤海湾盆地一些 NNE 向深断裂（特别是郯庐断裂带）开始发生右旋剪切作用，板块边界的相对运动产生的构造应力传递到板块内部，与地幔热活动形成的地壳引张的构造应力叠加在一起，使地壳应力复杂化，整体上表现出区域引张应力场叠加右旋走滑的特征。古近纪晚期，因为区域性地幔热活动引发的伸展作用有所减弱，板块构造动力对郯庐断裂带作用引起的走滑作用相对增强，应力配比有所改变，所以在这时期，渤海海域一系列走滑及其相关派生构造开始发育，东部地区一些大的区域性断裂走滑活动明显，如辽中 1 号断裂、辽中 2 号断裂以及莱州东支和莱州西支在这一时期走滑特征明显，相关的次级走滑调节断层及增压释压弯曲开始发育，走滑作用对构造单元的发育虽然只起到后期的改造作用，但仍然是控制这一时期渤海海域构造演化的主导因素。至新近纪，渤海湾盆地进入热沉降阶段，地幔热隆起引发的拉张作用已经近乎消失，板块活动引发的右旋走滑作用占据主导的地位，走滑应力与拉张应力配比更加悬殊，正断层活动不明显，局部拉张活动也是由走滑作用派生而来，因此断层垂向活动性并不明显。走滑作用成为控制盆地结构的主导因素。走滑及其派生构造也继承了古近纪时期的构造发育。

根据不整合面分隔的层序结构、沉积旋回和盆地沉降、构造变形特征，将渤海海域及周边新生代盆地构造演化过程划分为表 2-1 所示的演化阶段和期次。从层序结构和沉积旋回看，渤海湾盆地具有裂陷盆地特征。新生代渤海海域的盆地构造演化具有多幕裂陷、多旋回叠加、多成因机制复合的特征。渤海海域新生代构造演化可分为5个阶段，即孔店组—沙四段沉积期的裂陷Ⅰ幕（55～42Ma）、沙三段和沙一、二段沉积期的裂陷Ⅱ幕（42～32.8Ma）、渐新世东营组沉积期的走滑拉分与幔隆和上、下地壳的非均匀不连续伸展叠加的再次裂陷阶段（裂陷Ⅲ幕，32.8～24.6Ma）、馆陶组至明化镇组下段沉积期的湖盆萎缩期阶段（24.6～5.1Ma）。不同演化阶段的盆地原型结构特征不同，因此同一演化阶段区域构造位置所处不同，沉积凹陷（盆地）的原型结构也可能存在差异。

表 2-1 渤海湾盆地新生代构造演化简表

地层				厚度/m	主要沉积相	构造运动学特征和演化
	第四系			100～200	洪、冲积相	后裂陷阶段：区域性整体沉降，形成大尺度的碟状拗陷盆地。盆地正断层基本不控制沉积，走滑断层继续活动
新近系	明化镇组			1000～2500	洪、冲积相	
	馆陶组			1000～2000	洪、冲积相	渤海湾升降
古近系	渐新统	东营组	东一段	200～600	洪、冲积相	裂陷伸展Ⅲ期：基底次级断层活动减小，盆地盖层断层大量形成；NNE向基底右旋走滑断层活动并影响局部的沉降中心迁移
			东二段	500～1000	河流、三角洲	
			东三段	300～700	半深湖、浅湖	
	始新统	沙河街组	沙一段	200～1000	半深湖、浅湖 河流、三角洲	济阳升降
			沙二段	200～1000		
			沙三段	1000～3500	深淡水湖泊	裂陷伸展Ⅱ期：铲式正断层、旋转正断层控制的断块掀斜运动，相对稳定的半地堑湖盆
			沙四段	100～1000	河流、盐湖	孔店升降
	古新统	孔店组	孔一段	300～1500	干盐湖 闭塞湖盆	Ⅰ期：高角度正断层控制的断块差异升降运动，早期断块掀斜不明显，形成闭塞的分散小湖盆
			孔二段	500～1500	湖泊、河流	
			孔三段	400～1000	洪、冲积相	华北升降 / 区域热隆升
前古近系						前裂陷阶段

综上所述，多阶段构造运动的强烈叠加改造和新生代多应力叠合效应形成了渤海海域不同规模凸起、低凸起及凸起倾没端，多种性质断裂交织共生的复杂构造格局。中生代以来的印支期和燕山期关键构造运动奠定了盆内正向构造单元，也奠定了盆缘和盆内大型物源体系；新生代以来的断陷和走滑活动对盆内隆凹格局具有加强定型和改造作用，进一步影响盆内湖平面变化、物源通道和局部物源。

根据渤海海域新生代的演化历程，断裂空间结构、多阶段发育演化和多源构造动力三大要素共同奠定了渤海海域现今的构造格局（图 2-3）。首先，从空间结构上，中国东部著名的NNE向大型郯庐走滑断裂与呈弥散性分布的NNW向张家口—蓬莱走滑断裂在渤海海域交汇构成一对共轭走滑断裂，两组走滑断裂在空间上交织共存，在时间上相互影响，两组大型走滑断裂共生的构造格局奠定了叠合走滑断裂发育的结构基础。其次，从盆地发育演化看，渤海海域作为渤海湾盆地演化的最终归宿，经历了古近纪断陷、新近纪坳陷和新近纪晚期以来（12Ma至现今）的新构造运动改造三大阶段。新构造运动期渤海海域走滑断裂活动明显，断裂体系发育，多种应力叠合形成的构造样式得以良好保存。

构造运动形成了渤海海域复杂的断裂系统，并控制了不同演化阶段的盆地结构。由于

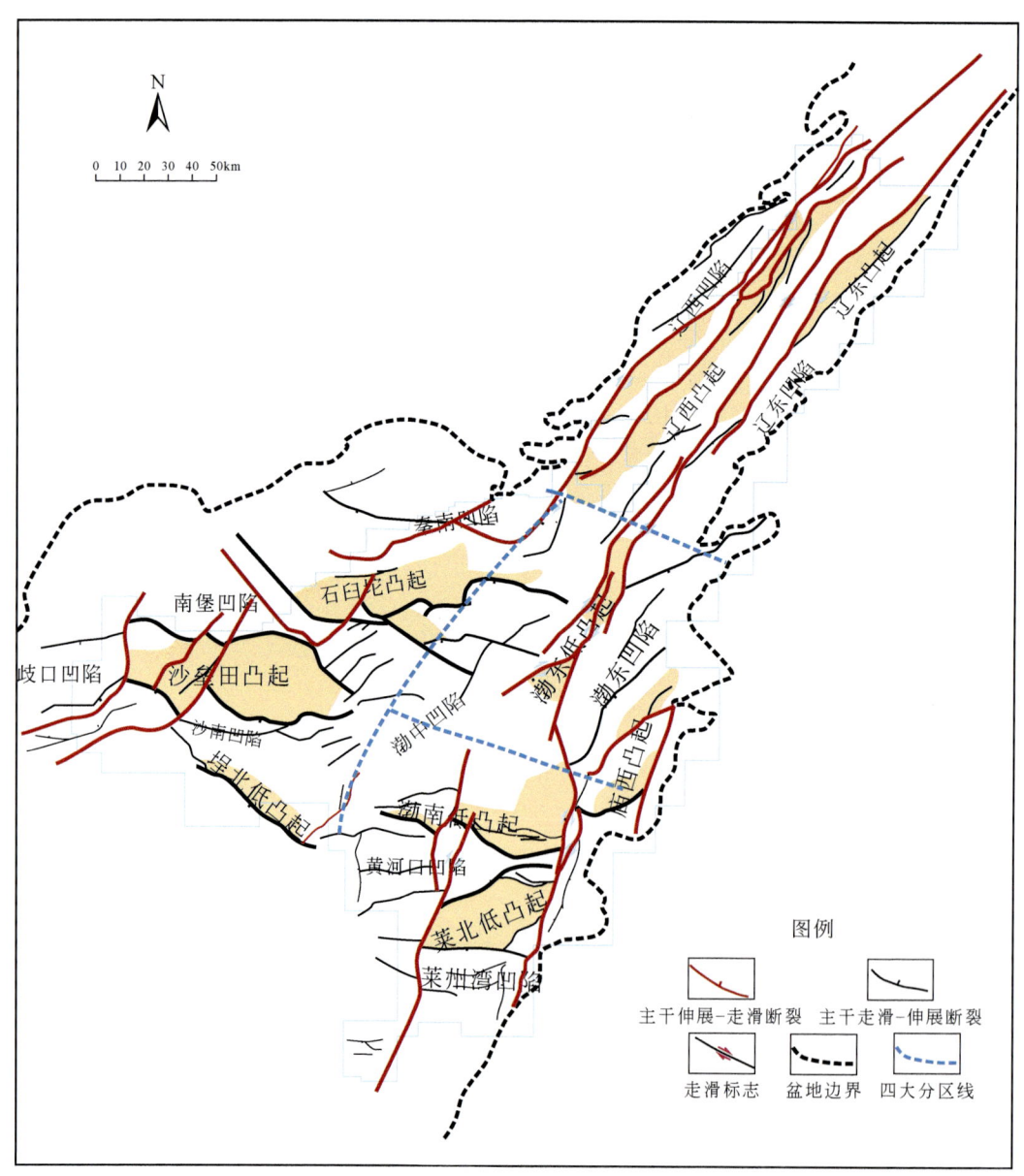

图 2-3　渤海海域构造地质概况（修改自徐长贵等，2020）

不同地区早期先存基底断裂限定的边界条件不同，加之后期伸展与走滑两种应力时空叠合差异明显，不同地区断裂展布格局和凹陷结构截然不同，存在明显的分区性。依据主干断裂展布规律与叠合走滑构造的叠合效应，渤海海域发育辽西 S 形弱走滑区、辽东辫状强走滑区、渤西共轭中等走滑区、渤东帚状中等走滑区和渤南平行强走滑区等 5 个叠合走滑区（徐长贵等，2020）。

渤南地区属于平行强走滑区，位于渤海海域南部，属于济阳拗陷的海域部分，郯庐走滑断裂分 3 支近于平行穿该区而过，其中东支和中支走滑特征更为明显。平面上，北北东向断裂与近东西向断裂两组断裂体系接近垂直相交组合形成 H 形格局，北北东向走滑断裂走向稳定，连续性好，表现为多条断裂叠覆相接，且切割近东西向伸展断层（图 2-4）。剖面上，北北东向走滑断裂产状陡直，走滑特征明显，体现出对早期近东西向断裂的强烈改造特征（图 2-5）。近东西向断裂多为上陡下缓的铲式正断层，控制凹陷沉积沉降特征明显，凹陷主轴向与近东西向断裂展布方向一致，呈现北深南浅的特征。

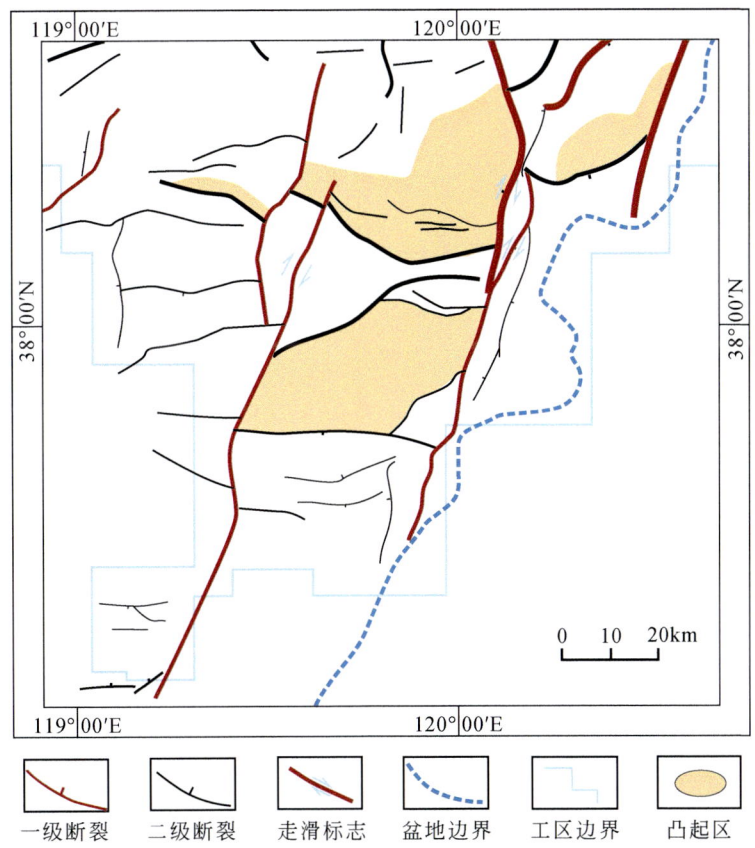

图 2-4 渤海海域渤南地区构造图

渤南地区北北东和近东西向两组断裂体系切割关系明显，体现出明显的早期近东西向断裂控洼，晚期北北东向走滑断裂改造的特征。渤南地区北北东向和北西向两组断裂分别在不同地质时期占据主导地位，整体呈正交特征，因此该区主要发育 H 形、垂向传导型隐

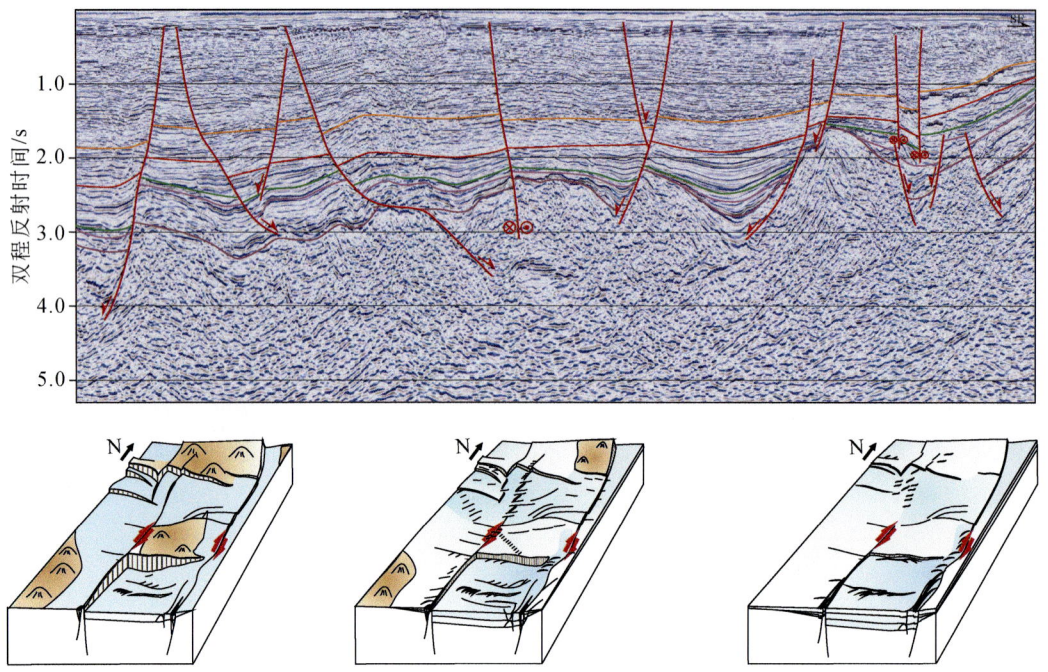

图 2-5　渤海海域渤南地区构造与演化特征（引自徐长贵等，2020）

性走滑、L 形等 3 类构造样式。

2.3　渤海海域地层发育特征

从目前钻井所揭示地层来看，渤海海域前新生代地层包括太古宙—古元古代变质岩系、中-古元古界海相轻微变质岩、早古生代稳定型海相沉积、晚古生代海陆交互相沉积和中生代陆相沉积，这些地层构成了渤海新生界沉积的基底，为渤海海域古近纪乃至新近纪沉积提供了多样化的物质来源。幕式构造旋回控制了沉积充填类型与特征的旋回性演化，形成了最早期的孔店组至最晚期的平原组多套沉积地层，由老到新依次为：古近系孔店组、沙河街组和东营组，新近系馆陶组、明化镇组，以及第四系平原组（图 2-6，图 2-7）。

2.3.1　古近系发育特征

古近系的孔店组和沙河街组沙四段沉积期总体处于裂陷 I 幕，是盆地演化的初陷期，在海域范围内主要表现为众多相互分隔的次级洼陷。孔店组沉积时期埋藏较深，该组厚度变化较大，最厚可达 4000m，而在渤南低凸起仅仅 194m 厚。从老到新依次划分为孔三段、孔二段和孔一段。孔三段岩性主要为砂岩，地层底部多为含砾粗砂岩，局部可见火山岩，主要发育冲积扇沉积相；孔二段由深色泥岩夹薄层煤组成，局部可见玄武岩和油页岩，主要发育河流相、深湖相；孔一段由一套砂岩、夹薄层泥岩组成，顶部可见蒸发岩，为冲积扇-膏盐沉积。沙四段与孔店组沉积特征相似。孔店组—沙四段沉积时期，气候干燥，被子类植物花粉的含量占绝对优势，而裸子植物花粉以及蕨类孢子的含量相对较少。

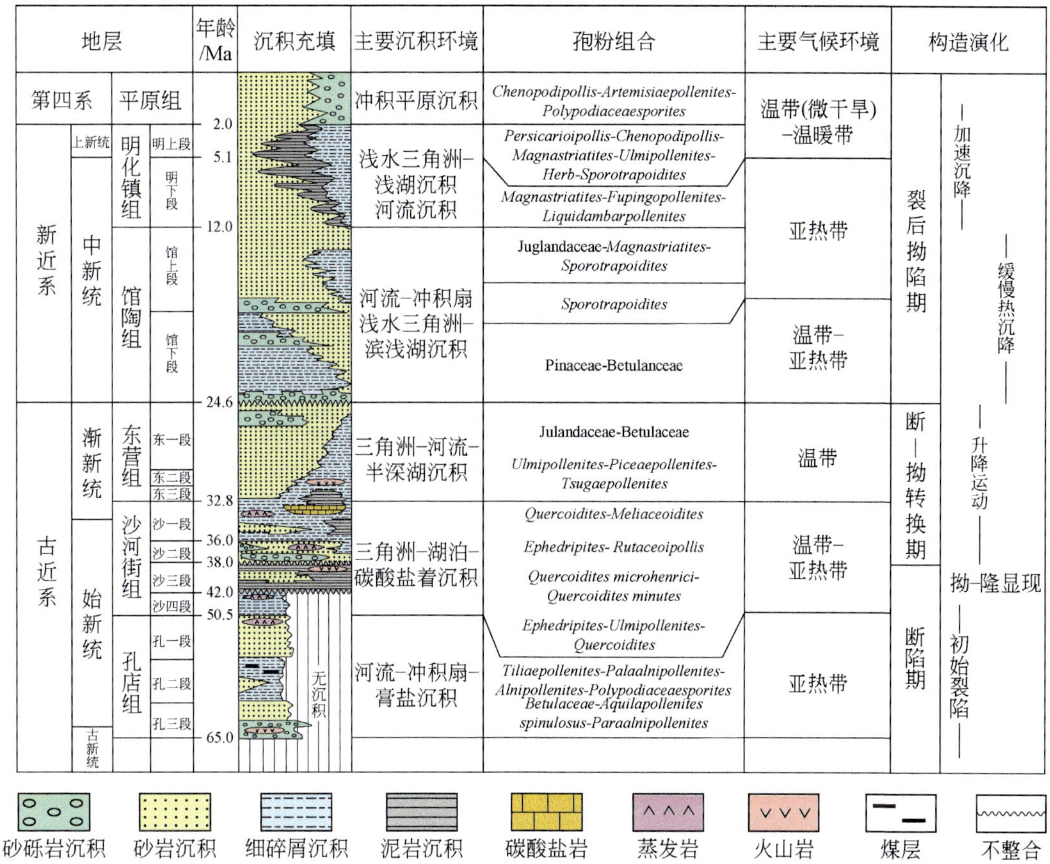

第 2 章 渤海海域新近系沉积地质背景

地层			年龄/Ma	沉积充填	主要沉积环境	孢粉组合	主要气候环境	构造演化	
第四系		平原组	2.0		冲积平原沉积	*Chenopodipollis-Artemisiaepollenites-Polypodiaceaesporites*	温带(微干旱)—温暖带		加速沉降
新近系	上新统	明化镇组	明上段	5.1		浅水三角洲—浅湖沉积 河流沉积	*Persicarioipollis-Chenopodipollis-Magnastriatites-Ulmipollenites-Herb-Sporotrapoidites*	亚热带	裂后坳陷期	缓慢热沉降
			明下段	12.0			*Magnastriatites-Fupingopollenites-Liquidambarpollenites*			
	中新统	馆陶组	馆上段			河流—冲积扇 浅水三角洲—滨浅湖沉积	*Juglandaceae-Magnastriatites-Sporotrapoidites*			
			馆下段				*Sporotrapoidites*	温带—亚热带		
				24.6			Pinaceae-Betulanceae			
古近系	渐新统	东营组	东一段 东二段 东三段	32.8		三角洲—河流—半深湖沉积	Julandaceae-Betulaceae *Ulmipollenites-Piceaepollenites-Tsugaepollenites*	温带	断—坳转换期	升降运动
		沙河街组	沙一段 沙二段 沙三段 沙四段	36.0 38.0 42.0 50.5		三角洲—湖泊—碳酸盐岩沉积	*Quercoidites-Meliaceoidites* *Ephedripites-Rutaceoipollis* *Quercoidites microhenrici-Quercoidites minutes*	温带—亚热带		坳—隆显现
	始新统	孔店组	孔一段 孔二段		无沉积	河流—冲积扇—膏盐沉积	*Ephedripites-Ulmipollenites-Quercoidites* *Tiliaepollenites-Palaalnipollenites-Alnipollenites-Polypodiaceaesporites Betulaceae-Aquilapollenites spinulosus-Paraalnipollenites*	亚热带	断陷期	初始裂陷
	古新统		孔三段	65.0						

图例：砂砾岩沉积 砂岩沉积 细碎屑沉积 泥岩沉积 碳酸盐岩 蒸发岩 火山岩 煤层 不整合

图 2-6 渤海湾盆地新生代综合柱状图

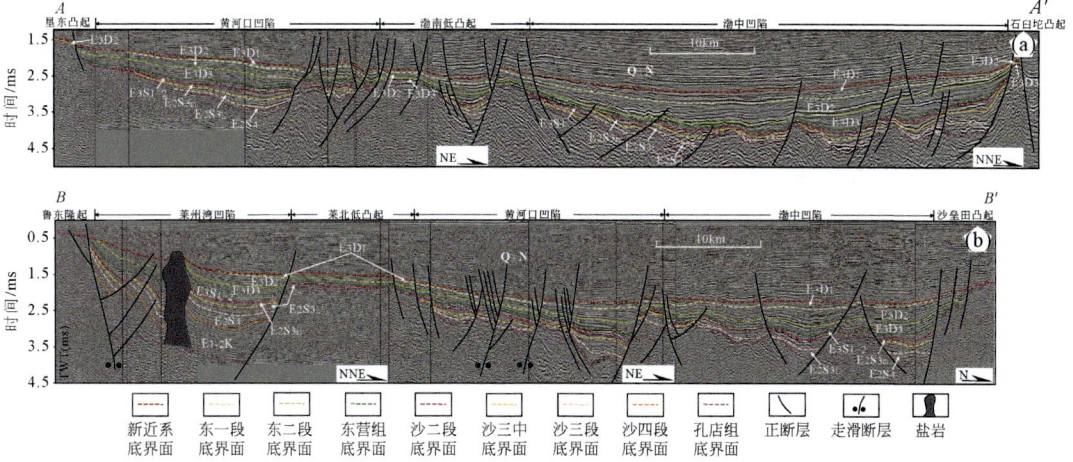

图例：新近系底界面 东一段底界面 东二段底界面 东营组底界面 沙二段底界面 沙三中底界面 沙三段底界面 沙四段底界面 孔店组底界面 正断层 走滑断层 盐岩

图 2-7 渤南地区新生代地层发育特征（剖面位置见图 2-1）

沙三段形成于裂陷Ⅱ幕，为盆地演化的主裂陷期，随着盆地快速沉降，湖盆面积快速扩张，前期各凹陷大多相互连通；至沙三中亚段沉积期湖盆面积达到最大，盆内物源剥蚀区规模快速减小，粗粒沉积范围有所减小，主要沉积了一套以厚层深灰色泥岩、油页岩为主的细粒沉积，是渤海海域最重要的生烃岩系。

沙三段沉积期之后，存在一次大规模构造隆升和大范围湖退，在其顶部形成区域性不整合面。之后的沙一、二段沉积期为裂陷间歇期，构造运动以整体缓慢沉降为主，沉积与沉降总体均衡。其中沙二段沉积期以盆外物源和继承性大型凸起为物源区，发育大型辫状河三角洲沉积，是渤海海域碎屑岩储层分布最广的时期。同时，由于差异沉降和局部断裂持续活动形成的局部构造抬升，一些凸起倾没端、低凸起和凹中低隆均可提供物源，在大型水系影响较小的构造位置，往往发育近源扇三角洲沉积。而在陆源碎屑供应的间歇期，在局部地貌较高位置或水下孤立隆起处往往发育与陆源碎屑相伴生的混合沉积。随着水体持续扩张，沙一段沉积期部分低凸起及更小级别的凹中低隆没入水下，是渤海生物碳酸盐岩分布最广的时期。整体上，沙一、二段沉积时期气候较为干旱，为典型温带-亚热带气候条件。

东营组沉积时期，气候较为温暖，从老到新依次可以划分为：东三段、东二段以及东一段。东营组沉积期构造再次活化，盆地沉降速率加大，在东营组沉积早期发育以厚层泥岩为主的地层，是渤海另一套重要的生烃岩系，并且可作为前期各类沉积储层的良好区域性盖层。至东营组沉积的中晚期，盆地演化转入裂后热沉降阶段，随着沉积充填速率加大，湖盆面积逐步减小，发育大型河流三角洲沉积。

2.3.2 新近系—第四系发育特征

渤海海域拗陷期地层发育广泛，主要由新近系馆陶组、明化镇组和第四系平原组组成。新近系在全盆分布，从厚度变化趋势看具有明显的构造稳定、盆大坡缓的特征，最大厚度中心位于渤中凹陷，约为4500m（图2-7，图2-8）。

馆陶组底界面与下伏古近系呈角度不整合接触。馆陶组主要发育中-细粒砂岩、粉砂岩、泥岩，局部偶见含砾砂岩，沉积环境多为河流相。该组可以进一步分为馆陶组上段和馆陶组下段。馆陶组孢粉组合类型为松科-桦科孢粉亚组合、菱粉属孢粉亚组合，以及胡桃科粗肋孢属-菱粉属孢粉亚组合，沉积时期气候较为湿润。

明化镇组砂岩粒度较细，主要发育河流-浅水三角洲相沉积，也可见滨浅湖相沉积。明化镇组可分为明化镇组上段和明化镇组下段。明化镇组下段岩性以粉砂岩、细砂岩为主，泥岩颜色多变，孢粉以粗肋孢属-伏平粉属-枫香粉属组合为主。明化镇组上段以砂、泥岩互层为特征，砂岩粒度较细；泥岩颜色以还原色为主，也可见褐色、杂色泥岩。该段以蓼粉属-藜粉属-粗肋孢属、榆粉属-草本花粉-菱粉属等孢粉组合为主。

大量松散堆积物是第四系平原组的地层特征，岩性多为砂质泥岩与粉细砂岩、泥质砂岩的互层，发育冲积平原沉积。该组沉积时期的孢粉古生物组合以藜粉属-蒿粉属-水龙骨单缝孢属为代表。

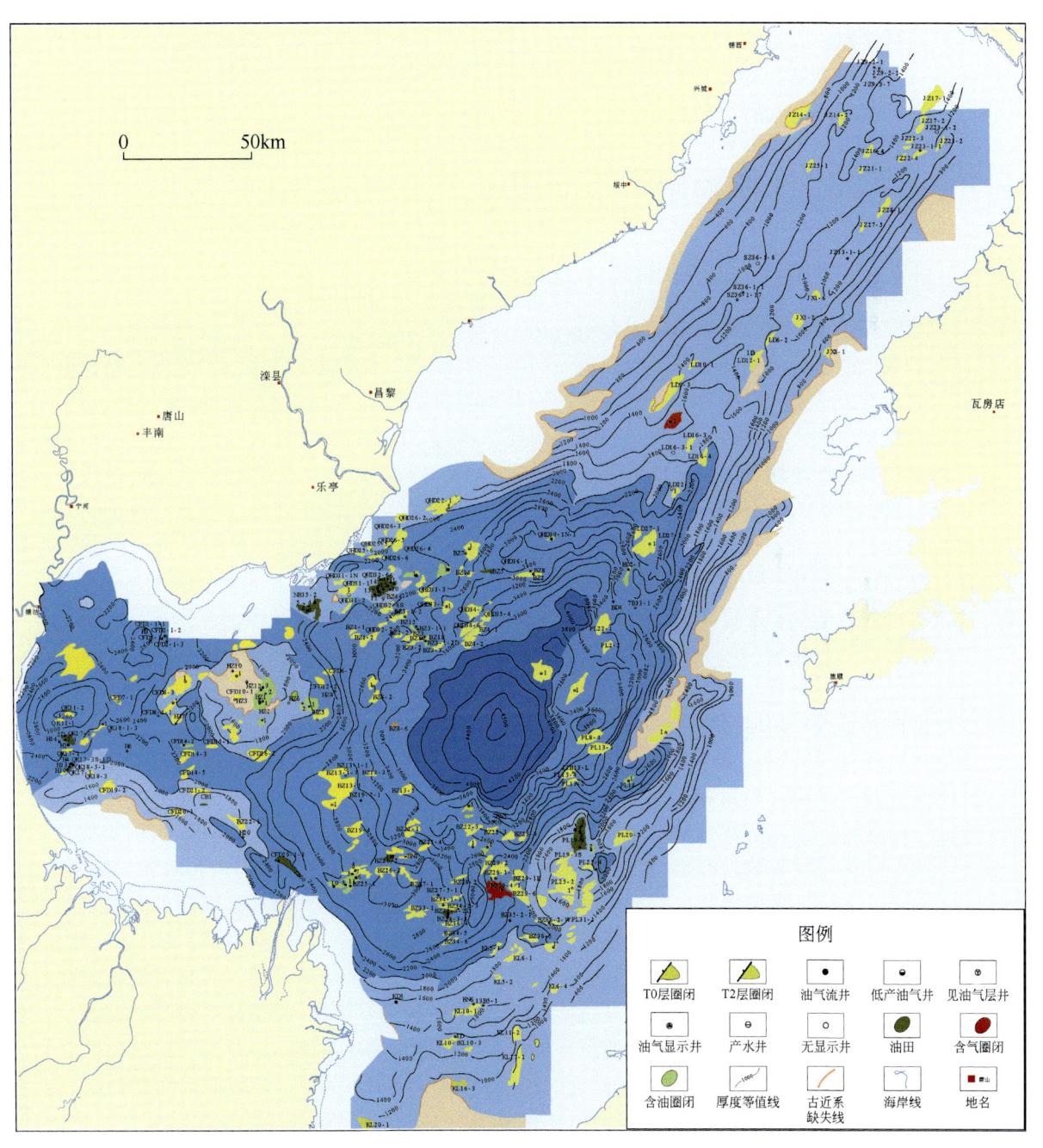

图 2-8 渤海海域新近系厚度图

第3章 渤海海域新近系层序地层格架

3.1 拗陷湖盆萎缩期层序划分难点与原则

3.1.1 拗陷湖盆萎缩期层序地层划分难点

埃克森美孚公司（Exxon Mobil Corporation）倡导的层序地层学诞生于20世纪80年代，是在地震地层学理论基础上发展起来的一门地质学理论。该理论方法系统研究以不整合面或与之相对应的整合面为界的、旋回性的、有成因联系的年代地层框架内的岩石关系，得到了地质学家的广泛认可，产生了一系列重要学术成果，并在等时地层格架对比、沉积矿产预测和古地理重建等方面得以广泛推广和应用，取得了巨大的经济效益（Vail et al., 1977; Posamentier and Vail, 1988; Catuneanu et al., 2009; 林畅松，2009; 姜在兴，2012; Catuneanu, 2020）。

20世纪80年代中期层序地层学的理论和方法引入我国后，广大地质工作者结合我国不同类型盆地的沉积层序充填演化特征，建立了陆相盆地层序地层学理论和模式，并探索总结出我国陆相盆地层序地层的研究方法（薛良清，1990; 李思田和杨士恭，1992; 顾家裕，1995; 解习农等，1996; 吴因业，1997; 刘招君等，2002; 赖维成等，2004; 林畅松，2009; 陈留勤等，2014; 李绍虎等，2017; 李峰峰等，2019; 朱筱敏等，2022; 朱红涛等，2022）。拗陷湖盆作为重要的陆相盆地类型之一，其层序地层学的研究成果也十分丰富，人们通过地震、钻测井、露头以及其他资料的深度融合构建宏观层序地层框架，同时应用古地磁、同位素、旋回地层学等标定时间及时间间隔，达到相互之间的耦合（李思田等，1995; 吴因业，1997; 刘豪等，1998; 王鸿祯和史晓颖，1998; 刘豪等，2002; 朱筱敏等，2003; 顾家裕等，2005; 郭彦如等，2008; 刘自亮等，2013; 梅冥相，2014; 张顺，2015）。

由于陆相湖盆拗陷期的沉降主要受上下振荡运动的影响，盆地的地形相对平坦且宽缓，短轴两侧为对称或不完全对称，整体上呈椭圆形或不规则外形。对于那些具有明显坡折带的拗陷盆地（如准噶尔盆地侏罗纪），以地震不整合接触关系识别为基础，对其开展地震、钻测井、露头、古生物等多位一体的层序地层划分和分析是可行的。但是对于那些坡折带不发育、处于拗陷萎缩期且露头资料缺乏的拗陷湖盆（如渤海海域新近纪拗陷萎缩期湖盆），由于盆地具有：①构造稳定、沉降缓慢（朱伟林等，2008; 田立新等，2009）；②盆大水浅、地形平缓；③物源稳定、分割性弱；④断裂发育、破碎性强等地质特征（徐长贵和赖维成，2005; 赖维成等，2009），为层序地层识别和划分带来诸多难点。

（1）稳定的构造活动和盆大坡缓的古地貌格局，在缺乏明显坡折带的背景下，典型地震不整合如削截、上超和顶超等标志不明显或者不发育；

（2）水体较浅且频繁低幅度进退的湖平面升降过程，导致灰绿色泥岩（还原环境）和棕红色泥岩（氧化环境）、多期砂泥交互发育，且整体含砂率较低，不利于钻测井层序界面的识别；

（3）钻井古生物指标中藻类含量相对较低，大部分钻井中的古生物丰度不足以显示湖平面的纵向变化趋势，加之研究区系统的地球化学数据较少，不利于通过古气候和湖平面波动开展沉积层序演化序列的分析；

（4）此外，新构造运动的复杂断裂体系不仅严重影响了地层的连续性，而且更加弱化了原本就不明显的地震不整合标志，不利于井震结合方法开展层序地层的标定。

综上所述，在渤海海域新近纪拗陷湖盆萎缩期利用传统的层序地层学分析方法难度较大，亟须结合盆地发育的地质背景和数据资料的实际情况，寻找新的层序地层划分思路和原则。

3.1.2 拗陷湖盆萎缩期层序地层划分原则与思路

层序地层学研究的核心是不整合面识别和等时对比。如前所述，当层序的顶、底界面不整合特征不明显时，传统的井震结合层序地层分析方法势必不能很好地解决这个问题。因此，本书在考虑渤海海域新近系实际地质情况的基础上，充分利用现有的三维地震、钻测井、岩心、古生物、元素地球化学等资料，通过锆石定年和磁性地层学等年代学方法的约束，提出了多方法、多技术联合的手段进行陆相湖盆拗陷萎缩期层序地层学及年代学的构建思路和划分原则，具体如下。

1）旋回分析为主线

不同级别的成因旋回，如构造旋回、气候旋回、海（湖）平面旋回，可形成不同级别的沉积旋回，并构成不同级别的沉积层序单元。由于渤海海域新近系构造稳定、沉降缓慢、地形平缓、坡度小且物源供应充足，沉积地层及其叠置样式的差异发育则更多的是受古气候和湖平面波动的控制，进而导致在三级层序内部沉积体系域的差异发育，并在录井、电测曲线、古生物组合、元素地球化学以及地震反射等资料中得以体现，表现出不同级别沉积旋回的时空变化。因此，通过岩相、测井、气候、水深以及地震反射特征等的旋回性分析，可以重建渤海海域新近系不同级别的沉积层序。

2）界面识别为辅助

尽管渤海海域新近系层序界面识别难度较大，但对于构造运动面和盆地边缘地区，在沉积旋回分析的基础上，依然可以结合地震-钻井资料开展关键界面的识别，并作为层序地层学研究的辅助手段。首先，渤海海域新近系作为一个完整的构造层序，底界面具有典型的超削不整合接触关系，可通过地震反射特征直接识别，也可通过钻井岩相组合、岩性变化、测井曲线等特征识别层序界面；其次，在盆地边缘地带，多个层序界面可能发育低角度上超、削截及顶超等不整合现象，可充分利用高精度三维地震资料开展不同级别层序界面的识别；此外，在旋回分析结果的约束下，可以大致确认沉积旋回的类型和转换面发育位置，其中转换面发育位置可作为钻井、地震层序界面识别的重要参考，并达到沉积层序"体"与"面"的有机结合。因此，层序划分必须是界面与旋回的结合，即便是地震与钻井层序界面的特征十分明显，也要考虑地层的旋回性，反之亦然。

3）井震结合为统一

地震资料的优势在于具有较高的横向分辨率，通过几何学的角度开展不同级别层序界面的识别，能够在三维空间上反映地层结构和构造古地貌背景。不足的是地震资料地质解释明显受分辨率的限制，如果地震分辨率低，对沉积旋回的识别能力则相对较弱；在跨越复杂构造带两侧对比时有一定的困难；此外，地震资料不能确定地层的时代。钻测井资料的优势在于具有较高的纵向分辨率，地层旋回性辨识度高，通过其他手段如古生物、年代学等分析方法能确定地层的年代；不足的是在没有岩心的条件下对界面的判别多解性强，横向分辨率较低，钻井之间对比难度大且三维空间地质重塑相对较弱。露头资料信息最为丰富，对层序界面和沉积旋回都具有很好的识别能力，但因海域盆地露头资料出露有限，只能在建立概念模型时发挥作用。不整合面和沉积旋回在地震、测井、录井和露头上均有相应的响应，因此可以也必须进行综合划分对比。由于渤海海域周缘缺乏新近系的露头，开展本地区层序地层学研究主要考虑钻井和地震资料的有效结合。值得一提的是，开展井震结合不是地球物理学家或地质学家之间进行简单的钻井-地震标定，而是要在必须具备地质学与地球物理学知识背景条件下，采用两种手段的有机结合。井震结合过程中要充分考虑钻井与地震的相互约束和校正，进行层序的综合划分，并最终实现地震与钻井分层的统一。

4）由大及小为原则

由大及小的原则包括两个方面的含义。首先，需要考虑根据界面级别高低进行不同级次的层序划分，一般可先识别区域性构造层序所对应的沉积旋回、不整合面和相应的标志层，待全区井震结合标志层闭合后再识别对比三级旋回或层序界面，进一步识别非标志层的体系域或准层序组界面。其次，由于地震、钻测井及岩心资料各自分辨率的特性，需要在具体某个界面确认过程中进行从低分辨率到高分辨率的逐次分析。如在地震界面确定时，地质界面的地震反射可能对应某个同相轴的波峰、波谷或零相位，需要对区域分布的重点井开展精细时-深标定以确定之，但受地震分辨率所限，实际地震界面与地质界面之间可能存在较大的误差。而钻井界面可以通过录井、测井等信息进行识别，并在数米范围内相对精确地确定地质分层，误差相对较小；在有岩心的情况下，地质界面则可进一步精确到厘米级以内。因此如果要对成因砂体进行划分和对比，应在科学合理的区域层序地层格架（最好划分至体系域单元）约束下，先在钻井上划分对比准层序和准层序组，再精确标定到地震剖面上。在一般的地震数据中，准层序组顶底界面是可识别的（一般最高相当于 1/2 波长或半个同相轴，可视为地震地层的最小单元），而准层序是否可以开展井震结合划分则取决于沉积性质及地震分辨率。

5）网络闭合为控制

井震结合层序地层的解释仅依靠几口关键井或几条典型井震结合剖面是不够的。地层界面和旋回特征在盆地不同位置、不同方向都会有所不同，地震解释必须要按一定间距形成规则测网，以保证层位对比的合理性和区域上的解释闭合。对不在测网上的钻井则需要加密解释，根据钻井位置的分布要沿不同方向构建连井剖面，以反映沉积作用的方向性，最好是搭建米字形井震结合骨架剖面网，以便进行层序界面的交叉闭合检查。只有在各方向的剖面对比都合理的情况下才能保证地层划分对比方案的合理性。

6) 质量监控为保障

井震结合层序解释和层序划分方案确认之后,必须有一套质量监控的方法和标准,才能对层序地层划分和对比结果有一个科学的评估,以便进行进一步的推广应用。为此,提出以下质量监控原则和标准。

(1) 地震界面检查:要求不整合面和体系域界面特征清楚,地震解释无串轴出现,断层解释合理,断层两盘地层厚度符合地质认识。

(2) 单井检查:要求单井剖面和岩心中的不整合面、体系域界面和更高级别界面划分合理,界面附近与层序内相序和沉积旋回性、阶段性关系合理。

(3) 联井剖面交叉检验:做到沉积旋回和不整合面、体系域界面对比的合理性。

(4) 井震结合误差检验:通过统计钻井分层和地震分层(时深转换)深度的误差,可以把握井震结合一致性的程度,这是评价层序划分结果合理性的一项重要指标。

(5) 等时性检验:检查层序界面与古生物资料、地层年龄资料的一致性,特别是跨构造单元时,这一检验十分重要。

7) 地质定年为约束

在井震结合层序地层划分的基础上,进一步明确各层序单元的地质时间信息是当前层序地层学研究的重要趋势之一。开展层序地层年代学的研究方法有多种,其中利用锆石测年和磁性地层学方法可获取某界面的绝对年龄。但由于在盆地充填过程中,不可能所有地层中都具备开展绝对年龄测试的岩石样品,需要结合其他方法辅助构建不同层序界面的年代,其中旋回地层学是十分重要的研究手段。因此,为了构建渤海海域新近系年代地层框架,将在层序地层学划分的基础上,主要通过锆石年代学和磁性地层学方法确认某个地层界面的绝对年龄,结合旋回地层学推断和内插其他层序界面的年代。

3.2 渤海海域新近系层序地层学分析

针对上述提出的拗陷湖盆萎缩期层序地层学划分思路和原则,考虑到渤海海域新近系湖盆特点及实际资料情况,拟从地层旋回性、界面发育特征、层序构成、年代学等多个方面出发,进行层序地层学分析的详细介绍。

3.2.1 层序旋回性分析

层序旋回性分析以钻井和地震资料为主,其中标志井的旋回分析包括古气候演化、录-测井旋回和可容空间变化等,地震旋回主要通过地震反射的结构和构型的差异性来进行分析。

1. 气候旋回与层序地层单元

气候波动对湖平面变化的影响至关重要(李玉成等,1999;Li et al.,2017;Dong et al.,2018),在构造活动相对较弱的拗陷湖盆,古气候变化是基准面和可容空间变化的最主要控制因素,进而影响了盆地的沉积记录和沉积旋回。因此,通过古气候重建可为拗陷湖盆层序地层学的划分提供十分重要的依据和线索。

利用钻井中反映喜热、喜温、旱生和湿生的孢粉组合归类统计，以及黏土矿物如伊利石（I）、高岭石（K）等的变化可以进行古气候重建和气候旋回分析（图3-1）。渤海海域渤南地区黄河口凹陷典型钻井古生物和黏土矿物古气候恢复结果表明，整个明化镇组下段经

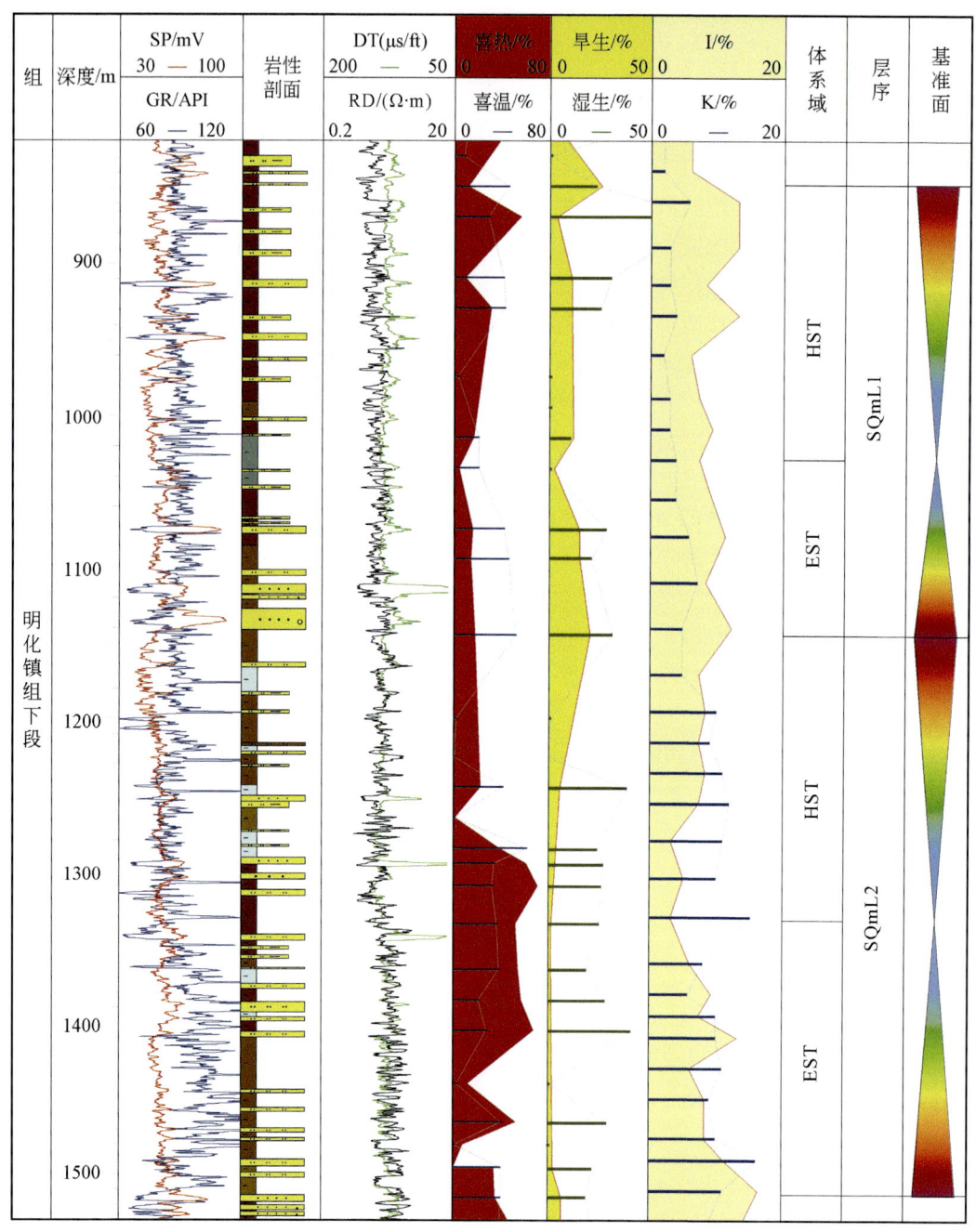

图3-1 渤海海域渤南地区孢粉、黏土矿物气候旋回特征与层序地层的关系

HST为高水位体系域；EST为湖扩体系域

历了 2 个比较明显的气候旋回，分别对应 2 个三级层序。其中，三级层序界面大致对应于气候干旱-潮湿的转换时期，反映了相对低水位时期；最大水进面与温湿气候时期一致，相对湖平面处于上升阶段（图 3-1）。这种干湿气候的旋回变化分析，不仅对渤海海域新近系相对湖平面变化的分析起到至关重要的作用，而且也是地层旋回变化分析和层序地层划分最重要的手段之一。

元素地球化学可以用来反映沉积环境，不同沉积环境有不同的元素组合特征。在湖平面有规律地升降变化过程中，对应沉积物中的微常量元素组成和含量也随之变化，各微常量元素化学特性上的差异，造成了对湖平面升降变化的响应也不同。同样，微常量元素平均含量的高低与沉积环境及湖平面升降相关。层序界面上下地层的沉积环境、沉积水介质以及古气候等特征有所差异，沉积物中的微常量元素特征及比值特征也必然不同。因此，通过这些差异和比值的不同可以作为判断层序旋回乃至层序界面的重要依据。

用于指示古环境变迁的地球化学指标包括古温度（如 Na/Al 值）、古湿度（如 Sr/Cu 值）、陆源碎屑输入（如 Ti 元素含量等）、古盐度（如 Rb/K 值）、水体氧化还原环境［如 V/(V+Ni) 值］、古生产力（如 P 元素等）等。渤海海域典型钻井新近系元素地球化学分析表明（图 3-2），馆陶组至明化镇组古气候呈凉爽—温暖—凉爽的变化趋势，其中馆陶组上段为一个

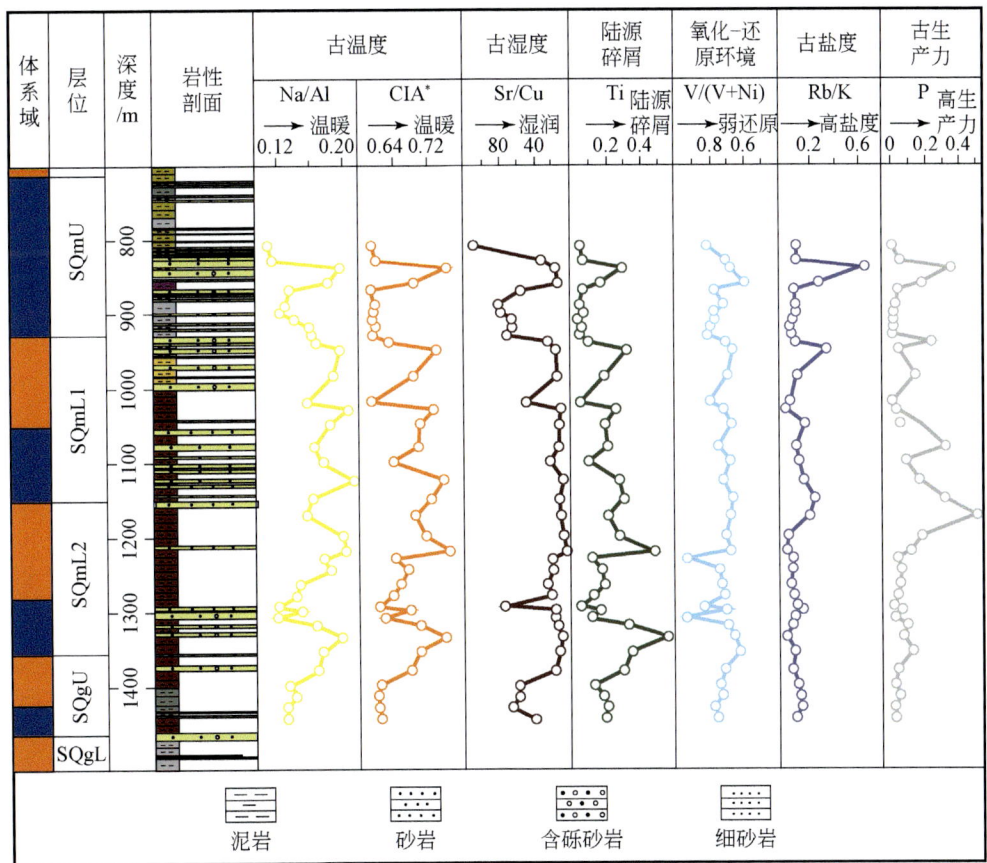

图 3-2 渤海海域渤南地区新近系钻井垂向古环境变化图

完整的温暖—凉爽的气候旋回。明化镇组下段整体处于温暖期,但是内部发育 2 个古气候变化旋回,分别为相对凉爽—温暖—相对凉爽和相对凉爽—相对温暖—凉爽,可能对应了明化镇组下段 2 个三级层序。此外,古湿度、陆源碎屑以及古盐度等指标也具有与古温度相似的变化趋势(图 3-2)。

2. 钻、测井旋回与层序地层单元

渤海海域新近系物源供应稳定、构造沉降幅度较小,影响沉积物类型和地层叠置样式差异变化的主要因素来自古气候和湖平面变化,因此古气候变迁和相对湖平面升降必然会导致沉积地层呈旋回性发育。在一个三级层序内部,伴随相对湖平面上升,录井上具有沉积物粒度向上变细的反旋回特征,电测曲线(如伽马曲线)也表现出向上幅值变小的趋势;当相对湖平面下降时,录井上反映出沉积物粒度向上变粗的正旋回特征,电测曲线也表现出向上幅值变大的趋势。

通过上述钻井录井和测井旋回分析原则不难发现,渤海海域新近系一共可以划分出 5 个三级旋回,旋回分界位置分别对应层序界面和最大水进面,其中向上呈进积组合叠置样式的反旋回和呈退积组合叠置样式的正旋回转换带为层序界面发育位置,向上呈退积组合叠置的正旋回和呈进积组合叠置的反旋回分界对应最大水进面(图 3-3)。

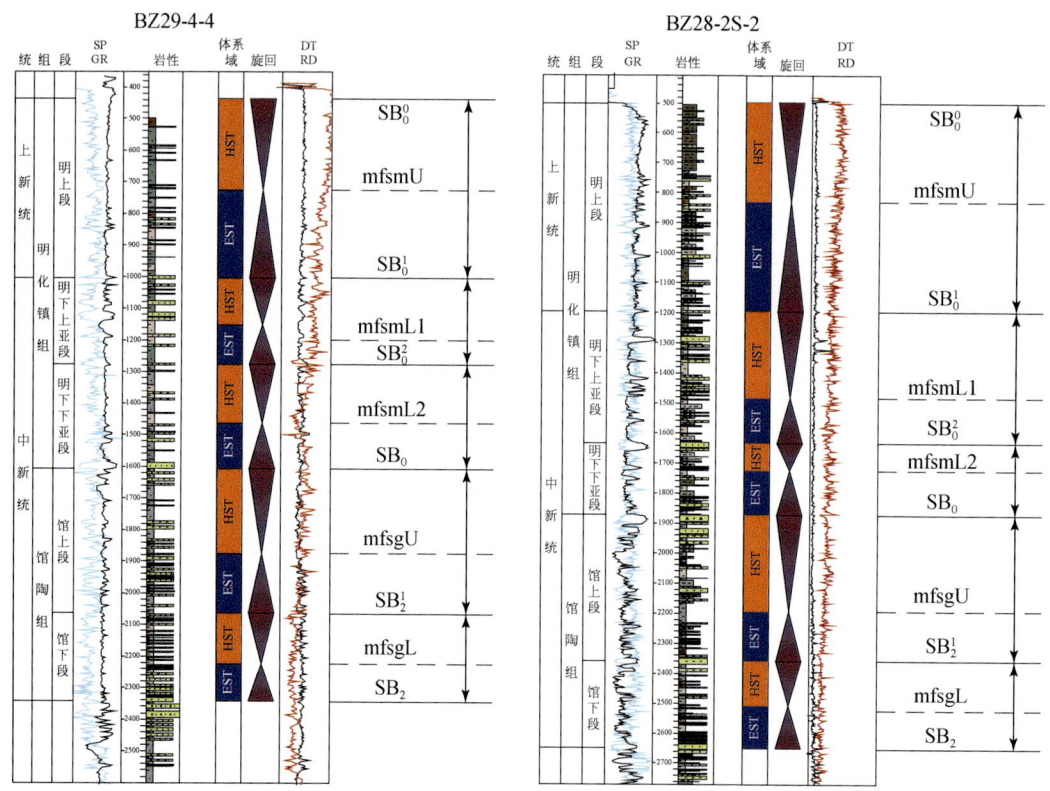

图 3-3　渤海海域新近系钻、测井旋回性与层序地层的关系

伽马曲线中-高频滤波结果同样反映了一个三级层序内部的旋回特征。图3-4中反映出在一个三级层序中，由早期岩性向上变细的退积旋回和晚期向上变粗的进积旋回组合而成的旋回特征，而每个旋回中又包括多个更高频次旋回的叠加，这些高频旋回通常又代表了体系域内部的准层序组沉积。

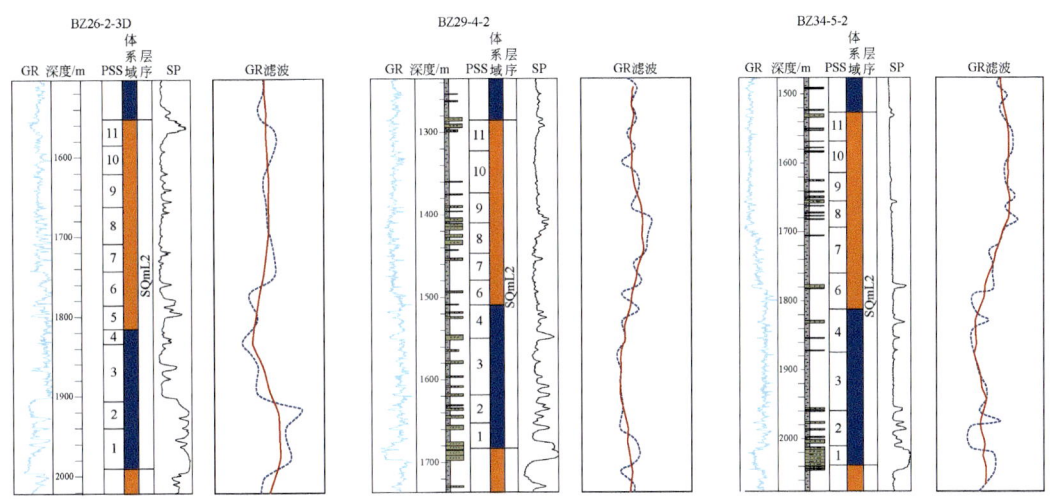

图3-4　渤海海域新近系明化镇组下段伽马滤波旋回性分析及层序地层解释

3. Fischer图解与层序地层单元

相对湖平面与可容空间是层序地层学和古环境研究中十分重要的概念，同时也是划分层序地层单元最重要的参考要素之一。在地质时间进程中，随着可容空间的波动，沉积物的堆叠样式以及沉积体系域的发育也呈现出周期性的变化。从理论上讲，层序边界是在可容空间增长速率停止或相对缓慢期间形成的，沉积体系和沉积体系域的演化也主要受可容空间变化的制约。因此描绘可容空间的演化历史是划分层序级次、对比沉积层序的一种较为客观的方法。目前，分析可容空间的最重要的方法是Fischer图解法。

Fischer图解法是Fischer在研究奥地利三叠纪环潮坪相Dachstein灰岩剖面中Lofer旋回的厚度变化规律时最先提出的（Fischer，1964）。近年来，该方法已被广大层序地层工作者所接受，并在各种不同类型的沉积盆地中应用取得了良好效果（Yang et al.，2022）。渤海海域新近系充足稳定的物源供给、较弱的构造沉降、连续且保存完整的地层以及沉积层序充填受古气候影响更为明显等地质条件，为利用该方法求取可容空间变化曲线并进一步开展层序地层学分析提供便利。

Fischer图解法的具体操作是，在笛卡儿坐标系中，取纵坐标为平均累积厚度偏移，横坐标为旋回个数。将米级旋回层序的厚度减去所有米级旋回层序的平均厚度得到净加积量，以该米级旋回层序之前所有旋回层序净加积量的累积值为纵坐标的起点，画在以旋回个数为横坐标的起点上。连接各旋回顶点坐标所得到的曲线即为以旋回个数为函数的平均累积厚度偏移曲线，它反映了沉积物形成时可容空间的变化（图3-5）。

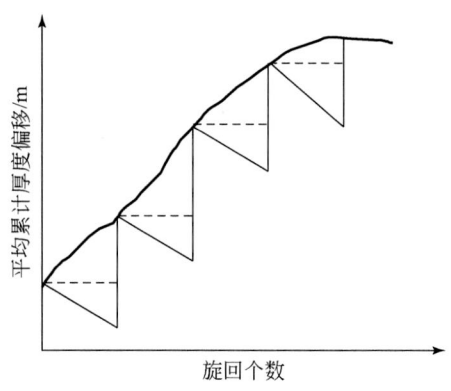

图 3-5　Fischer 图解法示意图

渤海海域渤南地区钻井 Fischer 图解法及实际可容空间变化曲线恢复（图 3-6）表明，馆陶组至明化镇组沉积期一共发育 5 个低频旋回，分别大致对应馆陶组下段、馆陶组上段、明化镇组下段下亚段、明化镇组下段上亚段和明化镇组上段，代表了 5 个三级层序地层单元。其中，层序界面大多发育在可容空间下降-上升的转折点，如馆陶组下段相对湖平面先上升再下降的位置，至馆陶组下段末期湖平面再次上升，馆陶组上段末期相对湖平面则呈现再次下降后迅速上升的特征，明化镇组内部的三级层序及对应的相对湖平面升降也具有相似的特征。而 Fischer 图解法所反映的可容空间发育的最大位置则往往与最大水进面一致。此外，在 5 个低频旋回中还发育多个高频旋回，这些高频旋回大多对应三级层序内部

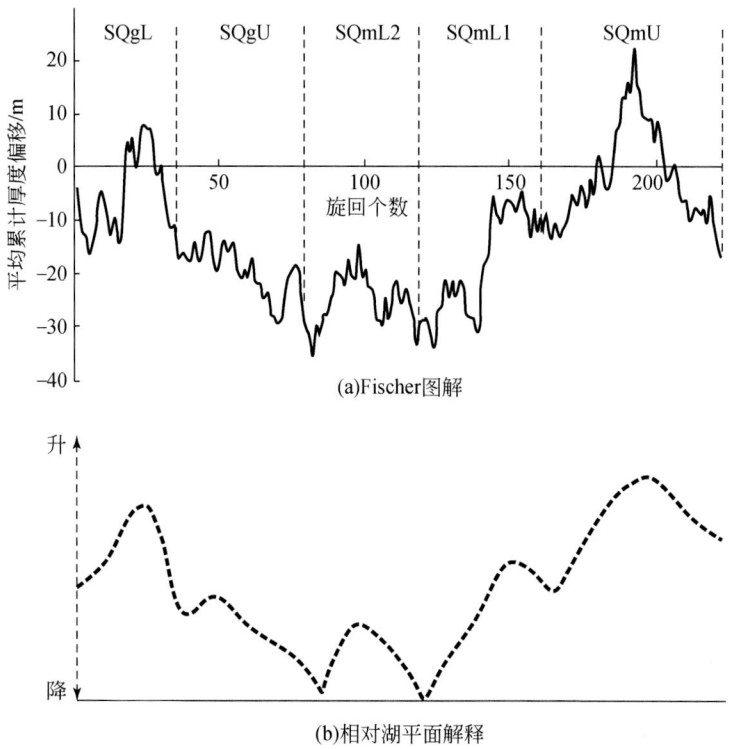

图 3-6　渤海海域渤南地区 BZ27-4-1 井 Fischer 图解与层序地层对应关系

准层序组这一级别的地层单元。

4. 地震反射旋回与层序地层单元

地震地层学中，利用地震反射特征分析地震相一般包括地震反射结构（如振幅、频率和连续性）、地震反射构型（指的是地震同相轴的排列组合，如平行亚平行、波状和前积等地震反射）和地震反射外形。其中，地震反射结构与沉积体的内部岩性组合、厚度和横向稳定性有关，地震反射构型代表了沉积体的内部叠置样式，而地震反射外形则与沉积体的外部形态相对应。受多种地质因素的控制，在一个三级层序内部的不同体系域，往往会发育岩性差别较大、叠置样式不一的沉积体系组合，这些沉积体系的组合在盆地的演化过程中通常又具有多期旋回性，在地震剖面中也会形成差异的地震反射结构和构型，且呈旋回性特征。因此，地震反射的旋回分析主要是通过识别不同沉积期地震反射结构和构型的韵律性变化，来进一步反推层序沉积的旋回性及其与沉积体系域的关系，为层序划分提供依据。对于渤海海域新近系拗陷湖盆而言，古气候变迁引起的相对湖平面波动对三级层序内部沉积体系域的构成影响较大，所发育的沉积体系的韵律性则更加明显，因此利用地震反射的旋回性分析不失为一种有效的手段和方法。

如图 3-7 的地震剖面，通过对渤南地区黄河口凹陷馆陶组－明化镇组下段地震反射特征的解释，可识别出 8 套较为明显的地震反射波组，各波组在地震反射结构和构型上都有差异，它们分别对应了多期的层序沉积旋回：

SB_0^1 至 SB_0^2 之间的地层大致对应明化镇组下段上亚段，明显可识别出两套波组，上部地层波组的地震反射特征为中频、中高连续、中强振幅反射结构和平行-波状反射构型；下

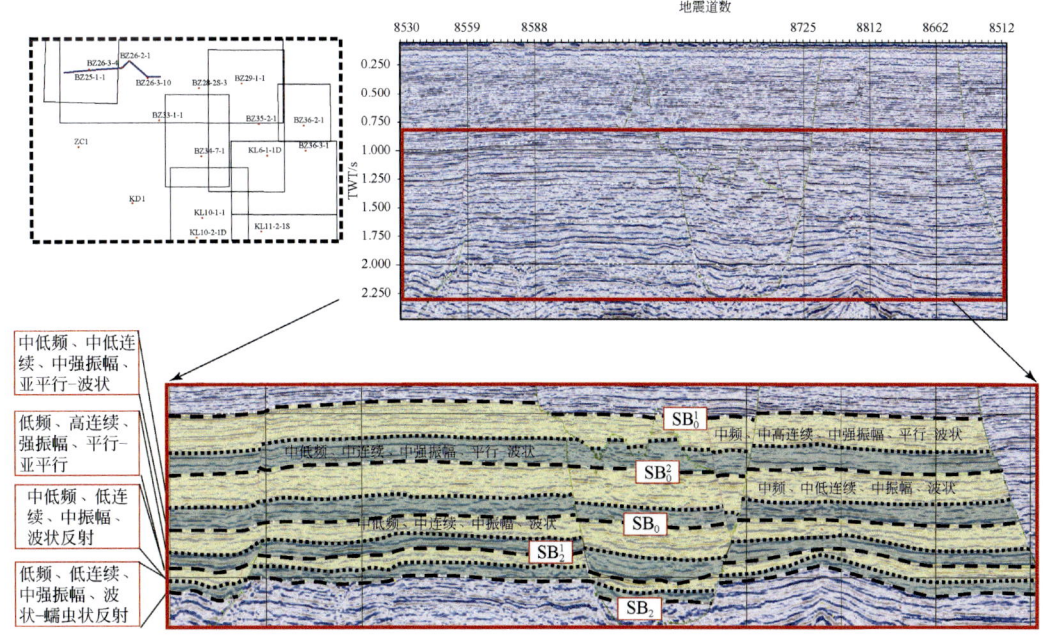

图 3-7 渤海海域黄河口凹陷 BZ26 三维区地震反射旋回特征与层序地层单元的关系

TWT 为双程旅行时

部地层波组为中低频、中连续、中强振幅地震反射结构和平行-波状反射构型。两套波组的地震反射构型差异不大，但是在地震反射结构特征上有差别，下部地层波组频率更低、连续性相对变差，反映了两套波组代表的沉积地层在厚度和横向稳定性上有明显的不同，可能代表了同一个三级层序中不同的沉积体系域的沉积差异发育。

从 SB_0^2 到 SB_0 也能分出上下两套波组，大致对应明化镇组下段下亚段。上部地层波组为中频、中低连续、中振幅、波状地震反射特征；下部地层波组为中低频、中低连续、中强振幅、亚平行-波状地震反射特征。其中，上部地层波组与上覆层序下部地层波组的地震反射特征差异明显，这也充分说明了这两个波组之间存在沉积过程和沉积作用的不同，可能存在一个三级层序界面，即地震上命名的 SB_0^2。

从 SB_0 到 SB_2^1 也可识别出上下两套波组，大致对应馆陶组上段。上部地层波组以中低频、中连续、中振幅、波状地震反射为主；下部地层波组以低频、高连续、强振幅、平行-亚平行地震反射为主。两套波组的地震反射结构和构型都有差别，而地震反射结构的差异性更大，代表了不同沉积体系组合的地震反射，也说明了这两套波组可能为同一个三级层序内部的不同沉积体系域。其中，SB_0 是馆陶组与明化镇组的分界面，尽管该界面上下在剖面展示区域没有明显的不整合或沉积间断的证据，但根据界面上下的地震波组的差异性特征，结合区域地震解释、钻井综合分析等，也可以推断 SB_0 可能是一个三级层序界面。

SB_2 至 SB_2^1 大致对应馆陶组下段，其中 SB_2^1 为馆陶组上段和下段的界面，两者之间呈整合接触；SB_2 为馆陶组与下伏东营组之间分界面，在地震剖面上该界面与下伏地层呈明显的角度不整合接触。在地震剖面中，馆陶组下段也可识别出两套波组，上部地层波组主要表现为中低频、低连续、中振幅、波状的地震反射特征；下部地层波组为低频、低连续、中强振幅、波状-蠕虫状地震反射，二者之间的地震反射差异性主要体现在反射结构上，也分别代表了不同地质因素控制下的沉积旋回。

根据地震反射结构和构型的差异性与旋回性分析可以得出，在同一个三级层序内部具有较为相似的反射构型。但在不同体系域沉积过程中，由于湖平面波动、沉积物供给程度等控制作用有差别，沉积体系的岩性特征、岩相组合、沉积规模以及横向稳定性等方面也有所不同，在地震反射结构上会出现明显的差别，如地震反射频率会出现明显的低频-高频变化规律，其中一个低频-高频的旋回可能代表了一个完整的三级层序，而低频与高频旋回分界则可能对应最大水进面。但对三级层序界面而言，界面上下地震反射结构和构型都有一定或较大差异，这与三级层序的控制因素更为复杂、不同层序之间控制作用差异性大有关。成因层序之间正是因为这种不同的地震反射结构和构型，才成为初步判断层序界面的依据之一。当然，利用地震反射旋回差异性来解释和划分层序与体系域，其结果是否合理，需要与钻井旋回、地震-钻井界面解释等方法相结合来进行综合判别。

3.2.2 层序界面分析

1. 不整合界面特征

1）钻测井特征

在气候、钻测井旋回分析的基础上，以旋回转换面为约束，可为通过录井-测井确定层序界面提供借鉴。通过对渤海海域渤南地区新近系大量钻井录井、测井数据的分析发现，层序界面响应特征较为清楚，界面上下接触关系在录井和电测曲线中呈现多样性（图 3-8）。在渤南地区可识别出两大类层序界面接触类型。

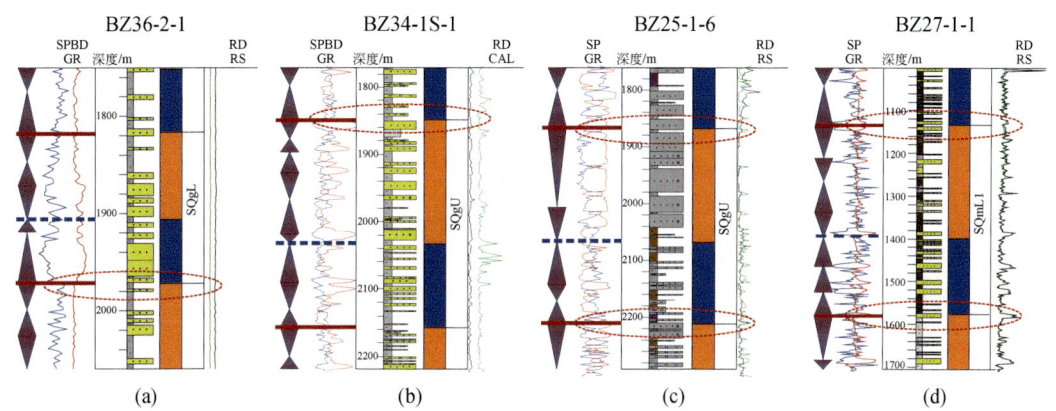

图 3-8 层序界面在钻测井中的反射特征

首先为突变接触，突变接触又分为两种亚类，其一为界面上覆大套砂岩与下伏泥岩的突变接触，界面之上电测曲线呈箱形或钟形，这种接触关系往往与构造层序界面有关，反映了构造运动转换期对早期地层的强烈剥蚀，导致下伏地层的晚期沉积缺失，在本地区主要指的是馆陶组底界面，即 SB_2 层序界面 [图 3-8（a）]。另外一种突变接触为下伏砂岩和上覆大套泥岩的接触，电测曲线表现为下伏地层的漏斗形与上覆钟形或微齿状低幅度箱形的突变接触，反映了界面在经历早期相对湖平面下降后湖平面快速上升，表现为早期三角洲前缘或者河流相沉积与晚期浅湖泥岩或前三角泥的突变接触 [图 3-8（b）]。

其次为旋回转换的渐变接触关系，多为下伏地层岩性向上变粗的反旋回和上覆岩性向上变细的正旋回接触，电测曲线表现为界面之上以钟形为主，而界面之下则呈漏斗形特征 [图 3-8（c）（d）]，反映了界面上下沉积水体相对深-浅-深的变化特征。

2）地震反射

受地质和地貌条件的限制，除了馆陶组底界面外，渤海海域新近系内部多个三级层序界面的地震不整合特征整体上不太明显，特别是在盆地内部几乎少见。

馆陶组的底界面为渤海湾盆地一个区域构造运动面，在盆地大部分地区界面之下多以削截地震反射特征为主，下伏地层与该界面呈角度不整合接触。尽管渤海新近系内部三级层序界面不整合特征不明显，但在靠近盆地边缘或物源区，可见局部的低角度削截、上超、断失和界面之下的顶超等地震不整合接触特征，其中又以上超和顶超为主。如在渤海海域南部莱北低凸起东南部，该地区靠近盆地边缘，在边缘斜坡带上可见新近系多个三级层序界面之上的上超地震反射，在明化镇组顶界面之下还可见到不太明显的、角度较低的削截（图 3-9，图 3-10）。断失现象多发育在馆陶组沉积期，主位于斜坡带-盆地区断裂坡折带附近（图 3-10）。因此，这些局部发育的低角度削截、上超、断失及顶超等地震不整合接触关系也是层序界面识别和层序地层划分过程中十分重要的证据。

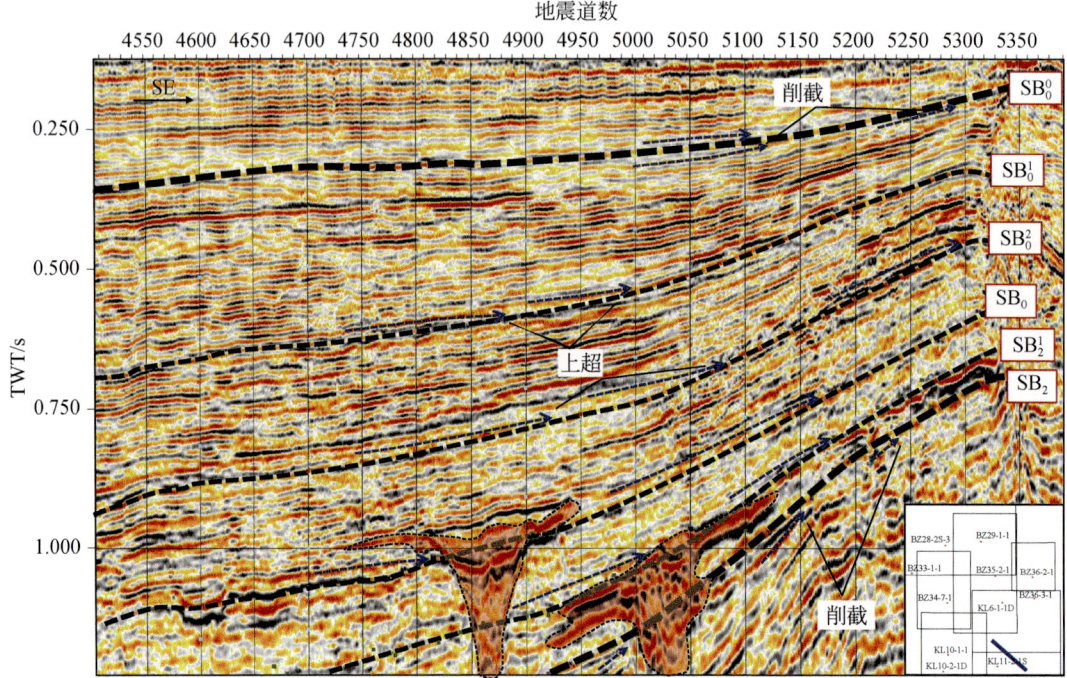

图3-9　渤海海域渤南地区东南部新近纪层序界面削截、上超特征

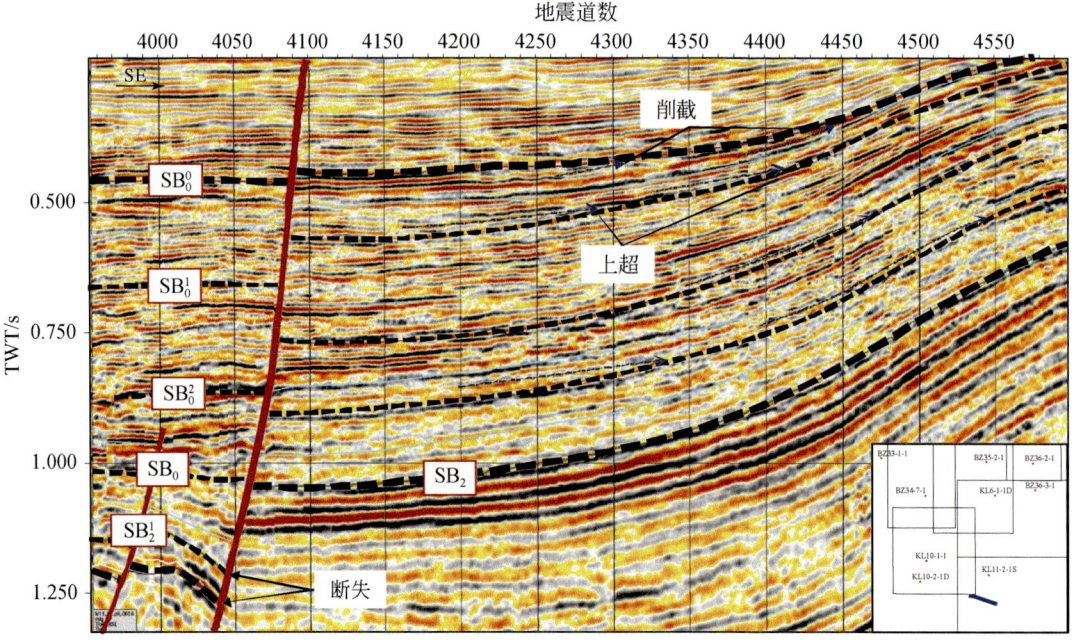

图3-10　渤海海域渤南地区东南部新近纪层序界面削截、上超、断失特征

2. 体系域界面特征

1) 钻测井特征

渤海海域新近系湖盆地形平缓,缺乏明显的大型坡折带,不利于低水位体系域的形成,因此三级层序主要由水进体系域和高水位体系域构成,二者之间的界面对应最大水进面或最大洪泛面。在钻井中,最大水进面多为下伏地层岩性向上变细的正旋回和上覆岩性向上变粗的反旋回的分界,电测曲线表现为界面之下的钟形和界面之上的漏斗形接触组合(图3-8),反映了最大水进面附近的水体相对较深,该界面上下沉积水体具有明显的浅-深-浅变化趋势。

2) 地震反射特征

最大水进面在地震反射中多以1~2个连续性好、振幅较强的同相轴构成(图3-10),受渤海海域新近纪新构造运动影响,复杂的断裂体系使得地震同相轴的连续性可能变差,在区域上开展最大水进面的地震识别、追踪和对比难度相对较大。此外,渤海海域新近系广泛发育极浅水三角洲,但该类型三角洲多以分流河道为主,而河口坝不甚发育,因此在地震剖面中常常难以见到明显的前积地震反射构型,故在研究区通过下超地震反射来确定最大水进面有一定的难度。但在盆地少数地区,如在黄河口凹陷中央区顺物源方向,通常因为多期极浅水三角洲的向盆进积或推进,在最大水面之上可见非典型的下超地震反射(图3-11),但这种前积仅限于多期浅水三角洲前缘亚相带,其下超地震反射不十分清楚,前积角度非常平缓,以叠瓦状前积构型为主。

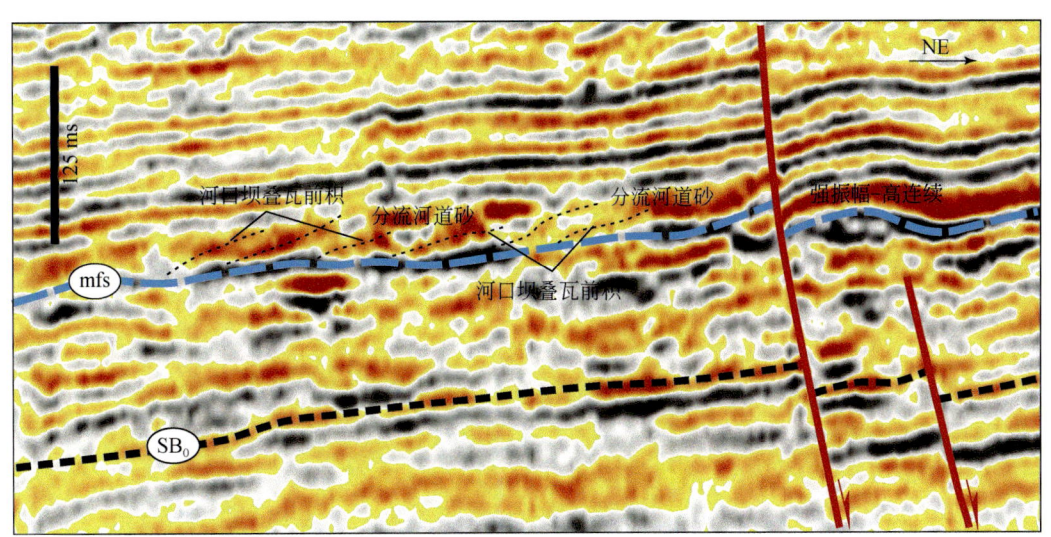

图 3-11　渤海海域渤中 35 三维区明化镇组下段沉寂期最大水进面地震反射特征

mfs 为最大湖泛面

3.2.3　三级层序"面""体"划分原则与结果

在层序地层学中,层序地层单元具有不同的级别。其中层序(sequence)是三级单元,也是层序地层学研究中最重要、研究最多的单元。关于层序的定义和级别的界定，即使是在海相盆地的层序地层学中，也有截然不同的观点和判别标准。这不仅仅涉及学术观点之争，也是实际生产中如何更加合理科学地认识地层、划分地层，揭示其沉积充填过程及其油气意义等方面必须考虑的。因此，本节将就层序级别、层序构成、规模与层序体系域划分等方面提出我们的观点，供广大读者参考和讨论。

以 Vail 为首的研究团队强调了层序地层全球海平面变化的控制作用，随后 Haq 先后两次编制了全球海平面升降周期和全球层序年表（Haq et al., 1987；Haq and Schutter, 2008），Jervey、Posamentier 等建立了可容空间与层序发育的概念格架。关于层序级别的划分，Vail 等将地层沉积持续时间长短作为不同级别的层序划分的标准，我国的王鸿祯和史晓颖（1998）等也持类似观点，提出沉积层序可区分为巨层序、大层序、中层序、正层序、亚层序和小层序 6 个级别的单位，其时间延续大致分别为 500~600Ma、60~120Ma、30~40Ma、2~5Ma、0.1~0.4Ma 和 0.02~0.04Ma。他们认为层序和体系域是形成于海平面升降曲线拐点之间的岩石组合，强调不同级别层序的发育与不同级别的海平面升降周期相对应，从而具有不同的持续时间范围和平均厚度。

另一种观点以 van Wagoner 等（1988）为代表，他继承了 Mitchum（1977）强调客观物理关系的思想，指出层序、准层序组与准层序是通过地层的物理关系来定义和确认的，其中包括这些地层单位界面的侧向连续性和几何关系，以及内部地层的垂向、侧向叠置方式和侧向几何关系等两个方面。而地层的绝对厚度、形成时间，以及区域和全球成因的解释等不被用于定义层序地层单位。由此可见，该学派对于将地层的绝对厚度、形成时间长度，以及区域和全球成因用于定义层序地层单位持否定态度。

由于层序发育的主控因素高度复杂，仅仅简单地用全球海平面变化周期是不能解释的，同时用时间频率仅作为层序划分的参考，也不是唯一的衡量标准，在内陆湖盆更是如此。构造和气候等方面有时可以成为层序发育的主控因素，因此在主控因素不同的地方，层序界面、层序级别以及层序样式也存在较大差异，从而导致在盆地间的层序等时对比困难较大。而 Mitchum（1977）、van Wagoner 等（1988）、Embry（1993）和 Cross 和 Lessenge（1998）等强调客观物理关系的思想，可以避开对层序成因机制认识上的无休止的争论，根据客观存在的标准划分层序级别，因此更为科学，易于使用，这对于从具体某个盆地实际地质条件出发开展层序地层学研究或许更为适用。

从客观物理关系来看，三级层序的本质是：①在外部由不整合面及与之可对比的整合面所围限；②在内部是由不同关键界面（如强制水退界面、初始洪泛面和最大洪泛面等）所分隔的一个完整的沉积体系域旋回组成。在三级层序内部一般不可能出现明显的不整合面，也不可能出现多个完整的沉积体系域旋回。因此确定三级层序的客观依据包括多因素（构造、气候、物源、基准面等）控制的不整合面和沉积体系域旋回两个方面。

介于上述分析不难得到，运用客观物理标准进行层序级别划分和层序体系域的确认，关键在于解决"面"和"体"。一旦通过多方法结合确认出不整合面，首先可根据不整合面的类型、性质、分布以及层序充填特征等进行层序级别的划分：如具有掀斜、整体抬升、褶皱隆升及断失等构造运动特征的不整合面通常与构造界面相关，表现为削截、上超或平行不整合等特征，不整合分布范围多为区域或区际，界面之间一般为构造层序；三级层序控制因素除了构造作用外,还受诸如气候、物源、海(湖)平面等的共同影响,其界面之下的削截不整合特征并不占主导,也极少出现因地层抬升大规模的地层缺失,而是反映沉积作用的地层上超、顶超等标志可能更为明显;对于体系域而言,则是在三级层序框架下,通过识别层序内部多个整合界面进行体系域旋回划分,通常一个三级层序内部可以由2~4个体系域构成。

通过地球化学、古生物、地震、钻井、测井等资料的层序旋回和界面综合分析,运用客观物理"面""体"层序划分原则,对渤海海域新近系开展了系统的层序地层划分。

在渤海海域新近系共识别出 5 个三级旋回、6 个三级层序界面和 5 个最大水进面,由于渤海海域新近系地形平缓、坡折带不发育、初始水进面不存在或难以识别,本书将低位和水进域合成一个体系域(统称为湖扩体系域,后同),因此在渤海海域新近系发育的 5 个三级层序都是由湖扩和高水位 2 个体系域旋回构成(图3-12)。据此将渤海海域新近系共划分为 5 个三级层序、10 个体系域。主要三级层序界面分别为 SB_0^0、SB_0^1、SB_0^2、SB_0、SB_2^1、SB_2。三级层序自下而上分别对应于馆陶组下段、馆陶组上段、明化镇组下段下亚段、明化镇组下段上亚段、明化镇组上段(图3-13)。

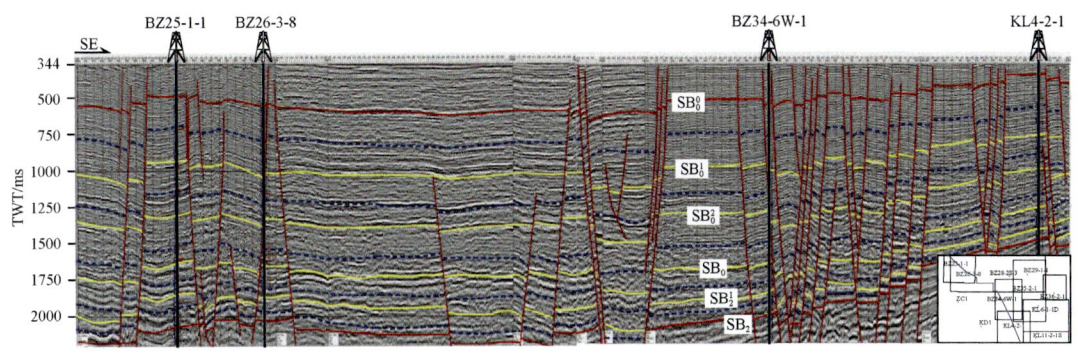

图 3-12　渤海海域渤南地区过 BZ25-1-1－KL4-2-1 井新近系井震层序划分

从地质特征上看,渤海海域新近系具有明显区别于海相被动大陆边缘的层序特征,同样也不同于我国大多数内陆湖盆,特别是陆相断陷盆地。其相对稳定的构造沉降、平缓的地形坡度、充足的物源体系使其在不同时期的沉积得以均衡发育,其沉积层序和地层叠置样式的继承性较强,因此沉积规模和地层发育特征差异性不大。从层序划分结果上看(图3-12),所划分的 5 个三级层序在地层叠置样式、层序厚度以及层序内部体系域的构成等方面比较一致。

本书通过三级层序构成和规模开展的层序体系域划分,充分考虑了渤海海域新近系构造活动、古地貌、物源供给、古环境、沉积充填等特殊的地质条件,不仅体现了层序地层划分的客观物理关系思想,也很好地诠释并实践了本次提出的"面""体"层序划分原则。

3.2.4　层序划分结果及井震结合一致性分析

在旋回分析、关键界面的识别和三级层序划分标准讨论的基础上,进一步在区域上构建多条米字形骨干剖面（地震+钻井），并开展层序界面和最大水进面的纵横向识别、解释和对比，并最终建立起本地区层序地层格架（图3-13）。

通过对渤海海域渤南地区所有参与井震结合层序划分的钻井的统计（图3-14），井震结合的误差最大为62.5m，经分析可能与声波曲线本身的异常有关系。小于10m的分层占比为45%，大于30m的只有8.9%，绝大部分层位的井震对比都在可控的误差范围内（图3-14），证实了层序划分结果的可靠性。同时，研究区井震结合误差分析结果也充分证明了在拗陷湖盆开展本书提出的层序地层学研究思路的可行性。

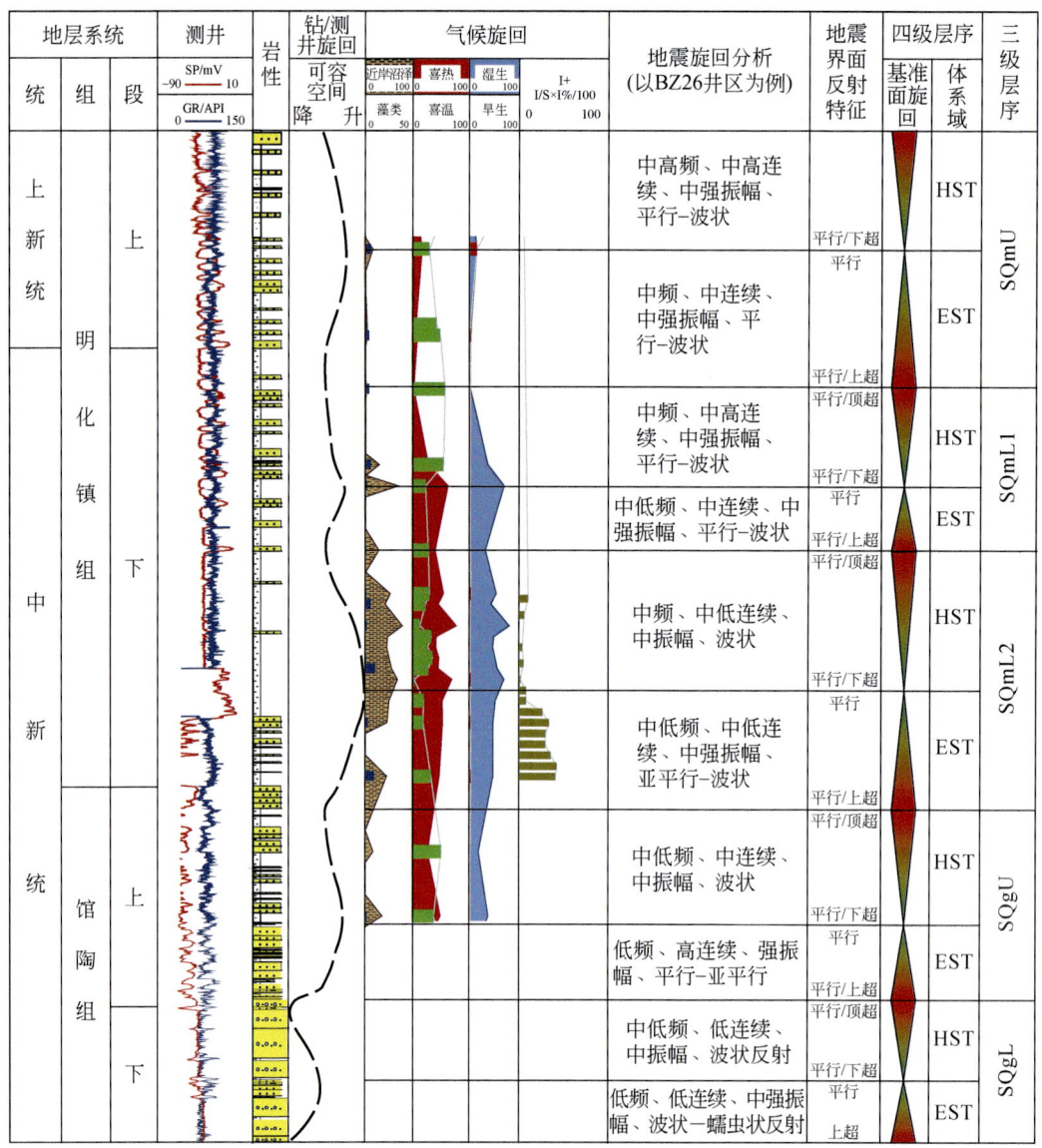

图3-13 渤海海域渤南地区新近系层序地层划分方案

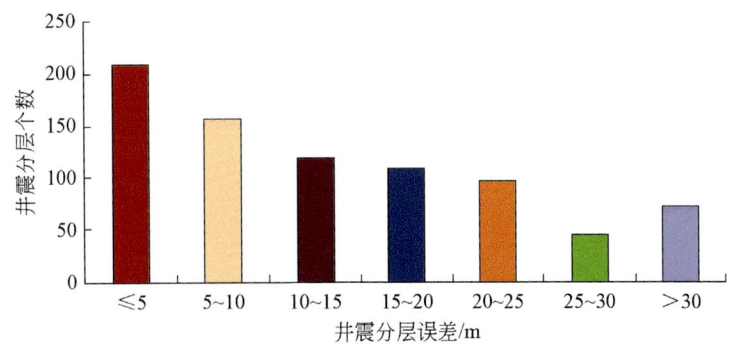

图 3-14　渤海海域渤南地区新近系井震结合层序划分误差统计

3.2.5　新近纪年代框架

1. 馆陶组锆石 U-Pb 最大沉积年龄确认

渤海海域新近纪年代地层学研究较为薄弱，新近纪绝对真实年龄的测定工作一直是空白。徐道一等（2008）曾经在国际年代划分的基础上，运用天文地层学方法对渤海湾盆地东营凹陷进行了新近纪年代的厘定，为后来渤海湾盆地新近系研究提供了基础。此外，也有部分学者通过研究认为断拗转换的时代（古近纪—新近纪的时间节点）为 24.6Ma（Hu et al.，2001），旋回地层学将该时间节点重新厘定为 23.03Ma（Liu et al.，2016b）。为进一步明确渤海海域断拗转换的时代节点，本书利用锆石 U-Pb 定年方法来确定馆陶组的最大沉积年龄。

锆石是各类岩石中常见的副矿物，在中酸性岩浆岩中尤为常见。其结晶温度可达 900℃，富含 U 和 Th，同时普通 Pb 含量较低，是 U-Pb 同位素年代学研究的理想对象。锆石 U-Pb 定年技术方法包括热电离质谱（TIMS）、同位素稀释-热电离质谱（ID-TIMS）、二次离子探针质谱（SIMS）、高分辨率离子微探针（SHRIMP）和激光剥蚀电感耦合等离子体质谱（LA-ICP-MS）等（Davis et al.，2003）。相较于其他定年方法，LA-ICP-MS 更加简便快捷，运行成本更低，以往存在的元素分馏和质量歧视效应也随着对激光剥蚀过程性质更好的理解和对激光发生器、剥蚀池和检测器等仪器的改进得到了改善（Jackson et al.，2004；范晨子等，2012）。Vermeesch（2004）认为碎屑锆石要取得至少 117 个有效年龄，才可以捕捉到可能的全部年龄峰。因此 LA-ICP-MS 在需要大量样品的碎屑锆石年代学中得到了广泛应用（Meng et al.，2018；Wu et al.，2019；Sun et al.，2019b）。

实验所需样品来自渤南地区黄河口凹陷 BZ26-2-1 井馆陶组上部中细砂岩层，岩浆锆石和变质锆石均有出现。每个样品取得砂岩≥500g，用于碎屑锆石的分离。锆石的挑选、制靶和阴极发光（CL）照相均在河北省廊坊市诚信地质服务有限公司完成。LA-ICP-MS 定年在中国地质大学（北京）科学研究院实验中心，使用 LA-ICP-MS GeoLasPro193+X-Sries2 完成。

U-Pb-01 样品大部分锆石为岩浆锆石，呈自形到半自形，发育良好的岩浆振荡环带；变质锆石呈磨圆状，部分发育变质增生边，CL 图像下表现为无分带、扇形分带或面状分带。

共采集了 123 个碎屑锆石的年龄数据，排除谐和度小于 90%的样品，共计 102 个有效数据（图 3-15）。碎屑锆石年龄分布在 20~2600Ma，其中中生代—新生代碎屑锆石 43 个，占比 42.16%；中生代碎屑锆石 17 个，占比 16.67%；~1800Ma 的古元古代锆石共 21 个，占比 20.59%；~2500Ma 的古元古代—太古宙锆石共 20 个，占比 19.61%。Th/U 值大于 0.4 的数据共 73 个，小于 0.1 的数据仅 6 个，与锆石形态及 CL 图像特征吻合。

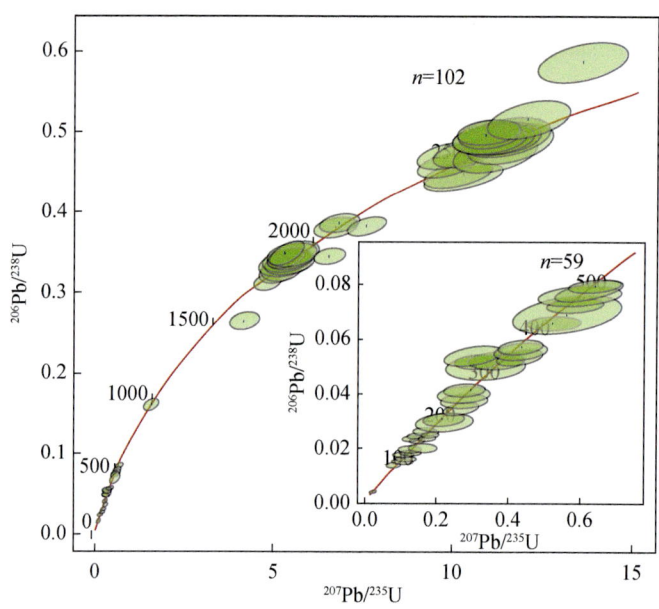

图 3-15　渤海海域渤南地区 BZ26-2-1 井碎屑锆石 U-Pb 年龄（Ma）谐和图

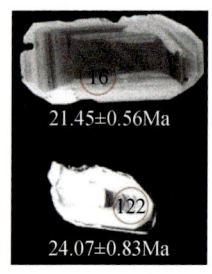

图 3-16　渤海海域渤南地区 BZ26-2-1 井馆陶组最年轻锆石单颗粒

该样品取得一个 21.45±0.56Ma 的年龄数据（图 3-16），符合最大沉积年龄计算中的最年轻单颗粒锆石年龄（YSG）的定义。对应锆石颗粒干净，呈自形，发育良好的振荡环带，Th/U 值为 0.91，为典型的岩浆锆石。据此认为馆陶组的最大沉积年龄应为 21.45±0.56Ma。

同时，应用最年轻单颗粒锆石年龄（YSG）计算馆陶组最大沉积年龄为 21Ma，因此将渤海海域渤南地区断拗转换时代约束为 21~23Ma，这与 Liu 等（2016b）利用旋回地层学确定的时间节点很接近。

2. 古地磁测年

古地磁测年的原理就是测定保存在岩石中的剩余磁化强度及其方向，总结地质历史时期地磁场特征及变化规律，再通过建立剖面的地磁极性倒转序列，与全球标准地磁极性年表对比，从而获得地质时代。

本书充分考虑锆石年代学确认的新近纪最老年代以及新近纪地层年代估算结果（徐道一等，2008；Liu et al.，2016b），尝试性地利用古地磁学方法，通过对 4 口钻井的系统取样，测量退磁和剩磁，利用古地磁数据处理程序（本书采用目前国际通用的 Pmag31d20 程序）分析每个样品的古地磁数据，获得单个样品的特征剩磁，再通过地磁极性倒转序列和与全球标准地磁极性年表对比，来获得渤海海域新近纪关键界面的地质时代。

选取渤海海域黄河口及莱北地区已有钻井岩心中取心段最长、最完整的 4 口钻井，分别为 BZ34-1-4Sa、BZ29-4-5、BZ28-2S-3 和 BZ34-2-2AD。4 口钻井共取得古地磁定向样品 372 块，平均采样间距 20cm。样品具体信息如下：

BZ34-1-4Sa 井位取心 5 次，取心段长度共 43.05m，取得样品 69 块，全部为明化镇组下段。

BZ29-4-5 井位取心 2 次，取心段长度共 16m，取得样品 29 块，包括馆陶组 14 块，东营组 15 块。

BZ28-2S-3 井位取心 5 次，取心段长度共 36.92m，取得样品 153 块，其中明化镇组上段 5 块，明化镇组下段 148 块。

BZ34-2-2AD 井位取心 5 次，取心段长度共 36m，取得样品 121 块，包括明化镇组下段 66 块，馆陶组上段 27 块，沙河街组 28 块。

1）古地磁测试流程

将采集的 372 块样品在室内加工成边长 2cm 的正方体样品，并置于磁屏蔽室内一段时间进行天然消磁，去除加工过程中样品挟带的人工剩磁，供古地磁实验测试使用。样品测试在中国地质大学生物地质与环境地质国家重点实验室进行，该实验室装备了国际上先进的 755-4K 型低温超导磁力仪，以便对每个样品的每个退磁步骤进行剩磁测量。热退磁实验使用的是 TD-48 型热退磁炉，而交变退磁实验使用的是 D-2000 交变退磁仪。所有样品的退磁实验和剩磁测量都在零磁空间（<300nT）中进行。为了确保数据的可靠性，研究过程严格按照以下步骤进行古地磁测年研究：①对所有定向样品进行系统退磁；②针对不同样品的特性，采用交变退磁或者热退磁两种方法进行退磁；③采用低温超导磁力仪，在零磁空间中开展退磁和剩磁测量；④采用严格标准，选择可靠的特征剩磁。

2）磁化率各向异性特征

通过对采集样品进行磁化率各向异性（AMS）测量发现，沉积物样品的磁化率各向异性最小轴 K_3 与层面近垂直，最大轴 K_1 近平行于层面，且磁化率椭球体是压扁形的，磁化率各向异性度小（图 3-17），表明 4 口井位的沉积物未受扰动，保持了正常的原生沉积组构，是很好的磁性地层学研究对象，为后期测试结果提供可靠的理论依据。

3）磁化率特征

磁化率测试结果与磁性岩石的基本规律一致，即砂岩的磁化率较泥岩小，颗粒越大磁化率越低。

4）剩磁特征

通过系统退磁实验，成功分离出了特征剩磁组分。利用 Pmag31d20 软件进行主成分分析，并通过最小二乘拟合方法，计算得到样品的特征剩磁方向。

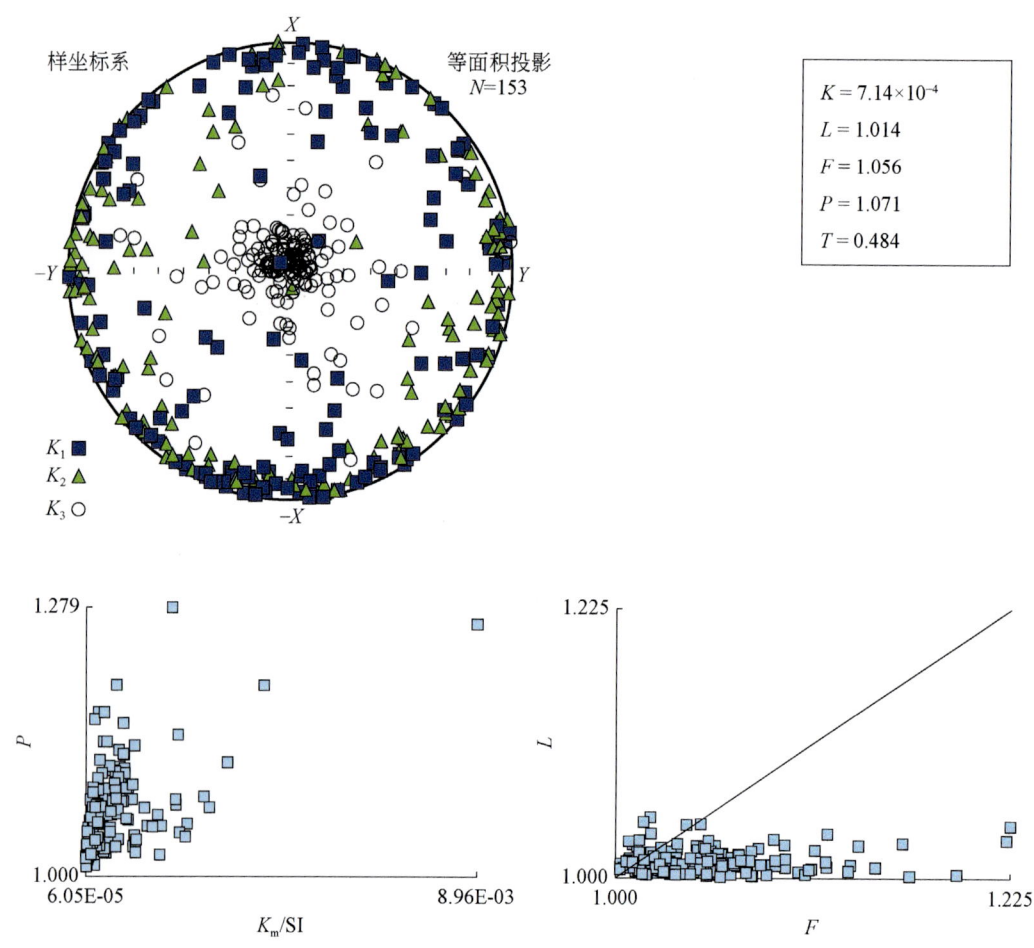

图 3-17 渤海海域渤南地区 BZ28-2S-3 井磁化率各向异性

K_1、K_2、K_3-椭球的 3 个主要磁化率特征向量轴；K-磁化率；L-磁线理；F-磁面理；P-各向异性度；
T-形状因子；K_m-平均磁化率

热退磁结果显示，样品加热到 120℃时，大部分样品可退去黏滞剩磁。位于正极性期间的样品呈现单分量特征，随着加热温度的升高，逐渐朝原点衰减，强度逐渐减小（图 3-18）。位于反极性期间的样品呈现正向低温分量叠加反向高温分量的特征，随着加热温度的升高，剩磁强度逐渐增加，加热到 200℃以上温度时，正向低温分量全部退掉，高温特征剩磁逐渐朝原点衰减，剩磁强度逐渐减小（图 3-19）。值得注意的是，要保证每个样品至少有 4 个连续的退磁步骤点，在每个特征剩磁方向的最大角偏差（MAD，$\alpha_{95} \leqslant 15°$）时分析出的高温分量才具有可信性。

研究中需要注重检验岩心的顶底方向。由于在打钻和样品加工过程中，样品的上下顺序可能会颠倒，这样就导致了样品特征剩磁方向的颠倒，给测试结果解释带来困难。为了避免这一问题，通过分析退磁曲线可以找到这些有问题的数据并加以修正，这类数据的典型特点是正极性区间的样品具有反向单分量的剩磁特征，在退磁过程中剩磁强度逐渐降低

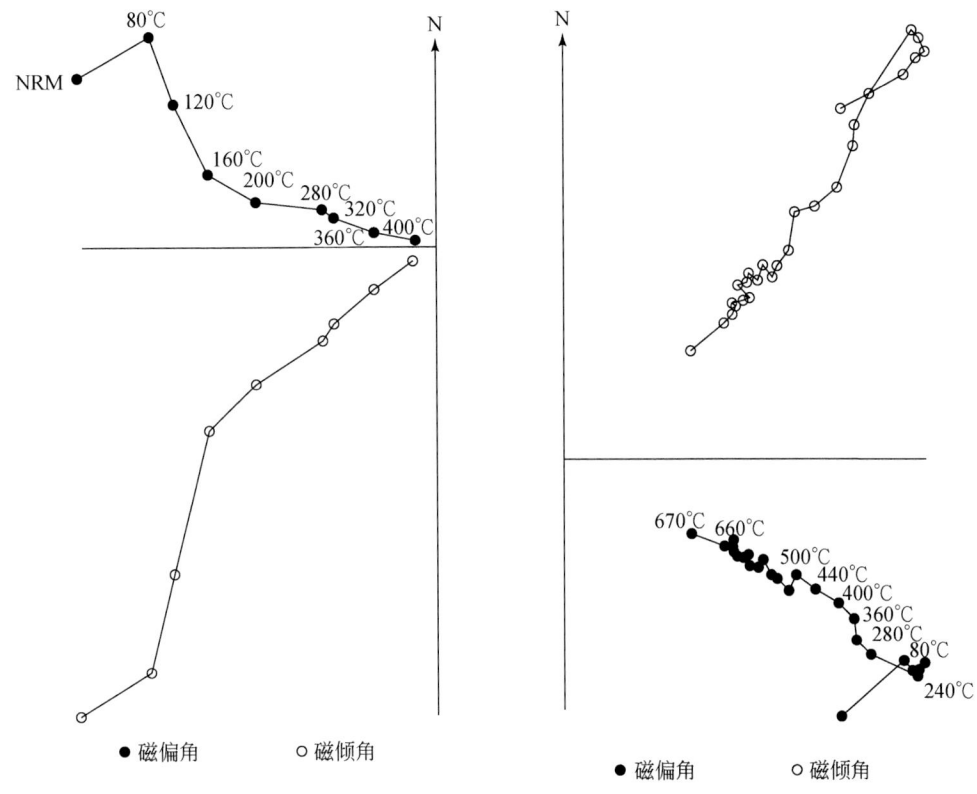

图 3-18 渤海海域渤南地区 BZ29-4-5 井 1676.78m 处样品退磁曲线

图 3-19 渤海海域渤南地区 BZ28-2S-3 井 1060.71m 处样品退磁曲线

NRM 为天然剩余磁化强度（natural remanent magnetization）

直至为零；反极性区间的样品具有反向低温分量叠加正向高温分量的剩磁特征（图 3-20），在低温退磁阶段剩磁强度增加，低温特征剩磁退完后的高温退磁阶段样品剩磁强度逐渐降低，直至为零。现代地磁场处于正极性区间，北半球磁力线朝下，因此所有样品都应有一个与现代地磁场方向相同的低温分量，据此可以把颠倒的样品排除，以保证所建立的磁性地层柱的精确性。

5）古地磁测试结果

通过统计四口井位的剩磁结果，最终确定合计 292 块（占总样品 78%）样品获得可靠的特征剩磁。BZ34-1-4Sa 井 69 块样品中有 50 块获得可靠的特征剩磁，其中 16 块（32%）样品 MAD<10°；KL9-1-2 井 29 块样品中有 18 块获得可靠的特征剩磁，其中 5 块（28%）样品 MAD<10°；BZ28-2S-3 井 153 块样品中有 120 块获得可靠的特征剩磁，其中 88 块（73%）样品 MAD<10°；BZ34-2-2AD 井 121 块样品中有 104 块获得可靠的特征剩磁，其中 41 块（39%）样品 MAD<10°。

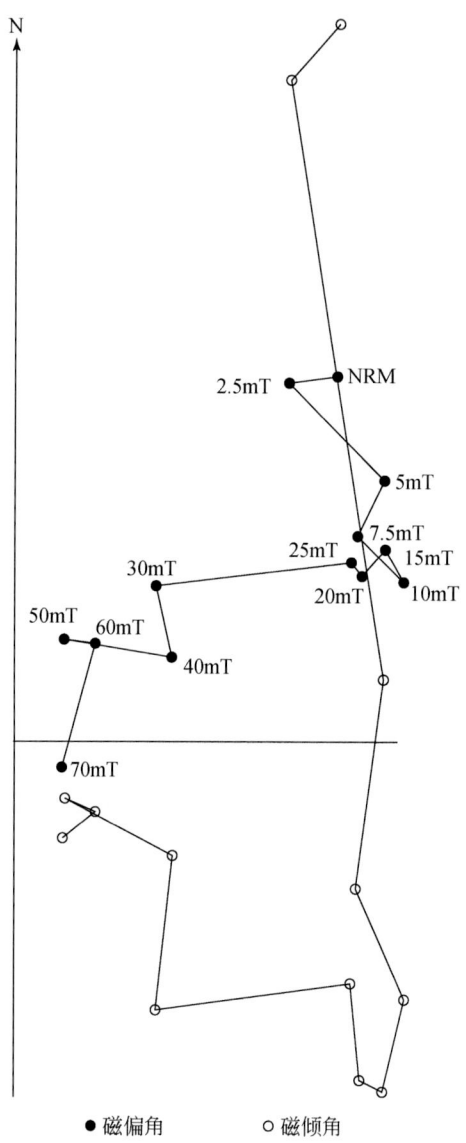

图 3-20　渤海海域渤南地区 BZ28-2S-3 井 1077.2m 处样品退磁曲线

6）磁性地层柱及年代地层框架的建立

由于样品的磁偏角是任意的，我们利用获得的特征剩磁的磁倾角数据来建立井位的磁极性序列（图 3-21～图 3-24）。但在 4 口钻井中，仅 BZ28-2S-3 井显示了可比对的磁性倒转带。因此，在本次古地磁测年研究中，将根据 BZ28-2S-3 井的古地磁数据进行重点分析。

根据 BZ28-2S-3 井计算出的磁极性带有 7 个（图 3-21），从上到下依次为：N1（1077.20～1083.84m）、N2（1210.27～1216.14m）、R1（1216.14～1216.87m）、N3（1216.87～1226.93m）、R2（1226.93～1228.12m）、N4（1372.17～1378.85m）、R3（1378.85～1379.52m）。

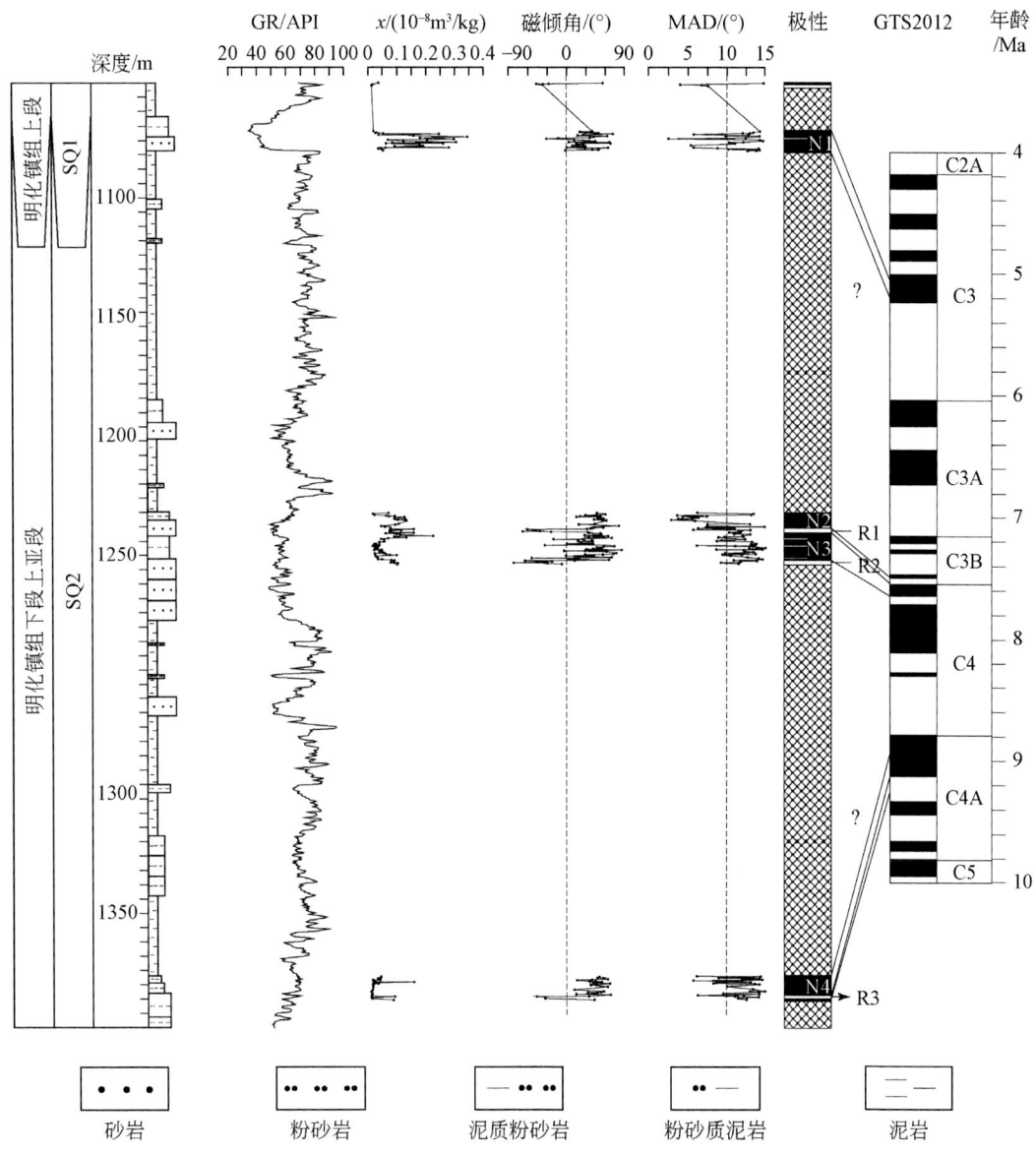

图 3-21 渤海海域渤南地区 BZ28-2S-3 井磁性地层柱状图

图中 x 为质量磁化率；GTS-国际标准磁极性柱

可用于对比地磁极性年表的磁极性带有 2 个，分别为 R1、N3，出现明显正反极性倒转。根据徐道一等（2008）对东营凹陷新近系明化镇组的天文地层研究，明化镇组上段底界的古地磁平均年龄为 5.121Ma，同时结合朱伟林等（2009）提供的明化镇组年龄范围 5.1~12.0Ma，便可进行地磁极性年表的对比。因此可根据国际标准地磁极性柱年龄确定磁极性带的对应年龄，将 R1 与 C3B.3r 相对比，N3 与 C4n.1n 相对比，其中 C3B.3r 极性带年龄是 7.489~7.528Ma，C4n.1n 极性带年龄是 7.528~7.642Ma，进而计算出 BZ28-2S-3 井磁极性带 R1—N3 的平均沉积速率为 70.52m/ma。

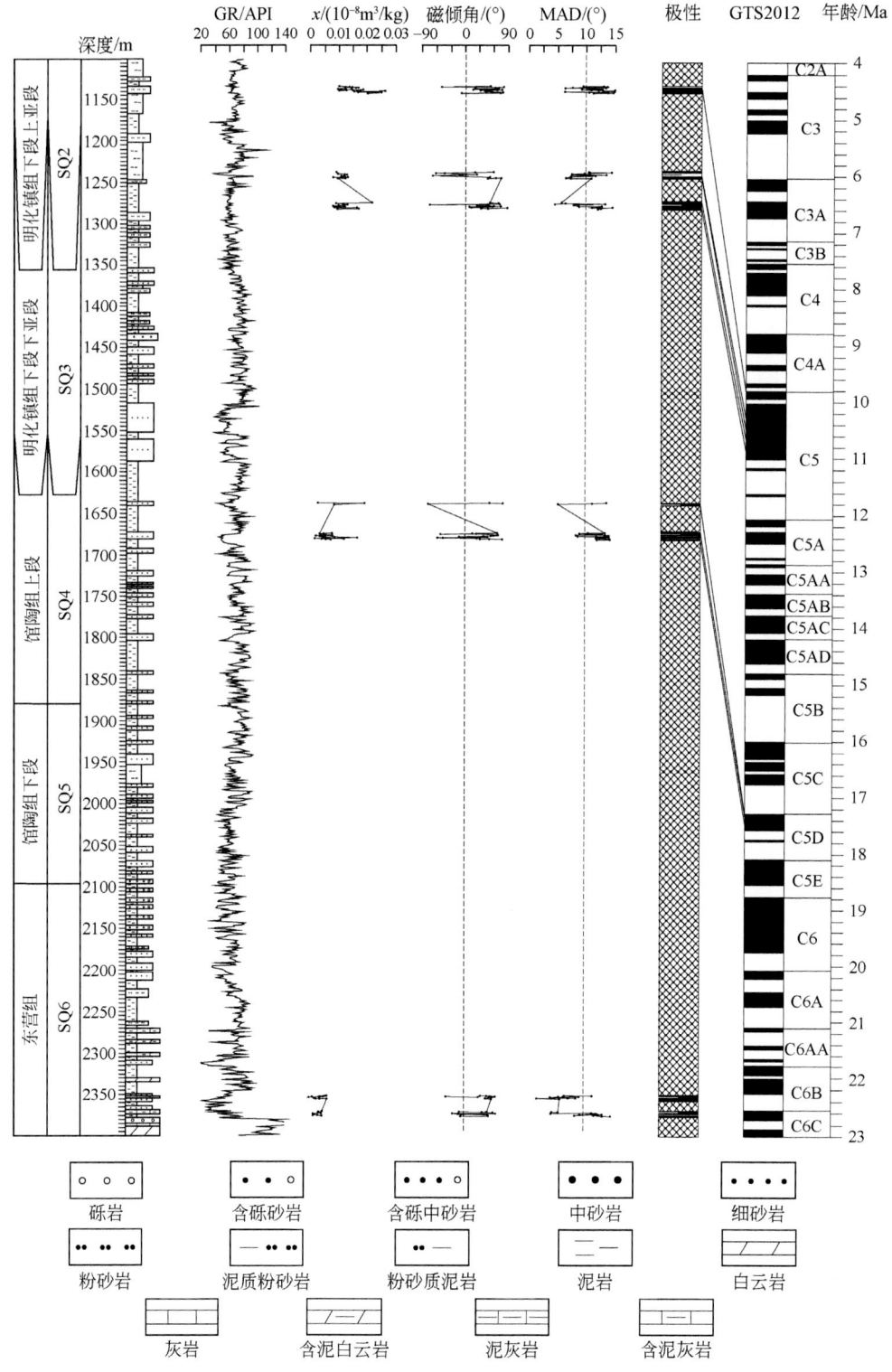

图 3-22 渤海海域渤南地区 BZ29-4-5 井磁性地层柱

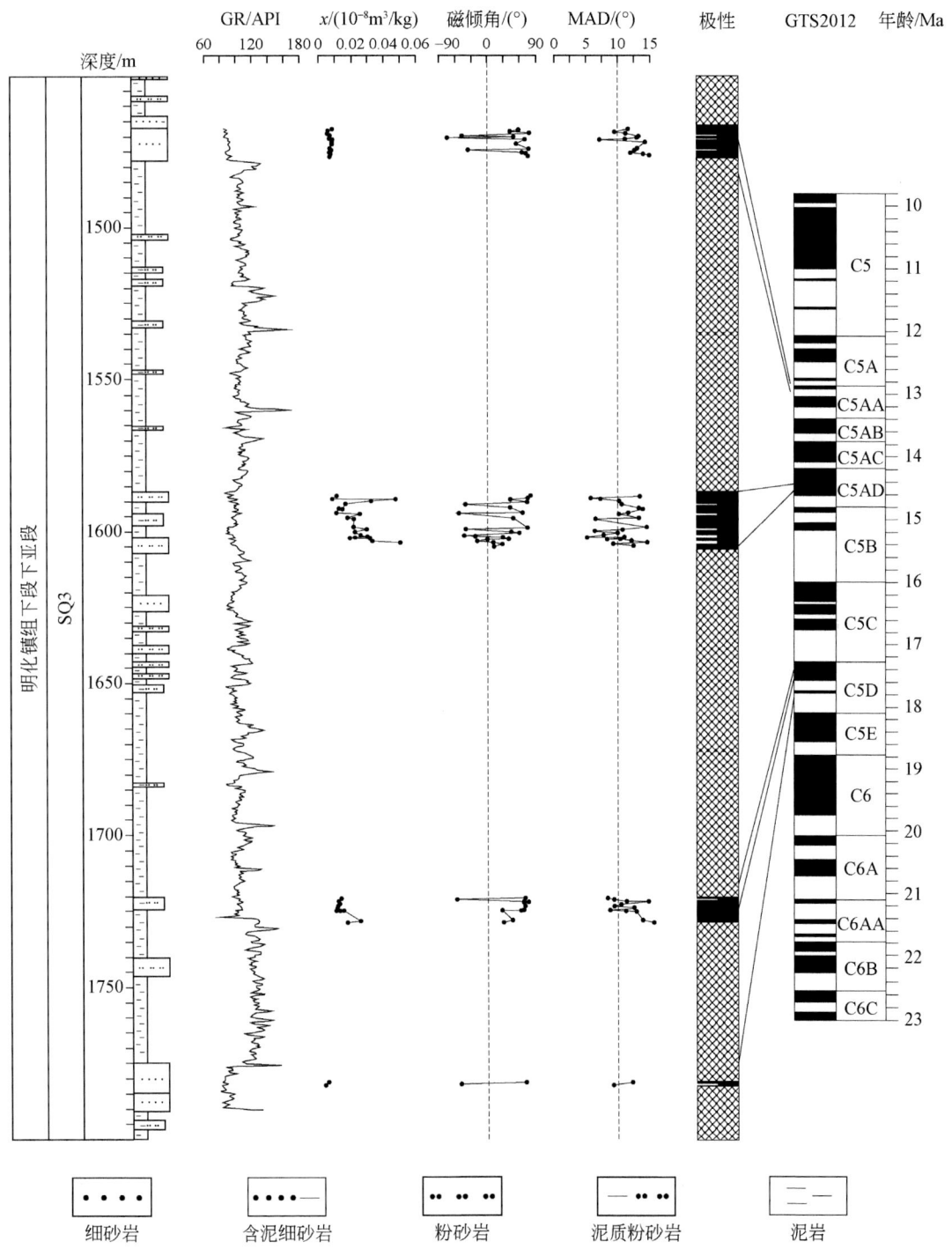

图 3-23 渤海海域渤南地区 BZ34-1-4Sa 井磁性地层柱

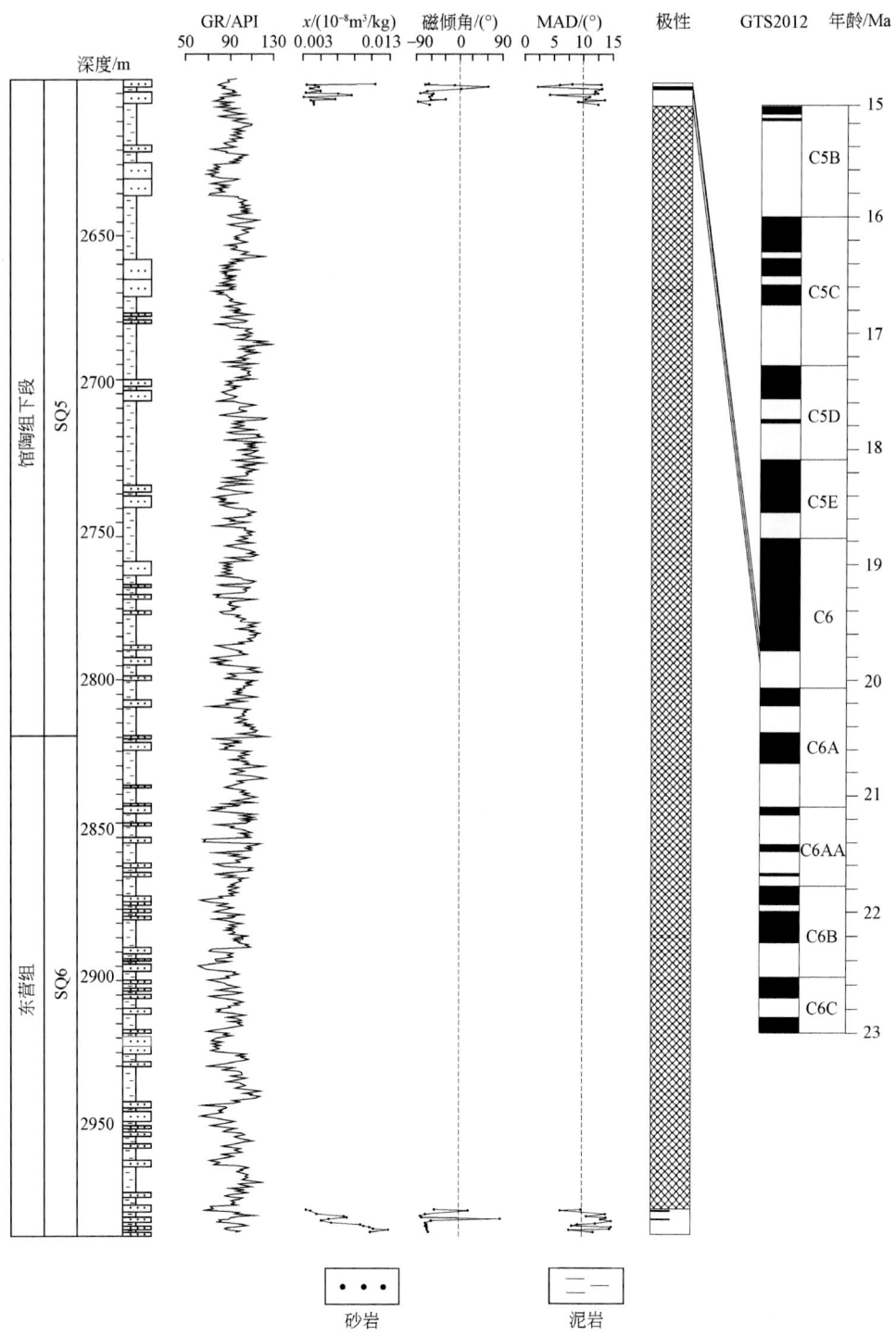

图 3-24　渤海海域渤南地区 BZ34-2-2AD 井磁性地层柱

已知 BZ28-2S-3 井磁极性带 R1—N3 深度为 1216.14～1226.93m，而明化镇组上下段界面深度为 1072.5m，距磁极性带 R1—N3 深度仅 143.64m，磁极性带 R1—N3 至明化镇组上下段间的岩性特征变化差异不大，且为连续沉积，因此将磁极性带 R1—N3 之间的平均沉积速率设定为 70.52m/Ma，通过计算得知明化镇组上下段界面（上新统底界面）的地磁年龄为 5.445Ma，此年龄与徐道一等（2008）、朱伟林等（2009）提供的地质年龄都较为接近，与国际年代地层表（2013 版）上新统底界面地质年龄 5.333Ma 也较为一致。据此，我们参照国际年代地层表（2013 版），建立了渤海海域南部黄河口地区新近纪年代地层框架（图 3-25）。

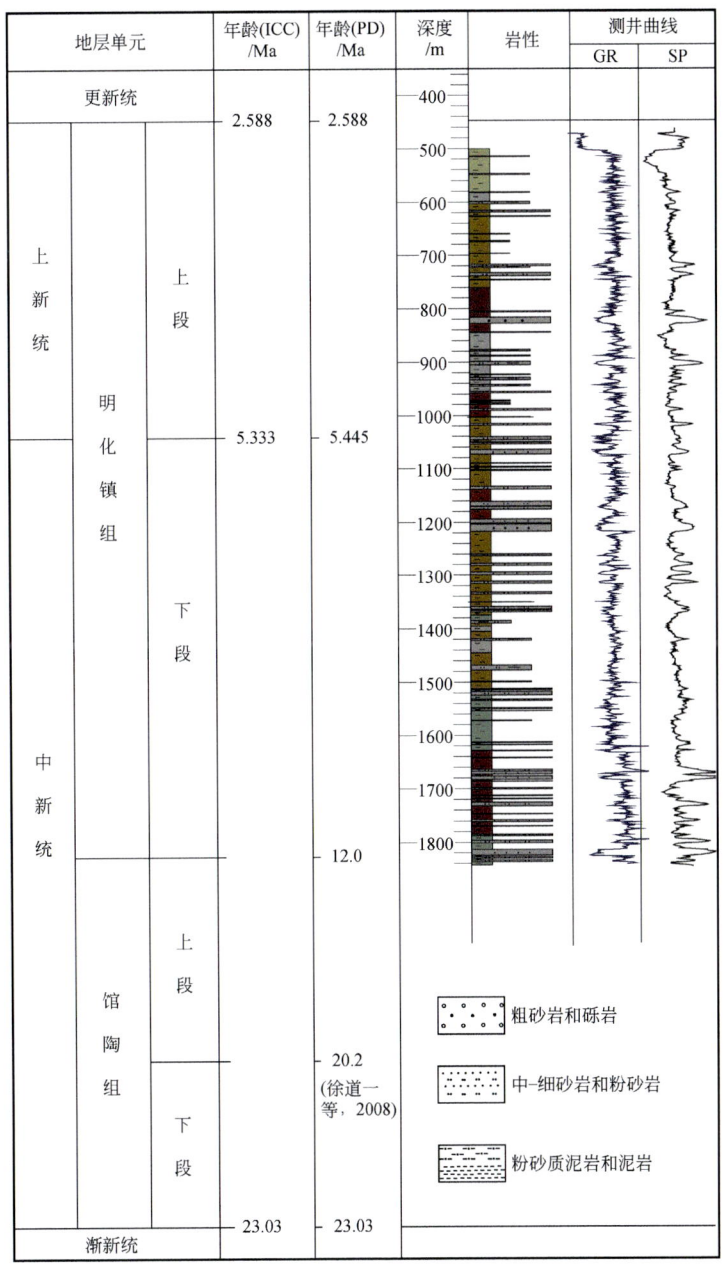

图 3-25　渤海海域渤南地区 BZ28-2S-3 井年代框架

ICC-国际年代地层表（2013 年）；PD-古地磁测年

其他几口采样井的情况与 BZ28-2S-3 井相似，尽管无法确定绝对年龄，但都可结合旋回地层学手段测定相对年龄，从而得到明化镇组的绝对年龄。

3.3 渤海海域新近系三级层序分布特征及时空演化

从层序划分结果上看，各层序发育的规模和厚度比较一致，层序内部体系域的构成、数量和旋回性也十分相似［图 3-26（a）、图 3-27（a）、图 3-28（a）、图 3-29（a）］。尽管如此，由于受古气候、湖平面以及物源供给强度的差异控制，各时期三级层序的岩性特征、岩相组合等依然有变化［图 3-26（b）、图 3-27（b）、图 3-28（b）、图 3-29（b）］。以渤海海域渤南地区为例，对各三级层序的内部构成及其差异性进行简要阐述。

1）SQgL 层序

SQgL 层序大致对应馆陶组下段，该层序底界面为新近系和古近系之间的构造转换面，属于构造不整合面；顶界面大致对应馆陶组下段的顶，为馆陶组上、下段之间的沉积转换面。钻井揭示其岩性主要为一套粗粒的砂砾质沉积，在整个研究区广泛分布。

2）SQgU 层序

SQgU 层序大致对应馆陶组上段，该层序在整个研究区也广泛分布。岩性具有较明显的三分性，下部为一套厚层砂砾岩；中部为一套较细粒的沉积，由粉细砂和泥岩构成，厚度较薄，最大洪泛面主要发育在该层段；上部则是一套较粗的砂岩沉积，局部地区全部由砂泥互层沉积物构成，是高水位体系域发育的主要层段。

3）SQmL2 层序

SQmL2 层序大致对应明化镇组下段下亚段，包含湖扩体系域和高水位体系域。层序内部发育了一套砂泥岩互层沉积，砂岩以粉砂、细砂为主，而泥岩则为灰色、灰绿、黄色、紫色等杂色泥岩。三级层序底部有一区域性分布的砂岩段，泥岩顶部对应最大水进面。

4）SQmL1 层序

SQmL1 层序大致对应明化镇组下段上亚段。层序上部层段发育一套砂泥岩互层沉积，为高水位体系域沉积旋回，砂岩以粉砂、细砂为主，而泥岩则为绿色、黄色、紫色、杂色泥岩，砂岩集中于层序的中上部。而在层序的中下部则主要为泥岩沉积，反映了湖平面上升过程的湖扩域沉积旋回特征。

5）SQmU 层序

SQmU 层序大致对应明化镇组上段。该层序主要为一套砂泥岩互层沉积，砂岩类型主要为粉细砂岩，泥岩为灰色、绿色、杂色、棕色等，同样可以进一步划分为湖扩体系域和高水位体系域。

渤海海域渤南地区各三级层序的厚度趋势表明（图 3-30），整个新近系地形极其平缓，水体相对较浅，无明显的大型坡折带出现。地层厚度趋势较好地反映了盆地的古地理格局，具有明显的继承性和差异性。

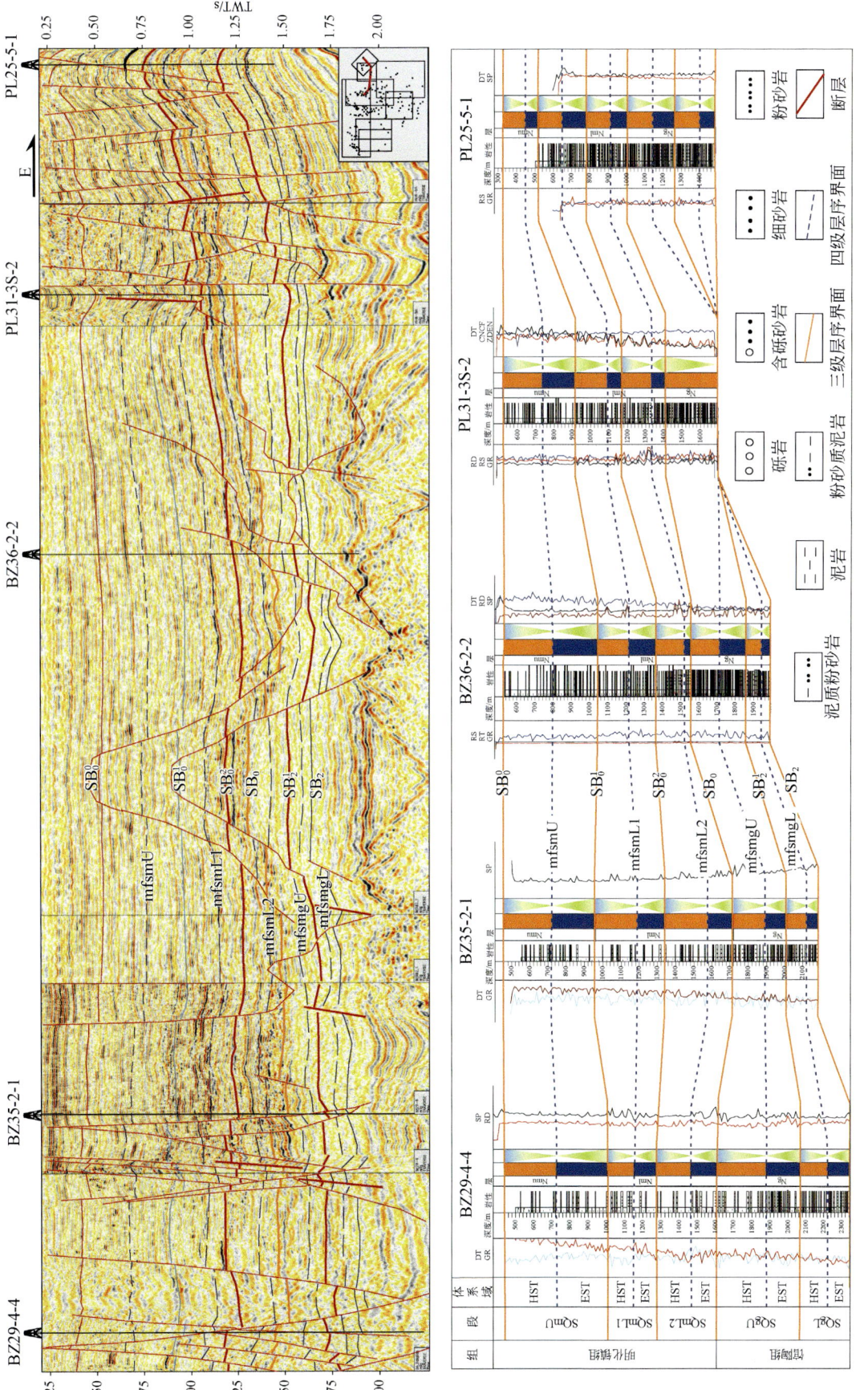

图3-26 渤海海域渤南地区新近系过BZ29-4-4—PL25-5-1井连井剖面层序地层对比图

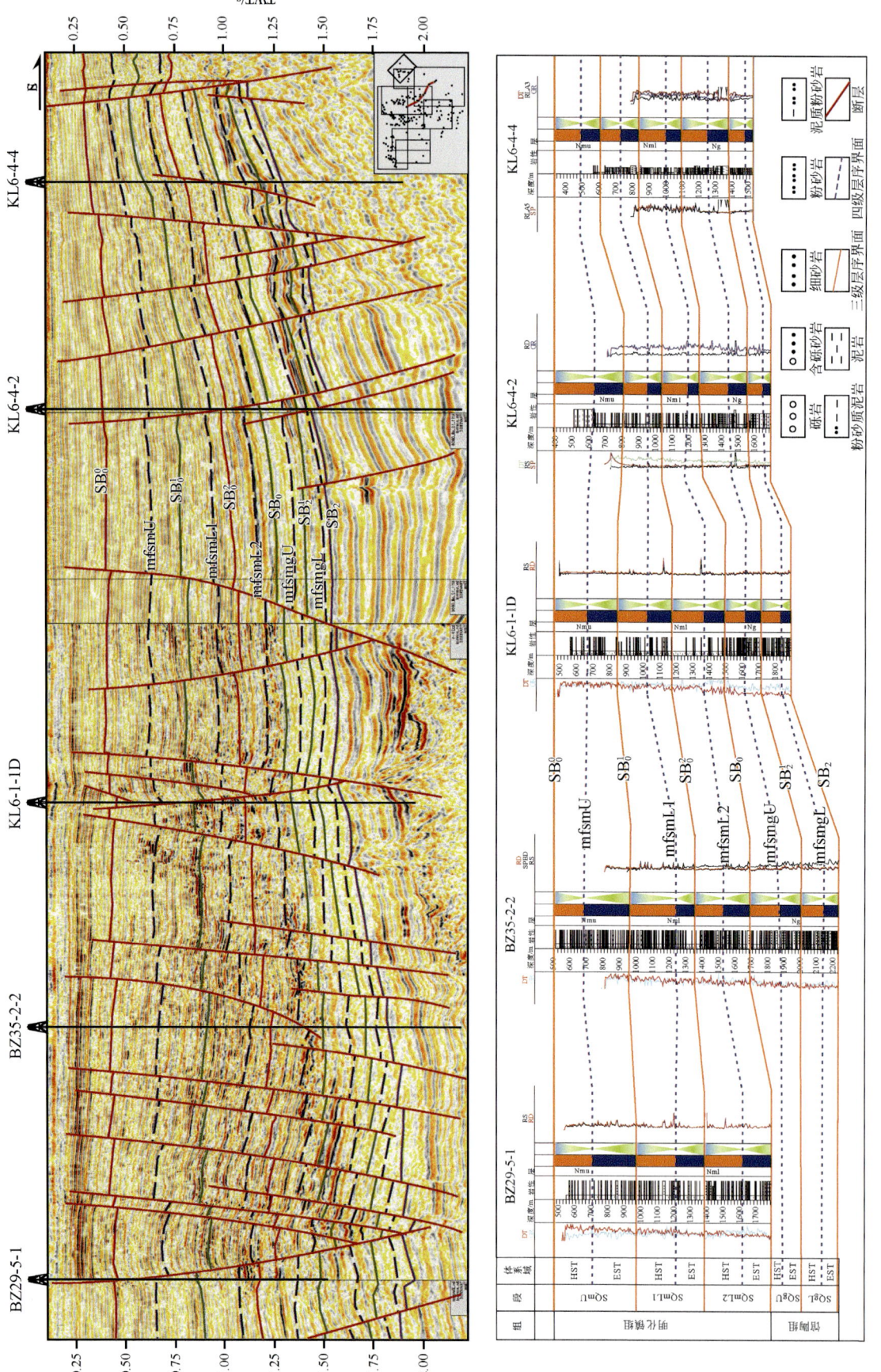

图3-27 渤海海域渤南地区新近系过BZ29-5-1—KL6-4-4井连井剖面层序地层对比图

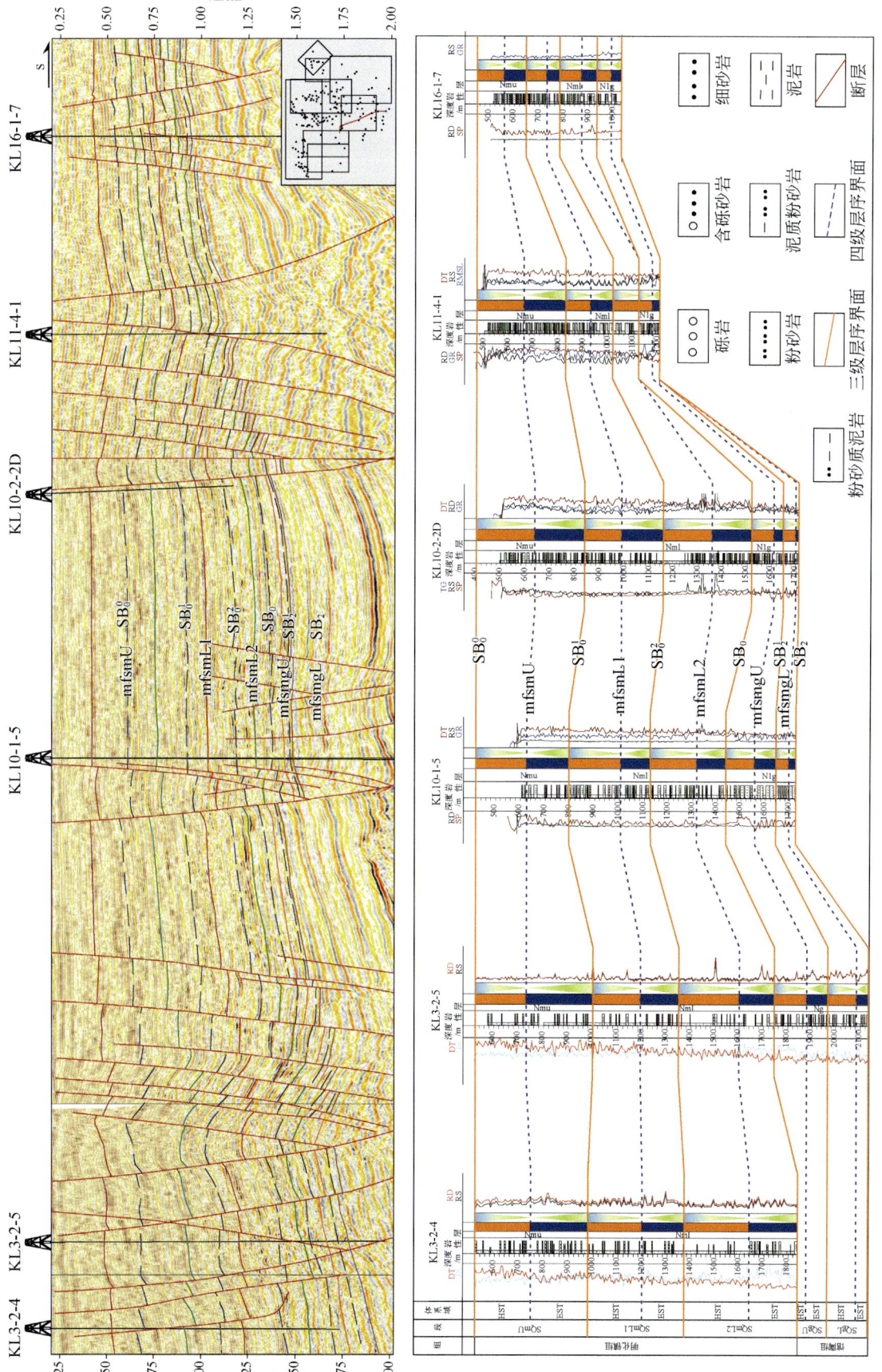

图3-28 渤海海域渤南地区新近系过KL3-2-4—KL16-1-7井连井剖面层序地层对比图

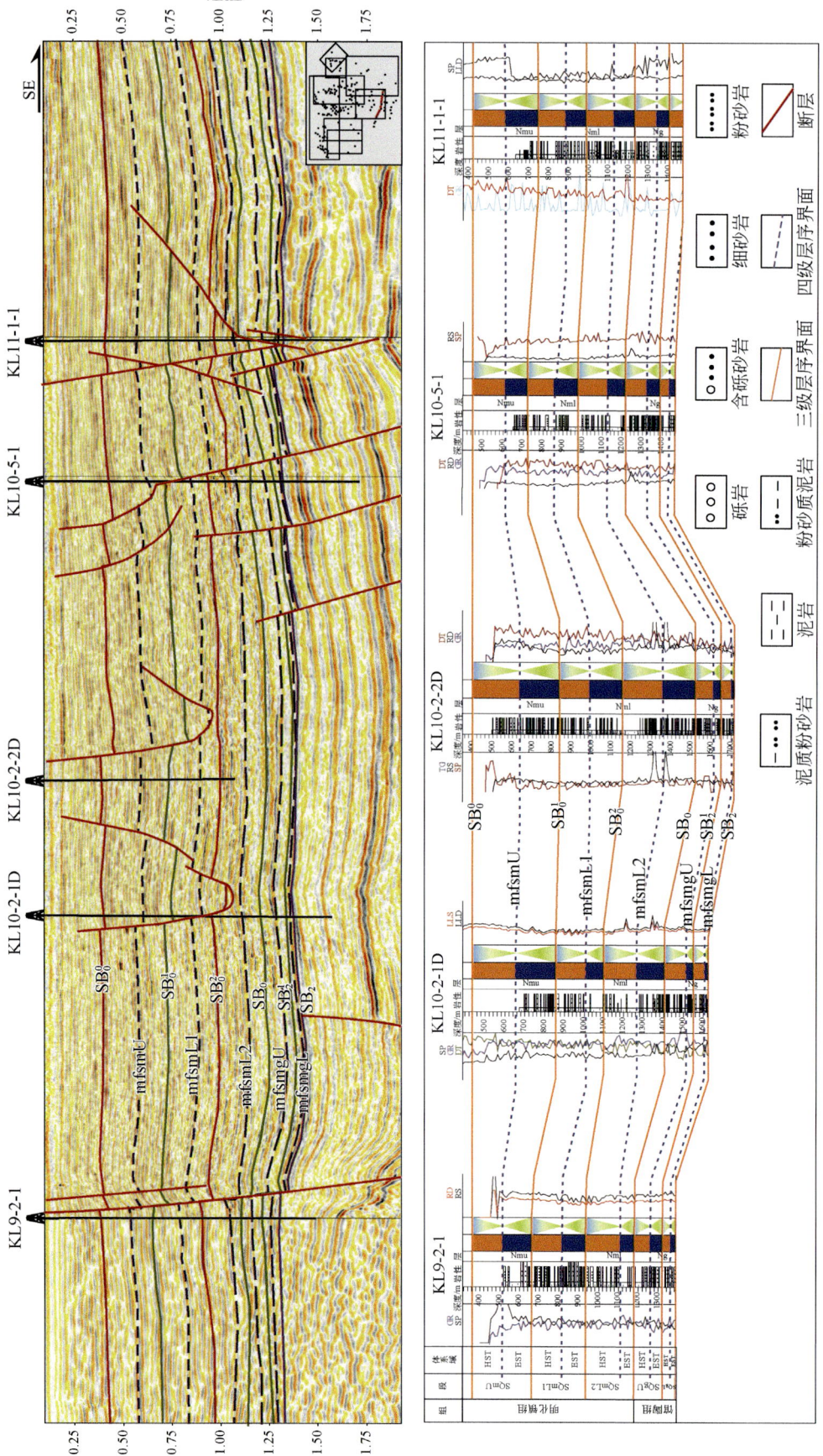

图3-29 渤海海域渤南地区新近系过KL9-2-1—KL11-1-1井连井剖面层序地层对比图

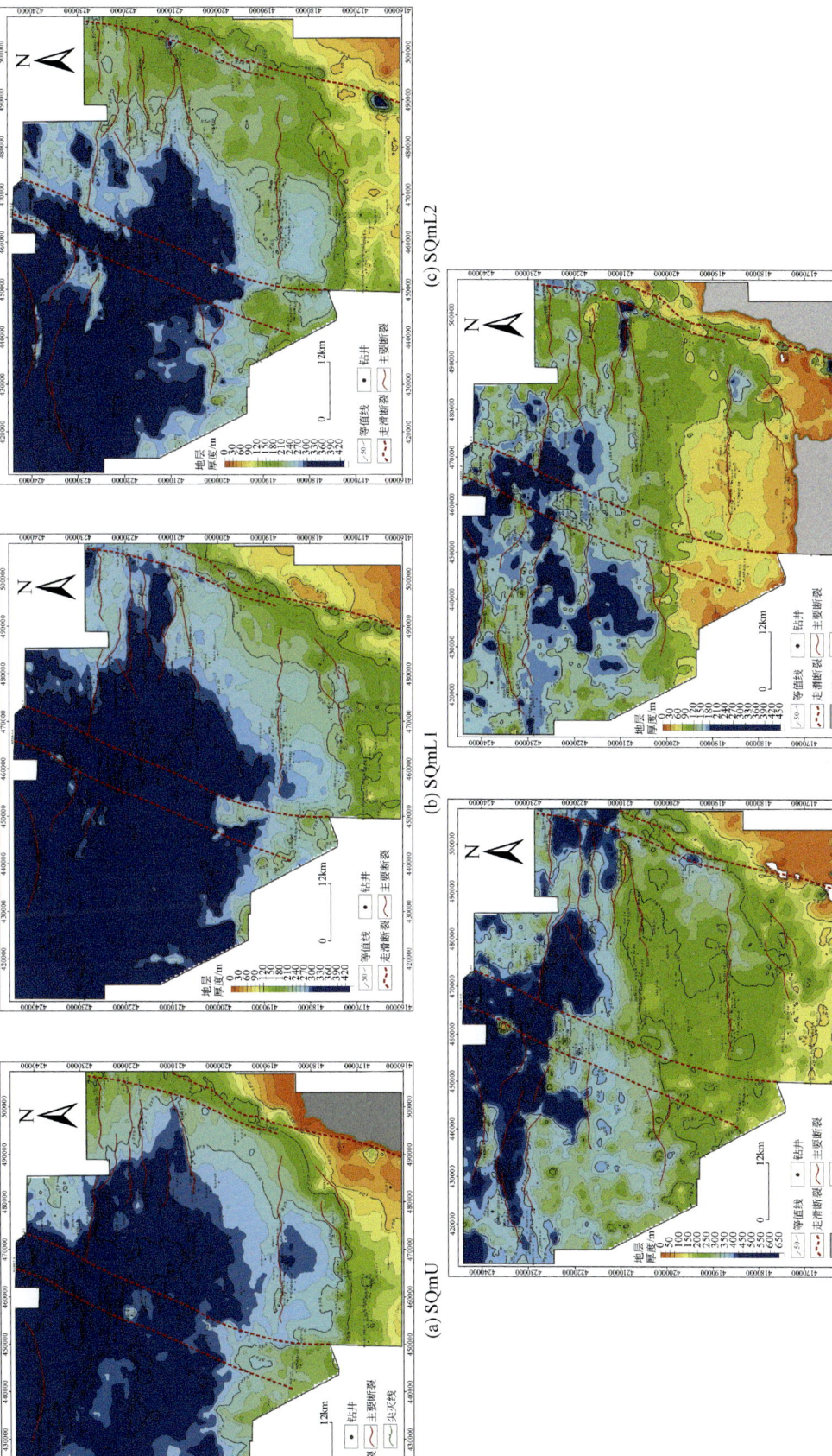

图3-30 渤海南部新近系各三级层序发育演化特征

首先，地层发育的继承性主要表现为新近纪地层变化趋势的一致性。从渤海海域渤南地区整个新近系厚度特征上看，盆地呈北西-南东向宏观展布，具有南薄北厚的总体特征，沉积厚度中心主要位于黄河口凹陷及其北部渤南低凸起一带，且呈现出明显的继承性发育特征（图3-30）。

其次，馆陶组、明化镇组下段和明化镇组上段对应的层序地层厚度趋势依然有一定的差异，特别是在局部隆洼格局变化上。在馆陶组沉积时期，盆地的厚度中心主要集中在黄河口凹陷以北地区，南部地层较薄，在莱北低凸起一带发育一个近东西向的低凸起，而位于该低凸起和南部斜坡带之间形成了一个厚度相对增加的、呈东西向展布的低洼带［图3-30（d）（e）］；明化镇组下段沉积时期，沉积中心明显南扩，近东西向的低凸起消失，馆陶组沉积期南部的隆洼格局逐渐转变为"坡-坪"组合样式，自南东至北西发育2个台阶［图3-30（b）（c）］；明化镇组上段沉积时期，沉积中心的范围进一步扩大，此时南部的"坡-坪"格局逐渐消失，取而代之的是一个大缓坡［图3-30（a）］。盆地形态变化可能与沉积体系发育特征和物源方向的调整有着密切的关系。

由上述的层序地层学分析不难发现，渤海海域新近系层序地层发育的整体特征充分体现了研究区新近纪稳定的构造沉降、平缓的地形坡度、充足的物源体系等的地质特征，这些特殊的地质条件将为渤海海域新近系极浅水三角洲的发育提供有利的地质背景。

渤海海域新近系拗陷湖盆是陆相盆地十分重要的一种类型，本书充分结合浅水湖盆这一典型特征，以三维地震、钻测井、岩心、古生物、地球化学元素等资料为基础，以层序地层学、地震地层学、生物地层学、化学地层学、锆石年代学、磁性地层学、旋回地层学等学科为交叉，以客观物理标准和"面""体"结合的原则出发，提出的旋回分析为主线、界面识别为辅助、井震结合为统一、由小及大为原则、网络闭合为控制、质量监控为保障、地质定年为约束等层序地层学识别、划分方法和思路，在构建渤海海域新近系拗陷湖盆层序地层格架的同时，也体现了层序地层学发展的重要趋势（朱红涛等，2022），如：①不断完善划分标准体系，推进研究方法标准化及应用地区特殊化（Catuneanu and Eriksson，2006；Catuneanu，2020）；②推进层序体系域在三维空间上结构和样式的差异、变化，实现划分方法宏观与微观相结合；③重视外部地质要素与层序结构和样式以及层序界面的类型和特征之间的成因关联；④注重多学科交叉结合，与锆石年代学、旋回地层学结合更好地明确地质时间信息，构建具有年代学意义的层序地层框架等。同样，高分辨率层序地层格架的建立（见本书7.1节），也将为含油气盆地储层、砂体预测和油气勘探提供十分重要的基础。

第4章 极浅水三角洲形成的古地理条件和特征

古地理及古地理学，是研究地质时期自然环境形成和发展演变的学科。其研究内容包括：重建古代地理环境面貌，如古海洋、古陆地、古气候、古生物环境以及古自然地理带的分布与格局；阐明古地理环境的演变，探讨各要素的演变过程和综合环境的演变机理，如海陆变迁、气候变化、生物演替、自然区域和自然地带的变化与位移；揭示现代环境如何继承古环境的机制等。对于渤海海域新近纪拗陷湖盆而言，开展构造古地貌、古物源、古气候和古水深等方面的系统研究，可以确定原始盆地状态、盆地发育结构、古气候环境和古湖泊分布范围等，为进一步探讨极浅水三角洲和相关沉积的形成、分布、演化及动力学过程提供十分重要的古地理背景。因此，本书将重点从古地貌、古物源、古气候和古水深等方面重建极浅水三角洲形成的古地理条件和古湖泊系统背景，并阐明这些条件的发育特征。

4.1 古地貌条件

4.1.1 古地貌恢复思路和方法

一般而言，准确客观地还原沉积盆地原始古地貌至少需要在区域地层格架划分的基础上，通过剥蚀厚度估算、压实校正、古水深恢复等基础工作来完成（朱红涛等，2022；刘豪等，2023）。为了便于读者系统性地了解沉积盆地古地貌重建的方法和流程，本书将以渤海海域渤南地区新近系为例，对剥蚀厚度恢复、压实-古水深校正等方法进行详细介绍。

1. 剥蚀量估算

剥蚀量的定量估算是盆地古地貌和古地理恢复的关键工作之一，也是进行油气演化史、流体运移、油气成藏等研究的基础。目前有许多方法可以用于定量恢复盆地的剥蚀量，主要可分为基于构造参考系（如沉降曲线等）、热参考系（如镜质组反射率、磷灰石裂变径迹等）、压实参考系（如岩心孔隙度、声波速率等）和地层参考系（如地层对比、地震剖面隐伏露头分析等）这四大类方法（Liu and Wang，2012）。由于渤海海域新近纪处于构造热沉降阶段，地层发育完整，各三级层序之间无明显的地层缺失，地层剥蚀量在原始盆地和构造古地貌恢复时可以忽略不计。

2. 压实校正

去压实校正，又可称为脱压实校正，是古地貌重建和地层沉降史恢复中的关键环节。Perrier等在1974年首次使用回剥技术研究地层压实过程中的厚度变化，用压实系数恢复了地层原始沉积厚度。

1）压实作用及孔隙度

压实作用是一种常见的地质作用类型，是上覆沉积物和水体的静水压力使刚刚沉积下来的疏松沉积物固结成岩的过程。沉积物由于上覆压实作用的影响，使得孔隙内的水体被排出，因此导致沉积物孔隙度降低、体积变小，沉积物物理性质发生变化，同时可能伴有新生矿物的形成。由于各种沉积物的物理和化学性质不同，其压实效果也各不相同。泥质沉积物在未被压实前更为疏松，沉积物中孔隙水含量高，因此，压实作用对该类沉积物作用最大。砂质沉积物中孔隙水含量低，压实作用效果不明显。压实作用对蒸发岩的效果更差。

沉积物孔隙度减小，在地质现象上最直接的反映就是沉积地层厚度变小。自 20 世纪初开始，国内外学者便开始了对沉积物压实作用的研究，并且做了大量的实际分析工作。到目前为止，孔隙度与深度之间的联系是纯经验性的，没有任何理论基础，但是大量的实验数据分析与计算结果表明，孔隙度与深度的关系可用于压实作用的计算当中，其前提条件为盆地地层是连续沉积的。

Athy（1930）获取了美国某地区地层中大量的泥岩体积密度测量数据，对该地区泥岩在不同深度的体积密度实测数据进行分析，提出了地层体积密度和深度之间的经验关系。Rubey 和 Hubbert（1959）在 Athy 的研究基础上，结合其他的数据进行计算分析，发现随着深度的增加，沉积地层的孔隙度呈规律性减小，并且孔隙度与深度之间满足以下指数关系（图 4-1）：

$$\Phi(z) = \Phi_0 \times e^{-Cz} \tag{4-1}$$

式中，$\Phi(z)$ 为深度 z 处的岩石孔隙度，%；Φ_0 为地表孔隙度，%（即岩层埋藏深度 $z=0$m 时的孔隙度）；C 为沉积物压实系数，压实系数的单位为 m^{-1}，反映了孔隙度随深度的变化梯度。在不同的地区，不同的岩性有其各自不同的地表孔隙度和压实系数。

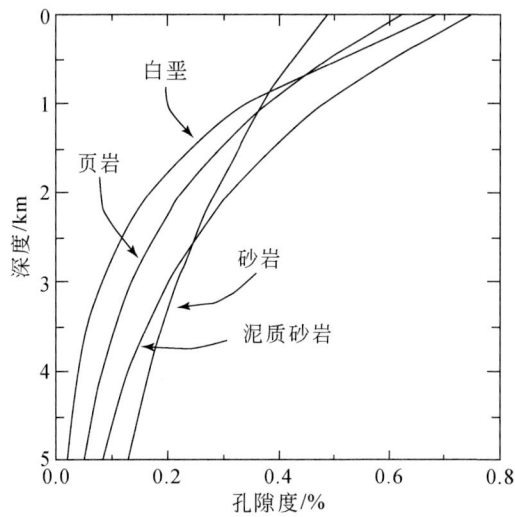

图 4-1　不同岩性岩石的埋藏深度与孔隙度的关系（据 Athy，1930）

孔隙度-深度曲线应满足以下三个条件：①不同地层有不同的孔隙度-深度曲线，同一地层中不同的岩性对应不同的孔隙度-深度曲线；②在处理数据的过程中，需要消除断层和剥蚀等地质事件对孔隙度的影响，从而获得正常压实状况下的埋藏深度与孔隙度的关系；③地层内发育不同的岩性，应该对应各自不同的孔隙度-深度曲线。

在正常压实的沉积地层中，各层的孔隙度随深度增加而呈指数减小。Sclater 曾使用式（4-1）将北海的孔隙度与深度数据进行拟合，其结论和数据常用于教科书中。当沉积岩层的孔隙中存在的流体不能自由排出时，随埋藏深度增加会出现欠压实沉积层，地层孔隙度与深度关系不满足式（4-1），而是需要建立其他形式的孔隙度-深度关系。此处不做详细讨论。

当缺少孔隙度实测数据时，可以利用测井数据确定孔隙度-深度关系。常用的计算地层孔隙度的方法有三种，即声波孔隙度、密度孔隙度和中子孔隙度，前两者较为常用。

（1）声波孔隙度

一般来说，声波时差值可以反映沉积地层中岩石的致密程度，与岩石孔隙度具有一定关系。在固结压实的沉积地层中，若颗粒之间的孔隙呈均匀分布状态，则声波时差值与岩石孔隙度具有线性关系。声波孔隙度的计算公式为

$$\Phi = \frac{\Delta t - \Delta t_{ma}}{\Delta t_f - \Delta t_{ma}} \times \frac{1}{C_p} \times 100\% \tag{4-2}$$

式中，Δt_{ma} 为岩石骨架声波时差；Δt_f 为孔隙流体声波时差；C_p 为该地区声波压实校正系数。

（2）密度孔隙度

密度测井可以直接测量地层的体密度。对于孔隙中充满了水的砂岩、石灰岩和白云岩等，密度测井读数实质上等于真体积密度 ρ_b，根据怀利公式

$$\rho_b = \Phi \rho_f + (1-\Phi) \rho_{ma} \tag{4-3}$$

可以计算出密度孔隙度

$$\Phi = \frac{\rho_{ma} - \rho_b}{\rho_{ma} - \rho_f} \tag{4-4}$$

式中，ρ_{ma} 为岩石骨架密度；ρ_f 为水的体积密度，$\rho_f = 1 \text{g/cm}^3$。

（3）中子孔隙度

中子测井仪是用石灰岩进行刻度的。对于石灰岩地层来说，中子测井的读数即为地层的真实孔隙度。对于其他岩性的地层来说，则需要进行校正。地层的中子孔隙度，用公式表示为

$$\Phi = \frac{\Phi_N - \Phi_{Nma}}{\Phi_{Nf} - \Phi_{Nma}} \tag{4-5}$$

2）渤海海域新近系压实特征

在不同地区、不同地层、不同岩性、不同压实阶段中，压实系数的数值均有差别。一般对于泥岩来说，早期快速压实阶段的压实系数最大，早期稳定压实阶段的数值最小，晚期突变压实阶段的数值较大，晚期紧密压实阶段也是最小的。

通常而言，压实系数的最佳获取办法是直接实测沉积地层的孔隙度，再经数据拟合，获得沉积地层的孔隙度-深度关系曲线，进而得到压实系数。由于在研究区内的孔隙度资料

获取不全,本书以渤海海域渤南地区钻井为例,采用测井资料转换为孔隙度资料的方式,拟合岩层孔隙度-深度关系曲线。

渤南地区新近系钻井的岩性以泥岩、粉砂岩及细砂岩为主,不同岩性部分深度、孔隙度数据如表4-1所示,根据孔隙度求取数据分别作出三种岩性的孔隙度-深度拟合关系曲线(图4-2)。其中,砂岩的孔隙度与深度的拟合程度较好,而泥岩的拟合程度相对较差。据推测,可能是泥岩在被压实过程中,对地质作用等影响因素的依赖程度大,导致泥岩孔隙度可变化范围较大。

表4-1 渤南地区新近系钻井部分深度-孔隙度数据表

细砂岩		粉砂岩		泥岩	
深度/m	孔隙度/%	深度/m	孔隙度/%	深度/m	孔隙度/%
855.13	15.58	585.13	13.93	560.50	12.94
882.25	13.39	711.63	13.74	667.75	12.12
948.13	13.94	756.00	11.75	759.50	9.18
952.88	13.35	1077.13	13.73	823.50	11.19
1133.50	10.88	1096.63	11.69	862.63	12.71
1141.00	10.78	1167.75	12.51	1046.38	10.84
1241.00	11.68	1227.63	10.31	1124.50	11.00
1249.38	11.02	1271.00	12.52	1170.88	12.15
1474.63	10.73	1301.13	9.45	1255.00	10.17
1618.00	12.18	1371.25	13.25	1307.75	8.46
1674.88	10.19	1590.00	9.50	1373.50	6.85
1802.00	9.01	1610.63	7.91	1488.38	9.76
1828.25	9.25	1762.38	10.52	1633.63	7.88
1985.38	9.43	1822.13	6.83	1770.00	7.83

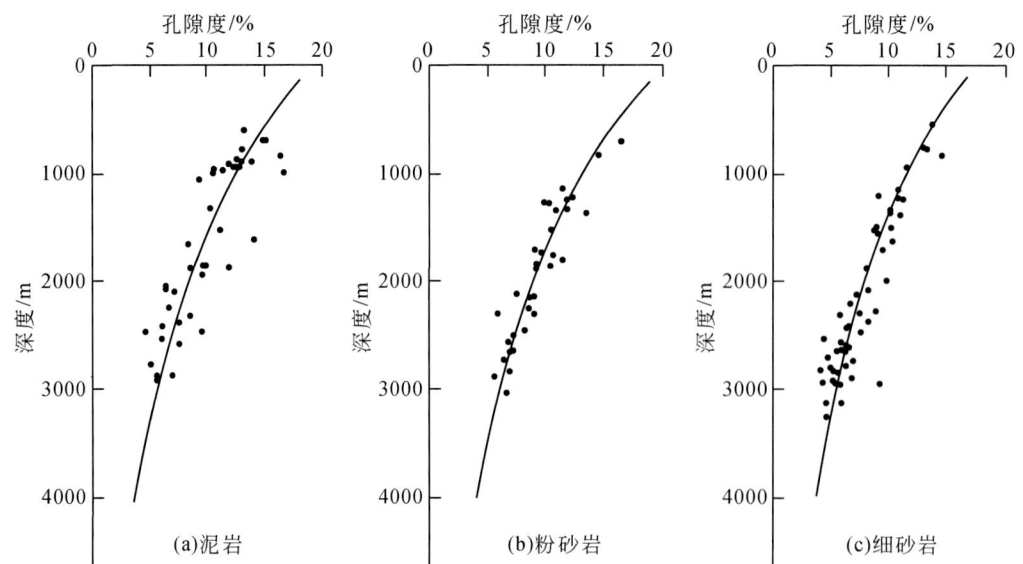

图4-2 渤南地区新近系孔隙度-深度关系曲线图

通过孔隙度资料的计算与整理，拟合获得了以下渤南地区新近系细砂岩、粉砂岩、泥岩三种岩性的孔隙度与深度的关系式。

（1）泥岩：$\Phi(z) = 18.797 \times e^{-0.00041z}$；
（2）粉砂岩：$\Phi(z) = 15.869 \times e^{-0.00040z}$；
（3）细砂岩：$\Phi(z) = 15.867 \times e^{-0.00040z}$。

从而求得了研究区内泥岩、粉砂岩、细砂岩三种岩性的压实系数和地表孔隙度（表4-2）。

表 4-2　渤南地区不同岩性的压实系数与地表孔隙度

岩性	泥岩	粉砂岩	细砂岩
压实系数/10^{-3}m	0.41	0.40	0.40
地表孔隙度/%	18.797	15.869	15.867

将该结果与常用的不同岩性的压实系数、地表孔隙度（表4-3）进行比对。在渤南地区，泥岩的压实系数、地表孔隙度与砂岩的数值相近，但是仍然保持了泥岩的压实系数和地表孔隙度均大于砂岩的特性。

表 4-3　常用的不同岩性的压实系数与地表孔隙度

岩性	泥岩	砂屑灰岩	微晶灰岩	砂岩	粉砂岩	灰质粉砂岩
压实系数/10^{-3}m	0.70	0.56	0.41	0.40	0.33	0.20
地表孔隙度/%	52	42	30	34	50	41

3）去压实校正

去压实的厚度恢复是埋藏史古厚度恢复的主要研究内容，其目的在于恢复地层在沉积时的初始厚度。回剥法以现今的实测地层厚度为基础，根据式（4-1）反演地层古厚度。在去压实进行的地层古厚度恢复的过程中，遵循岩石骨架守恒原理，即在成岩压实的过程中，岩石骨架颗粒保持不变，孔隙中的流体被排出，地层孔隙度随埋深增加而呈指数减小。

压实校正基于3个假设：①沉积物在沉积压实过程中骨架体积保持不变，上覆沉积负载作用使得沉积岩层孔隙度减小，从而引起地层厚度的减薄；②地层压实作用是不可逆的，即地层后期被抬升使深度变浅，孔隙度也不会随之变小，而是仍然保持在最大埋深时的大小；③地层在横向上保持不变，仅在纵向上表现出厚度随体积的变化而变化。

压实校正的基本步骤为：根据实测地层孔隙度数据或钻测井等资料建立该地区地层孔隙度-深度关系，在从新至老一层一层剥去上覆沉积地层之后，根据孔隙度与深度的拟合方程恢复下伏地层在沉积初期位于地表时的孔隙度，再恢复其古厚度。如图4-3所示，假设地层剖面均为水平，地层 C_0 的顶面埋深为 Z_1，底面埋深为 Z_2，则该地层厚度 $h = (Z_2 - Z_1)$，其中地层孔隙所占厚度（或比例）为 $(Z_2 - Z_1) \cdot \Phi(Z)$，实际地层厚度即岩石骨架厚度为 $(Z_2 - Z_1) \cdot [1 - \Phi(Z)]$。设该段地层 C_0 被剥去 A 层恢复到 C_1 层段时，其顶面埋深为 Z_{11}，底面埋深为 Z_{22}，其地层厚度为 $(Z_{22} - Z_{11}) \cdot \Phi(Z)$，岩石骨架厚度为 $(Z_{22} - Z_{11}) \cdot [1 - \Phi(Z)]$。根据岩石骨架守恒原理，建立地层骨架厚度不变的压实模型，可得出以下关系：

$$(Z_2 - Z_1) \cdot [1 - \Phi(Z)] = (Z_{22} - Z_{11}) \cdot [1 - \Phi(Z)] \quad (4\text{-}6)$$

式（4-6）左边表示现今岩石骨架厚度，各项参数均为已知；右边表示剥去 A 层时的岩石骨架厚度，各项均为未知。首先给定古埋深 Z_{11}，根据孔隙度-深度关系曲线求出 Z_{11} 对应的地层孔隙度 $\Phi(Z_{11})$，用迭代法求出 Z_{22}：将 $Z_{22} + h$ 作为 Z_{22} 的初始赋值代入式（4-6），获得新的底面埋深 Z_{22}^1，若 $|Z_{22} - Z_{22}^1|$ 小于某一极限小值，则 Z_{22}^1 为所求的底面埋深；若大于某一极限小值，则继续迭代计算直至满足 $|Z_{22}^{i-1} - Z_{22}^i|$ 小于某一极限小值，Z_{22}^i 为 C_1 层段的底面埋深。

对于一套地层来说，在剥去第一层时，其下伏各地层在这一时期的底面埋深均可以利用以上方法求得，而顶面埋深的数值等于各地层上部相邻地层的底面埋深，各地层古厚度即为二者之差的绝对值。以此类推，以盆地内地层分层为基础，按地质年龄从新到老把地层逐层剥去，从而恢复各地层在各个地质时期的古厚度，作出埋藏沉降史图。

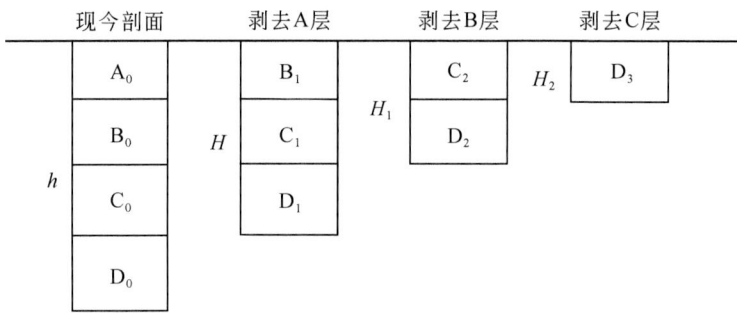

图 4-3 回剥法计算古地层厚度示意图

建立盆地沉降史的关键步骤是用压实校正恢复地层古厚度。地层的压实过程是不可逆的，仅由地层的最大埋深控制；当埋深减小时，地层的压实厚度保持不变。这种压实过程可以是连续的，也可以是不连续的。

由于孔隙度与深度呈指数关系，则地层厚度的减少是非线性的。设沉积物骨架厚度为沉积物高度 h_s，则

$$h_s = h(1 - \Phi) \quad (4\text{-}7)$$

求任意厚度地层的沉积物骨架厚度值，需要将式（4-7）进行定积分，即

$$\mathrm{d}h_s = [1 - \Phi(Z)]$$

$$\int_{\Delta h} \mathrm{d}h_s = \int_{\mathrm{d}Z} [1 - \Phi(Z)] \mathrm{d}z \quad (4\text{-}8)$$

定义 $\Delta h = [0, h_s]$，$\Delta Z = [Z_1, Z_2]$，则岩石骨架厚度为

$$h_s = \int_{Z_1}^{Z_2} [1 - \Phi(Z)] \mathrm{d}z \quad (4\text{-}9)$$

结合式（4-1）、式（4-9）变换可得

$$Z_2 = Z_1 + \frac{h_s}{1 - P_t \Phi_{0t}} + \frac{\dfrac{P_s \Phi_{0t}}{[C_s(\mathrm{e}^{-C_s z_2} - \mathrm{e}^{-C_s z_1})]} + \dfrac{P_m \Phi_{0m}}{[C_m(\mathrm{e}^{-C_m z_2} - \mathrm{e}^{-C_m z_1})]}}{1 - P_t \Phi_{0t}} \quad (4\text{-}10)$$

式中，C_s 为砂岩压实系数；P_s 为砂岩的含量；P_m 为泥岩的含量；C_m 为泥岩压实系数；Φ_{0t} 为地表孔隙度。取该地层的顶部埋藏深度加上其岩石骨架厚度作为 Z_2 的初始值 $Z_{2(0)}$ 代入式

(4-10)，计算出 $Z_{2(1)}$ 值，再将 $Z_{2(1)}$ 代入式（4-10）右部计算出 $Z_{2(2)}$ 值，逐次迭代得到 $Z_{2(1)}$、$Z_{2(2)}$、$Z_{2(3)}$、…、$Z_{2(k)}$、$Z_{2(k+1)}$，直到 $|Z_{2(k+1)} - Z_{2(k)}| \leqslant 10^{-5}$ 时，所求古厚度 $Z_2 = Z_{2(k+1)}$。

3. 古水深恢复

古水深的恢复是反演盆地沉降史的难点。在湖相或海相盆地的沉降史分析中应注意古水深的影响，必要时应该进行古水深校正。

渤海海域勘探实践和沉积体系研究表明，新近系浅水三角洲发育的水体可能很浅，甚至为极浅水（估算可能小于4m）。同样地，渤海海域新近系古水深定量恢复表明，湖泊水深变化范围约为0~5m。因此，无论是馆陶组还是明化镇组，水深整体上较浅。由此可见，渤海海域拗陷期浅水湖盆的古水深恢复结果对于古地貌重建的影响甚小。尽管如此，在渤海海域新近系古地貌恢复时，本书依然尽可能地考虑到古水深平面分布特征，用于校正古地貌的区域分布。

4. 总沉降与构造沉降

沉积地层经过上述压实校正、古水深校正后，即可获得黄河口凹陷乃至整个渤海海域新近纪总沉降量（即基底沉降量）。一般，盆地的总沉降量等于构造沉降量和非构造沉降量（即负荷沉降量）之和。构造沉降是由构造作用如岩石圈板块相互作用、内部热作用等引起的盆地沉降，是盆地发育的基础。在盆地发育的不同阶段，构造沉降作用具有不同程度的影响，其沉降量大小及作用时间长短决定了该盆地的发育和演化历史。非构造沉降是由盆地内非构造作用引起的盆地沉降，如沉积充填物和盆地水体负荷等方面。

反映盆地沉降特点的主要参数有两个，可以用图示的方法将其表现出来。盆地在沉降过程中，某一地质时期内的盆地基底沉降幅度即为该时间段内的盆地产生的沉降量，这种反映方式简便且直观。盆地在沉降过程中，某一沉积单元在单位时期内下降的幅度即为该时间段内的盆地基底沉降速率。二者的求取离不开对沉积地层埋深的分析。盆地沉降过程中的总沉降曲线以相应地质年代为横坐标，以基底的沉降量为纵坐标进行绘制；构造沉降曲线则以构造沉降量为纵坐标进行绘制。盆地基底的埋藏沉降史曲线即为盆地总沉降曲线。在总沉降和构造沉降曲线的基础上，各自计算曲线的斜率，分别绘制该盆地内总沉降速率和构造沉降速率。

值得一提的是，将沉积速率与沉降速率进行比较，二者之间的关系受盆地演化的影响，也可以在一定程度内反映沉积盆地的沉降特征。其关系特征主要分为以下3种情况：①当盆地基底沉降速率大于沉积速率时，盆地内的水体深度增加，形成了"欠补偿盆地"；②当盆地基底沉降速率与沉积速率相等或相近时，盆地内部处于均衡状态，水体深度也长期基本处于平衡状态，可形成一套较厚的沉积岩层，可称为"补偿盆地"；③当盆地基底沉降速率小于沉积速率时，盆地水体深度减小，大量沉积物在盆地内发生沉积充填作用，形成了"过补偿盆地"。

5. 渤南地区新近纪沉降发育特征

利用之前确定的渤海海域渤南地区沉降史参数，包括地层界面深度、岩石物性参数和地层年龄等，分别对渤南地区 BZ25-1-9 等 8 口井进行压实校正和古水深校正，绘制了各单井埋藏沉降史曲线（图 4-4）。所选取的井分布于渤南地区各个方位，具有很好的代表性。

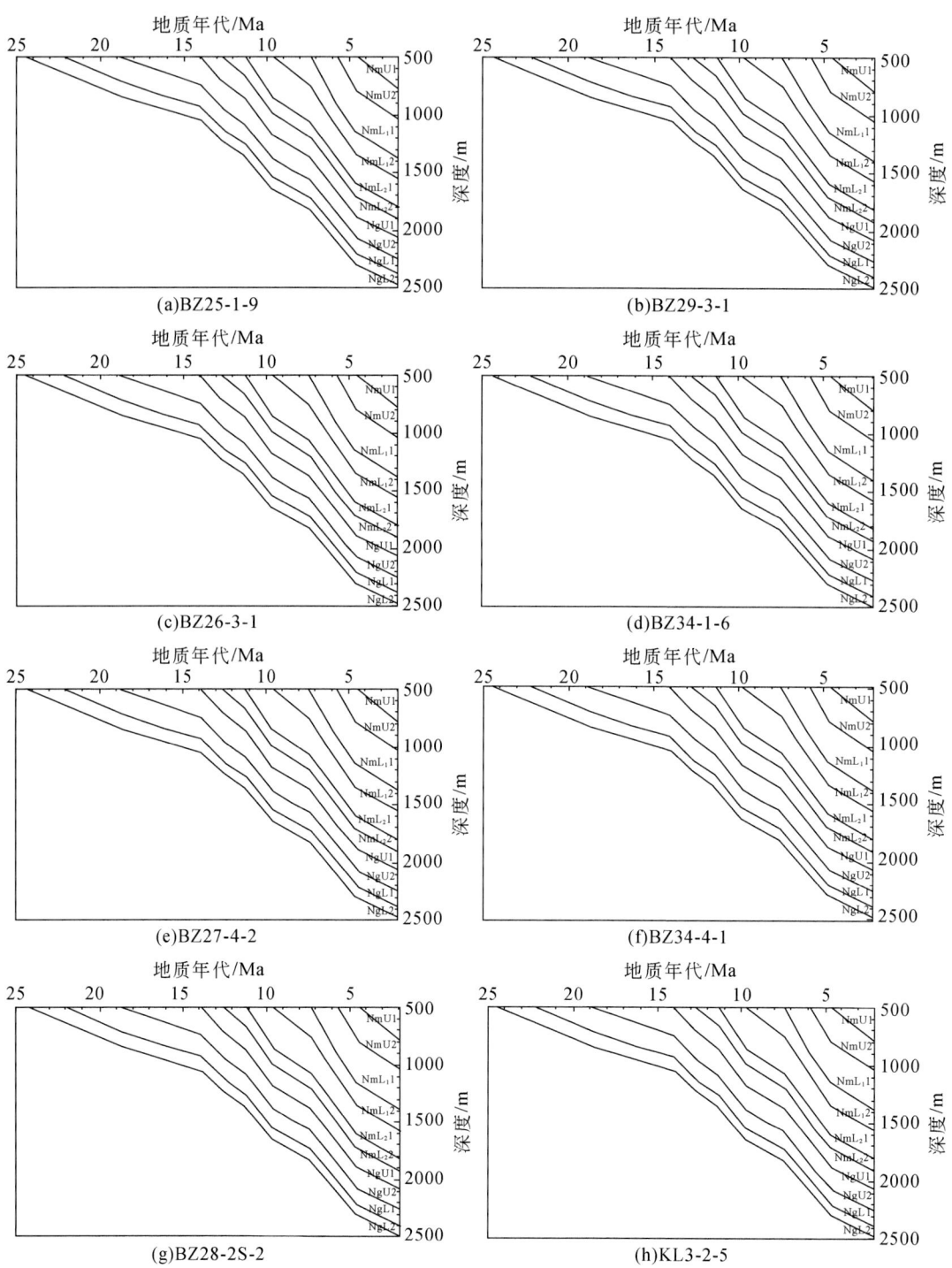

图 4-4　渤海海域渤南地区新近系单井埋藏沉降史图

渤南新近系共发育5个三级层序,在沉积过程中并未出现沉积地层的缺失,各单井埋藏沉降史曲线趋势一致,说明渤海海域新近系在发育过程中整体性质稳定,古地形基本不变,稳定沉降接受沉积。

通过绘制渤南地区新近纪沉降曲线(图4-5),可以读取该地质历史时期内的沉降量,并计算各沉积地层的沉降速率。

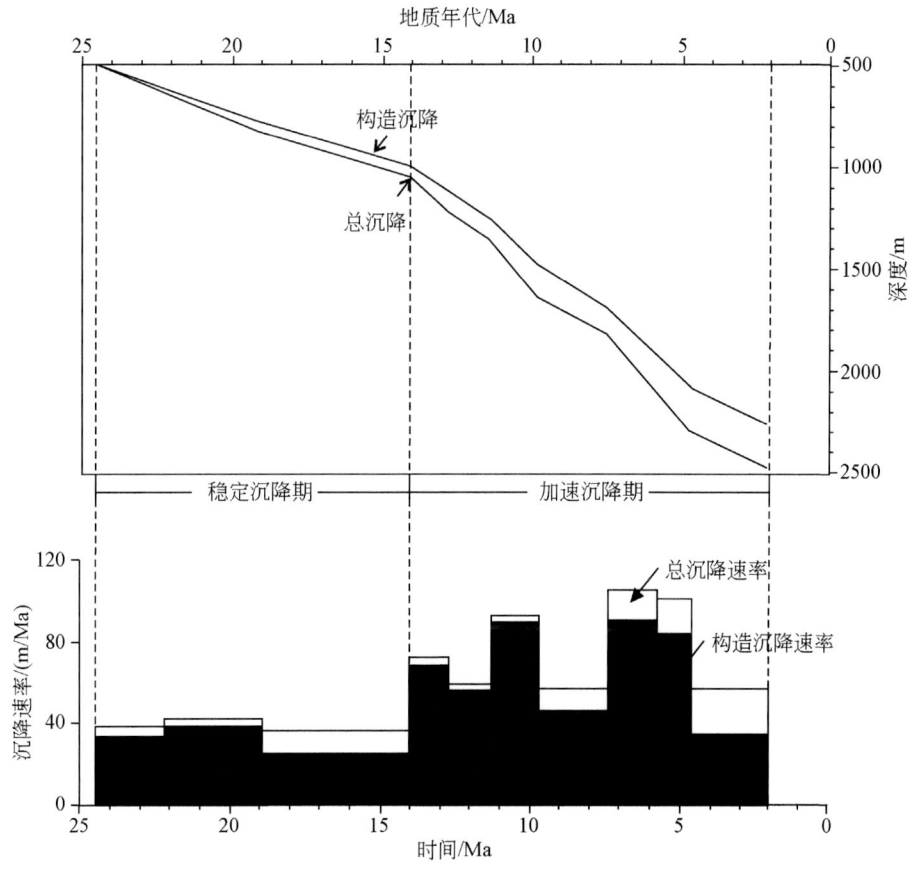

图4-5 渤海海域渤南地区新近纪沉降曲线及沉降速率

沉降速率计算结果表明,渤海海域渤南跨地区新近纪处于新生代裂后拗陷阶段,水平拉张作用不再占据主导地位,取而代之的是裂后拗陷作用。从新近纪沉降史曲线和沉降速率图(图4-4,图4-5)中,我们可以将渤南地区新近纪的演化划分为两个阶段:馆陶组沉积时期的稳定沉降阶段和明化镇组沉积时期相对加速沉降阶段。馆陶组沉积厚度较大,平均约900m,平均沉降速率约为42m/Ma,除馆陶组上段上部以外,沉降速率均保持在40~45m/Ma。明化镇组又可分为明化镇组上段和明化镇组下段,沉降速率保持在58~113m/Ma,地层厚度可达1300m。

沉降史曲线和沉降速率的模拟结果表明,渤南地区新近纪基底总沉降曲线与构造沉降曲线相似,沉降曲线均为下凹式。由于构造沉降与基底总沉降量数值相近,可认为渤海海域新近系的沉降主要受构造因素控制。该阶段均以热沉降为主,伸展程度弱,是典型的裂后拗陷盆地的沉降特征。

4.1.2 渤海海域新近纪古地貌特征

以渤海海域渤南地区为例，在区域三级层序地层学研究的基础上，通过地层厚度的勾绘和压实、古水深的校正，开展了研究区新近系主要沉积期构造古地貌的重建，进一步揭示渤海海域新近系拗陷萎缩期浅水湖盆的古地貌特征和地貌单元的演化过程。

1. 构造古地貌总体特征

渤海海域渤南地区浅水湖盆区域构造古地貌具有以下主要特征（图 4-6）。

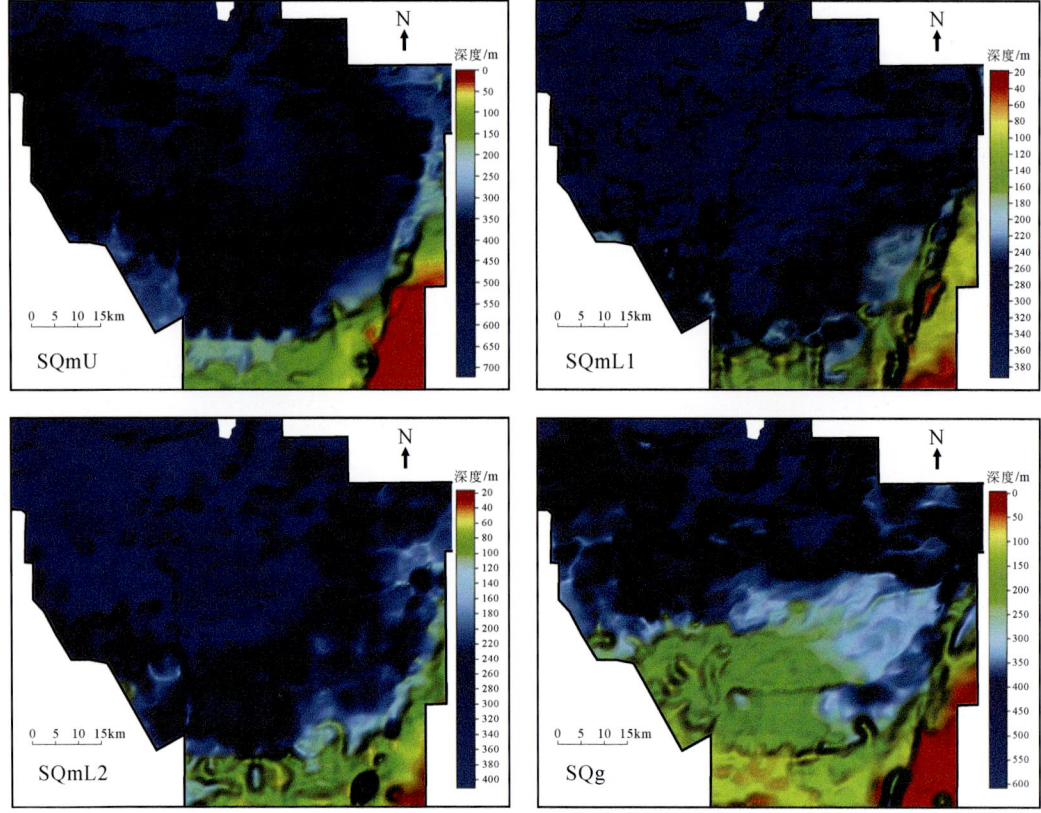

图 4-6 渤海海域渤南地区新近纪主要沉积期构造古地貌发育特征

1）盆大坡缓，继承性强

受新近纪稳定的构造沉降控制，新近纪地形地貌整体十分平缓，坡度通常<1°，盆地边缘靠近物源区坡度最大，向盆地方向如盆地斜坡和湖盆内部坡度较小，往往介于 0.1°～0.3° 之间。因此，从地貌整体特征和地形坡度大小可以看出，渤海海域新近纪古地貌表现出明显的盆大水浅、地形平缓的特征。

此外，渤海海域新近纪整体较为稳定的构造沉降使得盆地古地貌特征从馆陶组至明化镇组上段沉积期继承性非常明显（图 4-6）。但从构造沉降速率来看，馆陶组和明化镇之间依然存在一定程度的差别，馆陶组为构造稳定沉降阶段，盆地充填为填平补齐是主要特征，渤南地区多为宽缓的大斜坡，洼陷面积较小但数量较多，为多个低幅度的"隆洼相间"格局。明化镇组沉积期构造沉降速率有所增强，在经历馆陶组填平补齐的盆地充填阶段之后，湖盆范围明显扩大且多个洼陷连成一片，真正具备"盆大坡缓"的特征。

2）南高北低，南坡北盆

从新近纪不同时期的构造古地貌特征来看，渤南地区南部由于逐渐靠近盆地边缘，地形地貌明显高于北部地区，受郯庐断裂带东支活动的影响，研究区南东部地区地貌明显较高，向北西逐渐过渡为浅水湖盆。因此，渤南地区新近系湖盆主要分布在北部广大区域，南部和东南部以斜坡为主，呈现出南高北低，南坡北盆的古地貌格局。

2. 构造古地貌单元

1）坡折带识别与主要地貌单元

在层序地层学中，"沉积坡折"（slope-break）是一个重要的概念。内陆湖盆"坡折带"这一概念最早来源于断陷湖盆构造坡折带的提出（林畅松等，2000），之后国内许多学者针对不同类型的陆相盆地相继开展了更多类型坡折带的研究。与此同时，有关湖盆多级坡折带、坡折体系等概念也不断被提出（Wang et al.，2004；Liu et al.，2006；徐长贵，2006）。而对于坡折带的识别方法和研究手段也日臻完善（Liu et al.，2006），坡折带对层序、沉积和岩性油气藏的控制作用等理论认识也不断被总结和提升（Wang et al.，2004；任建业等，2004；Liu et al.，2006，2015，2016a，2017；徐长贵，2006；Huang et al.，2012）。由此可见，坡折带作为盆地构造古地貌研究的范畴，在盆地构造古地貌单元划分、源汇系统分析等方面越来越受到重视（刘豪等，2023）。

在地震剖面、构造特征、平面厚度以及构造古地貌等综合分析的基础上，将渤海海域渤南地区新近系的坡折带划分为断裂、挠曲或沉积坡折带等多种类型（图4-7）。由于渤海海域新近系盆地性质及构造活动的特殊性，所有坡折带类型的规模普遍较小。其中，断裂坡折带主要发育在盆地边缘，通常与郯庐断裂带派生的小型同沉积断裂相关；挠曲或沉积坡折带主要发育在斜坡-盆地之间，受先存断裂的作用，多以挠曲型坡折带为主。沉积坡折带不甚发育，这主要是因为在盆地、斜坡区广泛分布的极浅水三角洲河口坝缺失，未见到明显的前积层和滨岸斜坡带。

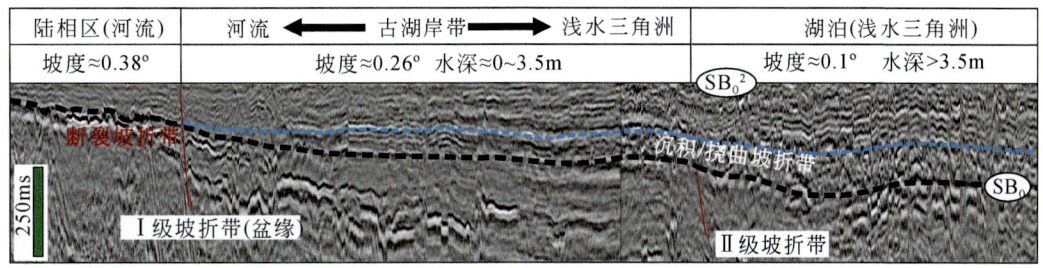

图4-7 渤海海域渤南地区明化镇组下段下亚段坡折带地震剖面特征（SB_0^2层拉平）

2）地貌单元演化过程

从盆地边缘至盆地中央，坡折带具备多级的特征，根据坡折带发育的相对位置，分别命名为盆缘坡折带（Ⅰ级坡折带）、盆内坡折带（Ⅱ、Ⅲ级坡折带等）。根据多级坡折带分布、坡折带之间地形差异，将渤海海域新近系古地貌划分为不同级别的阶地或者地貌单元，分别为一级阶地、二级阶地、三级阶地、湖盆等（图4-8）。盆缘断裂坡折带（有时也有可能为挠曲坡折带）是一、二级阶地的分界，向盆缘方向一级阶地坡度较缓，一般小于0.4°，通常该阶地始终未被湖水淹没，以陆相河流沉积为主。盆内坡折带为二、三级阶地或阶地与湖盆之间的分界。二、三级阶地又可成为盆内阶地，该阶地地形坡度更缓，一般小于0.3°。盆内阶地由于受湖平面频繁升降的影响，水退沉积期发育河流相，水进时期则以浅水湖泊和浅水三角洲沉积为主，因此是古湖岸带（详见本书4.5.3节）发育的主要区域，有利于河流和浅水三角洲交互沉积。湖盆区坡度则最缓，长期被水体所淹没，主要发育浅水三角洲或浅湖相沉积（图4-8）。

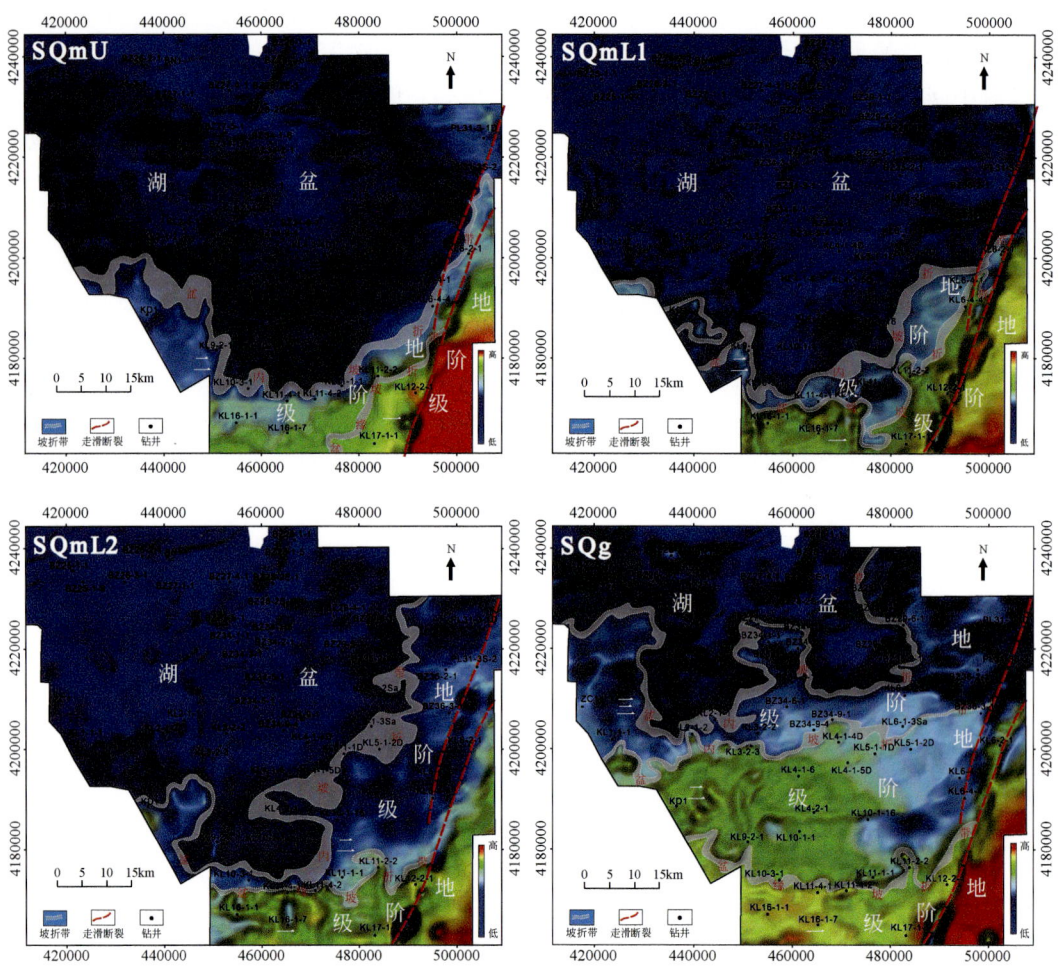

图4-8 渤海海域渤南地区新近纪不同沉积期古地貌单元划分

从渤海海域渤南地区新近系构造古地貌单元划分结果来看，受构造、古气候、古水深等的综合影响，不同沉积期古地貌单元特别是阶地分布有所不同（图4-7）。馆陶组沉积期阶地宽缓且阶地数量较多，这可能与新近纪早期稳定的构造沉降和干旱的气候条件有关。其中稳定的构造沉降可形成宽缓的斜坡带，而气候干旱则导致湖水分布范围局限，因此在馆陶组沉积期呈现出湖盆规模小、阶地多且阶地间分布范围规模大的特点。明化镇组下段下亚段沉积期，气候湿润，盆地地形较缓，水体范围增大，湖盆规模逐渐扩张，盆内坡折带向西南方向迁移，阶地数量和阶地间宽度减少。明化镇组下段上亚段—明化镇组上段沉积期，盆内坡折带进一步向盆缘方向后退，阶地间的宽度进一步减小，湖盆范围进一步扩大，这除了与该时期的湿润气候有着较为密切的关系外，早期沉积充填和晚期的地形变缓也可能是很重要的原因。

4.2 古物源条件

古物源分析是沉积盆地和源汇系统分析中最重要的研究内容之一。物源分析是通过各种方法确定沉积物物源位置及分布、母岩性质、沉积物搬运路径乃至整个盆地的沉积构造演化过程。沉积盆地中沉积层（岩）的矿物组分、重矿物特征、主量元素组成等被广泛用于判别物源的构造背景和母岩类型等（Dickinson et al., 1983; Bhatia, 1983）。近些年来，一些年代学、地球化学分析方法在物源区分析中的应用发展迅猛，如碎屑锆石年代分析，可提供物源的精确年代和周边大地构造背景的信息，已成为当前国际研究热点。

本书以渤海海域渤南地区为例，通过砂岩碎屑Dickinson三角图解、重矿物组合、碎屑锆石年代学、主微量元素等多手段的综合分析，来判断研究区物源大地构造背景属性、母岩性质并进行物源示踪，同时参考古地貌特征所指示的古沟谷体系，综合分析渤南地区新近纪古物源条件。

4.2.1 砂岩碎屑Dickinson三角图解

砂岩碎屑Dickinson三角图解是沉积物源分析最有效的方法之一，自20世纪80年代由Dickinson等（1983）提出以来，得到了众多学者的应用并加以改进。Dickinson等强调砂岩碎屑与构造背景的联系，将砂岩碎屑分类为单晶石英、多晶石英、钾长石、斜长石以及各种岩屑，应用Gazzi-Dickinson点计法分别统计其含量（Ingersoll et al., 1984），制作了Q-F-L、Qm-F-Lt、Lm-Lv-Ls、Qm-P-K等多个三角图来判断物源区的构造背景，极大地发展了砂岩碎屑骨架组分等的研究，并促使物源分析成长为一个独立的领域。

Dickinson依据物源区的构造背景和砂岩平均碎屑成分分布特点，划分出3个一级物源区类型，即大陆板块、岩浆岛弧和再旋回造山带。大陆板块进一步细分为克拉通内部、过渡大陆区和基底隆起，岩浆岛弧进一步细分为切割岛弧、过渡弧、未切割岛弧，再旋回造山带也可进一步分出石英再旋回、过渡再旋回和岩屑再旋回三个分区（Dickinson, 1970a, 1970b, 1982, 1985; Dickinson and Suczek, 1979; Dickinson et al., 1983, 1988）。

砂岩碎屑Dickinson三角图解仅需要砂岩薄片样品,应用点计法在显微镜下统计砂岩骨架碎屑颗粒，不必进行复杂的测试，因而得到了广泛应用。马收先等（2014）总结了砂岩碎屑 Dickinson 三角图解的适用条件：

(1) 采用 Gazzi-Dickinson 点计法；
(2) 采样点为三级物源对应的水流体系，即大河及其三角洲、滨岸环境；
(3) 砂岩杂基含量<25%；
(4) 无严重机械、风化作用；
(5) 各图解相互配合使用。

渤海海域渤南地区新近系砂岩薄片样品来自中海石油（中国）有限公司天津分公司，砂岩薄片中的碎屑骨架颗粒应用 Gazzi-Dickinson 点计法在 Olympus-BX51 偏光显微镜下统计。所有砂级颗粒即粒径介于 0.0625~2mm 之间的颗粒均被计数。对于较大的岩屑，若十字丝交点对准的晶体达到砂级，则记为该晶体的分类而非岩屑的分类。每片薄片至少统计 300 个颗粒，以消除操作误差（Ingersoll et al., 1984; DeCelles et al., 2007）。部分薄片由于薄片磨制面积较小或粒度较大的缘故，颗粒数少于 300 个。计数参量及其代号见表 4-4。

表 4-4　点计法计数参量和砂岩碎屑三角图解代号（Ingersoll et al., 1984; DeCelles et al., 2007）

代号	颗粒类型	英文全称	砂岩碎屑三角图解代号
Q	石英	quartz	Q=Qp+Qm
Qm	单晶石英	monocrystalline quartz	
Qp	多晶石英	polycrystalline quartz	
F	长石	feldspar	F=P+K
P	斜长石	plagioclase feldspar	
K	钾长石	K-feldspar	
Lt	岩屑总量	total lithic grains	Lt=L+Qm
L	岩屑	lithic grains	L=Lv+Lm+Ls
Lv	火成岩屑	total volcanic lithic grains	
Lm	变质岩屑	total metamorphic lithic grains	
Ls	沉积岩屑	total sedimentary lithic grains	
C	燧石	chert	计为 Ls
Qpt	变质石英岩	foliated polycrystalline quartz	计为 Lm

渤海海域渤南地区新近系馆陶组样品均分布在莱北地区，共取得 7 口井 25 个碎屑砂岩骨架颗粒数据，包括岩屑长石砂岩和长石岩屑砂岩（图 4-9）。主要颗粒类型有石英（Q）、斜长石（P）、钾长石（K），岩屑以变质岩屑（Lm）和火成岩屑（Lv）为主，少见沉积岩屑（Ls）。砂岩颗粒分选较差，呈次棱角-次圆状。点计法的数据投点于图 4-9 中，平均百分含量为%Q-F-L=33.47，35.32，31.21；%Lm-Ls-Lv=1.49，38.81，59.70。在 Q-F-L 三角图中落点于岩浆弧物源区。岩屑以火成岩屑如花岗岩和变质岩屑为主，沉积岩屑小于 5%。成分成熟度介于 0.23~0.67 之间，波动很小，平均值 0.52，指示搬运距离相对较小而稳定。

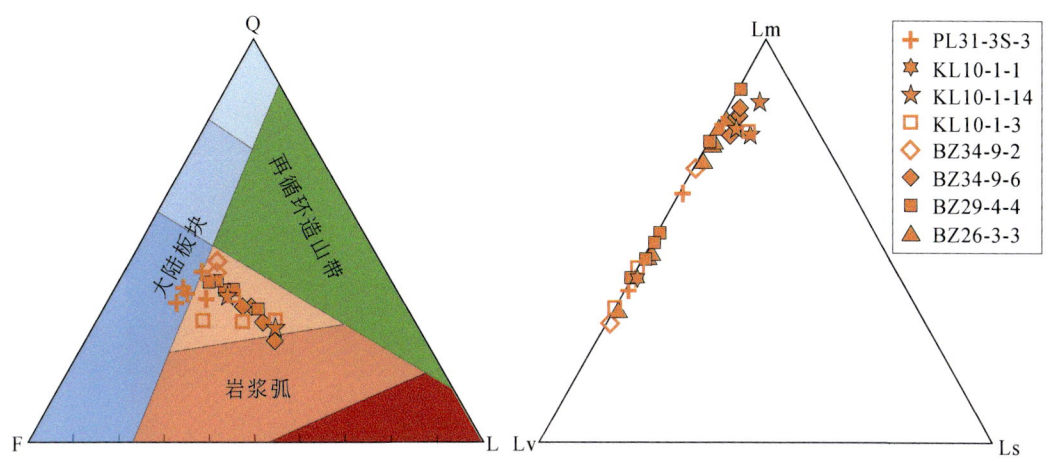

图 4-9 渤海海域渤南地区馆陶组砂岩碎屑骨架颗粒 Dickinson 三角图

渤海海域渤南地区新近系明化镇组样品主要来自莱北地区，共取得 8 口井 37 个碎屑砂岩骨架颗粒数据，包括长石石英砂岩、岩屑砂岩、岩屑长石砂岩和长石岩屑砂岩（图 4-10）。主要颗粒类型有石英（Q）、斜长石（P）、钾长石（K），岩屑以变质岩屑（Lm）和火成岩屑（Lv）为主，沉积岩屑（Ls）较少。砂岩颗粒分选一般，呈次棱角-次圆状。点计法的数据投点于图 4-10 中，平均百分含量为%Q-F-L=38.31，39.27，22.42；%Lm-Ls-Lv=4.89，43.55，51.56。莱北地区南部 KL10 井区以及东部 PL31-3S 井在 Q-F-L 三角图中落点于岩浆弧物源区，中部和北部 BZ34、BZ29 和 BZ26 井区落点于大陆板块和岩浆弧物源交界地带，表明明化镇组沉积期有具备大陆板块背景和岩浆弧背景的两组物源输入。岩屑以火成岩屑和变质岩屑为主，沉积岩屑小于 5%。成分成熟度介于 0.39～1.97 之间，波动较大，平均值 0.67，相较馆陶组，沉积岩屑组分相对增加，指示明化镇组沉积期搬运距离相对馆陶组沉积期可能要远。

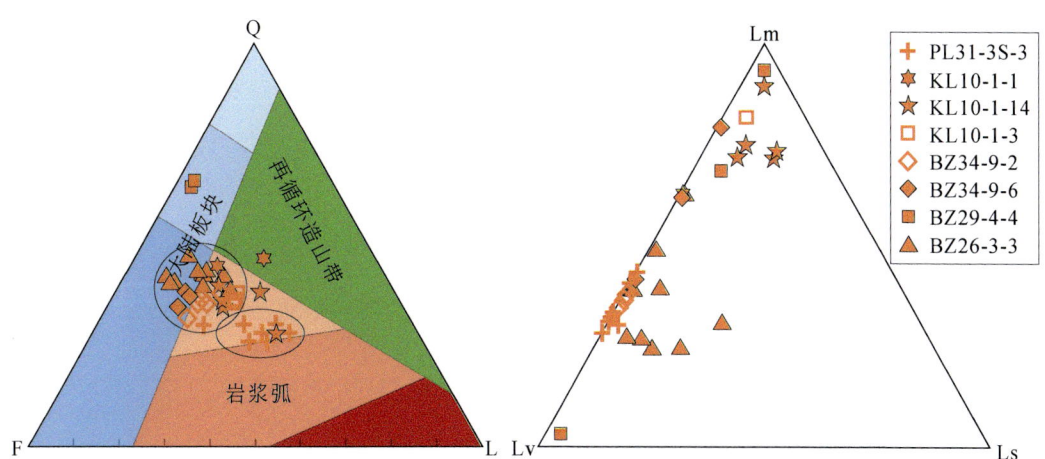

图 4-10 渤海海域渤南地区明化镇组砂岩碎屑骨架颗粒 Dickinson 三角图

4.2.2 重矿物组合分析

碎屑岩中相对密度大于 2.86g/cm³ 的矿物称为重矿物，主要集中在粉砂岩和细砂岩中，在岩石中的含量较低，一般不超过 1%。砂岩中常见的重矿物有辉石、角闪石、石榴子石、绿帘石、尖晶石、十字石、独居石、锆石、磷灰石、金红石等，重矿物组合及其与轻矿物组合可以反映母岩性质（表 4-5，王成善和李祥辉，2003）。

表 4-5 常见母岩类型及其矿物组合

母岩	重矿物组合	轻矿物
酸性岩浆岩	磷灰石、角闪石、独居石、金红石、榍石、电气石（粉红色）、锆石（自形）	石英 正长石
花岗伟晶岩	锡石、萤石、黄玉、电气石（蓝色）、黑钨矿、独居石、磷钇矿	微斜长石 酸性斜长石
基性、超基性侵入岩	橄榄石、普通辉石、紫苏辉石、角闪石、磁铁矿、铬尖晶石、钛铁矿、铬铁矿、尖晶石	基性斜长石 蛇纹石
中基性喷出岩	辉石、角闪石、兰铁矿、锆石、石榴子石、磷灰石	中基性斜长石 玄武岩、安山岩屑
变质岩	红柱石、刚玉、蓝晶石、夕线石、十字石、黄玉、符山石、硅灰石、绿帘石、黝帘石、石榴子石、电气石、蓝闪石	具有波状消光或锯齿状接触边缘的石英、长石，各种变质岩屑
沉积岩	重晶石、赤铁矿、白钛矿、金红石、电气石（磨圆）、锆石（磨圆）、石榴子石（磨圆）	极圆的石英，玉髓，第二轮回的石英

由于不同的重矿物的理化性质不同，碎屑岩中重矿物组合会受到机械破碎、水力分选、层间溶解等作用的影响，导致利用重矿物指示母岩性质存在较强的多解性。为了减少此类作用对物源解释造成的影响，Morton 和 Hallsworth（1994）利用在相似水动力条件和成岩作用下稳定性相似的特征重矿物组合来反映物源信息。例如，锆石、电气石、金红石三类矿物的抗风化能力较强，将三类重矿物的百分比之和总结为 ZTR 指数，用来指示矿物成熟度和搬运距离。常用的重矿物指数及其指示意义总结在表 4-6 中。

表 4-6 常用重矿物指数及其作用（引自 Morton and Hallsworth，1994）

指数	指数定义	指示意义
ZTR	锆石+电气石+金红石	成熟度
ATi	100×磷灰石/（磷灰石+电气石）	物源为火山岩的样品数量和风化程度
GZi	100×石榴子石/（石榴子石+锆石）	是否存在角闪岩或麻粒岩物源
MZi	100×独居石/（独居石+锆石）	深成岩的比例

本书共选取渤南地区新近系馆陶组 6 口钻井数据进行重矿物分析。分析表明，馆陶组主要重矿物组合为绿帘石（9.77%）+石榴子石（30.82%）+白钛矿（7.20%）+磁铁矿（16.39%）+褐铁矿（17.82%）+锆石（16.23%）+电气石（1.12%）。绿帘石+石榴子石反映变质岩的母岩类型，磁铁矿+褐铁矿+锆石+白钛矿指示岩浆岩的母岩类型，锆石+电气石+白钛矿指示

沉积岩的母岩类型。因此渤南地区馆陶组的物源应以岩浆岩和变质岩为主，沉积岩母岩较少。同时重矿物指数分析结果也很好地揭示了馆陶组物源性质和来源：GZi 指数平均为 78.32，表明角闪岩或麻粒岩等变质岩类型占主导地位；ZTR 指数平均为 17.35%，指示该区域沉积物成熟度较低。

此外，渤南及其邻区馆陶组重矿物组合的平面分布不均匀，表明该区域受到多个物源的影响（图 4-11）。例如，锆石仅在 BZ28-2S-2 井大量出现，其他井的锆石含量极低；绿帘石、石榴子石等重矿物在各井中比例均不相同，对应的重矿物组合也不同。

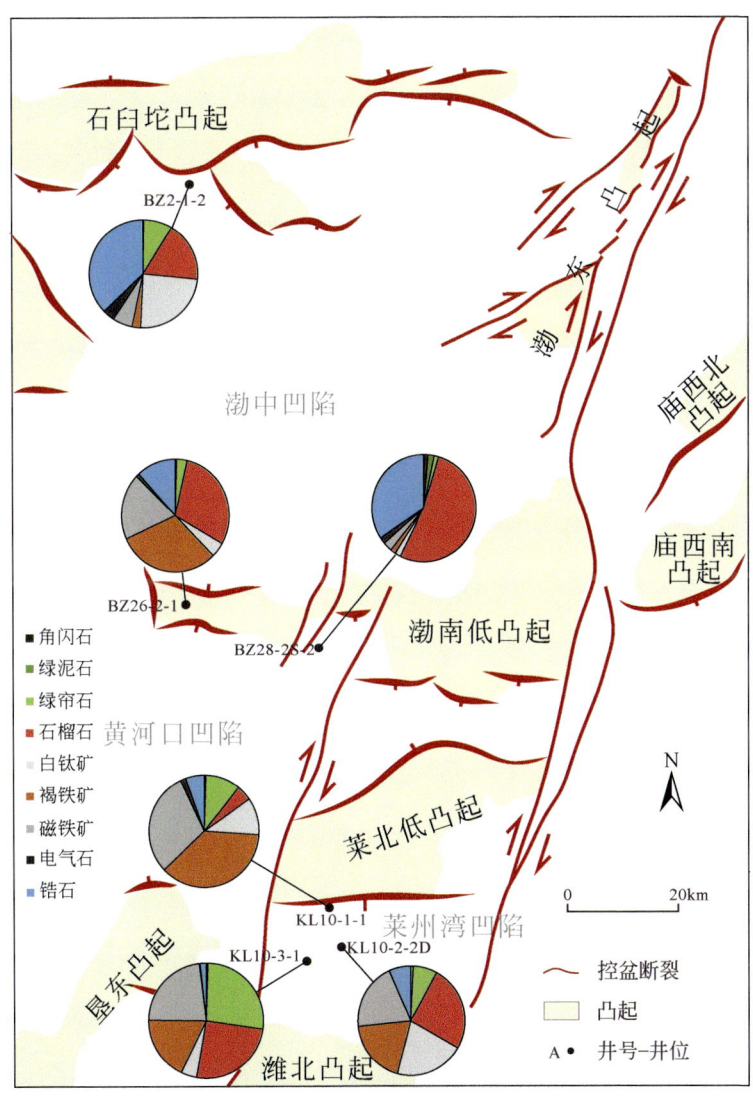

图 4-11 渤海海域渤南及其邻区新近系馆陶组重矿物相对百分含量对比图

选取渤南地区共 6 口井数据对新近系明化镇组进行了重矿物和物源分析。明化镇组主要重矿物组合特征为：绿帘石（34.28%）+石榴子石（14.21%）+白钛矿（14.59%）+磁铁矿（14.14%）+褐铁矿（12.03%）+锆石（2.48%）+电气石（0.44%）。其中，绿帘石+石榴子石反映变质岩的母岩类型,磁铁矿+褐铁矿+锆石+白钛矿指示岩浆岩的母岩类型,锆石+电气石+白钛矿指示沉积岩的母岩类型。因此明化镇组的物源也应以岩浆岩和变质岩为主,沉积岩母岩极少。同样地,重矿物指数分析也很好地揭示了物源情况:GZi 指数平均为 78.32,显示角闪岩或麻粒岩等变质岩类型占主导地位;ZTR 指数平均为 3.33%,指示该区域沉积物成熟度极低。

渤南及其邻区明化镇组重矿物组合的平面分布不均匀,同样说明了该区域受到多个物源的影响(图 4-12)。南部 KL10-1-1 井、KL10-3-1 井和中西部 BZ26-3-3 井、BZ28-2S-3 井的绿帘石+石榴子石占比均超过 60%,反映变质岩为主要的母岩类型,而中东部 BZ28-2E-4 井和 BZ29-4-4 井绿帘石+石榴子石占比小于 40%,褐铁矿+磁铁矿大于 50%,反映岩浆岩物源为主,变质岩物源次之(图 4-12)。

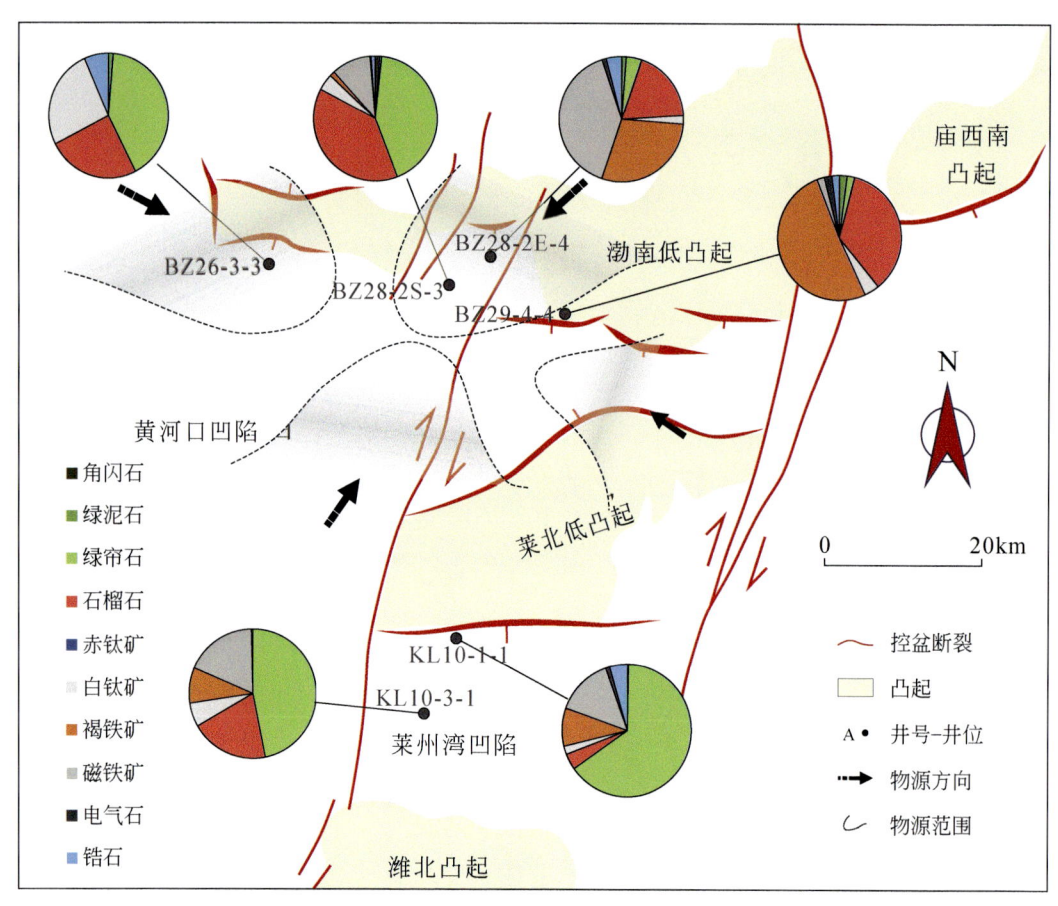

图 4-12　渤海海域渤南及其邻区明化镇组重矿物相对百分含量对比图
虚线及箭头为陈容涛等(2017)的结果

4.2.3　碎屑锆石年代学

从第 3 章锆石年代学介绍不难看出,锆石作为各类岩石中常见的副矿物,不仅仅是 U-Pb 同位素年代学研究的理想对象,而且锆石还具有较强的抗风化能力,可以在经历复杂的风化和搬运,甚至变质作用之后仍然保留原始的物源信息,加之锆石同样在陆源碎屑岩中以副矿物的形式广泛存在,因而在物源分析中得到广泛利用(Davis et al.,2003)。

不同成因的锆石具有不同的内部结构和化学成分特征。岩浆锆石通常为半自形-自形,一般具有特征的岩浆振荡环带,多呈扇状分带特征,具有较高的 Th、U 含量和 Th/U 值(一般>0.4);变质成因的锆石一般呈他形,其内部分带有无分带、弱分带、云雾状分带、扇形分带、冷杉叶状分带、面状分带、斑杂状分带、海绵状分带等复杂的结构类型,Th、U 含量较低且 Th/U 值较小(一般<0.1)。锆石的内部结构特征可以在阴极发光(CL)电子图像中观察(吴元保和郑永飞,2004)。锆石的形态学特征也可以反映物源信息,宋鹰等(2018)根据锆石的磨圆、断裂、裂缝和撞击痕迹等将碎屑锆石分组,分别讨论其物源。

现今碎屑锆石年代学主要有 4 个方面的应用:

(1)物源研究,将碎屑矿物的年龄与潜在物源区的年龄谱峰对比,确定物源区;

(2)对已知的物源区,确定源区岩石的年龄特征;

(3)比较不同沉积单元的碎屑矿物年龄,评估其间的潜在联系;

(4)确定年代,碎屑矿物年龄中最年轻的年龄组限定了沉积地层的最大沉积年龄。

Dickinson 和 Gehrels(2009)总结了计算地层最大沉积年龄的 5 种方法(表 4-7)。

表 4-7 地层最大沉积年龄的计算

代号	含义	备注
YDZ	Isoplot 中"Youngest Detrital Zircon"程序计算出的年龄	与 YSG 无明显差别或优势,或缺乏直接分析证明
YSG	最年轻的碎屑锆石单颗粒 1σ 误差	$1\sigma<10$Ma;该颗粒年龄不与第二年轻的颗粒在 1σ 误差内重叠
YPP	年龄概率曲线或年龄分布曲线上的最年轻峰值年龄	忽视单颗粒的年龄峰
YC1σ(2+)	最年轻的 1σ 误差内相互重叠的两个或更多颗粒簇的加权平均年龄($n\geq 2$)	平均数目为 3
YC2σ(3+)	最年轻的 2σ 误差内相互重叠的两个或更多颗粒簇的加权平均年龄($n\geq 3$)	平均数目为 5.5 容易高估沉积年龄

渤海海域渤南地区新近纪碎屑锆石年代学分析选择了 BZ26-2-1 和 BZ28-2-1 两口钻井。其中 BZ26-2-1 井 U-Pb-01 样品采集自馆陶组上部中细砂岩层,锆石测试详细分析见本书 3.5.2 节,该井的碎屑岩锆石阴极发光(CL)图像见图 4-13。

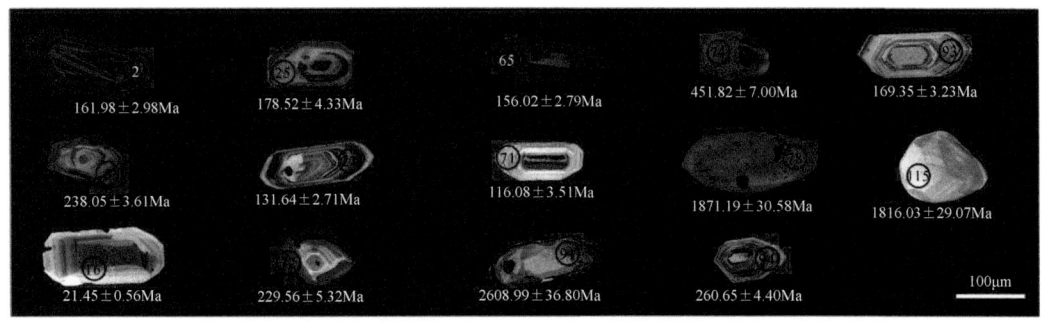

图 4-13 渤海海域渤南地区 BZ26-2-1 井部分碎屑锆石阴极发光(CL)图像

U-Pb-07 样品采集自 BZ28-2-1 井孔店组中细砂岩层，主要为岩浆锆石，变质锆石出现较少。岩浆锆石呈自形-半自形，发育良好的岩浆振荡环带；变质锆石呈磨圆状，部分发育变质增生边，CL 图像下表现为无分带、扇形分带或面状分带。共采集了 120 个碎屑锆石的年龄数据，排除谐和度小于 90%的样品，共计 108 个有效数据（图 4-14）。碎屑锆石年龄分布在 110～2600Ma，其中新生代碎屑锆石 26 个，占比 24.07%；中生代碎屑锆石 17 个，占比 15.74%；约 1800Ma 的古元古代锆石共 21 个，占比 19.44%；约 2500Ma 的古元古代—太古代锆石共 20 个，占比 18.52%。Th/U 值大于 0.4 的数据共 82 个，小于 0.1 的数据仅 3 个，与锆石形态及 CL 图像特征吻合。

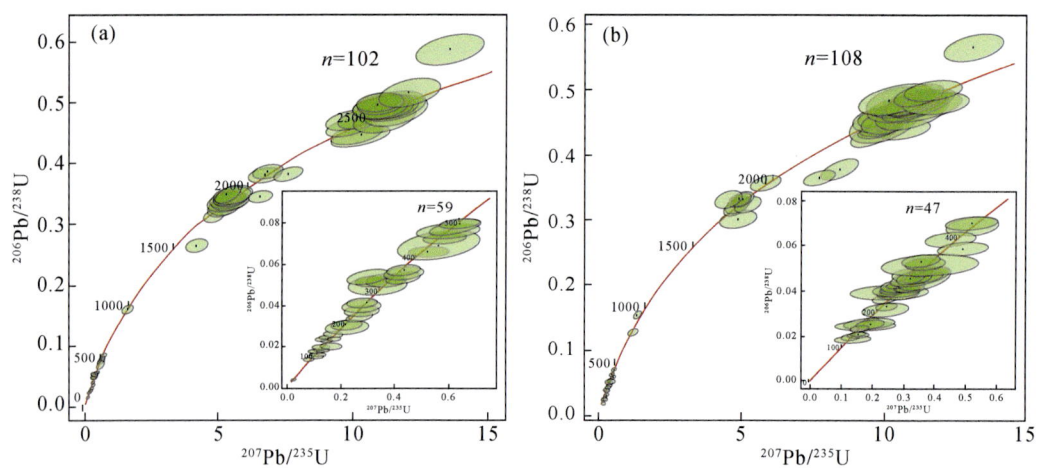

图 4-14　渤海海域渤南地区钻井碎屑锆石 U-Pb 年龄谐和图
（a）BZ26-2-1 井；（b）BZ28-2-1 井

为了对比渤南地区的物源方向，本书参考 Zhang 等（2014）的物源分区，搜集了研究区周边辽东半岛、胶东半岛、鲁西隆起和燕山-辽西地区的碎屑锆石年龄（图 4-15）。并引用 Sun 等（2019a）PL7 井和 PL31 井两口井的碎屑锆石数据，两个样品均取自馆陶组。BZ26-2-1 井和 BZ28-2-1 井两个碎屑锆石的年龄谱峰主要有三个：100～500Ma、1740～1960Ma 以及 2300～2600Ma；PL7 井的碎屑锆石年龄集中于 100～500Ma，在 1740～1960Ma 和 2300～2600Ma 两段时间内仅有微弱显示；PL31 井的碎屑锆石年龄则集中于 100～200Ma 和 2330～2580Ma 范围内。盆地东北方向辽东半岛的碎屑锆石在 100～230Ma 之间显示非常高的年龄峰，在 1740～1960Ma 以及 2300～2600Ma 范围内则响应微弱。东南方向胶东半岛在 100～250Ma 和约 1850Ma 有较高的年龄峰，同时在 1800～2925Ma 之间均有小规模的显示。西南方向鲁西隆起的碎屑锆石年龄集中于 100～200Ma 和 2400～2640Ma 之间。西北方向燕山-辽西的碎屑锆石年龄在 100～500Ma、1740～1960Ma 和 2300～2600Ma 三个区间内均存在年龄峰。

PL31 井与鲁西隆起具有极其相似的年龄谱，而对胶东半岛约 1850Ma 的年龄峰和燕山-辽西地区 1740～1960Ma 范围内的年龄分布没有响应。多维尺度统计（图 4-16）中 PL31 井与鲁西隆起具有最高的相似性。据此认为 PL31 井的物源应主要来自鲁西隆起。PL7 井在

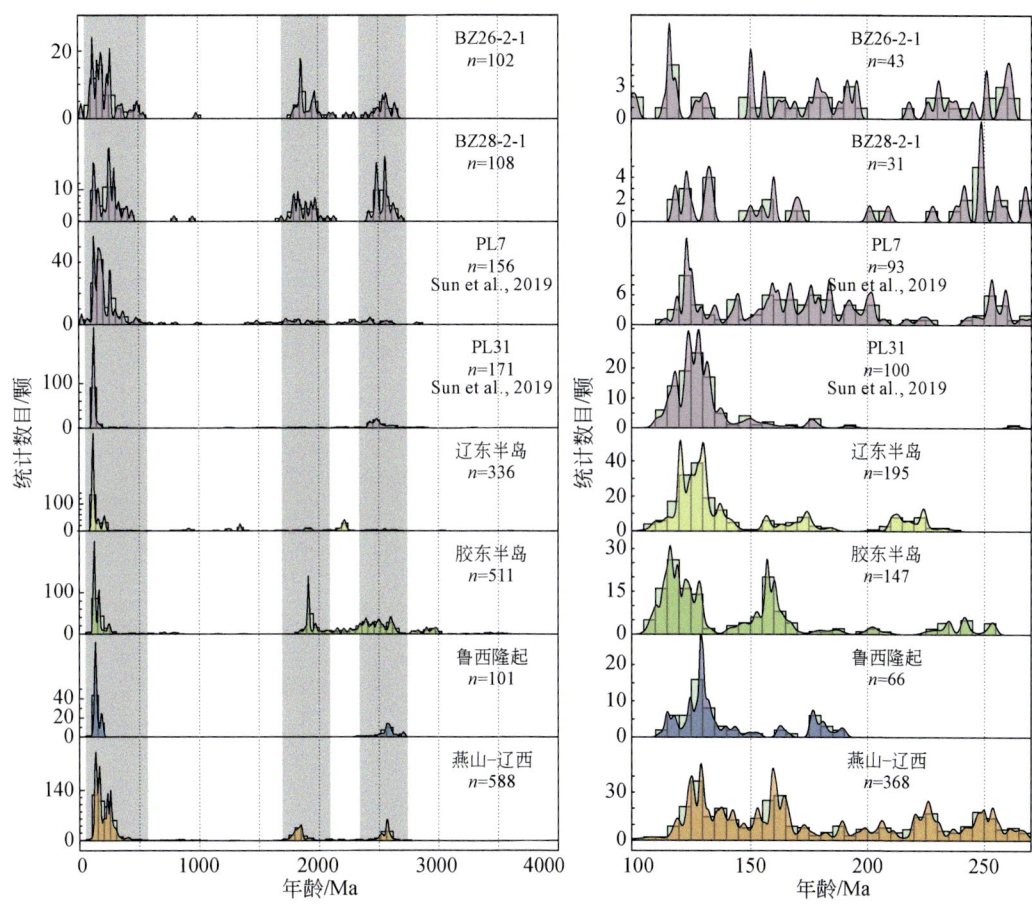

图 4-15　渤海海域渤南地区馆陶组碎屑锆石 U-Pb 年龄柯氏密度估计
曲线和柱状图及其与潜在物源区对比

n 为谐和年龄数

1740～1960Ma 和 2300～2600Ma 内的微弱响应与辽东半岛相似，而 100～270Ma 内的年龄谱与燕山-辽西的宽年龄谱特征相近，多维尺度统计中 PL7 井也与燕山-辽西地区和辽东半岛相毗邻，可以推断 PL7 井的物源应受到辽东半岛和燕山-辽西地区两个方向物源的影响。BZ26-2-1 井与 BZ28-2-1 井两个样品的年龄谱峰相近，可以认为是两井的物源相似。两个样品在 1740～1960Ma 和 2300～2600Ma 内有大量年龄分布，与胶东半岛和燕山-鲁西地区相似，而 100～270Ma 范围内的宽年龄谱特征则与燕山-辽西地区相似，多维尺度统计中两井与燕山-辽西地区和胶东半岛表现为高度相似性。据此可以认为 BZ26-2-1 井与 BZ28-2-1 井的物源必然受到燕山-辽西地区的物源供给，也可能受到胶东半岛物源的影响。

需要注意的是，BZ26-2-1 井、BZ28-2-1 井和 PL7 井三个碎屑锆石年龄谱能够完全覆盖辽东半岛或鲁西隆起的年龄谱，因此无法排除相应物源区的影响。

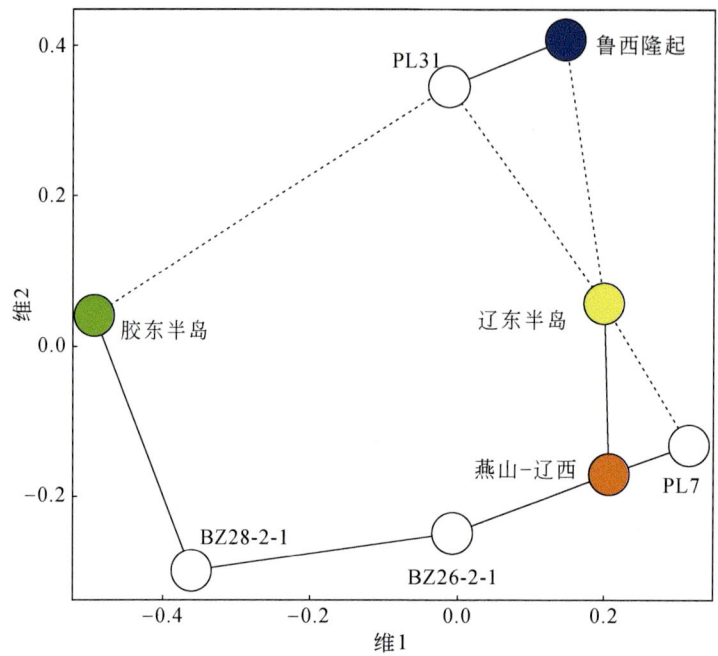

图 4-16 渤海海域渤南地区馆陶组碎屑锆石 U-Pb 年龄多维尺度统计

BZ26-2-1 井和 BZ28-2-1 井与胶东半岛物源和燕山-辽西地区物源亲缘性较高，PL31 井与鲁西隆起物源亲缘性较高，PL7 井与辽东半岛和胶东半岛物源相近

4.2.4 主微量元素分析

沉积物的地球化学组成是研究物源区母岩类型、构造背景以及古气候环境等的重要手段。Bhatia（1983）将物源分为主动大陆边缘、被动大陆边缘、大洋岛弧和大陆岛弧四种构造背景，并提出了基于 Fe_2O_3+MgO 含量和 TiO_2、Al_2O_3/SiO_2 等以及判别函数的判别图解，这四种物源背景也可以通过 La-Th-Sc 三角图解进行区分（Bhatia and Crook，1986）。利用 K_2O/Na_2O 和 SiO_2 的相对含量区分被动大陆边缘、主动大陆边缘和弧三种构造背景（Roser and Korsch，1988）。同时，Roser 和 Korsch（1988）还提出了常量元素的判别公式和图解用于判断物源区的岩性。

物源区岩石类型、风化作用、沉积分选、成岩作用和元素的溶液地球化学性质等多种因素都会影响微量元素的浓度。但一些元素如稀土元素 Th、Sc、Cr、Co 和 Hf 等，在风化、搬运、沉积过程中性质比较稳定，受后期成岩、变质作用以及重矿物分异作用的影响很小，能够可靠地继承和反映物源信息（McLennan and Taylor，1982）。Floyd 和 Leveridge（1987）将物源分为拉斑玄武岩洋岛、安山质岩浆弧、酸性岩浆弧和被动大陆边缘物源，以 La/Th 值与 Hf 的相对含量作为判断标准。Co/Th 和 La/Sc 值被用来判断源岩性质（McLennan et al.，1993）。本书以渤南地区 KL10-1-2 井为例，从主微量元素分析的角度出发，进行新近系的物源分析。

KL10-1-2 井沉积物常量元素分析结果见图 4-17。常量元素以 SiO_2 和 Al_2O_3 为主，沙三段下部集中分布部分 CaO，指示该段沉积物含有碳酸盐成分，镜下照片显示为钙质胶结物。

馆陶组样品表现为明显的SiO_2异常高值,可能是馆陶组沉积物为特征的砾质到粗砂质沉积,导致取样时更多地收集到了砂砾级沉积物而未能均匀取得各种粒度的沉积物,使得分析结果出现偏差。同样的偏差也出现在稀土元素球粒陨石标准化分布图(图4-18)以及主微量元素相关图解(图4-19)中。稀土元素配分曲线具有相似的分布特征,且与前太古代澳大利亚页岩(PAAS)和上大陆地壳(UCC)相似,指示沉积物物源可能源自古老上地壳物质,而且自下而上并未产生明显变化。

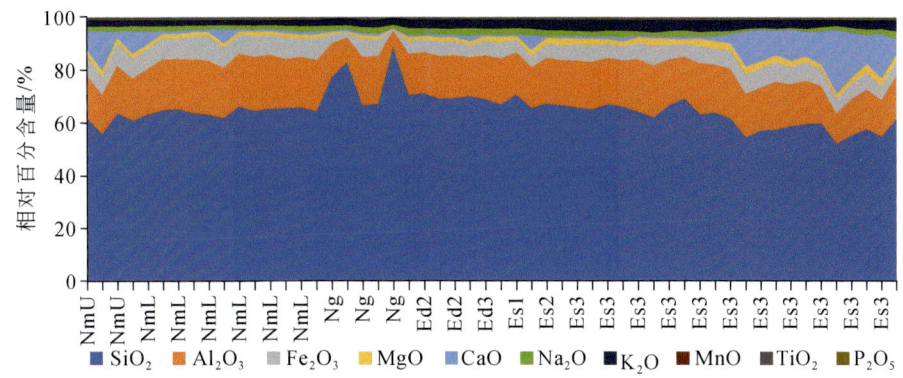

图4-17 渤海海域渤南地区KL10-1-2井沉积物常量元素相对百分含量

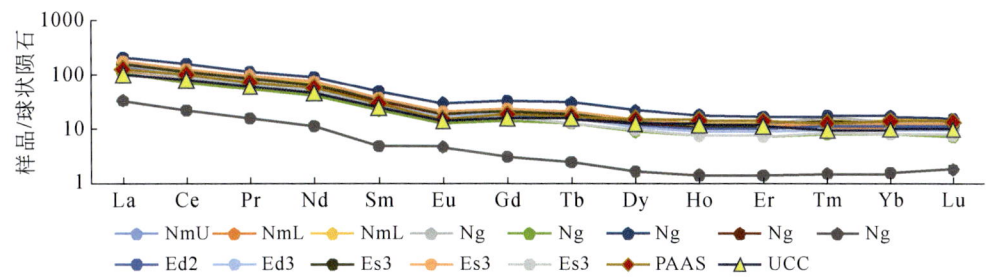

图4-18 渤海海域渤南地区KL10-1-2井部分样品稀土元素球粒陨石标准化分布图

此外,应用多种主微量元素判别图解来反映KL10-1-2井各时期的物源构造背景和源岩性质(图4-19)。La/Th-Hf图解[图4-19(a)]中显示自古近纪—新近纪,物源背景由安山质岛弧物源向酸性岛弧物源略有迁移;而F1-F2判别图[图4-19(b)]指示沙河街组—馆陶组沉积期,沉积物的母岩性质为沉积岩和中酸性火成岩混合,明化镇组沉积物则表现为中基性的母岩性质;TiO_2-Fe_2O_3+MgO图解[图4-19(c)]和La-Th-Sc三角图解[图4-19(d)]均指示构造背景为岛弧。

综上所述,KL10-1-2井沉积物物源的构造背景应为岛弧,母岩性质及其变化有待结合其他证据进一步讨论。古近纪—新近纪KL10-1-2井物源属性无明显变化,构造背景均为岩浆弧,沙河街组—馆陶组的源岩为中酸性岩浆岩和沉积岩,至明化镇组转变为基性岩浆岩,可能是相对较远物源区剥蚀的结果。

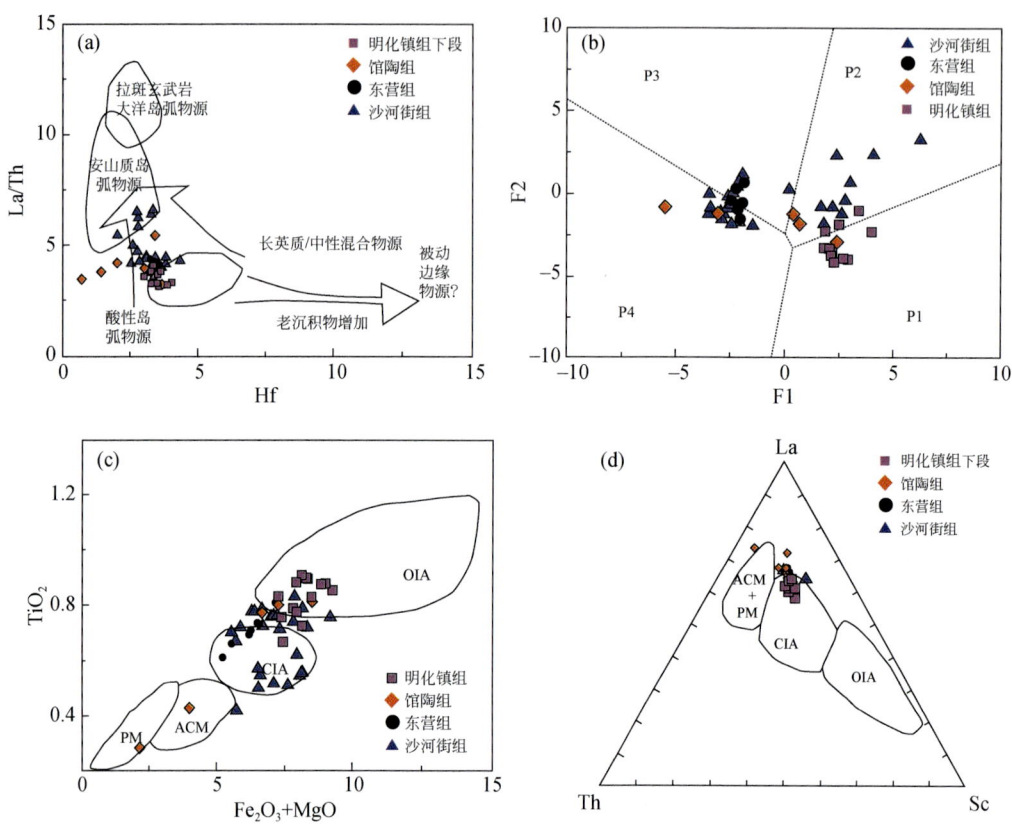

图 4-19 渤海海域渤南地区 KL10-1-2 井主微量元素相关图解

（a）La/Th-Hf 图解；（b）F1-F2 图解，P1-镁铁质火成岩物源区，P2-中性火成岩物源区，P3-长英质火成岩物源区，P4-石英岩沉积岩物源区；（c）TiO_2-Fe_2O_3+MgO 图解，OIA-大洋岛弧，CIA-大陆岛弧，ACM-活动大陆边缘，PM-被动边缘；（d）La-Th-Sc 三角图解

4.2.5 物源综合分析

前面详细介绍了砂岩碎屑 Dickinson 三角图解、重矿物组合、碎屑锆石年代学、主微量元素等多种物源分析的方法，并以渤南地区钻井实际样品测试、相关数据收集入手，分别开展了古气候的分析。为了得到更为合理的物源解释结果，亟须开展多种方法耦合的物源综合分析。

馆陶组沉积时期，渤南地区各井的碎屑砂岩骨架成分 Dickinson 三角图解均落于岩浆弧区域，表明物源的构造背景没有明显差异。Lv-Lm-Ls 三角图和镜下观察均显示为变质岩+岩浆岩。渤南地区南部 KL10 井区的重矿物组合均为绿帘石+石榴子石+白钛矿+褐铁矿+磁铁矿+锆石，且 ZTR 指数很低，表现为岩浆岩+变质岩的母岩类型，沉积岩极少；而北部 BZ26-2-1 井和 BZ28-2S-2 井的锆石含量较高，显示不同于南部的母岩类型。碎屑锆石年龄谱分析指示 PL31 井物源来自鲁西隆起，且成分成熟度极低，其物源输送路径应经过 KL10 井区，故而 KL10 井区的物源应同样有鲁西隆起的贡献。西北方向燕山-辽西地区是 BZ26-2-1 和 BZ28-2-1 可以确定的物源区之一，BZ26-2-1 和 BZ28-2S-1 的重矿物组合也指示出与西北方向石臼坨地区 BZ2-1-1 井的重矿物组合相似的母岩类型，但变质岩母岩含量相对较高，沉积岩母岩相对降低，可以推断 BZ26-2-1 和 BZ28-2-1 受到了其他物源的影响。其东部 PL31 井没有胶东半岛的物源，故而 BZ26-2-1 和 BZ28-2-1 接受胶东半岛物源的可能性较低，接受鲁西隆起物源的可能性较高。

综上所述，渤南地区馆陶组沉积期的物源，南部应来自鲁西隆起，北部则受到鲁西隆起和燕山-辽西地区物源的双重影响（图4-20）。

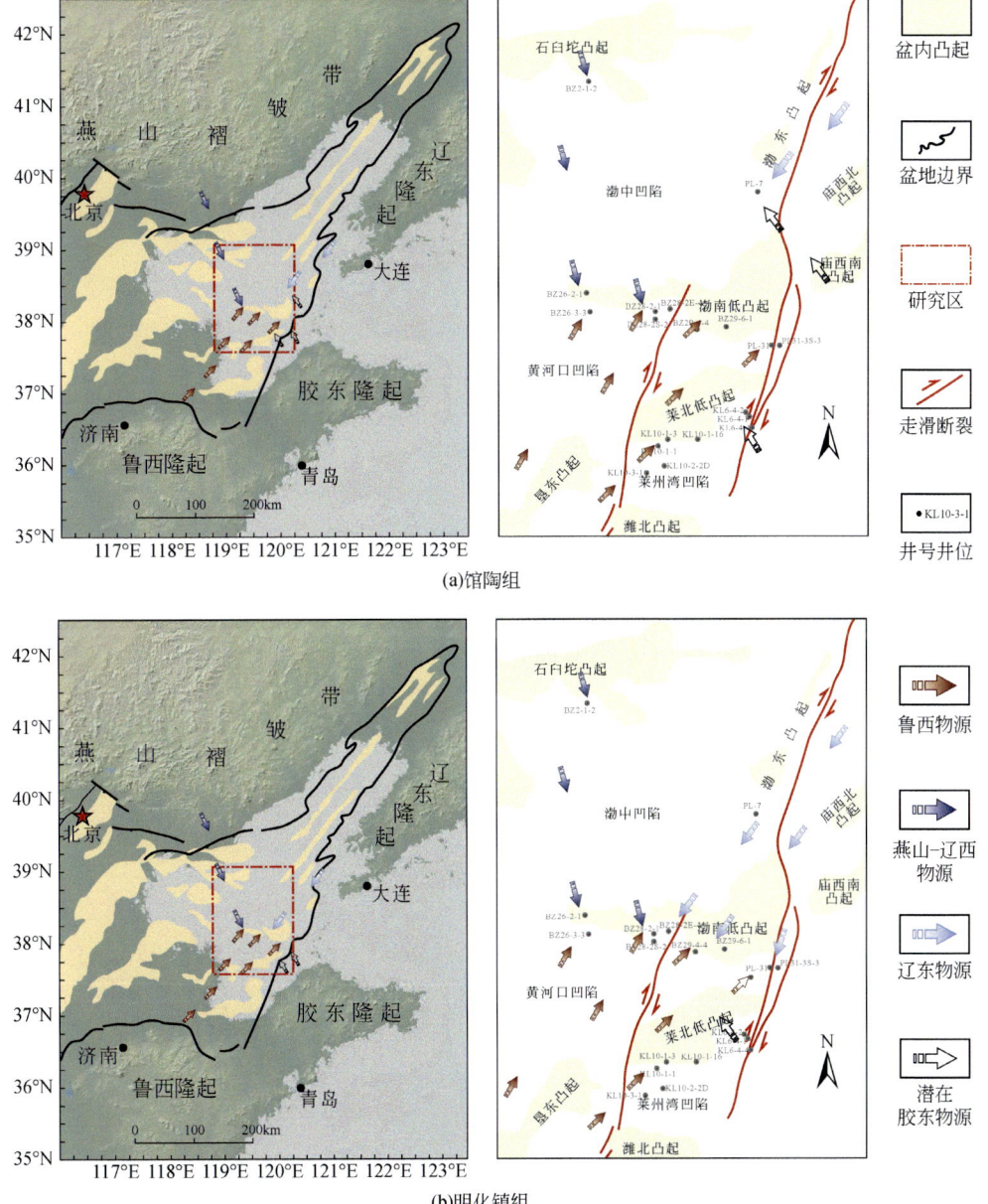

图 4-20 渤海海域石臼坨-黄河口地区馆陶组和明化镇组沉积期的物源供给方向示意图
(a) 为馆陶组沉积期的物源方向；(b) 为明化镇组沉积期物源方向

明化镇组沉积期，渤南地区碎屑砂岩骨架成分 Dickinson 三角图产生了分异，南部和东部落于岩浆弧区域，而西北部向大陆板块物源区迁移，岩屑组分中也出现了更多的沉积岩屑，指示西北部的物源受到了大陆板块物源的影响，结合馆陶组的分析，可认为燕山-辽西地区物源的影响增大。西北部和南部重矿物组合给出了相似的变质岩+岩浆岩的母岩类型，同样与馆陶组吻合，物源应来自鲁西隆起。而中北部的重矿物组合指示岩浆岩为主、变质岩次之的母岩组合，区别于西部和南部。陈容涛等（2017）在重矿物 Q 型聚类分析的基础上，结合 ZTR 指数分析，给出了明化镇组沉积期黄河口凹陷受到东北、西北、东南、西南四个方向物源的影响，其中西北、东北方向为远物源，西南、东南方向为近物源。西北部和南部沉积物主要母岩为变质岩，次要母岩为岩浆岩；东北部、东南部沉积物主要母岩为岩浆岩，次要母岩为变质岩与沉积岩。本书的研究与其结果相吻合。前人根据重矿物组合、岩屑类型和碎屑锆石年龄对渤东地区馆陶组的物源进行了分析，认为该区域受到辽东隆起和胶东隆起两个方向物源的影响，且自馆陶组早期至晚期，胶东隆起的物源逐渐萎缩，辽东隆起物源的影响逐渐增大（林畅松等，2018；Sun et al.，2019a）。因此，有理由认为在明化镇组沉积期，辽东隆起的物源影响到了莱北地区东北部。

因此渤南地区明化镇组沉积期的物源供给可以总结为，莱北地区南部、西部物源仍为鲁西隆起，西北方向的物源仍受燕山-辽西物源的影响，而在莱北地区东北部，鲁西隆起的物源影响力减弱，代之以辽东隆起的物源影响力变强（图 4-20）。

4.2.6 古地貌对物源分析的指示意义

本书 4.1.2 节详细探讨了渤南地区新近纪构造古地貌发育特征，而构造古地貌及其单元的区域展布不仅能较好地揭示主要沟谷的分布，而且对宏观物源方向判断起到很好的指示作用。

馆陶组和明化镇组各沉积期的古地貌特征表明，在渤南地区至少发育 3 个方向的沟谷水系，分别对应西南方向鲁西隆起区、东南方向胶东隆起区和东北方向辽西隆起区，沟谷展布方向与盆地坡折带之间近于垂直或斜交（图 4-21，图 4-22），这与前面的物源分析结果十分吻合。

鲁西隆起区方向的沟谷水系最为发育，整体上呈南西-北东向分布，至研究区呈扇形散开。胶东隆起方向沟谷水系发育较少，呈南东-北西向展布，沟谷水系之间近于平行。受研究范围的限制，研究区东北部斜坡带未完整展现，因此辽东隆起方向的沟谷水系在古地貌图上的特征相对于西南方向不是十分明显，但从区内的主要沟谷展布来看，该方向的沟谷分布及平面组合与鲁西隆起区的特点相似，推测辽东隆起区也比较发育。此外，研究区西北部也因范围限制，沟谷水系展布不清，但是结合重矿物、锆石年代学研究，该地区可能存在来自燕山褶皱带方向的远源沉积物。

第4章 极浅水三角洲形成的古地理条件和特征

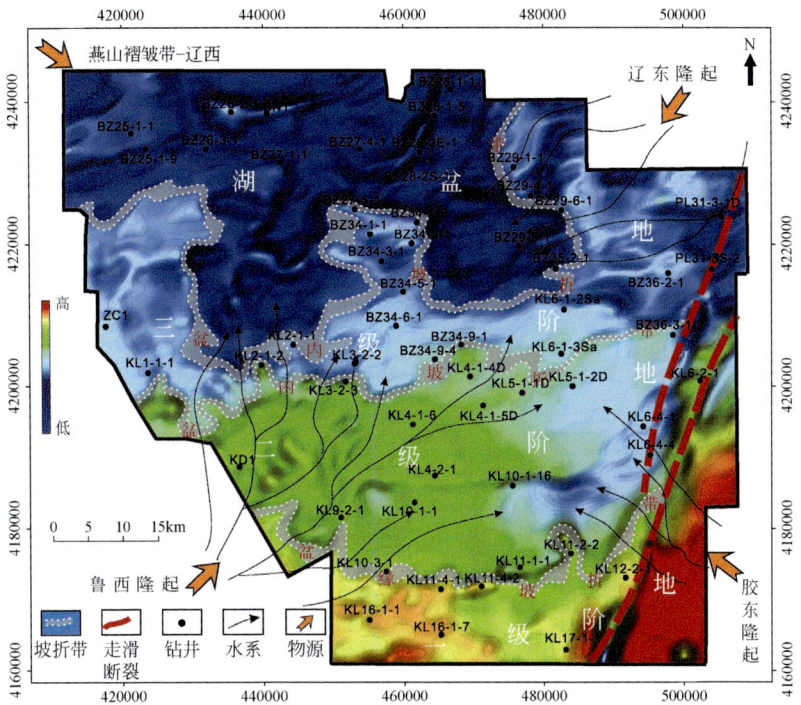

图 4-21　渤海海域渤南地区馆陶组古地貌与古水系分布图

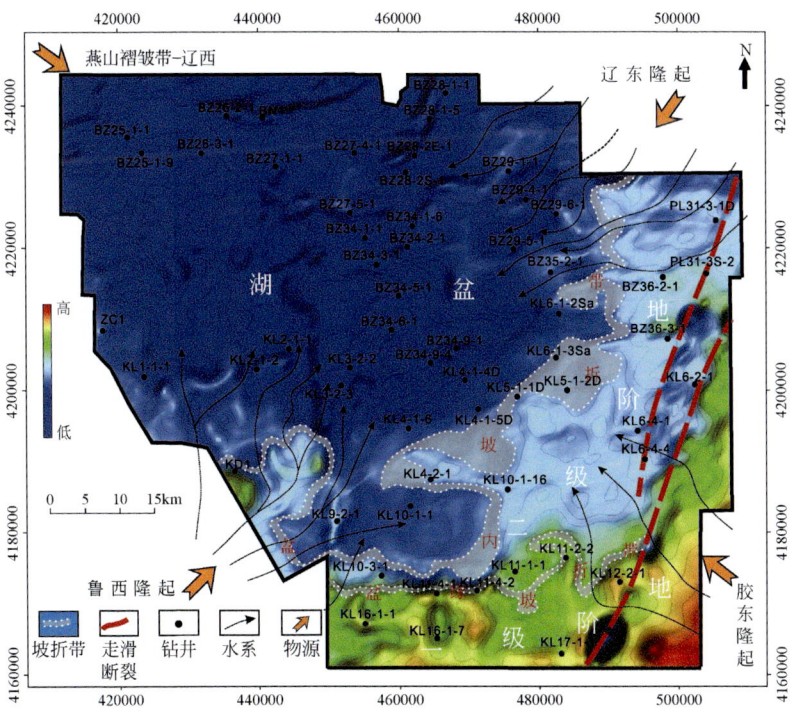

图 4-22　渤海海域渤南地区明化镇组下段下亚段古地貌与古水系分布图

4.3 古气候条件

古气候对拗陷萎缩期湖盆沉积充填与发育过程具有十分重要的控制作用。因此,通过古气候、古盐度、古生产力、水体氧化-还原环境以及陆源碎屑输入量等方面的研究,阐明区域和局部古气候变迁与沉积记录的关系,揭示古气候变化对浅水湖盆古地貌单元、物源水系供给、沉积层序、湖水环境及湖平面波动的影响,探讨古水深波动与湖相沉积之间的关系,具有重要的意义。

目前对湖泊沉积物开展古气候分析的替代指标有孢粉、硅藻、介形类、矿物、色素、岩石磁学参数、元素含量及其比值、碳酸盐含量、自生碳酸盐氧碳同位素、有机碳同位素、氢指数、有机化合物、生物标志物、沉积物粒度等。沉积物中的微、常量元素保存了相当丰富的地质信息,这些元素的变化是对沉积环境的记录(如,Keith and Weber,1964;Talbot and Johannessen,1992;Peck et al.,2004;Algeo and Tribovillard,2009;Shanahan et al.,2013;Dong et al.,2018),因其具有精确示踪和高分辨率的独特性,同时可对地质作用过程标定,已成为研究古气候变迁和古水深波动等的重要手段(Dearing,1997;Woszczyk et al.,2014;Ivanić et al.,2018)。湖泊沉积物碳氧同位素分析是古气候环境再建的重要研究手段,而生物壳体碳氧同位素已成为古气候环境的重要替代指标(如,李玉成等,1999;Mangili et al.,2010;Taft et al.,2014;Mirosław-Grabowska and Zawisza,2014;金彦香等,2015)。孢粉资料是在研究区较易获得的反映地质时期气候变化的直接证据,其组合的纵向变化能反映古气候的变化与沉积环境的变迁(如,Anderson and Lewis,1992;Muller et al.,2003;Salonen et al.,2012;Gałka et al.,2015;Birks,2019;Pardoe,2021;秦锋,2021)。此外,湖泊沉积物粒度组分差异不仅能揭示相应的水动力、风力搬运过程的变化以及其他因素对沉积过程的影响(贾铁飞等,2006;Dietze et al.,2012;李治国,2012),而且也成为研究古湖泊、古气候变化的重要指标(张家武等,2004;Peng et al.,2005;陈发虎等,2007),无论在长、短时间尺度上,湖泊沉积物粒度都具有明显的温度指示意义(Zhu et al.,2009;鞠建廷等,2012)。

本书第 3 章主要阐述了气候旋回与层序地层单元划分之间的关系,本节将结合渤海海域已有的数据,重点介绍古气候恢复的主要方法,为进一步深入探讨与浅水三角洲相关的大面积砂沉积过程、控制因素提供古环境背景。

4.3.1 地球化学古气候恢复

1. 古温度

当气候偏干燥寒冷时,化学风化活动减弱,物理风化过程占主导地位,将会导致较高的 Na/Al 值。而当气候变得温暖潮湿时,地表温度和降雨量增加,化学风化活动加强,会导致 Na/Al 值较低(Sawyer,1986)。

此外,化学风化指数 $[CIA^*=(AL_2O_3)/(AL_2O_3+NA_2O+K_2O)\times100\%]$ 也可以用于评估研究区的古气候和化学风化程度(Nesbitt and Young,1982;马义权,2017)。与 Na/Al 值类

似，当气候较为干冷，化学风化作用较弱，CIA*相对较小。反之，当气候较为暖湿，化学风化作用较强，CIA*相对较大。

2. 古湿度

一般认为，Sr/Cu 值介于 1.3~5.0 之间通常指示温湿气候，而大于 5.0 则指示干热气候，在 7~10 之间是亚热带半干旱气候的标志（杜庆祥等，2016）。熊小辉和肖加飞（2011）指出 Sr 元素的高含量指示干旱炎热气候条件下的湖水浓缩沉积或温湿气候条件下海侵。

3. 陆源碎屑输入

研究认为，Ti 等元素含量的变化反映的是陆源物质加入的程度，该值越高则表明陆源物质含量越丰富，表明了一种温暖潮湿的气候背景（刘刚和周东升，2007）。

4. 水体氧化还原环境

V/(V+Ni)一直被认为是判别古水体氧化还原条件的良好指标（Montero-Serrano et al.，2015）。一般来说 V/(V+Ni)<0.46 指示水体为氧化环境；0.46~0.60 之间指示贫氧的水体环境；0.54~0.82 之间指示缺氧的水体环境；>0.82 则指示静水的闭塞环境（Ma et al.，2016）。

5. 古盐度

在水体中，Rb 被黏土矿物吸附的性能强于 K，故随着水体盐度升高，被黏土矿物吸附的 Rb 就相应增多，因此可以依据 Rb/K 值来分析古盐度（文华国等，2008）。

6. 古生产力

对于陆相湖盆而言，可能是由于某些生物自身的固氮作用，N 很少成为初级生产力的限制因素。而几乎所有的 P 元素都来源于陆上母岩的化学风化。因此 P 成为藻华等爆发的限制性营养物质，即陆源 P 的输入与湖盆中藻类的数量呈正相关（刘占红等，2007）。

以上述方法为基础，对渤海海域渤南地区新近系开展了地球化学分析和古气候恢复。整体上，馆陶组—明化镇组古气候具有较温暖湿润—温暖湿润—较温暖湿润的变化趋势（图 3-2，图 4-23）。新近纪由老至新古气候变迁、水体环境变化和古生产力特征有明显的内在联系。馆陶组沉积时期，古温度和古湿度指标显示为相对凉爽干燥环境，水体为弱氧化-弱还原，盐度较低，古生产力中等。馆陶组沉积末期—明化镇组沉积早期（明化镇组下段下亚段沉积期），古环境特征发生变化，古温度和古湿度逐渐增加，受温暖湿润的古气候影响，古水深增加，而该时期陆源碎屑供给增加以及可能的敞流型湖盆性质，导致水体呈氧化环境，盐度有所增加，由于整体处于极浅水湖泊环境，古生产力变化不大，其中较温暖湿润-温暖湿润气候过渡带为馆陶组与明化镇组层序界面发育的位置，最大古水深发育时期对应于明化镇组下亚段三级层序内部的最大水进面。至明化镇组下段下亚段沉积晚期，古温度有所降低，古湿度开始变小，明化镇组下段内部的三级层序界面发育在古气候变化转折时期。明化镇组下段上亚段沉积期，古气候由早期温暖湿润向晚期相对干冷演变，该时期陆源碎屑物质输入变化不大，但水体的还原程度增加，盐度变高，进一步证实了明化镇组下段上亚段沉积期水体变浅、湖盆可能处于封闭状态。明化镇组上段沉积期的古气候变化不大，古温度、古湿度、陆源碎屑以及水体环境等都继承了明化镇组下段晚期的发育特征。

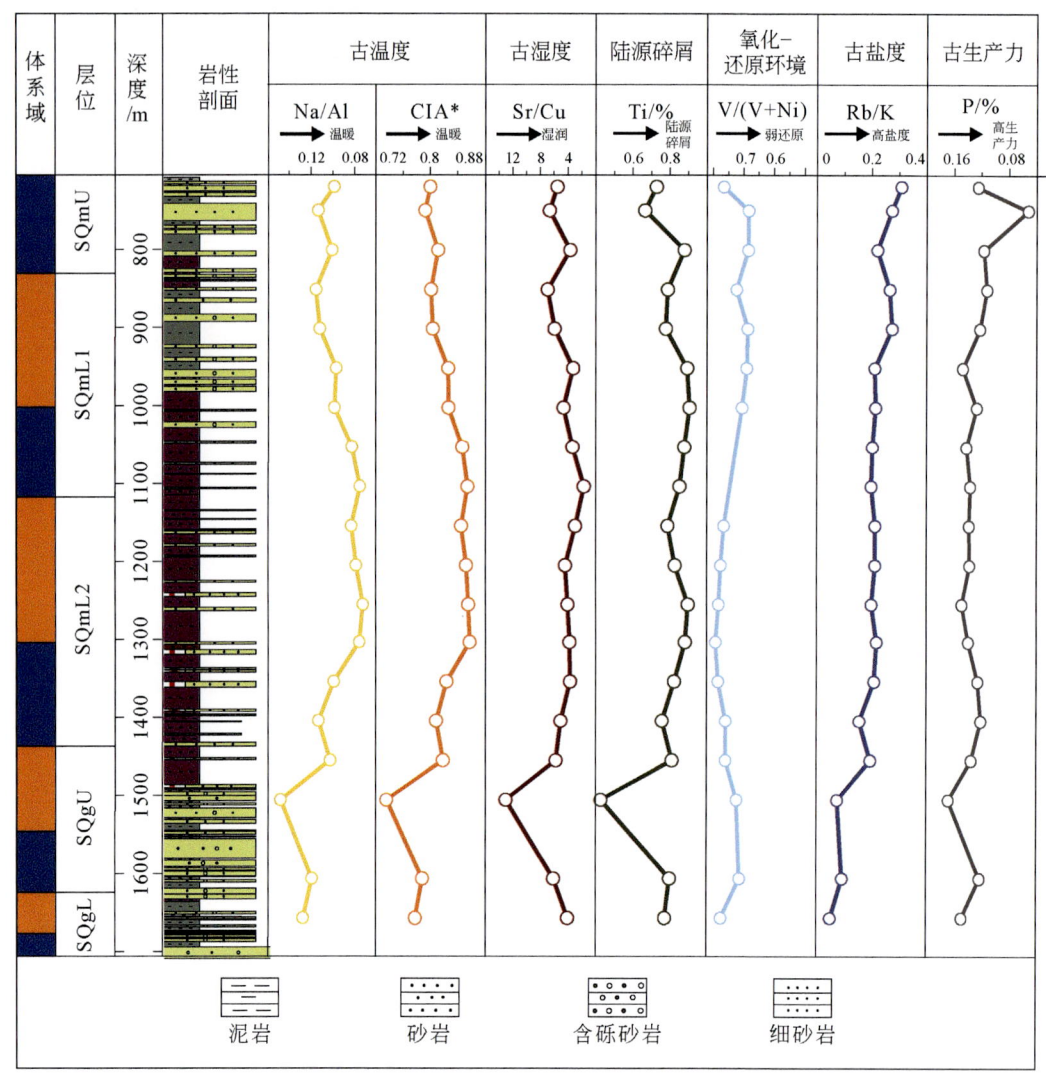

图 4-23　渤海海域渤南地区 KL10-1-2 井地球化学元素古气候分析

4.3.2　古生物（孢粉）古气候恢复

存在于湖泊沉积物之中的各类古生物同样记录了丰富的古环境和古气候信息，与其他指标相比具备横纵向分辨率高，指标类型更加丰富多样等优势。特别是在构造稳定、水体环境平稳、外来支流较少的内陆型湖泊，通过古生物指标往往可以很好地解释古气候和古水深变化。

一般而言，反映潮湿气候条件的孢粉主要包括粗肋孢属、水龙骨单缝孢属、杉粉属、光面三缝孢属、柳粉属、禾本粉属、毛茛粉属、眼子菜粉属、桤木粉属、水藓孢属、槐叶萍孢属、菱粉属、浮萍粉属、黑三棱粉属、伏平粉属等；代表干旱环境的孢粉组合包括凤尾蕨孢属、希指蕨孢属、海金砂孢属、菊粉属、蒿粉属、唇形三沟粉属、朴粉属、麻黄粉属、藜粉属等。在渤海海域新近系，孢粉资料是较易获得的，也是反映地质时期气候变化的直接证据。通过孢粉纵向组合的变化，可以直观反映古气候的变化与沉积环境的变迁。

以渤海海域明化镇组为例，本书详细阐述了如何利用孢粉组合进行古气候恢复（赖维成等，2009）（图 3-1，图 4-24）。明化镇组下段下部在继承馆陶组沉积期较为干凉气候基

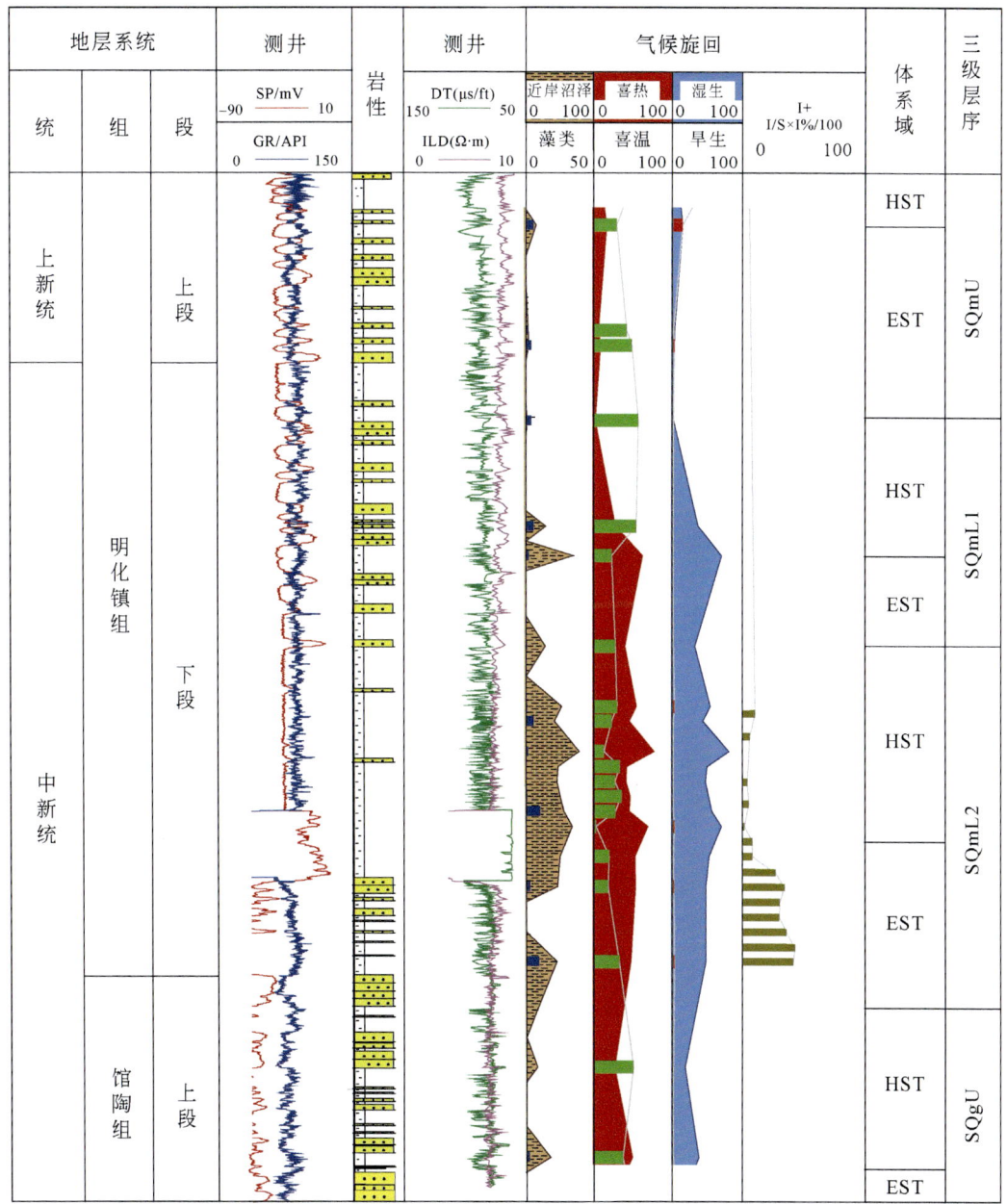

图 4-24　渤海海域渤南地区钻井孢粉组合分析及古气候特征（BZ25-1-1 井）

础上略为转暖，植被为较干燥温冷期植物组合，包括如桦科（Betulaceae）、苘麻粉属（*Abutilonacidites*）、藜粉属（*Chenopodipollis*）、蓼粉属（*Persicarioipollis*）、拟榛粉属（*Momipites*）、禾本粉属（*Graminidites*）、栎粉属（*Quercoidites*）、紫萁孢属（*Osmundacidites*）及石松孢属（*Lycopodiumsporites*）等孢粉组合。明化镇组下段中部沉积期植被以较湿润的热带亚热带分子为主，孢粉组合包括枫香粉属（*Liquidambarpollenites*）、伏平粉属（*Fupingopollenites*）、榆粉属（*Ulmipollenites*）、菱粉属（*Sporotrapoidites*）、粗肋孢属（*Magnastriatites*）、水龙骨单缝孢属（*Polypodiaceaesporites*）、罗汉松粉属（*Podocarpidites*）、铁杉粉属（*Tsugaepollenites*）等。明化镇组下段上部沉积期气候转为干凉，以藜粉属（*Chenopodipollis*）、蓼粉属（*Persicarioipollis*）、禾本科（Gramineae）、桦科（Betulaceae）、麻黄粉属（*Ephedripites*）、紫萁孢属（*Osmundacidites*）等孢粉较为常见。

孢粉组合古气候恢复表明（图 4-24），渤海海域新近纪气候变化从早期的相对暖温带（馆陶组沉积时期）—中期湿润的亚热带到暖温带（明化镇组下段沉积时期）—晚期的相对温带气候（明化镇组上段沉积时期），孢粉组合分析重建的古气候演变与地球化学方法分析结果基本吻合。

4.3.3 其他方法古气候恢复

1. 泥岩颜色

在渤海海域新近系，泥岩颜色变化也可以作为判断古气候的依据之一。明化镇组下段下部以棕色泥岩为主，偶夹灰绿色泥岩。中部多为灰绿色与棕色互层，甚至以灰绿色为主。上部以棕色为主。因此，氧化色与还原色的变化规律也表明了渤海海域新近系湖泊随气候变化从扩张到萎缩的演化过程。

2. 黏土矿物

由于不同时期沉积环境的差异，特别是沉积物形成的古环境的改变造成沉积物成分以及含量的差异，沉积物中黏土矿物组合类型及其含量的变化趋势就会受到沉积环境中古盐度、水介质的酸碱性、气候，以及降雨量等因素的控制。当降雨量增加，湖平面随之上升，沉积水介质呈现酸性低盐度环境（大气降水为酸性低盐度）时，形成有利于沉积高岭石的古环境。而当降雨量减少，造成湖平面下降，沉积水介质盐度及 pH 增高时，进入有利于沉积蒙脱石的沉积环境。

渤海海域渤南地区新近系沉积的黏土矿物主要为蒙皂石和伊利石，其次为高岭石。其中，高岭土变化相对明显，馆陶组和明化镇组下段高岭土相对较多，表明气候偏湿热；到明化镇组上段高岭土含量逐渐减少，表明气候逐渐偏向干旱（图 3-1）。

3. 伽马曲线

伊利石是在温暖或寒冷少雨的气候条件下，由长石、云母等铝硅酸盐矿物在风化脱 K^+ 的情况下形成。其晶格混层 K^+ 继续淋失则可向蒙脱石演化。如果气候变得湿热，化学风化彻底，碱金属（主要是 K^+）被带走，伊利石将进一步分解为高岭石（陈涛等，2003）。因此,气候干燥、淋滤作用弱对伊利石的形成和保存有利(Vanderaveroet,2000; Gingele et al., 2001; Winkler et al., 2002)。

渤海海域新近系埋深浅、成岩弱,没有成岩产生的伊利石。黏土岩中放射性元素钾2%与铀6ppm[①],钍12ppm存在数量级的差别,其多少直接影响自然伽马读数高低。伊利石钾含量最高,明化镇组下段高GR值主要是伊利石富集的指示,是相对干凉气候的反映,而其上低GR段则是高岭石富集、湿热气候的反映(赖维成等,2009),因此通过伽马曲线的高低变化可以反映古气候的变化(图4-25)。

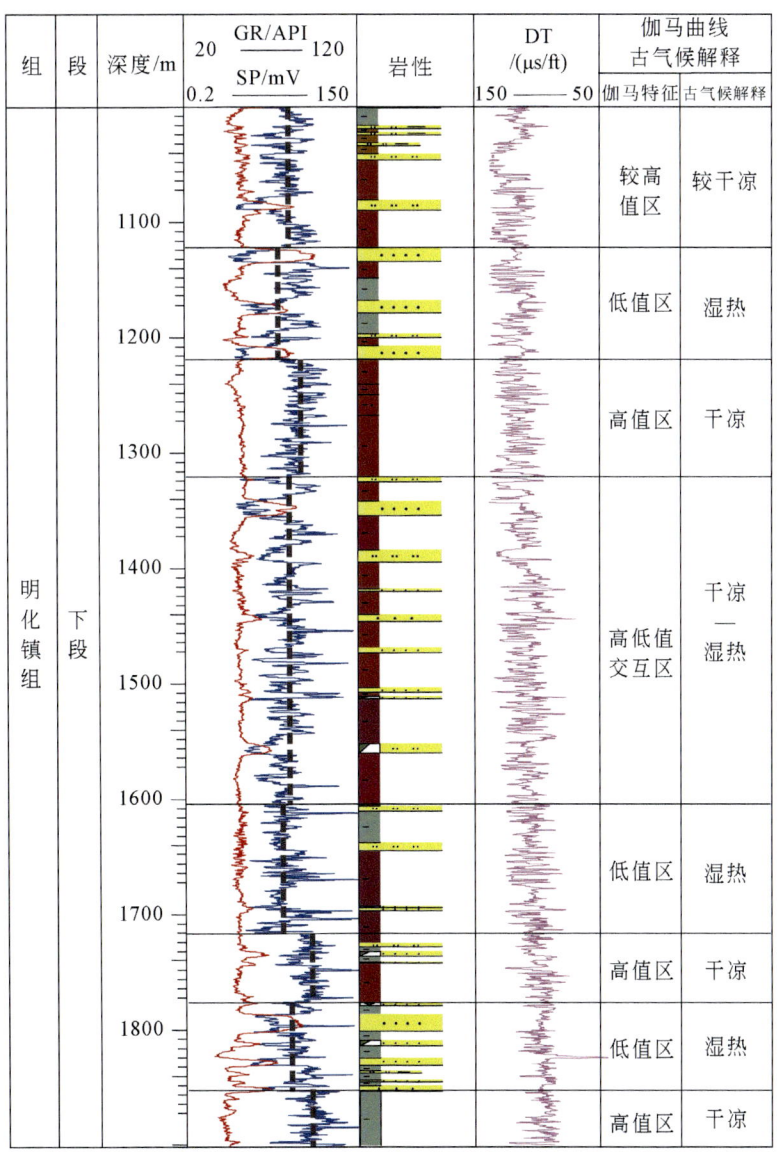

图4-25 渤海海域明化镇组下段GR值变化与古气候的关系

---

① 1ppm=10^{-6}。

通过前面不同方法古气候分析结果表明，渤海海域新近纪的古气候变化趋势和特征基本上趋于一致，都反映了研究区在拗陷湖盆萎缩期存在相对暖温带—湿润的亚热带—暖温带—相对温暖带等几个明显的气候旋回。但是在长周期气候旋回中，也可发现次一级的气候旋回的存在，它们可能代表了天文周期古气候干湿和冷暖的变化，特别是明化镇组下段沉积期，正是处于气候的转折时期，湖泊对气候转折时期的响应尤为敏感。因此，探讨天文周期旋回沉积记录中古气候变迁与古水深波动之间的内在联系，不仅为渤海海域新近系古水深定量恢复、古湖泊系统划分等提供佐证，而且也将为浅水三角洲沉积控制作用的分析奠定基础。

4.4 古水深条件

一直以来，古水深定量恢复在国际地质学界是一个十分重要的课题，因其研究难度大而备受关注。开展浅水湖盆的定量古水深恢复，不仅可以有效解决国际沉积学界有关浅水三角洲发育的古环境背景、浅水三角洲与河流体系的多解性等诸多有争议的难题，而且为进一步揭示浅水三角洲发育过程的古湖盆动力学背景提供重要的水文参数。

有关渤海海域新近纪的"河""湖"之争由来已久。2000 年之前，新近系河流沉积观点占主导，尽管近年来浅水三角洲广泛分布论被越来越多的人接受，但更多的证据如已知浅水三角洲层段中的红色泥岩、具有典型陆相环境的孢粉数据等被发现，促使我们不得不重新思考在大量浅水湖泊沉积中是否还可能发育多期短暂的河流相沉积（Li et al., 2014; Tian et al., 2019; Tan et al., 2020）。而事实上，在天文周期古气候旋回驱动下，稳定构造沉降所形成的盆地的沉积地形坡度极其平缓，再叠加较浅的水体环境和频繁波动的湖平面等因素，必然会导致在盆地一定范围内发育河流和湖泊高频次的交互沉积。因此，如何消除沉积体系分析时的多解性、还原渤海海域新近纪河湖沉积过程，加强拗陷湖盆古水深和湖平面系统性研究、揭示深时浅水沉积古水深范围，是值得我们关注的命题。因此，本节以渤海海域新近纪拗陷湖盆为研究对象，在古气候恢复的基础上，尝试性开展定量古水深恢复，以期达到抛砖引玉的效果。

4.4.1 单井定量古水深恢复思路与方法

古水深和海（湖）平面变化的研究有着悠久的历史。而层序地层学的诞生（Vail et al., 1977, 1991）将海（湖）平面的研究推向一个新的历史时期，但同时也引起了广泛的争议（如，Pinous et al., 1999; Miller and Eriksson, 2000; Andrew et al., 2002; Pribyl and Shuman, 2014; Goslin et al., 2015）。人们围绕全球海平面变化与相对海平面变化、全球海平面变化与气候变化、全球构造与海平面变化等问题开展了长期的探讨。目前，国内外对古水深和海（湖）平面变化的研究已经从单一的被动大陆边缘向前陆盆地等各型盆地发展；从定性描述到半定量、定量研究发展（如，Haq et al., 1987; Haq and Schutter, 2008; Gallagher and Lambeck, 1989; 殷鸿福等, 1994; 胡受权等, 1999; Frimmel et al., 2002; Peng et al., 2005; van Daele et al., 2011; Dabard et al., 2015; Borgh et al., 2015; Rades et al., 2015; Liu et al., 2016b），但是各类方法仍存在不同程度的不足或地域局限。尤其在湖相盆地中，由于受构造活动、物源、气候等多因素的影响，相对湖平面升降的控制因素更加复杂。在对其进行湖平面重建时争议更多，难度更大(如，Wood et al.，1994；Lenters，2001；Argyila and Forman，2003；Laird and Cumming，2008；Parisopoulos et al.，2009；Pribyl and Shuman，2014；Wünnemann et al.，2015)，特别是在半定量或定量化研究方面。

早期采用的地震剖面岸线上超迁移法比较实用且操作简单，并被人们广为利用，但由于渤海海域新近纪盆地坡度较缓、构造沉降缓慢，在地震剖面中难以见到地层上超、削截、顶超等不整合现象。测高曲线-古地理图法主要适用于第四纪的有关海平面升降，对于研究更早地质年代的海平面升降有一定局限性且要求有较高精度的古地理图。层序体系域和沉积相序法主要依靠各体系域沉积相序显示的相对水深来粗略估计，因此无法精确定量海(湖)平面升降的幅度，同时沉积相中的跳相或沉积间断时的水平面升降曲线难以表达，多数情况下去压实作用和构造沉降校正十分困难。Fischer图解法能较好地应用于海湖盆地，但该方法反映的是可容空间变化特征，且对研究地区的构造沉降和沉积物供给的要求比较高。此外，海(湖)平面恢复方法还包括群落生态位法、稳定同位素法、沉积物粒度法等，这些方法能很好地将古生物组合、地球化学指标与水深等结合起来，但是这些方法不能定量反映水平面升降幅度，也不能准确说明相对水深变化，只能大致显示海(湖)平面的变化趋势。

介形虫在湖泊或海洋沉积物中都较为常见，且其在生存环境的选择上，对水深具有较强的敏感性。古水深恢复前作者及其团队对渤海海域新近系97口钻井岩屑样品进行了介形虫化石的系统鉴定，鉴定结果表明在大部分钻井中，该属种古生物的数据稀少，仅在其中的5口钻井中发现有少量的介形虫类，且介形虫分布的钻井深度不连续。因此无法直接用介形虫鉴定结果在纵向上建立起连续的古水深演化序列。

为此，本书以渤海海域渤南地区新近系为例，提出了古水深定量恢复的总体思路和方法，即：在锆石U-Pb定年和古地磁测试确定年代框架的基础上(3.2.5节)，通过与现代浅水湖盆类比入手，用数学方法建立起现代湖盆底质样品中地球化学元素与水深之间的原始定量关系式(F_P)，在对现代湖泊底质沉积物和研究区钻井岩屑中相同生物(主要指的是介形虫)对比鉴定的基础上，对原始定量关系式(F_P)进行环境变量的校正并获得最终关系式(F_F)，将最终关系式(F_F)直接运用于研究区各钻井岩屑样品地球化学元素的测试结果，对各钻井进行定量的古水深恢复。此外，我们还将进一步探讨古水深在纵横向上的演化特征、古水深与区域古气候变化之间的内在联系。

4.4.2 定量古水深恢复过程

1. 样品采集与测试分析

1) 现代湖泊底质沉积物取样与地球化学元素测试

通过对现代浅水湖泊大量的底质沉积物取样、沉积物地球化学元素测试以及样品点水深观测，目的在于建立各元素-实测水深之间的初步定量关系式(F_p)。

现代湖泊考察和取样选择了中国湖南省洞庭湖东湖(图4-26)。洞庭湖东湖地势平缓、水体较浅，平均水深6.39m，在东部河流入湖处发育典型的现代浅水三角洲沉积，其特征

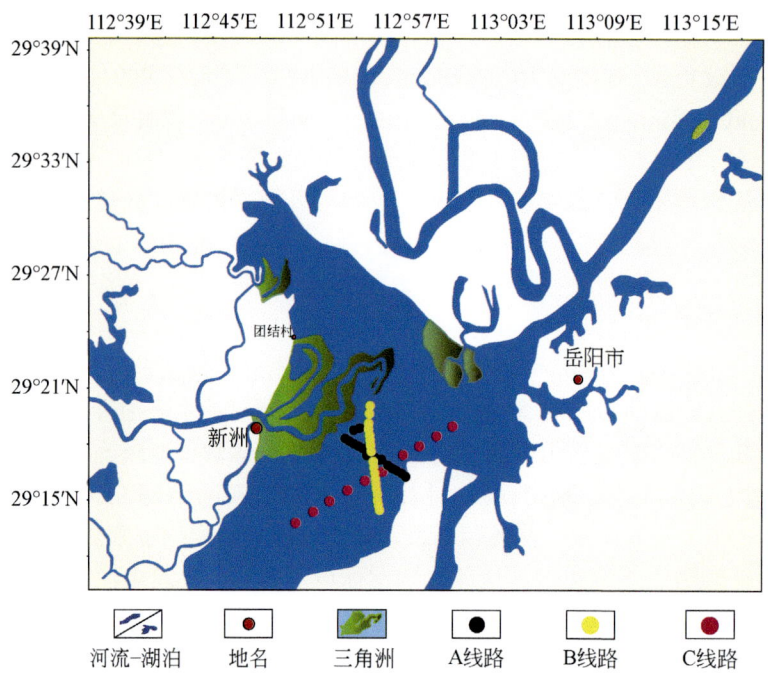

图 4-26　中国湖南省洞庭湖东湖位置及野外底质沉积物取样点分布

形态以及所处沉积地质环境与渤海海域新近系浅水三角洲具有较强的相似性。

2012 年 7 月和 2013 年 1 月（夏季洪水期和冬季枯水期）连续 2 次对洞庭湖进行考察和取样，选择了 A、B、C 三条路线，共 45 个采样点。夏季洪水期采集到湖底表层沉积物样品 43 个，冬季枯水期部分地区由于湖水水位下降成为暴露区，共采集了 23 个湖底表层沉积物样。在底质取样的同时，也实测了每个采样点对应的水深数据。由于底质沉积物中的地球化学元素和介形虫等生物是多年累积下来的，代表洞庭湖的多年平均状况，因此在进行样品采集时需要考虑一定的沉积厚度，一般约为 20cm。

表层沉积物样品采集后，在密封保存、样品制备等工作基础上，需要进行常量元素（Si、Al、Fe、Mg、Ca、Na、K、Mn、Ti、P、LOI①、FeO）、微量元素（Li、Be、Sc、V、Cr、Co、Ni、Cu、Zn、Ga、Rb、Sr、Y、Nb、Mo、Cd、In、Sb、Cs、Ba、Re、Tl、Pb、Bi、Th、U）和稀土元素等的测试与分析。具体测试过程在此不做详述。

2）钻井岩屑取样与地球化学元素测试

在现代浅水湖泊底质沉积物取样测试的同时，需要对渤海海域新近系钻井岩屑进行取样和元素地球化学测试与分析，测试结果将用于研究区新近纪古水深恢复。重点选择了 BZ28-2S-3、BZ25-1-6、BZ34-3-1、KL9-1-2 四口钻井，共采集岩屑样品 569 件。其中明化镇组下段作为重点层位，采样间隔为 5m 或 10m，其余地层采样间隔为 50m。岩屑样品同样采用聚四氟乙烯塑料袋中密封保存后，送相关实验室进行测试，测试的元素主要包括 Si、Al、Fe、LOI、V、Ni、Cu、Zn、Ga、Rb、Ba 等。

---

① LOI 为烧失量。

3）生物鉴定

生物鉴定对象涉及现代湖泊底质沉积物和渤海海域新近系钻井岩屑岩样，鉴定生物种类主要为介形虫（古代和现今）。生物鉴定目的在于通过古今生物种属的统计，对比化石组合和现代湖泊介形虫组合，分析它们之间的异同，决定重要环境指示属种的取舍，找出具有相同沉积环境（主要是水深环境）的标志性介形虫，并确定代湖泊关键生物的生活水深范围，为深时和现今环境因子的校正提供依据。

2. 洞庭湖底质沉积物地球化学元素含量-实测水深关系分析

由于 2013 年 1 月（冬季枯水期）洞庭湖水体整体较浅，大部分样品采集点水深为零（图 4-27），采集的样品较少，因此地球化学元素-实测水深关系的数据主要来自夏季洪水期底质沉积物元素地球化学值和实测水深结果。夏季湖泊沉积物取样一共有 45 个站点，部分站点由于湖底水草十分发育，所获取的沉积物量较少，因此无法进行地球化学元素测试。此外，C 线路中 C1、C2、C3 三个站点由于靠近湖泊东部的湘江，水体交换频繁，沉积物中地球化学元素不稳定，分析时也未作考虑。因此在进行最终的地球化学元素含量-实测水深关系分析时一共选用了 29 个站点的数据（表 4-8）。

地球化学元素分析总计测试了 12 种常量元素，17 种微量元素，具体研究时对每种元素-水深关系都进行了初步分析。散点投图表明，微量元素 V、Ni、Ga、Rb、Ba 和常量元素 Al、Fe 与实测水深相关性较好（图 4-28）。其中，Al、V、Ni、Ga 与实测水深之间的相关系数 R^2 大于 7，考虑到元素的稳定性，确定 Al、V、Ni、Ga 这 4 个元素作为渤海海域渤南地区新近纪古水深恢复的主地化参数。

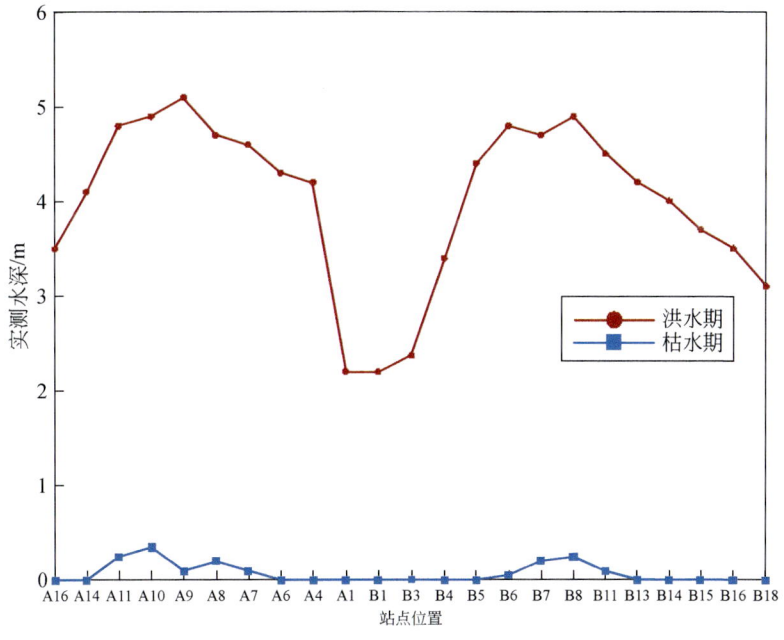

图 4-27　中国湖南省洞庭湖东湖枯水期和洪水期水深对比图

表 4-8 中国湖南省洞庭湖东湖底质沉积物地球化学参数测试和实测水深结果

样品编号	V /(μg/g)	Rb /(μg/g)	Ni /(μg/g)	Ga /(μg/g)	Ba /(μg/g)	Fe/%	Al/%	实测水深 /m
A1	136	144	46.10	20.20	544	4.361	6.947	2.20
A4	154	178	49.30	23.00	590	5.010	8.250	4.20
A6	148	180	51.40	24.70	601	4.704	8.540	4.30
A7	160	165	52.20	24.60	610	5.005	8.390	4.60
A8	154	184	54.00	24.60	622	5.124	8.284	4.70
A9	168	182	56.30	24.70	642	5.271	8.590	5.10
A10	158	171	56.40	26.00	667	5.220	8.500	4.90
A11	160	185	55.30	25.00	655	5.201	8.450	4.80
A14	162	179	53.60	24.20	608	5.250	8.010	4.10
A16	149	176	50.90	23.90	599	5.100	7.250	3.50
B1	140	149	47.10	20.70	560	4.301	7.010	2.20
B3	133	152	46.50	21.30	577	4.301	7.509	2.40
B4	155	170	48.90	23.60	600	4.521	7.717	3.40
B5	159	166	55.70	23.40	642	5.152	8.044	4.40
B6	164	180	57.00	24.80	650	5.054	8.289	4.80
B7	166	177	56.50	24.20	637	5.166	8.356	4.70
B8	161	181	56.40	24.10	647	5.222	8.393	4.90
B11	166	178	55.80	25.40	603	5.362	8.283	4.50
B13	161	172	53.70	24.50	600	5.322	8.123	4.20
B14	151	173	53.00	24.10	580	5.219	8.232	4.00
B15	150	179	52.00	23.50	621	5.121	7.724	3.70
B16	149	166	49.40	23.40	597	4.865	7.851	3.50
B18	143	154	49.20	22.00	575	4.536	7.550	3.10
C4	157	174	51.90	24.20	600	5.138	8.247	4.00
C5	158	168	52.10	23.40	642	5.222	8.247	4.20
C6	159	170	56.30	24.10	609	5.194	8.325	4.30
C7	165	179	54.40	23.20	602	5.425	8.108	4.10
C9	159	189	56.10	24.10	649	5.313	8.684	4.30
C10	152	182	52.50	23.80	590	5.264	8.232	4.00

注：表中 Al、Fe 含量是实测 Al_2O_3、Fe_2O_3 后经过换算得到的。

通过元素含量-实测水深公式的拟合，Al、V、Ni、Ga 4 个元素的含量-水深关系式（F_p）分别如下。

$$Al \text{ 元素：} D_p=1.9309C_{Al}-11.506 \quad R^2=0.9082 \quad (4-11)$$

$$V \text{ 元素：} D_p=0.0766C_V-7.9893 \quad R^2=0.7794 \quad (4-12)$$

$$Ni \text{ 元素：} D_p=0.244C_{Ni}-8.8729 \quad R^2=0.8503 \quad (4-13)$$

Ga 元素：$D_p=0.5409C_{Ga}-8.9292$ $R^2=0.7166$ （4-14）

式中，C_{Al}、C_V、C_{Ni}、C_{Ga} 为底质物中各元素的含量；D_p 为现代湖泊预测水深，m。

为了确定预测水深与实际水深的偏差，计算了现代湖泊预测水深的相对偏差 RSD，计算公式为

$$\text{RSD}(\%)=\frac{|D_p-D_a|}{D_a}\times 100 \quad (4\text{-}15)$$

式中，D_a 为现代湖泊实测水深（m）。

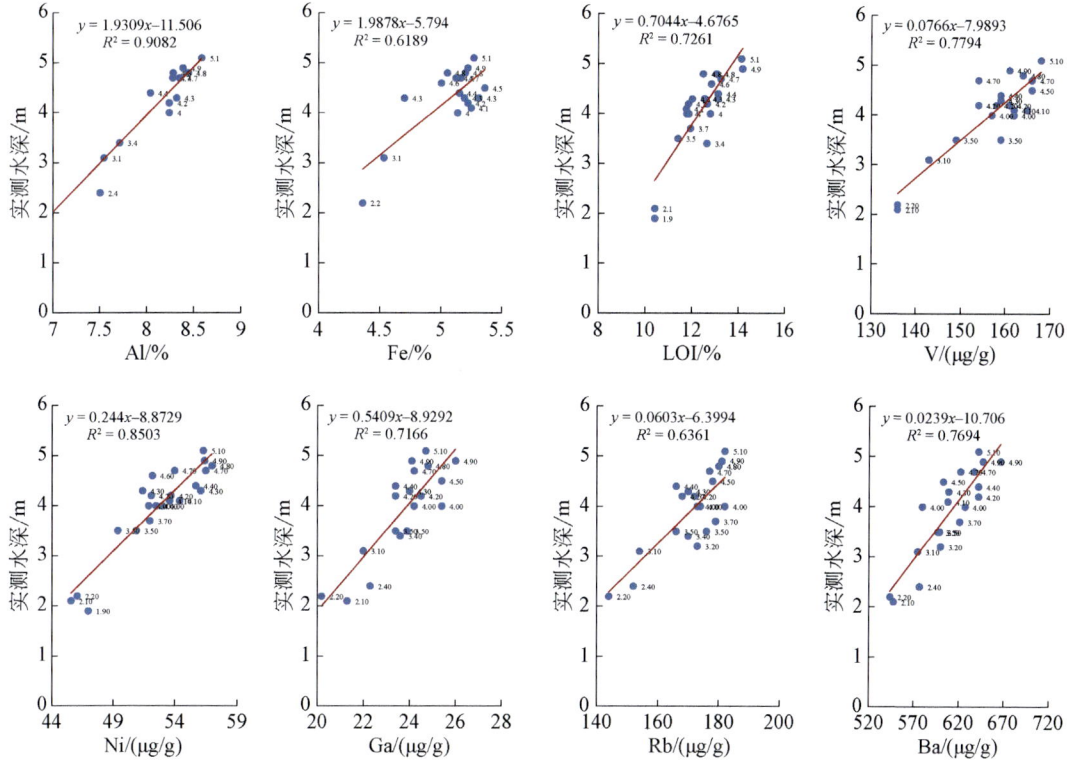

图 4-28　中国湖南省洞庭湖东湖底质沉积物中部分微、常量元素含量与实测水深统计分析

据计算出的相对偏差，绘制了 RSD 与 D_a 的散点图（图 4-29）。可以看出，现代湖泊预测的偏差与实测水深有密切的关系，绝大部分元素预测水深的相对偏差基本上均小于 20%，其中 Al、V、Ni、Ga 等元素的相对偏差最小。实测水深小于 2m 时缺少样点，这主要是因为当水深较浅时，水生植物、藻类往往比较发育，植物的生长、繁盛会对水体乃至沉积物中的元素含量产生影响。

3. 岩屑地球化学元素含量-古水深定量关系式

尽管已经建立了现代湖泊底质沉积物地球化学元素-实测水深之间的定量关系式（F_p），但是渤海海域新近纪古湖泊与现代洞庭湖之间在地质年代、纬度、气候等方面存在明显的差别（本书统称为环境变量因子）。正因为这种环境上的差异，在渤海海域新近纪古水深预

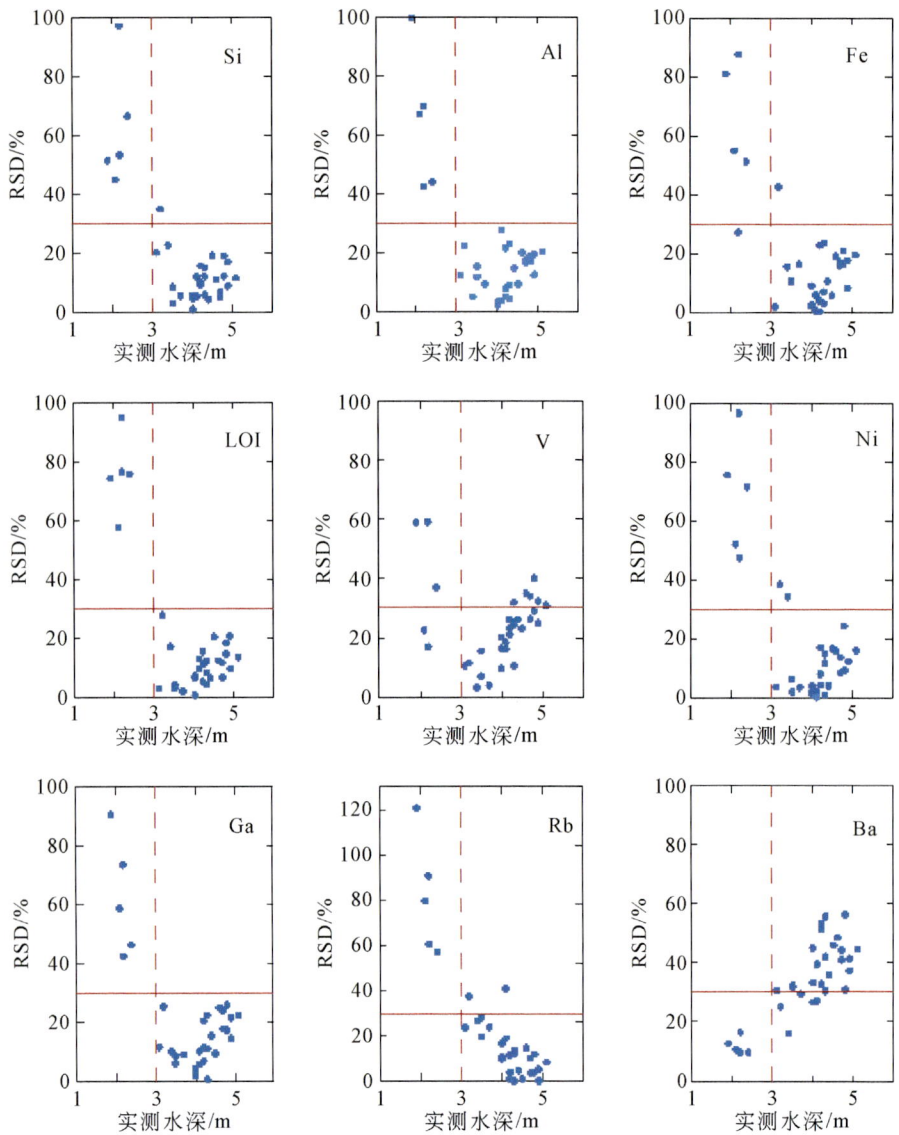

图 4-29　不同元素预测水深的相对偏差与实际水深的关系分析

测时，不能直接将钻井岩屑样品中的地球化学元素迭代到 F_p 公式里进行古水深求取，必须在考虑深时盆地和现代湖泊之间的环境差别的基础上合理利用岩屑地球化学数据。即需要引入环境变量参数（Φ）对现代湖泊所建立的公式（F_p）加以校正。因此，对 F_p 修正后可用于钻井地球化学元素含量预测古水深的公式（F_{P1}）可表达如下。

Al 元素：$D_{P1}=1.9309C_{Al\text{-}W}-11.506+\Phi$ （4-16）

V 元素：$D_{P1}=0.0766C_{V\text{-}W}-7.9893+\Phi$ （4-17）

Ni 元素：$D_{P1}=0.244C_{Ni\text{-}W}-8.8729+\Phi$ （4-18）

Ga 元素：$D_{P1}=0.5409C_{Ga\text{-}W}-8.9292+\Phi$ （4-19）

式中，$C_{Al\text{-}W}$、$C_{V\text{-}W}$、$C_{Ni\text{-}W}$、$C_{Ga\text{-}W}$ 为钻井岩屑地球化学元素的含量；D_{P1} 为现代介形虫富集

水深；Φ 为环境变量参数，该参数可通过现代湖泊底质沉积物和钻井岩屑中同种属生物（如介形虫）的对比分析来获得。

4. 古今生物对比分析与环境参数确认

古今生物鉴定结果表明，在洞庭湖与渤海海域新近系都发育有介形虫。大量的研究认为，古代环境中介形虫属种的生活习性、生长过程的水深范围与现代湖泊有较强的可比性，特别是它们的生活水深比较相似。同时，洞庭湖与渤海海域新近系古今浅水三角洲在沉积特征、发育的水体环境也具有很好的类比性。因此，利用介形虫属种作为桥梁进行古今对比、确认水深范围，并进一步求取环境变量因子是可行的。

利用介形虫作为环境因子的分析思路如下：首先通过现代湖泊底质沉积物中介形虫的鉴定，结合实测水深定量确定其生活的水深或者水深范围（D_O）。同时，对钻井岩屑样品同种属介形虫也进行分析鉴定，一旦确定岩屑样品中存在与现代湖泊沉积物同种属的介形虫，D_O 作为水深代入公式 F_{P1} 中，并将该岩屑样品实测地球化学元素也迭代至 F_{P1} 公式中，由此可以求出 Φ 值。由于在不同钻井、不同深度的岩屑样品中都有可能发育同种属介形虫，需要将不同深度点求取的 Φ 值进行平均，将平均 Φ 值作为 F_{P1} 中的一个常量系数并最终建立起钻井岩屑元素-古水深定量公式（F_F）。

1）洞庭湖生物分析

夏季生物分析结果显示，A 线路有 7 个样品、B 线路和 C 线路各有 3 个样品可见介形虫。冬季采集的样品中 A 线路中除 A14 外的其余 16 个样品和 B 线路的 20 个样品都可见介形虫。介形虫组合中可见 5 个属、7 个种，其中含量最高的优势种为：*Candoniella albicans* 和 *Cyprialuminosa*；较常见种为 *Candona vomerina*、*Lineocyprisjiangsuensis*、*Ilyocypris subbradyi* 和 *Ilyocypris gaoyouensis*；比较少见的种为 *Turkmenellalubrica*。

统计分析表明，洞庭湖介形虫组合的绝对丰度和水深之间相关性很好（图 4-30）。从各属种的分布情况来看，*Candoniella albicans*、*Candona vomerina* 和 *Ilyocypris* 属各种的丰度分布趋势和介形虫组合的绝对丰度变化一致，较高丰度对应夏季水深为 4.2~5.1m 之间，对应冬季水深为 0~0.35m。如果将冬夏水深进行平均，则指示 *Candoniella albicans* 和 *Ilyocypris* 属各种年平均生活水深为约 2.4m。因此我们将水深约 2.4m 作为 *Candoniella albicans* 等的富集深度，并将其作为 F_{P1} 环境变量参数求取的水深。

2）钻井岩屑古生物与现代湖泊介形虫对比

渤海海域新近系 5 口钻井岩屑样品的详细古生物鉴定表明，BZ34-3-1 井中介形虫最丰富，该井 100 多个样品中有 15 个样品有介形虫或生物碎片，其中在 960m、1010m、1110m、1700m、1710m、1720m、1750m、1760m 和 1820m 处的样品中发现有 *Candoniella albicans* 等属的典型分子，与现代湖泊的沉积物样品中发现的介形虫种属一致（图 4-31）。这不仅充分证明了渤海海域新近纪古湖盆与现代洞庭湖之间的水体深度可能存在较强的相似性，而且也为下一步开展利用环境变量因子校正现代元素-水深公式提供充足的依据。

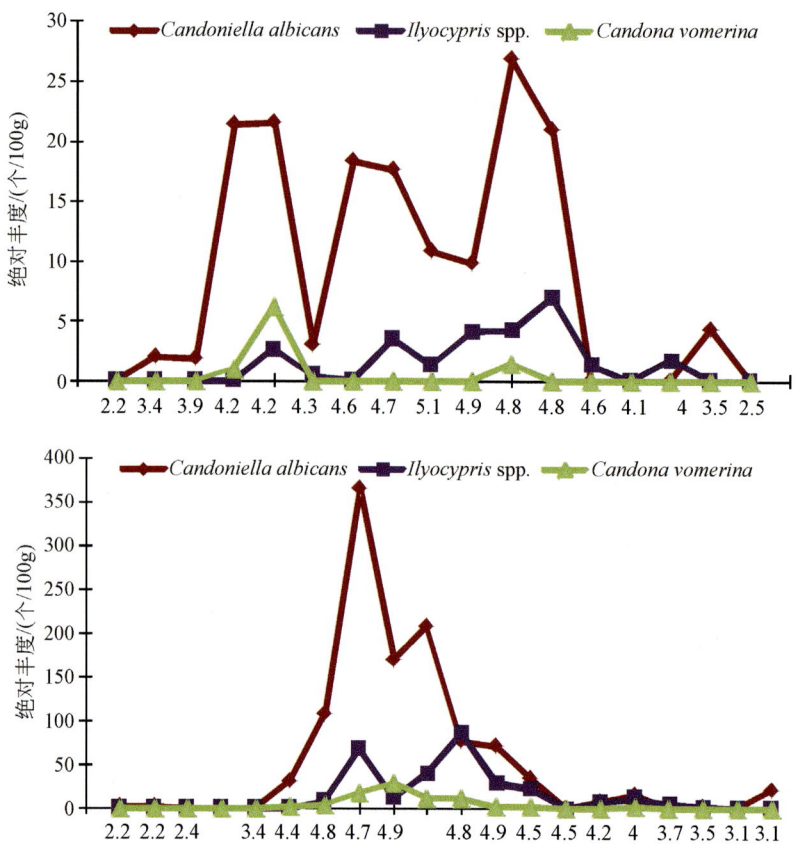

图 4-30　中国湖南省洞庭湖东湖 *Candoniella albicans*、*Ilyocypris* 和 *Candona vomerina*
属种的绝对丰度与水深对应关系

横轴数值为在湖泊不同位置取样的实测水深，单位 m

3）环境变量参数求取与古水深预测公式的确认

将现代湖泊底质沉积物介形虫发育平均水深约 2.4m 作为公式 F_{P1} 的水深（D_{P1}），同时将钻井古生物 *Candoniella albicans* 鉴定深度点所测得的地球化学元素含量值迭代至公式 F_{P1} 中，就可以求出每个深度点的 Φ 值，然后对所有深度点 Φ 值取平均可以求取各元素平均 Φ 值。通过计算，不同元素对应的平均环境变量参数结果为：$\Phi_{Al}=0.29$，$\Phi_{Ni}=1.05$，$\Phi_{Ga}=-0.25$，$\Phi_{V}=2.57$。

将平均 Φ 值迭代至公式（F_{P1}）中，最终建立古水深估算的公式（F_F）如下。

$$\text{Al 元素：} D_F=1.931\times C_{Al\text{-}W}-11.216 \quad (4\text{-}20)$$

$$\text{Ni 元素：} D_F=0.244\times C_{Ni\text{-}W}-7.823 \quad (4\text{-}21)$$

$$\text{Ga 元素：} D_F=0.541\times C_{Ga\text{-}W}-8.679 \quad (4\text{-}22)$$

$$\text{V 元素：} D_F=0.077\times C_{V\text{-}W}-5.419 \quad (4\text{-}23)$$

式中，D_F 为预测古水深（m）。

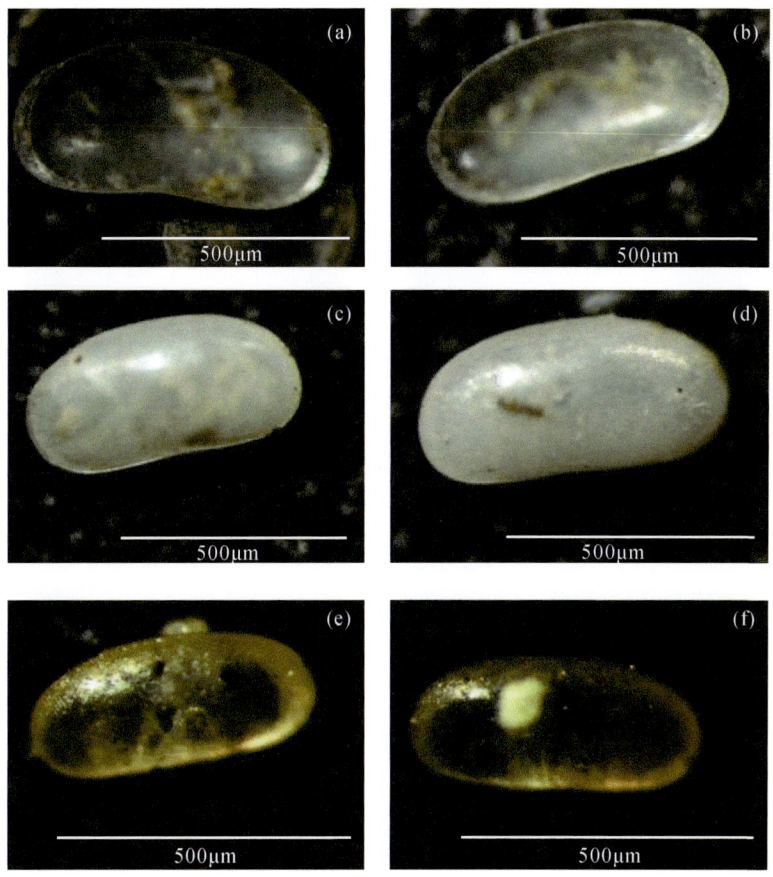

图 4-31 中国湖南省洞庭湖东湖样品与渤海海域渤南地区 BZ34-3-1 井样品中 *Candoniella albicans* 对比图
(a) 右侧内视，来自现代湖泊 B8 站点；(b) 左侧内视，来自现代湖泊 B8；(c) 右侧外视，来自现代湖泊 B8 站点；(d) 左侧外视，来自现代湖泊 B8 站点；(e) 右侧外视，来自 BZ34-3-1 井，1820m；(f) 左侧外视，来自 BZ34-3-1 井，1820m

4.4.3 定量古水深恢复结果

1. 渤海海域新近系古水深恢复结果

将钻井岩屑样品实测的 V、Ni、Ga、Rb 等地球化学元素值分别迭代至 F_F 中，得到各元素预测的最终古水深值（图 4-32）。

从图 4-32 可以看到，利用 4 种元素预测的水深在纵向上发育趋势基本一致，尤其 Al、V、Ni 三种元素预测的古水深范围和变化趋势高度一致。从水深值分布来看，四种元素预测的古水深小于 6m，一般为 0~5m。尽管利用各类元素估算的古水深一致性较高，但依然存在一定的差异性，其中在深度 1200~2000m 范围 Al 元素的水深预测值略高于其他三种元素的水深，这可能与样品中元素差异富集、沉积物样品取样过程等有关系。为了更为客观地反映渤海海域新近系古水深的大小和宏观波动趋势，在计算单元素古水深的基础上，将各元素换算的古水深进行平均可得到某个钻井位置的最终古水深值[图 4-32（e）]，平均后的古水深值既具有各类元素的宏观特征，同时又消除了各元素之间因为取样、测试或者

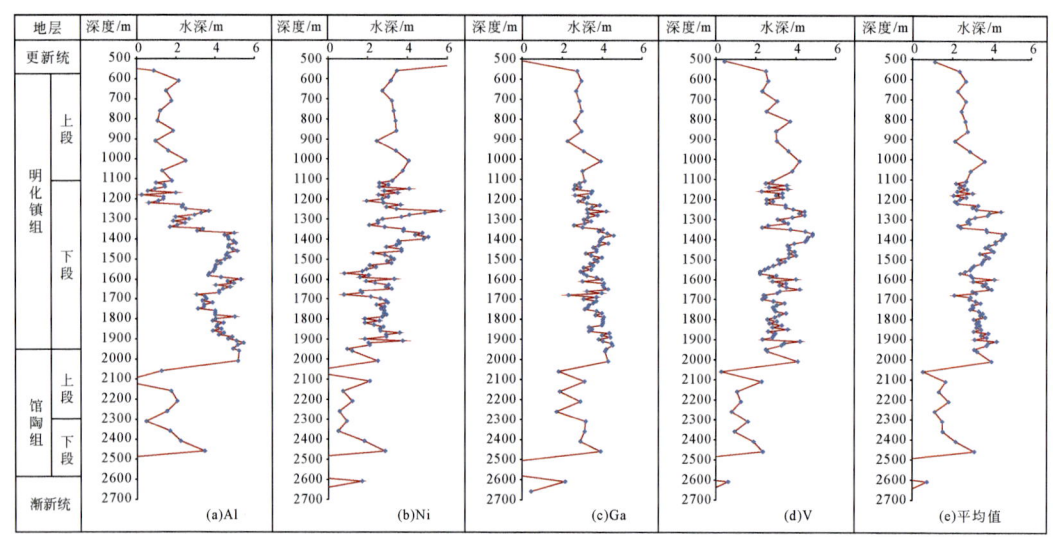

图 4-32 渤海海域渤南地区 BZ34-3-1 井古水深预测结果

(a) Al 元素预测结果；(b) Ni 元素预测结果；(c) Ga 元素预测结果；(d) V 元素预测结果；(e) 四种元素预测值的平均水深

其他因素导致的误差。

2. 渤海海域新近系古水深发育特征

对渤海海域渤南地区黄河口凹陷所有 4 口钻井古水深定量恢复的最终结果表明，整体上新近纪平均水深为 3.0m，最大水深约 6m，这与前人（朱伟林等，2008；李建平等，2013）通过古生物初步估算的水深比较接近。由于研究区位于渤海海域新近系的沉积中心，该地区 4 口钻井的古水深定量恢复结果基本上代表了渤海海域古水深的总体特征，也十分符合渤海海域新近纪极浅水的水体环境。

纵向上，渤海海域新近纪水深具有明显的浅—深—浅的演化规律（图 4-33）。馆陶组沉积期水体整体较浅，一般小于 4m，其中在渤南南部地区，由于靠近物源隆起区，KL9-1-2 井揭示馆陶组沉积期 0m 水深深度范围分布明显。明化镇组下段沉积时期，水体变深，古水深值一般为 2~6m，其中明化镇组下段下亚段的水深最大。向上至明化镇组上段沉积时期水深逐渐变浅，一般为 1.5~4m。

横向上，通过对四口钻井的古水深的对比不难发现（图 4-33），渤海海域新近纪古水深波动具有明显的浅水湖盆河湖交互出现、多期的岸线迁移变化特征。具体而言，渤南地区南部水体较浅，呈现出尤其明显的频繁河湖交互；向北至黄河口凹陷主体区域，水体逐渐加深，在 BZ34 井区附近河湖交互逐渐被浅水湖盆区域所替代，说明该区可能为浅水湖盆的主体，也可能是渤海海域新近纪湖盆的沉积中心；向北东 BZ28 区和北西 BZ25 区，河湖交替特征再次出现，这可能与逐渐靠近北西和北东向物源区有关，同时也可能是渤海海域新近纪水体整体较浅，在多期的湖平面波动过程中，枯水期湖平面下降导致盆地局部高地貌区逐渐演化为湖心岛。此外，通过横向对比还发现，渤海海域新近纪拗陷湖盆具有早期（馆陶组沉积期）水体浅、河湖交互明显，中期（明化镇组下段沉积期）水体变深、湖岸线后撤，晚期（明化镇组上段沉积期）水体较浅、河湖交互再次发育的特征。

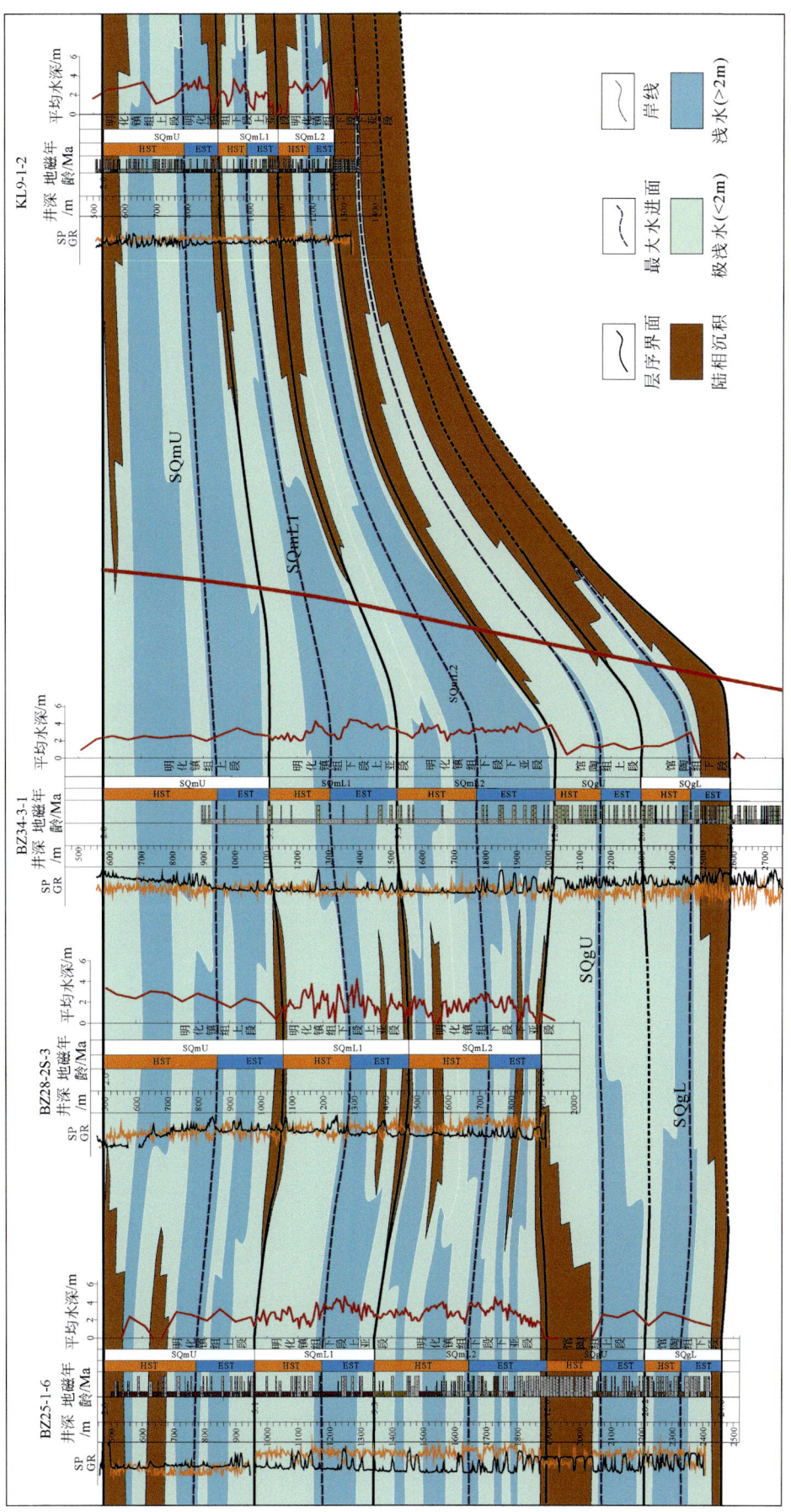

图4-33 渤海海域渤南地区过BZ25-1-6—KL9-1-2井连井古水深对比图

值得一提的是，古水深、古气候、古地貌甚至古物源之间联系紧密，且互相影响。比如，古水深的波动过程明显受古气候变迁的控制，二者之间关系密切（图4-34）。新近纪古

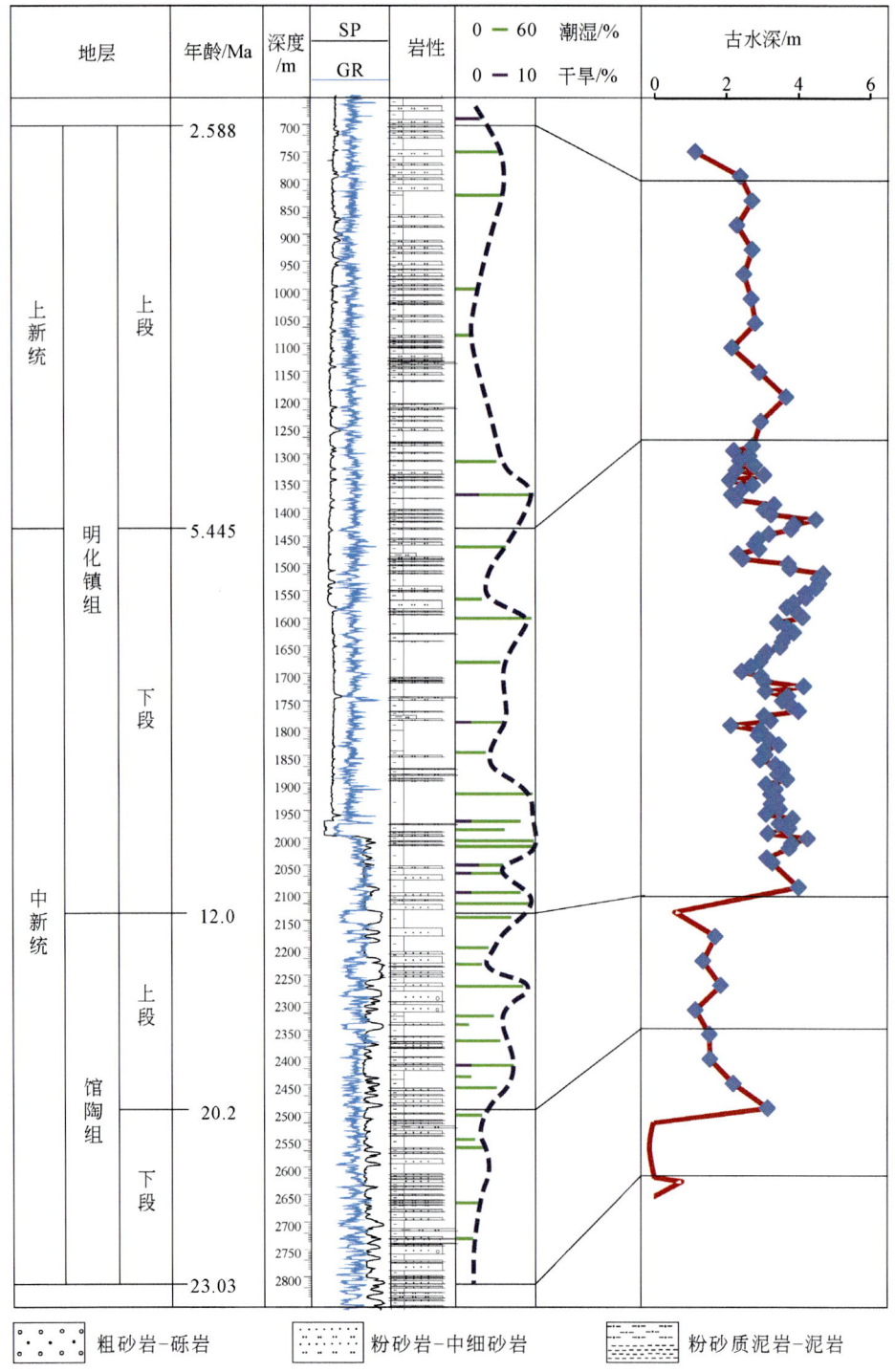

图4-34 渤海海域新近系古水深波动与古气候变迁关系图

气候发生了两个明显的突变点，分别为约 12Ma 馆陶组沉积末期和约 5.4Ma 明化镇组下段沉积末期，相应地古水深也发生了较大的变化。馆陶组沉积时期，渤海海域古气候属于暖温带，古水深较浅，馆陶组沉积早期所有钻井皆为陆相沉积。明化镇组下段沉积时期为湿润的亚热带到暖温带，此时的水体在整个新近纪达到最深。明化镇组上段沉积时期为温带古气候，古水深恢复显示水深变浅。古气候驱动下古水深的波动过程与古地貌之间也存在必然联系，古水深连井对比所反映出的河湖交互特征正好与不同时期多级坡折带及古地貌中的多级阶地的特征一致。如在馆陶组沉积时期，发育了宽缓的二、三级阶地，而这些阶地为该时期大范围的河湖交互带提供了构造古地貌背景。至明化镇组下段沉积期，阶地向南迁移且变窄，此时湖盆古水深增加，湖水范围向南扩张，因此河湖交互沉积区也逐渐缩减。

4.4.4 古水深定量恢复结果可行性讨论

对于湖相盆地而言，特别是那些湖泊面积小、沉积速率大、水体相对较浅的内陆沉积盆地，沉积物无疑是古湖泊变迁的最佳载体，其对湖平面变化的响应则更为敏感（Brooks and Zastrow，2002；Polderman and Pryor，2004；Finkelstein and Davis，2006；Wuebbles et al.，2010）。沉积物中的常量、微量元素保存了相当丰富的地质信息，这些元素的变化是对沉积环境的记录（Keith and Weber，1964；Talbot and Johannessen，1992；Peck et al.，2004；Shanahan et al.，2007，2013；Algeo and Tribovillard，2009），因其具有精确示踪和高分辨率的独特性，同时可对地质作用过程标定，已成为研究古环境变迁、古气候变化和古水深等的重要手段（Dearing，1997；Woszczyk et al.，2014）。

洞庭湖东湖平均沉积速率约为 2.31cm/a（杜耘等，2003），按照在洞庭湖取样的平均厚度（20cm）计算，所获取的沉积物为近 10 年的产物。尽管在建立地球化学元素含量-水深定量公式时只用了 2012 年的实测水深，但是覃红燕（2013）对洞庭湖近 50 年的水位分析表明，无论是最高、平均还是最低水位总体趋势保持不变，利用 2012 年实测水深建立原始公式依然具有较强的代表性，也进一步证实本书中的古水深恢复的思路和方法是可行的。

4.5 渤海海域新近系拗陷萎缩期古湖泊体系重建

4.5.1 古湖泊体系重建思路与方法

4.2 节以单个钻井入手，就定量古水深恢复思路、方法和结果进行了系统性的探索，并对渤海海域渤南地区不同井点位置的古水深波动特征、古水深横向差异发育以及产生的河湖交互现象等开展了初步分析。但是，如何从区域上展现古湖泊特征重塑，并进一步揭示古湖泊系统及其单元组成与浅水沉积记录发育过程、大面积砂分散体系之间的内在联系，这不仅是盆地古地理重建的一项重要课题，也是更加深入探索气候驱动下浅水湖盆沉积动力学过程、浅水沉积形成机制等方面的基础研究，为进一步大面积岩性油气藏的勘探提供十分重要的古环境背景和理论基础。因此，在单井古水深定量恢复的基础上，充分考虑盆地古地理条件，开展渤海新近纪各时期区域平面古水深勾绘和古湖泊单元划分等研究尤其重要。

一般地，在一个盆地或某个区域，如果在平面上有足够多的古水深样点值（如足够多的钻井古水深定量恢复数据），完全可以通过古水深平面等值线的勾绘来刻画水深分布趋势，并根据水深数值的区间分布确认古湖泊体系并进行湖泊单元的细化。由于古水深定量恢复需要钻井岩屑的元素地球化学测试数据，但在渤海海域渤南地区共有钻井 200 多口，对于整个渤海海域钻井更多，如果对这些钻井都开展地化测试和分析，所投入的人力、物力和财力将巨大。如何将现有 4 口钻井的古水深值作为基础数据，建立已知古水深与某种地质参数之间的内在联系，然后利用这种地质参数对其他钻井开展古水深恢复，这不仅经济有效，而且可行。为此，本书以渤海海域渤南地区为例，提出了构建古湖泊重建的研究思路和主要步骤（图 4-35）。

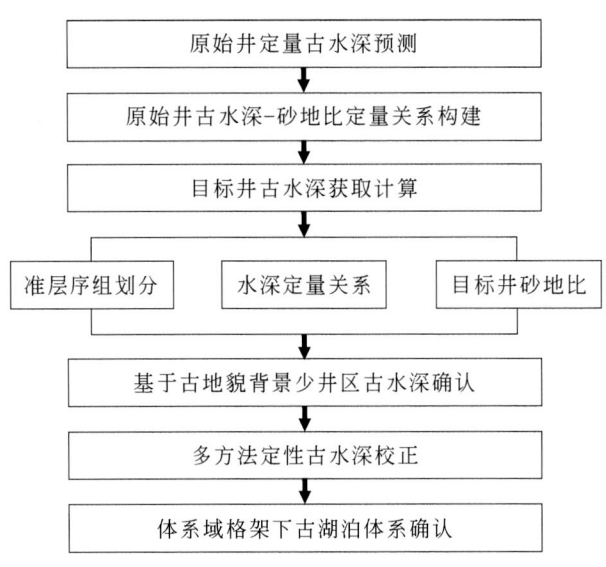

图 4-35　古湖泊体系与古湖岸带重建技术框图

（1）在渤海海域渤南地区 4 口钻井（本书称为原始井，后同）定量古水深分析的基础上，以高频层序格架为约束，建立起以准层序组为地层单元的原始井平均古水深与砂地比的定量关系。

（2）通过渤南地区新近系其他钻井（本书称为目标井，后同）准层序组的划分、各准层序组内砂地比的统计，利用古水深-砂地比定量关系式分别计算区域内目标井对应准层序组的古水深，并作为古水深平面勾绘的基本样点值。

（3）参考构造古地貌平面特征，进行少井区虚拟样点内插，并开展古水深的平面初始勾绘。

（4）结合岩相、古生物、地化等数据的古水深定性分析，对初始平面古水深分布等值线进行校正，最终可得到不同准层序组单元的真实古水深平面展布。

（5）在真实古水深平面等值线勾绘基础上，以体系域为成图单元，根据体系域内多个准层序组的最高岸线和最低岸线的展布位置分别刻画该体系域的古湖泊区、古湖岸带（河湖交互带）和陆相区等单元，由此可构建起渤海海域新近纪不同时期体系域格架下的古湖泊体系。

4.5.2 渤海海域新近系准层序组单元古水深平面恢复

在石油勘探中,层序沉积分析的地层单元决定了其研究精度。一般地,地层单元越细越有利于成因层序的对比和储层砂体的精细刻画与预测。但是受资料分布及其分辨率等因素的限制,如研究范围内钻井数量多少、钻井平面分布情况以及地震纵向分辨率等,地层单元的研究级别不可能做到无限高,因此在实际研究中一般会选择合适的地层单元来进行相关地质成图。

同样地,对于古水深平面恢复和古湖泊体系的研究而言,分析的地层单元越小,所反映出的古湖泊特征及其演化就越精细。准层序是层序地层学中最小的地层单元,如果在一个准层序组格架下对多个准层序分别进行古水深恢复和湖岸线刻画,则能较好地还原短期甚至千年尺度的湖泊变化过程。而事实上,由于地震数据存在分辨率的制约,准层序在常规深时地震剖面中几乎没有直接反射特征;尽管通过钻井可以识别和划分准层序,但受井网的分布均一程度、无井区钻井数据缺失等条件的限制,利用钻井开展区域准层序的对比和成因地层单元的搭建难度非常大。因此,开展区域性准层序格架下的古水深恢复几乎变得不可能。准层序组内部包含多个准层序,因其地层厚度相对较大、叠置样式的旋回性明显,以及横向连续程度较高等特征,不仅在钻井中易于识别,而且在地震剖面中可追踪,通过钻井-地震联合解释可以客观合理地构建准层序组格架。因此,开展古水深恢复的最佳地层单元为准层序组,而进一步分析古湖泊构成单元的演化过程的最佳地层单元则是沉积体系域。

1. 原始井古水深与砂地比定量关系确认

如前所述,在渤海海域渤南地区新近系仅仅只有 4 口钻井进行了古水深恢复,而开展区域古水深平面图的勾绘首先需要求取研究区其他钻井的古水深值。因此,如何利用原始钻井的信息求取目标钻井的古水深值是古水深平面等值线勾绘的前提。

砂地比是沉积物中砂岩在地层中的占比,一定程度上砂体富集与否与沉积环境有着密切关系。渤南地区新近纪为拗陷萎缩期,构造沉降速率较低,沉积物源稳定,砂分散体系与盆地古水深、古湖泊环境甚至古地貌等因素关系十分密切。一般地,水深越深,湖平面上升,在浅水湖盆内砂体发育程度越低,反之亦然。因此通过建立原始井古水深-砂地比之间的定量关系,并通过定量关系式用于目标钻井古水深的预测具备可行性。同时,再利用盆地不同地区的钻井的古生物、地化、泥岩颜色以及岩相等参数进行古水深的定性校正,完全做到对预测古水深的质量监控。

在进行原始钻井古水深-砂地比定量关系构建时,需要对原始钻井开展高精度层序(准层序组单元,高精度层序地层学研究详见第 7 章)划分,然后以准层序组为地层单元,通过计算 4 口原始钻井的平均古水深与砂地比,并以古水深、砂地比分别为纵、横坐标进行散点投图和关系式的拟合(图 4-36),就可以得到二者之间的定量公式:

$$D_{pw}=-10.94R_s^2-1.05R_s+4.80 \tag{4-24}$$

式中,D_{pw} 为古水深(m);R_s 为砂地比(小数)。

渤海海域渤南地区新近系原始钻井古水深与砂地比拟合相关系数 R^2 为 0.721,充分说明了古水深波动与砂地比之间存在密切的内在联系,因此通过对其他目标钻井砂地比的求

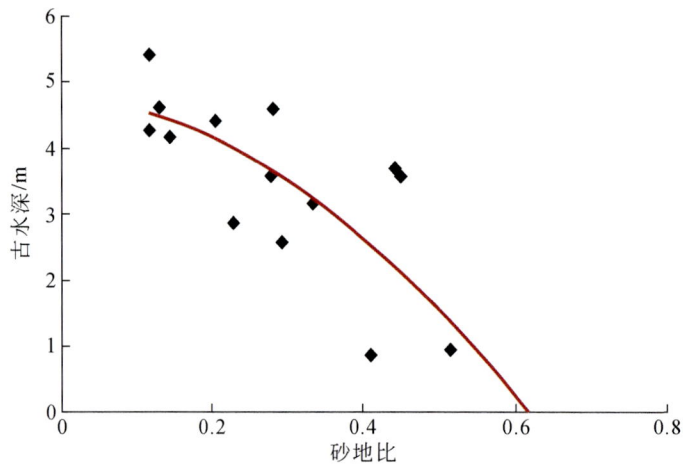

图 4-36 目标井古水深-砂地比关系图

取,利用式(4-24)可以进行对应准层序组格架下的古水深预测。

2. 准层序组格架下目标钻井砂地比统计与古水深计算

在区域其他目标钻井准层序组划分的基础上,以准层序组为基本单元统计各钻井的砂地比值。砂地比统计过程中,需要对岩性进行界定,为了简化归类,将含砾砂岩、粗砂岩、中砂岩、细砂岩、粉砂岩和泥质粉砂岩归并为砂岩类,将泥岩、粉砂质泥岩按照泥岩统一考虑。

当研究区所有目标钻井准层序组内砂地比值统计出来后,则可利用式(4-24)计算相应的古水深。在计算古水深时,对于盆地边缘可能因为地层超覆、顶超出现地层的缺失(图 4-37),统一用含砂率 100%替代,若计算出的古水深为负值,则代表陆相沉积区。在渤海海域渤南地区新近系,顶超地震反射特征十分少见,上超主要发育在盆地边缘层序界面之上,准层序组顶界面超覆位置通常指示了该套地层发育的盆地最大边界,边界之外不可能被水体覆盖。

3. 古水深平面勾绘

古水深值求取后,需要进行平面勾绘方能得到盆地范围内水深的分布趋势,但勾绘古水深等值线时需要水深的散点值在区域上有一定间距分布。由于研究区内的钻井位置并不是均匀展布,有些地方钻井比较密集,而有些地方钻井比较稀疏甚至缺失。在钻井分布不均一或无钻井的地区(如黄河口凹陷西南、东北和东南地区),由于水深数据的缺失,对于真实还原古水深平面分布趋势难度较大,需要借鉴其他地质要素进行约束并赋予虚拟古水深数值。前面关于古气候、古水深与盆地古地貌关系的阐述(详见 4.4.3 节)可以得到,浅水湖盆古水深波动引起的河湖交互过程与盆地的古地貌之间有非常密切的内在联系。因此,在勾绘古水深平面等值线时,可利用区域古地貌发育特征建立少井、无井区虚拟古水深样点值(虚拟井点)的估算(图 4-38)。

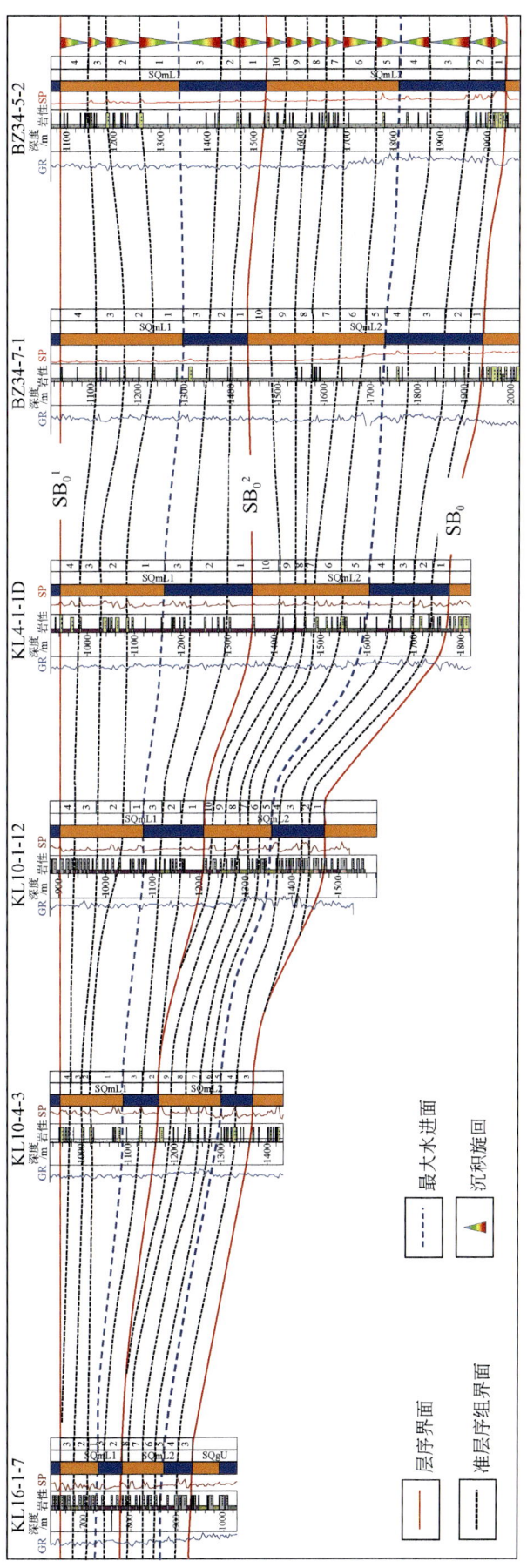

图4-37 渤海海域渤南地区新近系准层序组钻井划分对比

图 4-38　古水深勾绘技术流程示意图

虚拟井古水深值主要是基于同一古地貌高度、具有相同水深的原则来进行求取。根据沉积补偿原理，沉积基准面以下的负地形区域易接受沉积，能被沉积物充填堆积的空间称为可容空间。可容空间受沉积基准面控制，沉积基准面的高度受地理环境控制，湖泊环境中的沉积基准面可以近似认为是湖平面，水深的深浅将决定可容空间的大小。渤海海域渤南地区新近系古地理环境以浅水湖泊、极浅水三角洲沉积为主，且沉积物供给充足，水深较深的位置可容空间较大，其沉积厚度也较大。由此可以反推出沉积厚度与古水深的内在关系，特别对于有一定距离范围内的钻井和少井区，沉积厚度大的区域对应水深相对更深，沉积厚度小的地区则水深相对较浅，若沉积厚度相同，则古水深值也可能近似相同。

根据上述推论，采用在厚度图（或者古地貌图）上沿着厚度等值线插入虚拟井的方法，通过与虚拟井相距不远且厚度相同的真实井的古水深值，来推断虚拟井的古水深。如果虚拟井附近没有近似厚度的真实钻井，则根据虚拟井相对于附近真实井的厚度变化趋势，对其古水深值也进行相应的推断。在计算出所有虚拟井的古水深值之后，可用相关成图软件或手动方式进行均匀插值处理和等值线的勾绘，从而得到整个研究区域的古水深值平面分布图。详细的平面古水深恢复流程见图 4-38。

4. 古水深分布特征

1）馆陶组沉积期古水深特征

馆陶组沉积期古水深恢复结果表明（图 4-39，图 4-40），该时期湖盆主体位于渤南地区北部或东北部，湖盆范围较小，以局部小洼、中小洼为主，馆陶组上段沉积期较馆陶组下段沉积期湖盆范围有所扩大。

馆陶组下段沉积期：一共勾绘了 6 个准层序组单元的古水深平面图，湖扩体系域和高水位体系域各包含 3 个准层序组（图 4-39）。从古水深等值线来看，湖扩体系域早期湖盆水体范围较小，至湖扩体系域晚期湖盆范围逐渐扩大，到高水位体系域晚期，水体逐渐加深，湖盆范围达到最大。

馆陶组上段沉积期：馆陶组上段层序一共划分了 6 个准层序组，对各准层序组沉积期古水深恢复表明，湖扩体系域与高水位体系域所包含的各准层序组对应的古水深演化与馆陶组下段基本相似,但是馆陶组上段沉积期湖盆范围整体上有所扩大,在盆地内部形成了多个湖心岛(图4-40)。

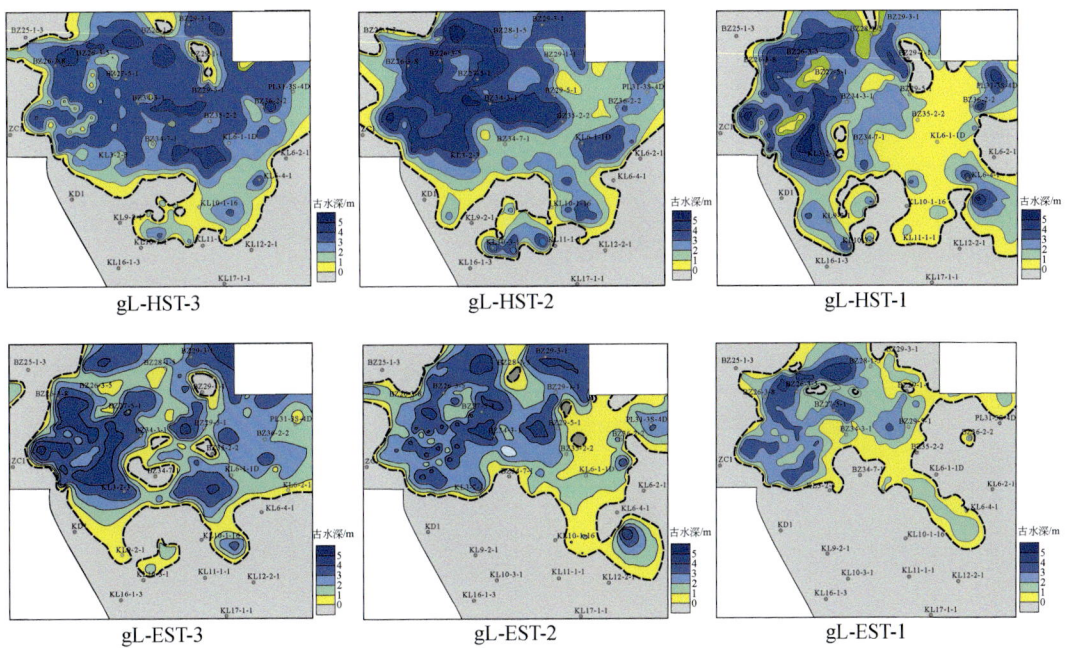

图4-39 渤海海域新近系馆陶组下段湖扩体系域+高水位体系域各准层序组古水深分布

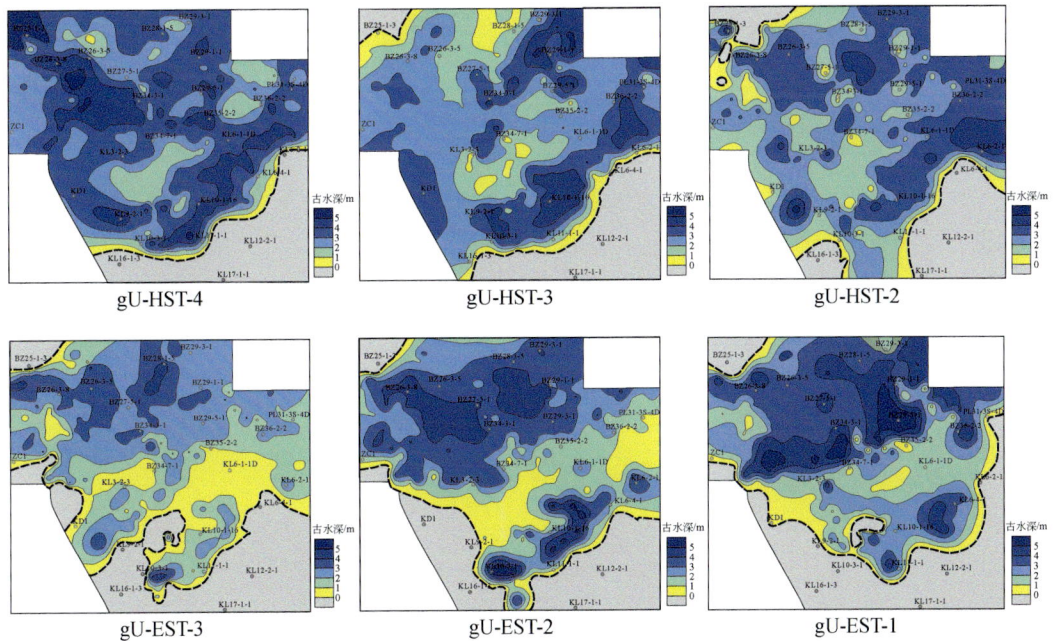

图4-40 渤海海域新近系馆陶组上段湖扩体系域+高水位体系域各准层序组古水深分布

2）明化镇组下段沉积期古水深特征

相较于馆陶组沉积期，明化镇组下段的古水深值普遍增大，湖岸线向南迁移，湖水分布范围明显增加，湖盆整体连通性较强，具有典型的盆大水浅的特征（图4-41～图4-43）。

明化镇组下段下亚段层序一共发育10个准层序组，湖扩体系域早期湖盆分布范围相对较小，至湖扩体系域中晚期，湖岸线迅速向南扩张，至高水位体系域晚期湖盆范围达到最大（图4-41，图4-42）。各准层序组沉积期的湖岸线频繁迁移是明化镇组下段下亚段层序最为典型的特征。

明化镇组下段上亚段层序包含7个准层序组，早晚时期湖盆范围演化与下伏层序相似（图4-43），但是不同沉积期湖岸线的迁移幅度并不大，钻井古水深定性分析也支持这一观点，这可能与该时期气候相对稳定、水深波动较小有关。

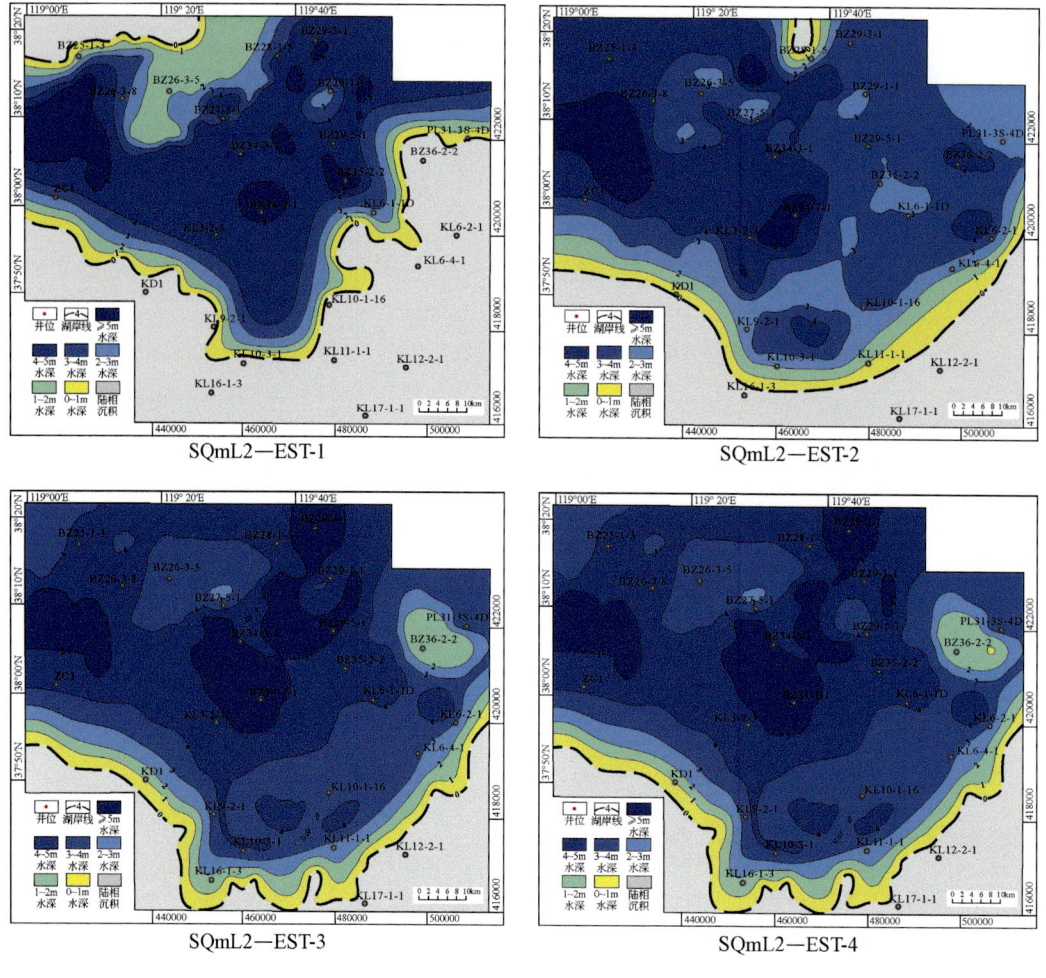

图4-41 渤海海域渤南地区明化镇组下段下亚段湖扩体系域各准层序组古水深分布

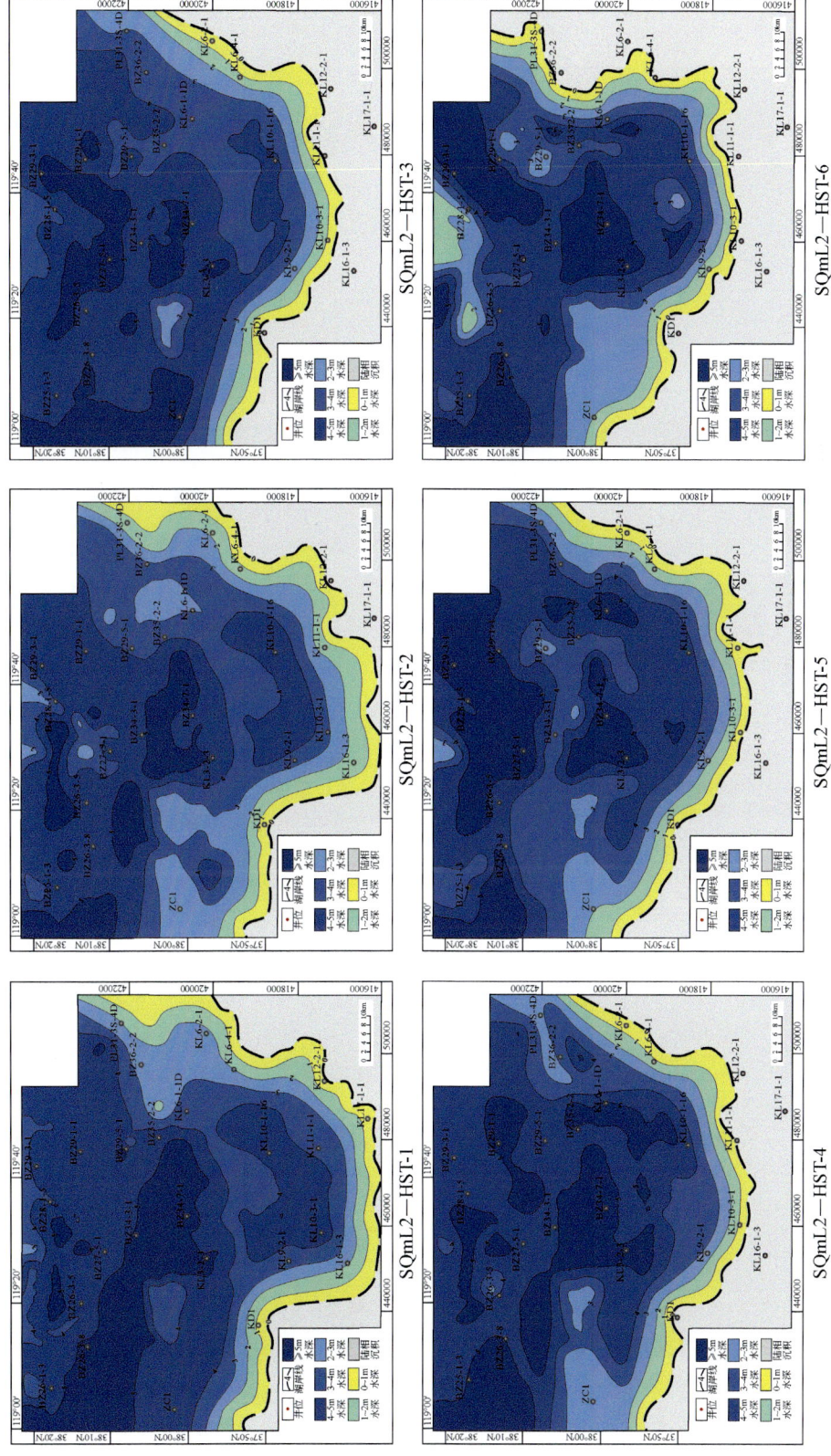

图4-42 渤海海域渤南地区明化镇组下段下亚段高水位体系域各准层序组古水深分布

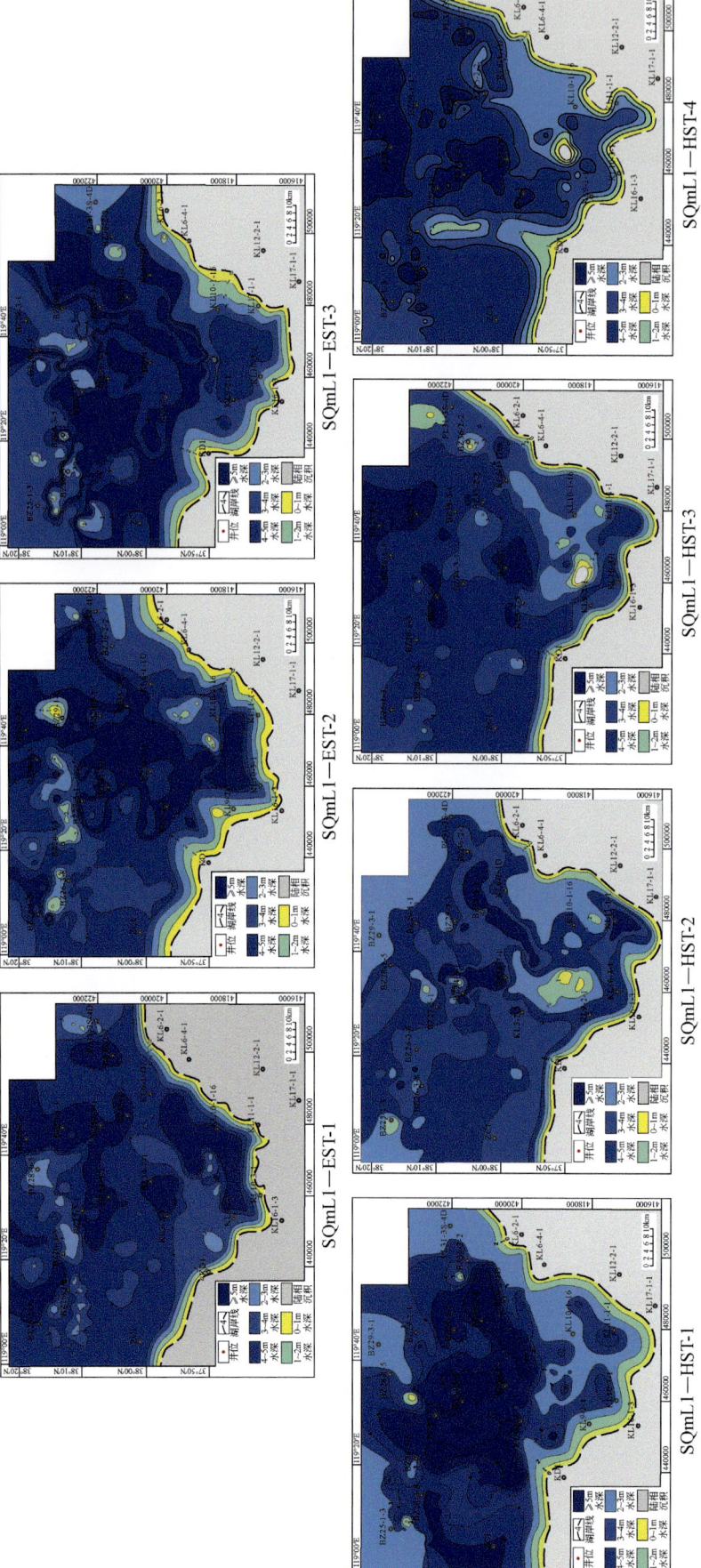

图4-43 渤海海域渤南地区明化镇组下段上亚段湖扩体系域+高水位体系域各准层序组古水深分布

5. 单井多方法古水深变化趋势分析对平面古水深预测的校正

利用上述方法所得到的古水深平面图即体现了某个沉积期的古水深变化趋势，也反映了盆地古地貌的特征。但是在恢复过程中涉及古水深计算、古地貌与古水深是否完全具有一致性等诸多误差或不确定性：通过原始井建立的古水深-砂地比关系，通常因为砂地比的控制因素比较复杂，必然会有古水深预测值的误差，甚至可能是误导，如在古湖岸带及岸上区域，砂地比值往往会因河流水系的分布位置出现较大的变化；此外，利用古地貌相同（或地层厚度一致）原则推算的虚拟井古水深值，可能反映的是地貌-水深之间的整体趋势，虚拟井点的水深值与真实值之间必然会存在一定的误差。基于此，需要通过其他手段和方法对已经编制好的平面古水深进行校正，如通过高密度网格的地震解释和精细的古地貌图重建来进行与古水深分布趋势的对比，也可通过选择关键钻井的古水深定性分析来进行校正。本书采用钻井古水深定性校正的方法，即通过盆地不同位置钻井沉积学、元素地球化学、古生物等定性古水深恢复方法，将井点位置古水深恢复结果与平面古水深发育特征进行对比和校正，对比内容主要包括单期古水深升降幅度、多期古水深变化趋势以及古水深波动的区域古环境一致性。

1）关键钻井沉积学古湖平面恢复与平面古水深一致性分析

古湖泊水体深度严格控制着沉积物的沉积构造、沉积物类型、沉积物颜色、所含化石矿物类型、粒度大小等指标。其中，一旦能排除事件沉积等干扰因素，沉积物颜色就可以作为最直观的标志来反映不同沉积时期湖水的深度和氧化还原条件等变化；岩心记录下来的沉积构造同样可以很好地指示沉积时期水动力条件，从而进一步指示水体深度变化；同样地，在岩心中保留下来的生物扰动信息，也能记录古湖平面变化；沉积物粒度可以定性反映沉积时期的气候条件，一般来说，细粒沉积物对应于高水位时期的深水环境，而粗粒沉积物对应于低水位时期的浅水环境；另外，连续的 GR 测井曲线同样记录了沉积物岩性的变化和砂泥比等信息，因此也可用于反映古水体深度变化及相关水动力条件。

沉积相是古湖平面变化的良好指标，Carroll 和 Bohacs（1999）在研究美国始新统绿河组沉积过程时，认为不同的沉积亚相对应于不同的湖平面深度，据此将绿河组沉积亚相划分为 6 个级别，其中 1 级代表的是河流和洪泛平原亚相，湖平面处于最低位；2~4 级分别代表潮上带、潮间带、潮下带；5 级代表浊流水道及湖底扇沉积环境；6 级代表半深湖-深湖亚相，湖平面处于高位。最终，通过分析湖平面变化规律，认为绿河组在始新世整体表现为河流、过充填湖泊、平衡充填湖泊、欠充填湖泊、河流的完整沉积旋回。高远（2015）基于沉积物的沉积构造意义建立了松辽盆地中松科 1 井在白垩纪时期由沉积构造指示的古湖平面变化指标，并在松科 1 井厘米级岩心描述和沉积相研究的基础上，将松辽盆地古湖平面分为 1~5 级，并认为从 1~5 级，沉积物具有以下特征：①沉积物粒度逐渐从粗粒向细粒过渡；②代表较强水动力环境的交错层理向代表水动力条件较弱的韵律层理、水平层理转换；③沉积物颜色逐渐加深，有机碳含量增加；④生物扰动构造逐渐变少。

通过对渤南地区多口钻井进行详细的岩相和沉积相分析，并参考前人的相关研究方法（Bohacs et al.，2000；高远，2015），建立了研究区新近纪以来岩相-沉积相-古湖平面刻度指标（表 4-9），获得了研究区由沉积学指标指示的古湖平面变化规律。通过与前人对于盆地该时期的古气候和构造研究成果进行对比,将研究区古湖平面变化划分为1~4级,认为研究区古湖平面变化主要受气候因素控制,受构造因素影响较小,整体呈现出较为明显的浅—深—浅旋回式特征。其中馆陶组气候干冷,湖平面较低,古水深级数以1、2级为主;明化镇组下段沉积时期气候温润潮湿,湖平面显著上升,且在该段内部包括一个完整的湖平面变化旋回,古水深级数以3、4级为主;明化镇组上段由于盆地沉降速率降低,可容纳空间减少,导致湖平面再次下降,古水深级数以2、3级为主。

表 4-9 渤海海域渤南地区岩相-沉积相-古湖平面级数对应表

级数	沉积特征	沉积环境
1	块状,颗粒或基质支撑砾岩,平行层理、大型交错层理	河流
2	砂岩,块状,中至粗粒,可含砾,中至大型交错层理,红色泥岩夹部分灰绿色-灰色泥岩、粉砂岩	三角洲平原
3	砂岩,块状,多为细粒,砾石含量少,浅灰色至灰绿色泥岩、粉砂岩、泥质粉砂岩,发育水平层理,波状层理	三角洲前缘
4	粉砂岩,粉砂质泥岩,中浅灰色块状泥岩,发育水平层理、波状层理	滨浅湖

渤海海域渤南地区新近系多口钻井的岩相古水深定性恢复结果与其所在位置所对应的定量古水深在不同时期的变化趋势基本一致。以 KL10-1-2 井为例,详细阐明了这种对应关系(图 4-44)。钻井岩相组合分析认为馆陶组主要为辫状河沉积,古水深级数以 1 级为主,中部有部分出现 2 级,表明该时期古水深整体较浅,且馆陶组上段的水深要大于馆陶组下段沉积时期;明化镇组下段主要为浅湖及三角洲前缘亚相,古水深级数较馆陶组有较为明显的上升,古水深级数以 3、4 级为主,整体较稳定,整体水深较大;明化镇组上段主要为曲流河河床与河漫沉积,该段下部和上部古水深级数多为 2 级,中部多以 3 级为主,指示湖平面较明化镇组下段有变浅趋势。上述岩相-古水深指示及纵向演化与实际古水深定量预测结果呈相同的变化趋势。

2)钻井主、微量元素定性古水深恢复与平面古水深一致性分析

主、微量元素分析不仅可以作为古气候恢复的手段之一,而且在渤海海域新近系还是古水深定量和定性分析时十分重要的参数。在定量古水深预测方面,通过获取的关键的主、微量元素,利用公式(F_F)可求取渤海海域新近系的定量古水深值。但本书在构建元素-古水深公式时只考虑了 Al 等 4 种化学元素,其他元素的古水深指示意义未作过多研究。不同水深具有不同的元素组成和同位素含量的分布特征,根据元素富集特点可定性地描述水体深浅。反映古水深波动的地球化学元素较多,本书选取了主、微量岩石地球化学指标 Fe/Mn,Sr/Ca,Th/K 作为湖平面升降的标识,用来定性分析钻井垂向湖平面变化,并进一步开展与平面古水深的对比和校正。

在湖泊环境中,Fe 和 Mn 是变价元素,富集于沉积物之中的 Fe 和 Mn 通常以氧化物和氢氧化物形式存在。然而,由于湖泊沉积物中 Fe 和 Mn 的沉淀机制有所不同,Fe^{2+} 比 Mn^{2+} 更容易被氧化,而 Mn 的氢氧化物比 Fe 的氧化物更容易还原,因此 Fe/Mn 较高通常是还原条件下消耗 Mn 所导致的,可用来指示一种还原环境(Wuebbles et al.,2010)。通常,湖泊越深,底部的沉积物越难以发生氧化反应。此时,Fe/Mn 的增加就表明湖泊水深增加、湖盆面积扩大的过程。

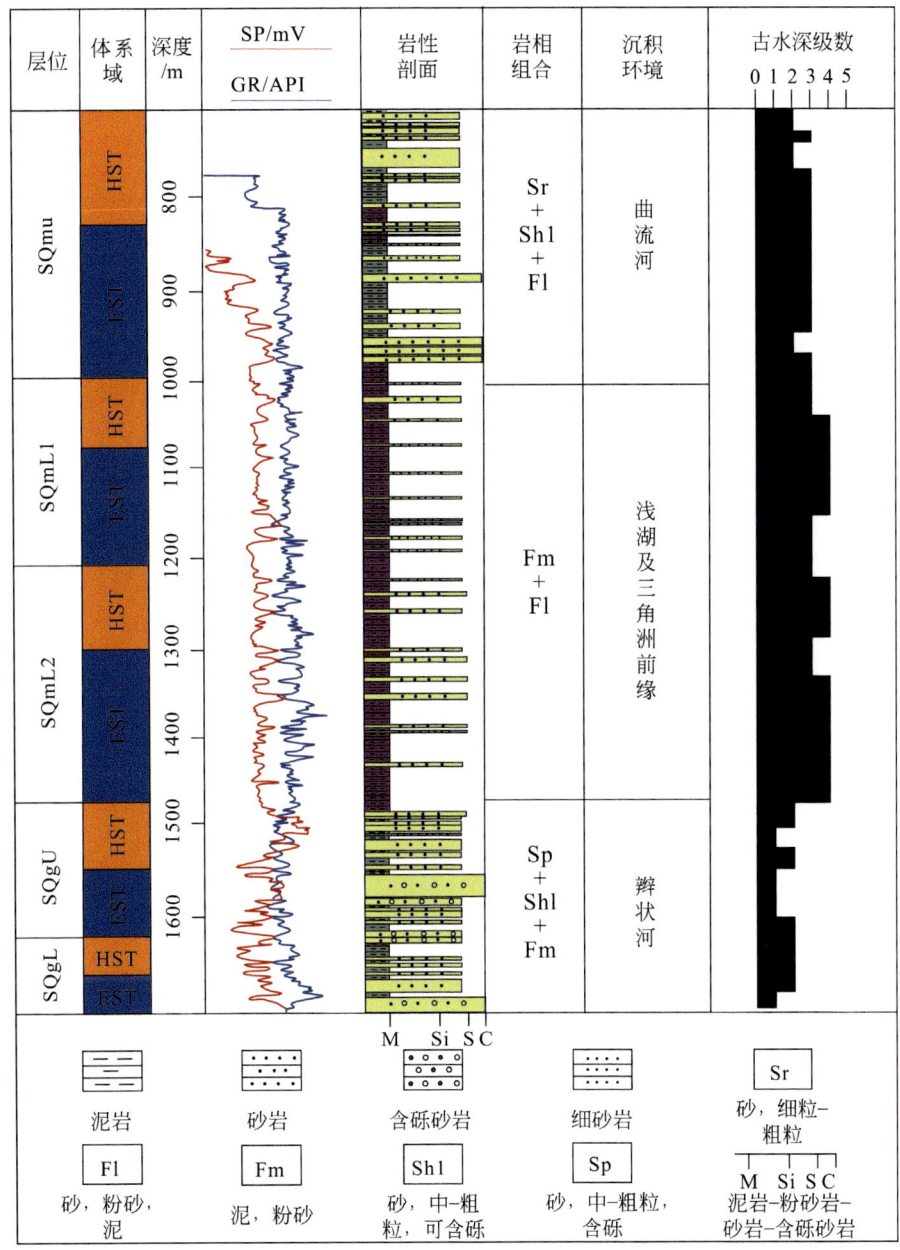

图 4-44 渤海海域渤南地区 KL10-1-2 井沉积学指标指示的古湖平面变化

Sr 和 Ba 同样以二价状态出现，地球化学元素行为在地表条件下表现相似，通常以硫酸盐或碳酸盐形式沉淀，但它们在湖水中的溶解度不同（Algeo and Tribovillard, 2009）。在干旱地区水域，水体中 Sr 的强溶解力决定了它的浓度变化很大，而水量的减小往往会导致 SO_4^{2-} 的浓度增加，从而导致 Ba^{2+} 与 SO_4^{2-} 的结合，形成 $BaSO_4$ 沉淀物的概率增加，导致水体中游离 Ba^{2+} 含量降低，因此沉积物中的 Sr/Ba 值升高一般与湖平面下降有关。

Th 是放射性元素中的化学稳定元素之一。它通常不受成岩蚀变和地球化学效应的影响,并且通常在粗碎屑中形成较高浓度的沉积物,其通常在碳酸盐岩中含量较低。沉积物中普遍富含 K,砂岩中 K 的丰度与碎屑颗粒的粒径成反比。在正常的沉积环境中,粒度与水动力强弱成正相关,因此,Th/K 可以反映水体的能量,从而可以定性反映湖盆古湖平面变化(Algeo and Tribovillard,2009)。

以渤南南部 KL10-1-2 井和 KL10-4-1 井为例,详细对比主、微量元素相对古水深与定量古水深之间的关系(图 4-45,图 4-46)。从典型钻井的主、微量元素定性湖平面分析指标可以看出,该井的三个定性指标均表现出了较为明显的阶段性变化,并且与层序划分结果、不同时期平面定量古水深变迁对应良好。

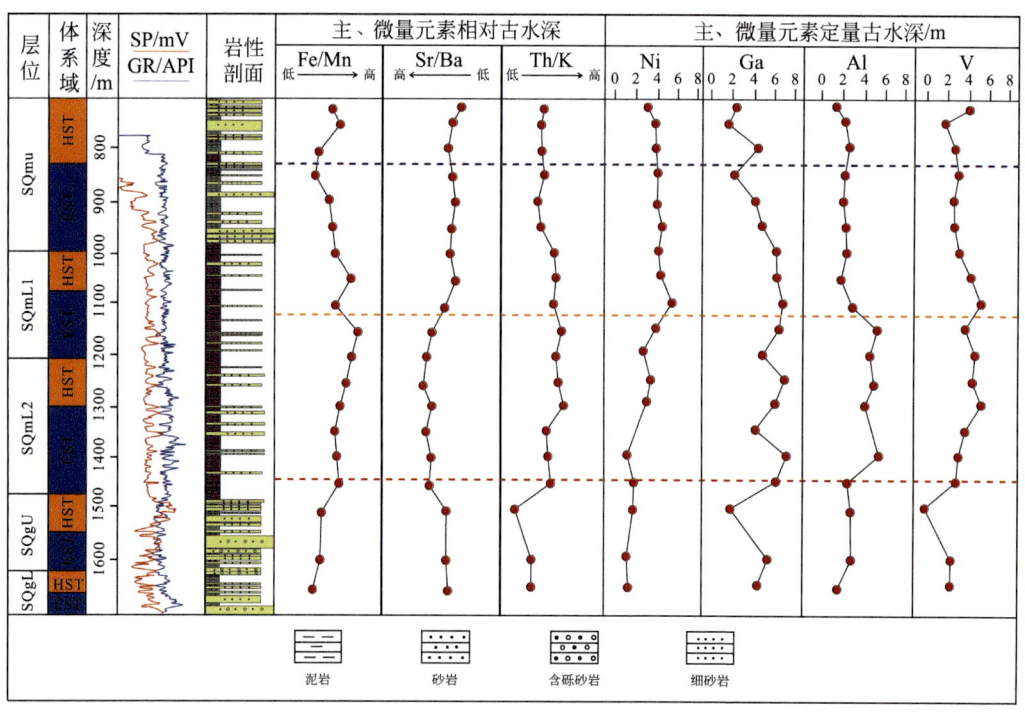

图 4-45 渤海海域渤南地区 KL10-1-2 井主、微量元素相对古水深及定量古水深之间的关系

在馆陶组沉积期,该组 Fe/Mn 和 Th/K 由底至顶呈现先降低再增加的趋势,Sr/Ba 呈现由底至顶先增大后减小的趋势,据此将三个指标解释为在该段古湖平面呈现一个先变浅再变深的次级旋回特征。

明化镇组下段下亚段沉积期,该段 Fe/Mn 和 Th/K 两个指标可以明显看出较馆陶组有升高趋势,Sr/Ba 较馆陶组稳步下降。因此该段与 KL10-1-2 井同样反映了古湖平面较馆陶组有升高的趋势。

明化镇组下段上亚段沉积期,该段 Fe/Mn 和 Th/K 呈现旋回性下降趋势,Sr/Ba 呈现旋回性上升的趋势,且升降趋势较明化镇组下段下亚段略微变缓,据此认为古湖平面在该段平稳下降。

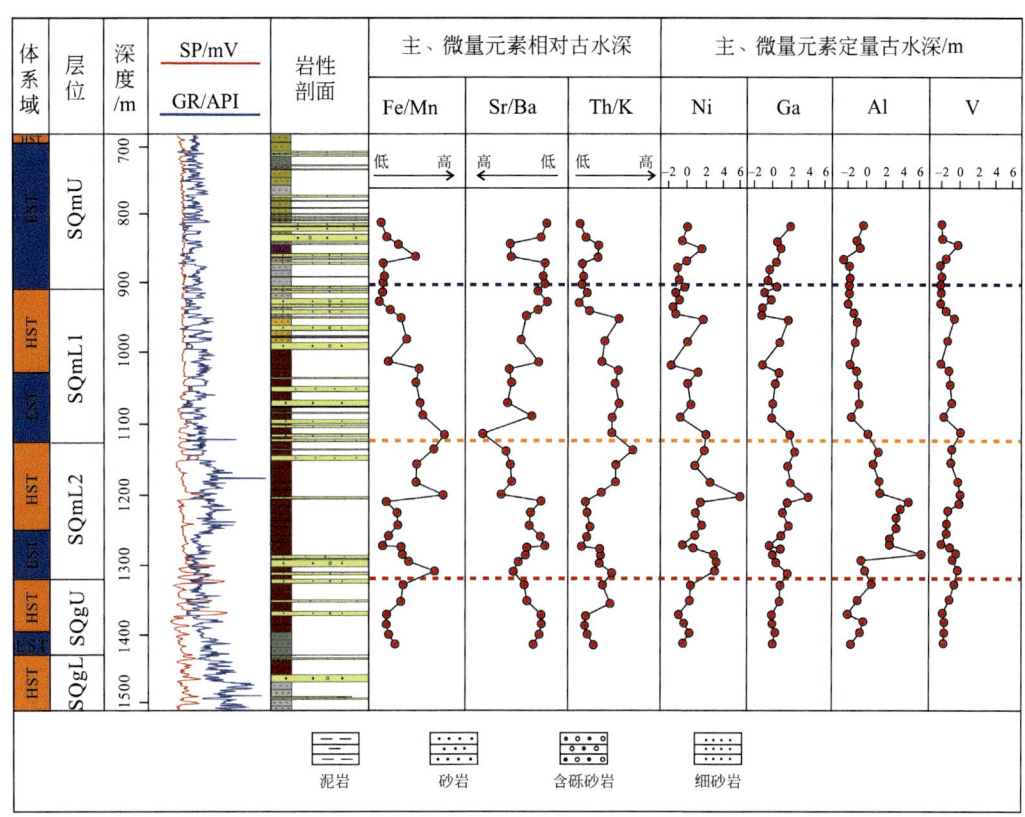

图 4-46 渤海海域渤南地区 KL10-4-1 井主、微量元素相对古水深及定量古水深之间的关系

明化镇组上段沉积期，该段 Fe/Mn 和 Th/K 呈现出迅速升高后降低的趋势，Sr/Ba 呈现先降低后升高的趋势，且由岩性剖面可以看出在趋势转换部位沉积了一套灰黑色泥岩，由此认为在该段古湖平面表现为先升高再降低的趋势。

综上所述，典型钻井由主、微量元素反映出的古湖平面变化也同样呈现由浅至深再至浅的趋势，水深在明化镇组下段下亚段沉积晚期达到最深，三个指标反映出的古湖平面变化均表现出了较为良好的一致性，且在各组段之内出现多个次级旋回。

值得一提的是，钻井元素地球化学定性古水深恢复与采样密度大小和测试结果的合理性息息相关。如 KL10-4-1 井的采样密度较 KL10-1-2 井增大，从三个主、微量元素定性指标分析结果可以看出该井的三个定性指标均表现出了十分明显的旋回性变化特征（图 4-46）。

3）钻井孢粉学古水深指示与平面古水深一致性分析

孢粉沉积学原理表明，多数孢子和花粉主要通过空气气流以及水流被搬运而进入沉积区域，由于形态上的差异，不同种属的孢粉和孢粉组合被水流或者气流搬运的难易程度和搬运的距离均有所差异，大量关于陆相湖盆孢粉学的研究认为，一般在湖泊初期以蕨类、草本类孢粉等当地组分为主，在湖泊扩张期逐渐转变为以低地乔木类、灌木类孢粉等区域组分为主，至湖泊盛期则以浮游藻类和山地乔木等区域组分为主（高瑞祺等，1999；刘迪，2014）（表 4-10）。孢粉生物相主要是基于孢粉植物的生存环境来进行分类和判别孢粉生物的沉积环境。由于大多数的孢粉植物都生长在陆地上，它们在后期受到风和流水等营力的搬运而沉积于湖盆中，使得湖盆内孢粉的生物相往往不能被准确地反映出来，而水生和沼生植物的孢粉则有所不同，它们以原地埋藏方式为主（刘迪，2014）。大多数情况由于湖盆水域条件具有相对一致性和稳定性，因此在不同的生物带内，会有相似的水生植物类型，这也体现了植物群落分带跨地带性的特点。大量孢粉研究已经表明，在湖泊沉积环境，现代水生植物通常呈环带分布的形状，并从沿岸地带到湖盆中心深水区连续分布着挺水植物带、浮水植物带、沉水植物带。根据瓦尔特相律，可以按照生物垂直分带序列恢复生物横向分布模式（刘迪，2014）。

表 4-10 不同孢粉类型及其搬运机制（据高瑞祺等，1999；刘迪，2014）

组分类型	孢粉植物母体类型	搬运机制
当地组分	蕨类、部分草本、灌木植物	流水为主
局部组分	低地乔木植物	风为主
区域组分	浮游藻类、山地乔木	风为主

由上述分析可见，挺水植物、浮水植物、沉水植物是盆地不同时期水动力环境变迁分析的三类重要分子，同时也是反映相对古湖平面变化的直接证据之一。

通过统计渤海海域新近系大量钻井孢粉组分，发现主要存在 7 种类型的孢粉组分，每种类型所含的特征植物代表见表 4-11。

表 4-11 研究区主要孢粉组分类型及其植物代表

类型	特征植物代表
蕨类	粗肋孢属、三角孢属、石松孢属、水龙骨单缝孢属
草本类	藜粉属、蓼粉属、埃特曼菱粉、山龙眼粉属、椴粉、眼子菜粉
灌木类	拟白刺粉属、麻黄粉属、忍冬粉属
低地乔木类	榆粉属、胡桃粉属、山核桃粉、黑三棱粉、枫香粉属、伏平粉属、埃特曼菱粉
山地乔木类	单/双束松粉属、罗汉松粉属、铁杉粉属、雪松粉属、冷杉粉属
浮游藻类	盘星藻属、对裂藻属、皱面球藻属、粒网球藻属、棒球藻属
苔藓植物类	无缝具网孢属、水藓孢属

本书选取了渤南地区 KL10-1-2 井和 KL10-4-1 井为典型例子，来说明孢粉学指标在定性古水深和湖平面恢复中的校正效果（图 4-47，图 4-48）。

KL10-1-2 井新近纪层段孢粉样品共计 16 个，根据鉴定结果（图 4-47），总体上，KL10-1-2 井发育的孢粉组分有蕨类、灌木类、草本类、低地乔木类、山地乔木类、浮游藻类共 6 种类型。馆陶组时期草本植物含量占据优势，低地乔木含量次之，但同样表现出了增加的趋势，而山地乔木类、浮游藻类等区域组分含量则相对较低。从明化镇组下段下亚段开始，灌木含量有了较明显的增加，在所有的植被当中占主导，山地乔木类和浮游藻类含量有所上升，低地乔木类含量在该段中部达到高值但和草本类总体上呈现旋回下降的趋势。到明化镇组下段上亚段顶部，低地乔木和草本含量均不到10%，但是灌木依然在明化镇组上段持续增加。因此，KL10-1-2井整个馆陶组沉积时期均表现出草本植物占据优势的趋势，且以草本植物为主的局部组分占据了较长时间，说明湖泊处于扩张初期的时间较长，湖水深度相对较浅。从明化镇组开始，低地乔木等局部组分为主的时期变长，这可能指示了湖盆在馆陶组时期正处于湖泊扩张的初期，且持续时间较长，从明化镇组开始随着湖盆进一步扩张导致古湖泊水体迅速变深，至明化镇组下段中部出现的区域组分指示湖盆在该时期达到盛期并开始萎缩。所以从垂向上看，KL10-1-2井在新近纪经历了由浅至深再至浅的完整旋回过程。这与定量古水深在新近纪的深浅变化过程是一致的。

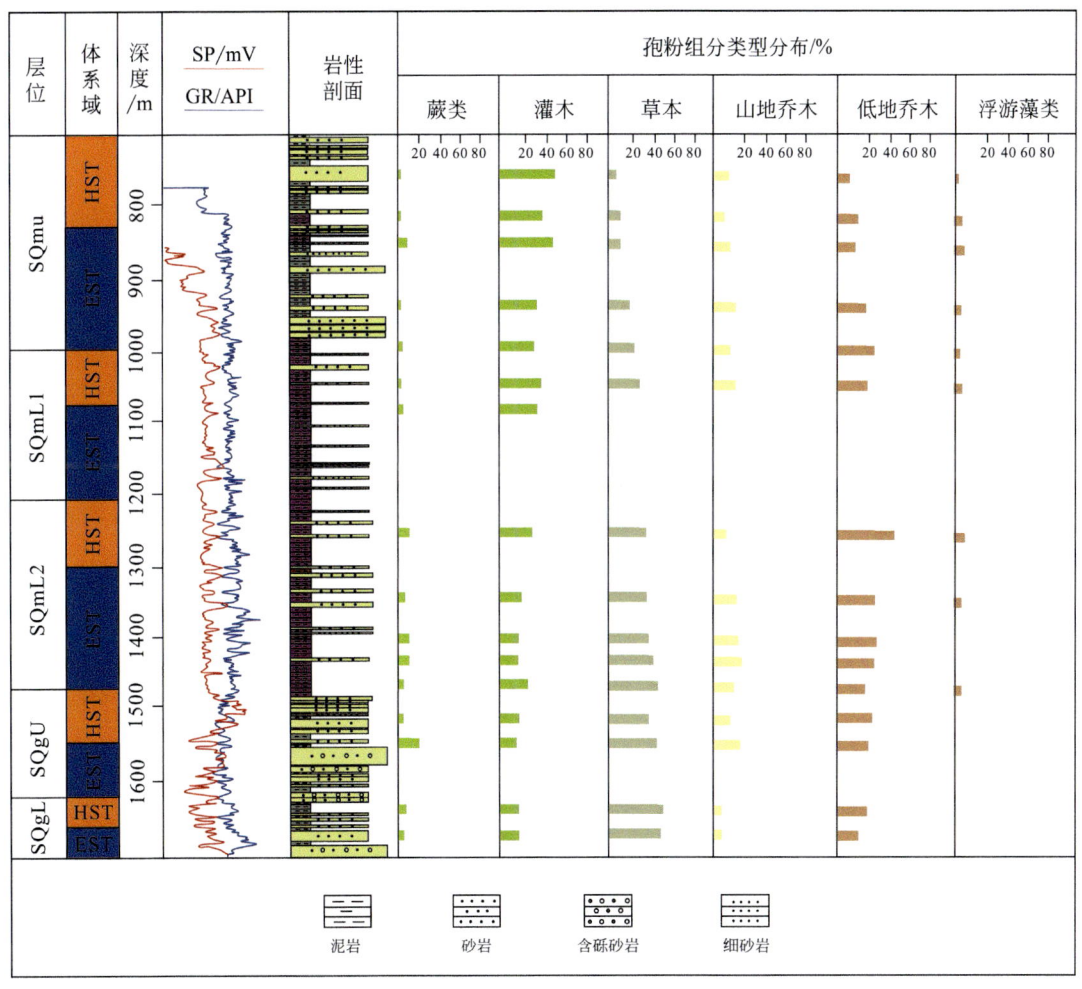

图4-47 渤海海域渤南地区KL10-1-2井孢粉组分类型分布图

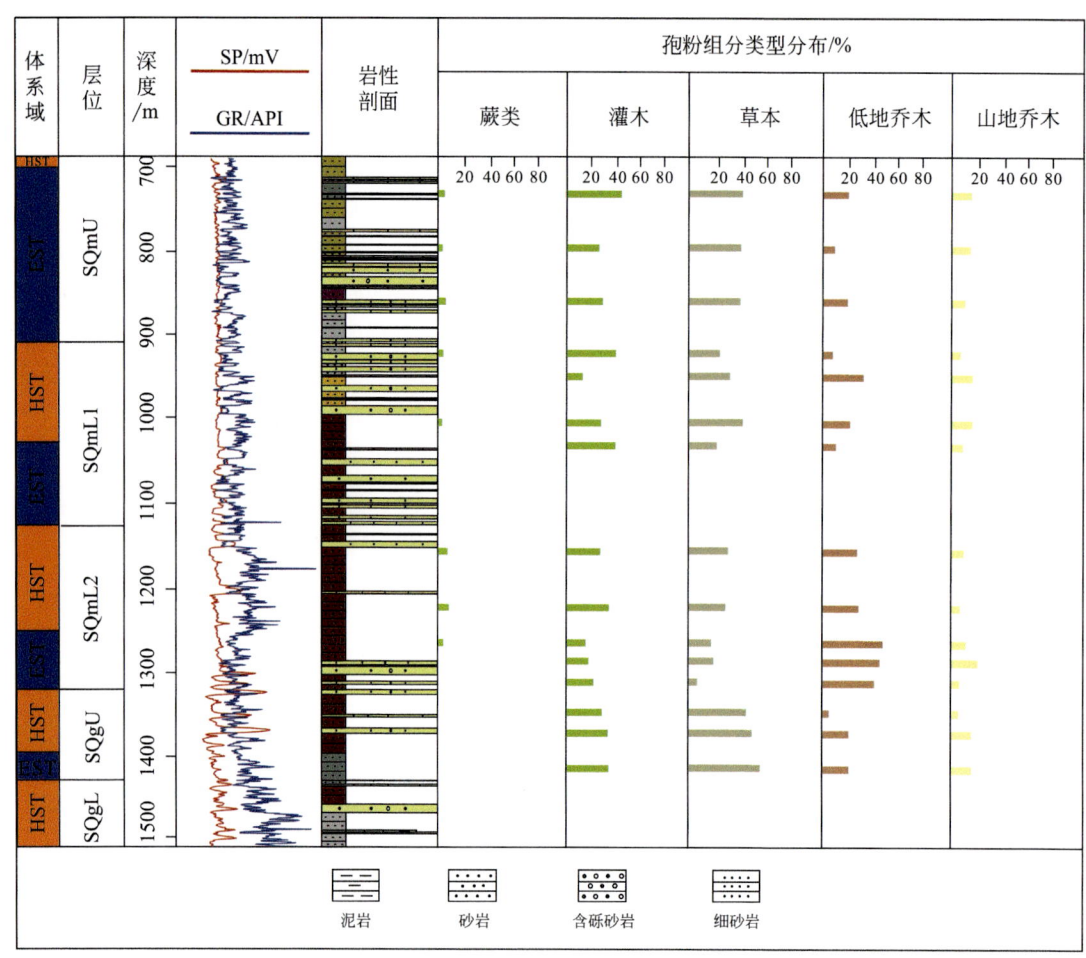

图 4-48 渤海海域渤南地区 KL10-4-1 井孢粉组分类型分布图

KL10-4-1 井新近纪层段孢粉样品共计 15 个，根据鉴定结果，KL10-4-1 井植被类型相对于 KL10-1-2 井种类有所减少，主要包括蕨类、山地乔木、低地乔木、草本和灌木 5 种类型。从图 4-48 可以看出，该井除了在明化镇组下段下亚段出现了短暂的以低地乔木类孢粉为主的时期，在整个新近纪时期均主要发育草本类、灌木类孢粉，而它们均属于湖泊在扩张初期的指示分子。这同样说明 KL10-4-1 井在明化镇组下段下亚段时期水体相对较深，古气候也相对湿润，而其他时期可能水体都相对较浅且气候干旱。总体来说，KL10-4-1 井经历了三个完整的湖平面升降旋回：馆陶组沉积时期，主要发育以草本为主的局部组分类型，水体较浅；至明化镇下段中下部，以山地乔木为主的区域组分开始大量出现，反映了水体在逐渐变深；直至明化镇组上部，水体又逐渐呈现出一个变浅的过程。定性湖平面波动过程与定量古水深变化趋势完全吻合。

上述单井多方法古水深定性恢复与平面古水深预测结果对比表明，多口钻井的定性古水深在变化特征、变化趋势以及多期演化过程等都与对应井点位置的定量古水深具有良好的匹配关系，进一步证实了本书开展的渤南地区新近纪多期古水深平面预测结果的可靠性。

4.5.3 渤海海域新近系古湖泊体系划分及古湖泊单元特征

在准层序组单元格架下古水深的平面初始勾绘、古水深定性对比与校正、最终古水深平面展布分析的基础上，可以进一步开展体系域沉积期内古湖泊体系的重建，其恢复和描述要素包括该时期湖盆分布范围、湖-陆展布特征以及古湖盆构成单元等。

1. 古湖泊体系及单元划分

1）古湖岸带定义

古老和现代湖泊发育特征表明，伴随湖平面升降变化，湖岸线的迁移十分常见，在一定时期内多次的湖岸线进退变化可构成这个时期的湖岸带，在湖岸带区域则发育陆相和湖泊相等多种类型的混合沉积。以鄱阳湖为例（图4-49），从2013~2018年的卫星图像中不难看出，在短短的5年间，湖岸线的迁移十分频繁，湖岸线附近浅水三角洲与水上河道交互发育，而湖岸线迁移过程中从最低湖岸线至最高湖岸线之间则构成了一个带，我们称为湖岸带。与现代湖泊相类似，在古代内陆湖泊发育同样的湖岸带，我们称为古湖岸带。它通常指的是在古老盆地中，在一定的沉积期内，因受多种因素控制湖平面频繁升降导致湖岸线往返迁移所形成的平面分布范围。在浅水湖盆中，由于坡缓水浅、岸线迁移频次较高和平面迁移幅度较大，古湖岸带特征更为明显。

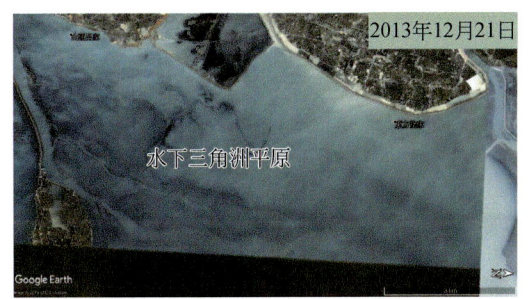
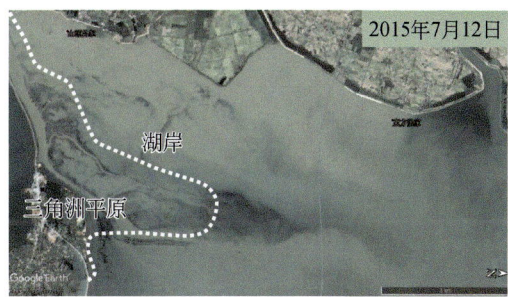
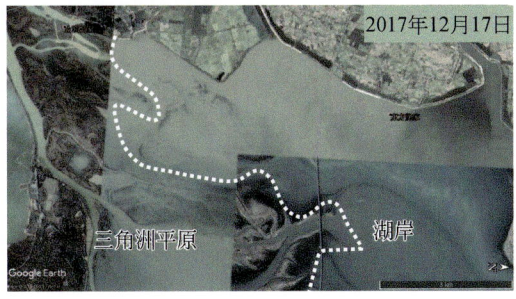
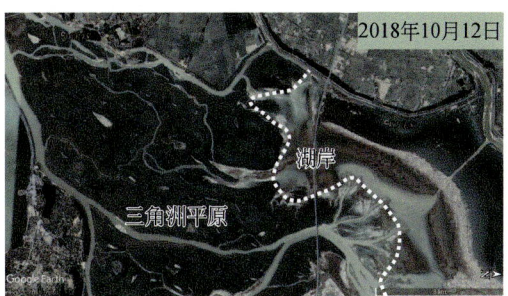

图4-49 鄱阳湖（金溪湖）现代湖岸带变迁卫星图像

2）古湖泊单元划分

如果将一个沉积体系域细化成无数个瞬间沉积时期（准层序组单元），必然存在最低水位期和最高水位期，频繁的湖平面波动导致的古湖岸线在这两个时期来回迁移，以最低水位期和最高水位期发育的湖岸线为界，就是这个体系域的古湖岸带（图4-50）。

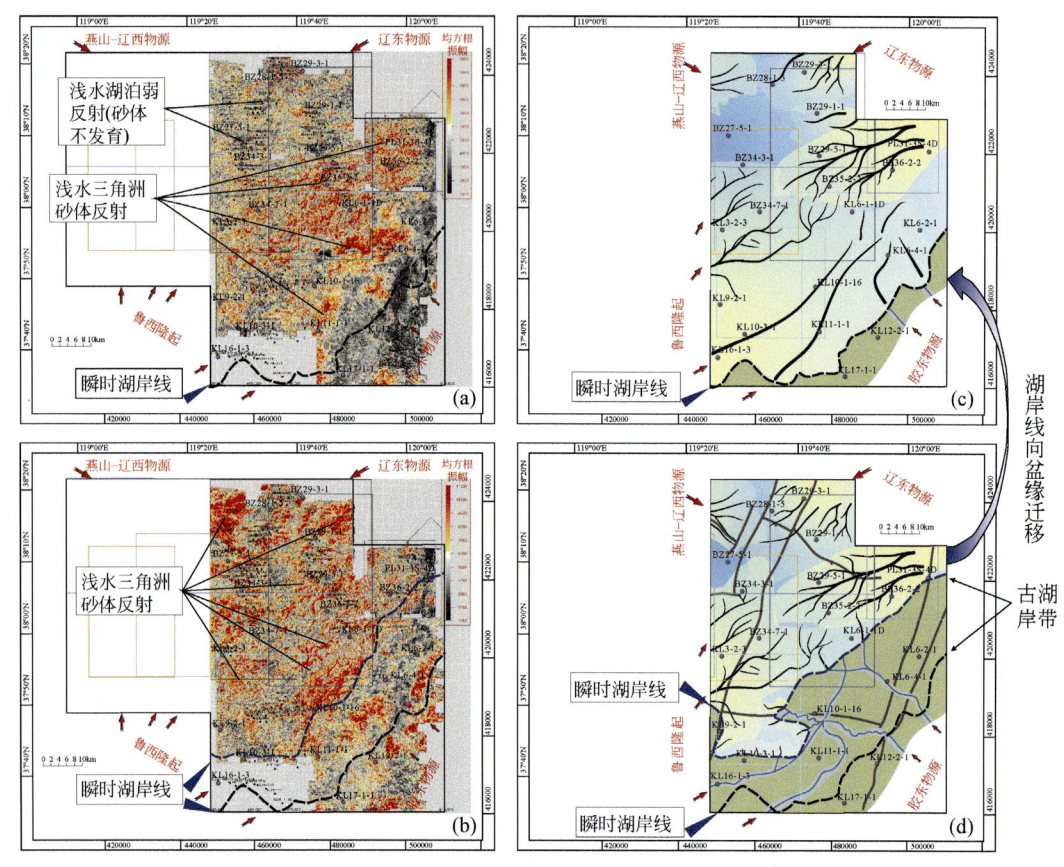

图 4-50 渤海海域明化镇组下段下亚段湖扩体系域最低水位期和最高水位期均方根振幅、沉积体系解释与古湖岸带确认示意图

(a) SQmL2—EST 早期—PSSB1 瞬时砂体分布;(b) SQmL2—EST 晚期—PSSB4 瞬时砂体分布;(c) SQmL2—EST 早期—PSSB1 沉积体系特征;(d) SQmL2—EST 晚期—PSSB4 沉积体系特征与古湖岸带划分

以渤海海域渤南地区明化镇组下段 2 个三级层序为例,对古湖岸带的刻画进行详解:以体系域为基本成图单元,在各体系域内准层序组的古水深平面成图的基础上(图 4-41~图 4-43),分别将不同准层序组的 0m 水深等值线作为该沉积期的古湖岸线,由此在同一个体系域中,可以得到最大和最小湖泛所对应的两条古湖岸线之间的区域,这个区域则可作为该体系域的古湖岸带的范围。值得一提的是,每个准层序组沉积时期依然是一个沉积时段,其湖岸线只能代表内部多个准层序的高频次湖平面波动的平均位置,因此在具体刻画准层序组的湖岸线时,也可选取 0~1m 的水深范围作为古湖岸线的范围来消除这个误差。

通过上述的古湖泊单元的划分思路,可将古湖泊体系划分为湖泊区、古湖岸带和陆相区三个区带。其中,陆相区始终位于最大洪泛面之上,整个区域完全处于陆上暴露状态,主要发育各种类型的河流体系,又称为河流主导区;古湖岸带是某个沉积时期湖岸线最高和最低区域,介于最大洪泛面与最小洪泛面之间,该区域湖平面的波动导致湖岸线的频繁迁移变化,属于浅水湖盆的过渡带,发育河流和湖泊交互沉积;湖泊区位于枯水期最小洪泛面之下,为最低水位期,无论湖平面如何升降,该区始终被水体所覆盖,以湖泊沉积为主。

2. 渤海海域渤南地区古湖泊单元特征

本书以明化镇组下段 2 个三级层序为例对渤海海域浅水湖盆的古湖泊单元特征进行阐述。古湖泊体系单元划分结果表明,明化镇组下段各沉积期湖泊单元的三个区带十分明显,区带的分布及变化受盆地构造古地貌和古气候的影响,在不同时期其发育特征有差异。

明化镇组下段下亚段湖扩体系域(ESTmL2)沉积早期,湖盆萎缩明显,湖泊区分布面积在整个明化镇组下段沉积期最小,至湖扩体系域晚期湖盆快速扩张,表现出整个体系域沉积期湖岸线向盆和向岸来回波动幅度较大,古湖岸带范围较宽,其中莱州湾凹陷的大部分地区都包括在古湖岸带范围内;而陆相区分布比较局限,主要位于渤南的东南部(图4-51)。

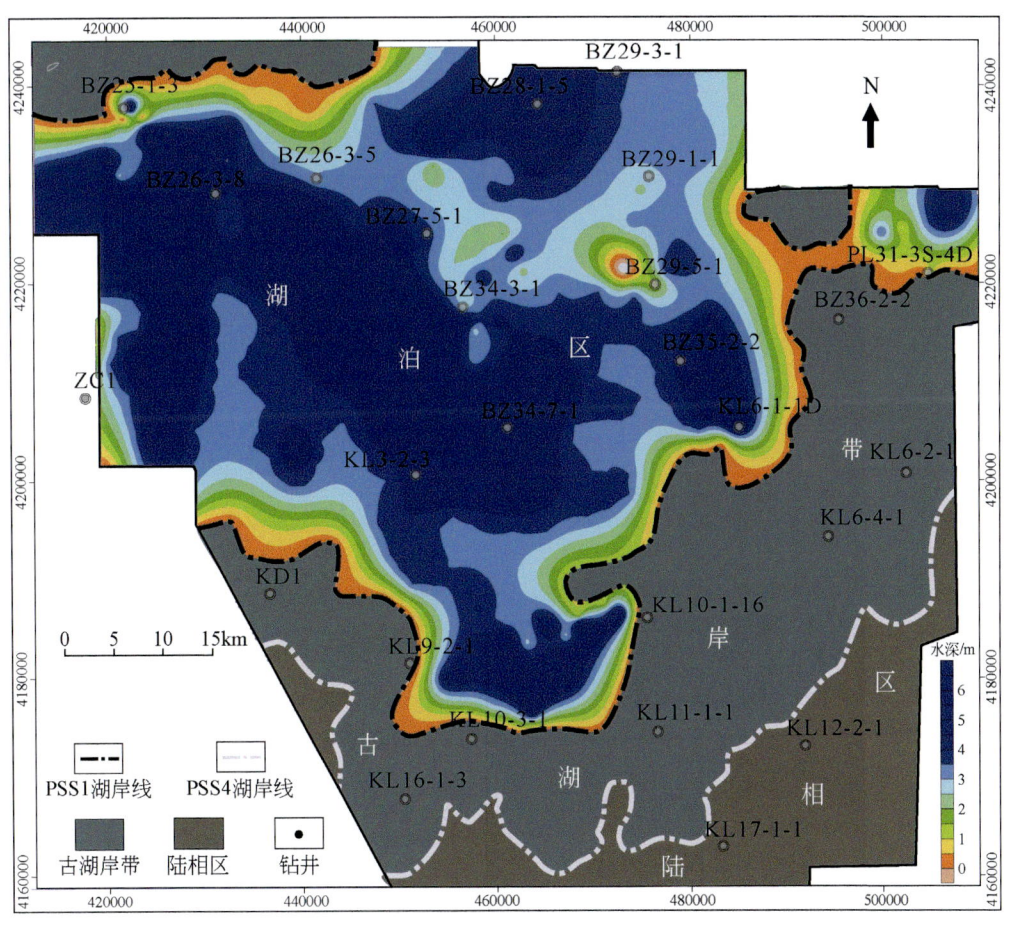

图 4-51 渤海海域渤南地区 ESTmL2 期古湖泊分布与单元划分

明化镇组下段下亚段高水位体系域（HSTmL2）沉积时期，各准层序组古水深整体处于高水位。此时，湖盆区范围较大，湖岸线的波动幅度较小，仅在研究区南部湖岸线的迁移距离相对较长，因此该体系域沉积期的古湖岸带范围比湖扩体系域时期明显变窄。尽管陆相区的分布范围仍然比较局限，但是在横向上具有向北东和南西方向延伸（图4-52）。

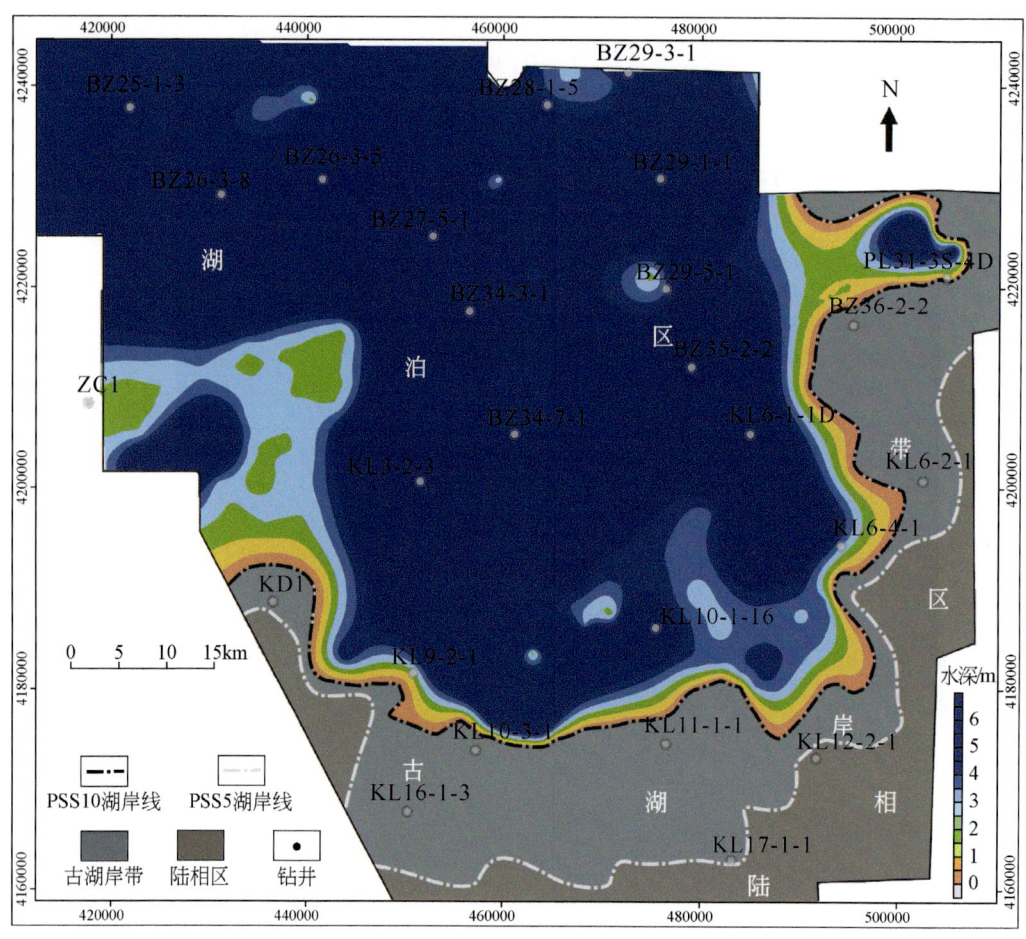

图4-52 渤海海域渤南地区 HSTmL2 期古湖泊分布与单元划分

明化镇组下段上亚段湖扩体系域（ESTmL1）沉积时期，湖盆整体表现为扩张，湖泊区的范围较早期进一步扩大；各准层序组的湖岸线迁移幅度较小，形成了相对较窄的古湖岸带，但局部湖岸线的迁移方向有所不同，南部湖岸线有明显的向岸迁移的趋势，西南方向的湖岸线有向湖迁移的趋势，而东部湖岸线的来回迁移距离依然较长，古湖岸带的形状由早期近于直线形变为U形；由于最大洪泛期对应的湖岸线向盆地方向萎缩，陆相区的范围较早期有所扩大（图4-53）。

明化镇组下段上亚段高水位体系域（HSTmL1）沉积时期，湖盆范围有一定的收缩，但各准层序组时期的湖岸线迁移幅度依然较小，古湖岸带较窄，相较于湖扩体系沉积期陆相区的范围变化不大（图4-54）。

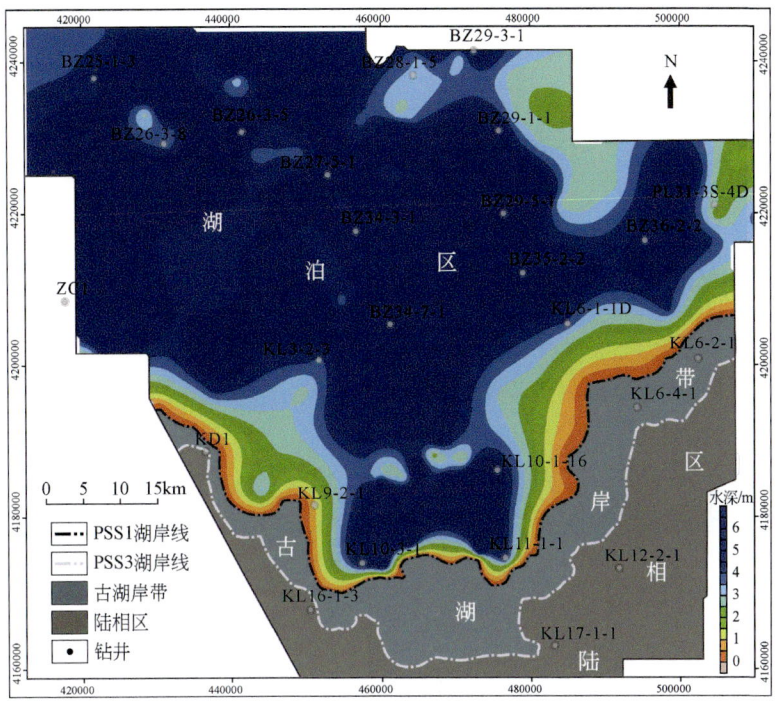

图 4-53 渤海海域渤南地区 ESTmL1 期古湖泊分布与单元划分

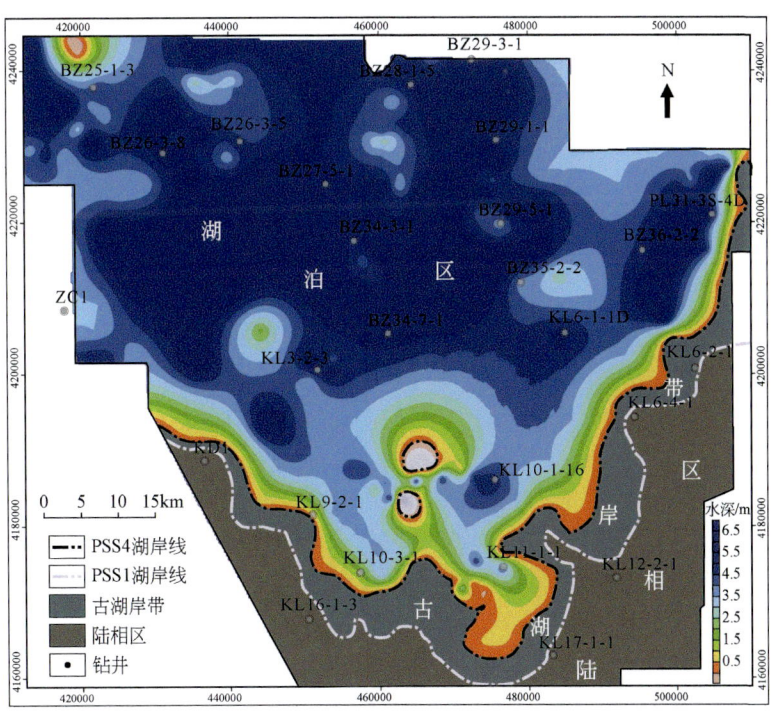

图 4-54 渤海海域渤南地区 HSTmL1 期古湖泊分布与单元划分

第5章 极浅水三角洲沉积相标志与沉积相序特征

极浅水三角洲是渤海海域新近系拗陷湖盆最重要的沉积相类型之一,也是渤海油田浅层油气勘探取得突破的最重要的储集层。大量实际勘探和理论研究表明,渤海海域新近系除了极浅水三角洲这一典型沉积相类型以外,还包括河流、湖泊以及河湖交互沉积等,其中河湖交互沉积体系发育在古湖岸带,以河流、浅水三角洲等多期交互沉积为主要特征。考虑到浅水湖盆沉积记录的完整性和沉积相序的系统性,本章将以极浅水三角洲沉积相为重点,从古湖泊单元出发,分别对陆相区(河流相占主导)、湖相区(湖相和浅水三角洲相沉积为主)和古湖岸带(河湖交互体系)三个单元对应发育的沉积体系进行描述,并阐明它们之间的内在联系和差异性。

5.1 河 流 相

流水由陆地向海洋或者湖泊,将陆上的沉积物搬运到海洋(或湖泊)形成的通道(搬运的过程中发生沉积作用)称为河流。渤海海域新近系河流相类型主要包括辫状河、曲流河以及分支河。

5.1.1 辫状河

辫状河多发育在山区或河流上游河段。多河道、多次分叉和汇聚成辫状是其主要特点。渤海海域新近系辫状河沉积以河道和河道砂坝沉积为主。其中,河道宽而浅,弯曲度小,其宽/深比值>40,弯度指数<1.5,河道砂坝(心滩)发育。由于河流坡降大,河道不固定,迁移迅速,故天然堤和河漫滩沉积不发育。

1. 辫状河道

渤海海域新近系辫状河道沉积主要发育砾岩、含砾砂岩及细砂岩。底部多见滞留沉积砾石层,向上岩性渐变为含砾砂岩、细砂岩。砾石分选较差,磨圆较好,为次圆状及少量次棱状,砾石成分复杂,多为石英质、岩屑砾岩,见灰白色、灰黑色、黑色等多种颜色。砾石层中可见叠瓦状构造以及粗糙的平行层理或交错层理,局部砾石层呈现块状层理,底部可见明显冲刷面。含砾砂岩层段砾石颗粒粒径较下部砾石层变小,砾石顺层分布特征明显,多发育交错层理及少量平行层理。顶部细砂岩中发育交错层理,其次为平行层理(图5-1)。

辫状河道沉积序列在垂向上一般呈现正旋回特征，单期河道内自下而上砾石含量逐渐减少，交错层理规模变小，顶部有时可见小型砂纹层理，反映出河道发育初期到末期能量由强到弱的变化过程。GR 曲线呈现正旋回特征，曲线形态多呈箱形或钟形。单期辫状河道规模差异较大，岩心上可识别出的单期河道厚度最小为十几厘米，最大厚度可达几米，厚度差异与河道规模、河道发育时期水动力条件及河道活动持续时间长短等因素相关。辫状河道极易发生摆动，随着河道不断迁移，垂向上可看到一系列多期河道叠置形成的厚层砂砾岩组合（图 5-1）。

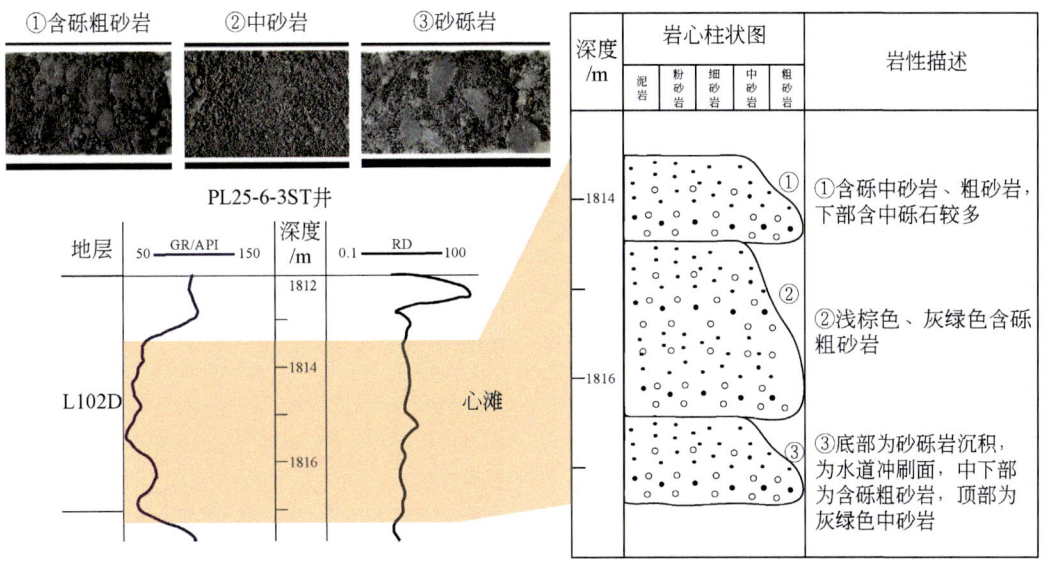

图 5-1 渤海海域新近系辫状河道沉积特征

2. 辫状砂坝

辫状砂坝又称为心滩，是位于辫状河道之间的砂体，也是辫状河中主要的砂体类型。它是河流在河谷中游荡迁移过程中，由于双向环流的冲刷淘洗作用，细粒物质被挟带到下游，粗粒物质逐渐垂向加积和侧向加积形成的。具有板状交错层理的砂岩层在渤海海域新近系辫状砂坝微相中占主导地位，其次还发育槽状交错层理和平行层理，可见砂质泥砾岩相。辫状河心滩中的板状交错层理和砂质泥砾岩相的存在，说明沉积时期水动力条件强，具有强的冲刷作用。在辫状砂坝沉积序列中，具有向上粒度变细的正韵律和复合韵律的特点。总体上，自下而上层理规模逐渐变小，单层厚度变薄，岩性由含砾粗砂岩变为粗砂岩、中细砂岩及粉砂质泥岩（图 5-2）。

5.1.2 曲流河

曲流河又称蛇曲河或高弯度河，通常是指弯度指数为 2～13、坡降小、河床稳定、凸岸坝发育、滨河床沙坝不发育以及宽深比较小（<10）的河流。曲流河主要包括曲流河道、牛轭湖、天然堤、决口扇、河漫滩等亚环境类型。在渤海海域盆地新近系，曲流河道、边

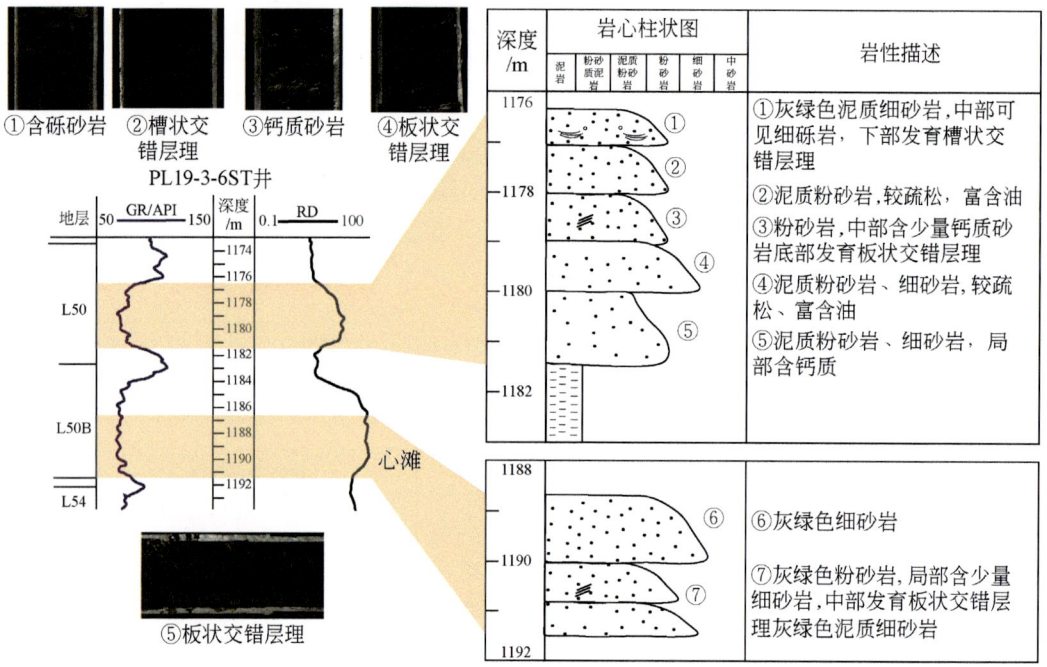

图 5-2　渤海海域新近系辫状河砂坝沉积特征

滩和堤岸沉积十分常见。

1. 曲流河道

渤海海域新近系曲流河道沉积主要是低弯度曲流河在沉积过程中形成的砂体。与高弯度曲流河不同的是，由于研究区河道的弯曲度较低，在可容空间较大的背景下，点坝发育程度相对较差，取而代之的是河道中的河床沉积占主导。因此在低弯度曲流河中不是以单个点坝砂体为单元构成其内部结构，而是以小型的河道充填为主要组成单元。曲流河道砂具有典型向上变细的"二元结构"，底部常为冲刷面接触，向上为含砾砂岩（泥砾）、细-粉砂岩、泥质粉砂岩和泥岩的逐渐过渡（图 5-3）。

2. 边滩

边滩沉积是曲流区别于其他河流类型的重要特征，通常代表了河床侧向侵蚀、沉积物侧向加积的结果。渤海海域新近系曲流河边滩沉积以中细砂岩为主，夹有砾岩、粉砂岩和黏土。砂岩成熟度较低，不稳定组分多，长石含量较高，层理类型主要为水流成因的大、中型槽状或板状交错层理，间或出现平行层理。垂向上，自下而上具有层理规模变小、粒度由粗变细的正韵律特征（图 5-4）。边滩沉积的厚度近似于河床的深度，小型边滩沉积的厚度仅数米，大型河流的边滩厚度可达数十米。边滩的宽度取决于河流的大小及侧向迁移的规模。

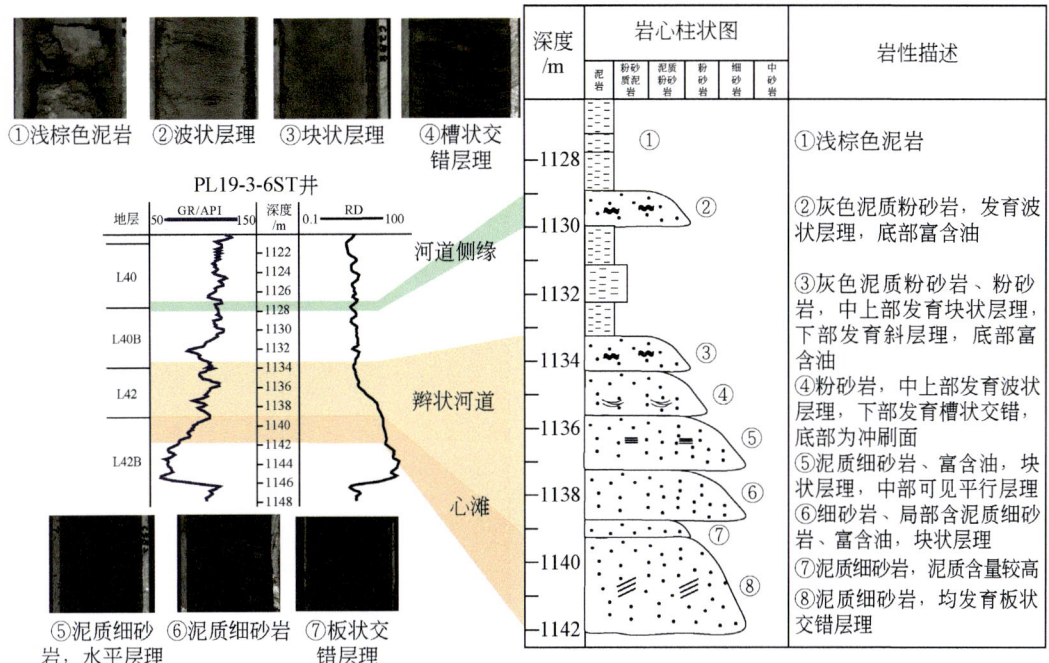

图 5-3 渤海海域新近系曲流河河道沉积特征

3. 堤岸

在垂向上,堤岸发育在河流沉积的上部,属于河流相的顶层沉积。与河道沉积相比,渤海海域新近系堤岸沉积的岩石类型相对简单,粒度较细,相较于边滩沉积更细,比河漫滩沉积粗,主要由细砂岩、粉砂岩和泥岩组成,垂向上呈现出明显的砂、泥岩薄互层特征。层理构造以小型交错层理为主,如小型波状交错层理和槽状交错层理。垂向序列具有向上变细的正旋回特征,表现为下部为砂质岩交错层理发育,上部则发育以水平纹层为主的泥质沉积。

5.1.3 分支河

在渤海海域新近系主要发育两种分支河,一种是辫状河和曲流河流域内的主要分支河道,其特征类似于辫状河和曲流河,是洪泛平原中的主要水道和沉积物的搬运通道,以砾岩相和砂岩相为主,发育有交错层理砂岩相、块状层理砂岩相和交错层理砾岩相等。另一种是发育在泛滥平原上的小型分支河道,是在洪泛背景下由于湖平面上涨而在泛滥平原上滞留下来形成的,与大型分支河道的区别是发育的部位在泛滥平原上,粒度较细,为频繁的砂泥岩薄层,二元结构不明显,在泛滥平原上常常伴随着小型水洼出现,有时穿洼而过(图 5-5)。

图 5-4 渤海海域新近系边滩沉积特征

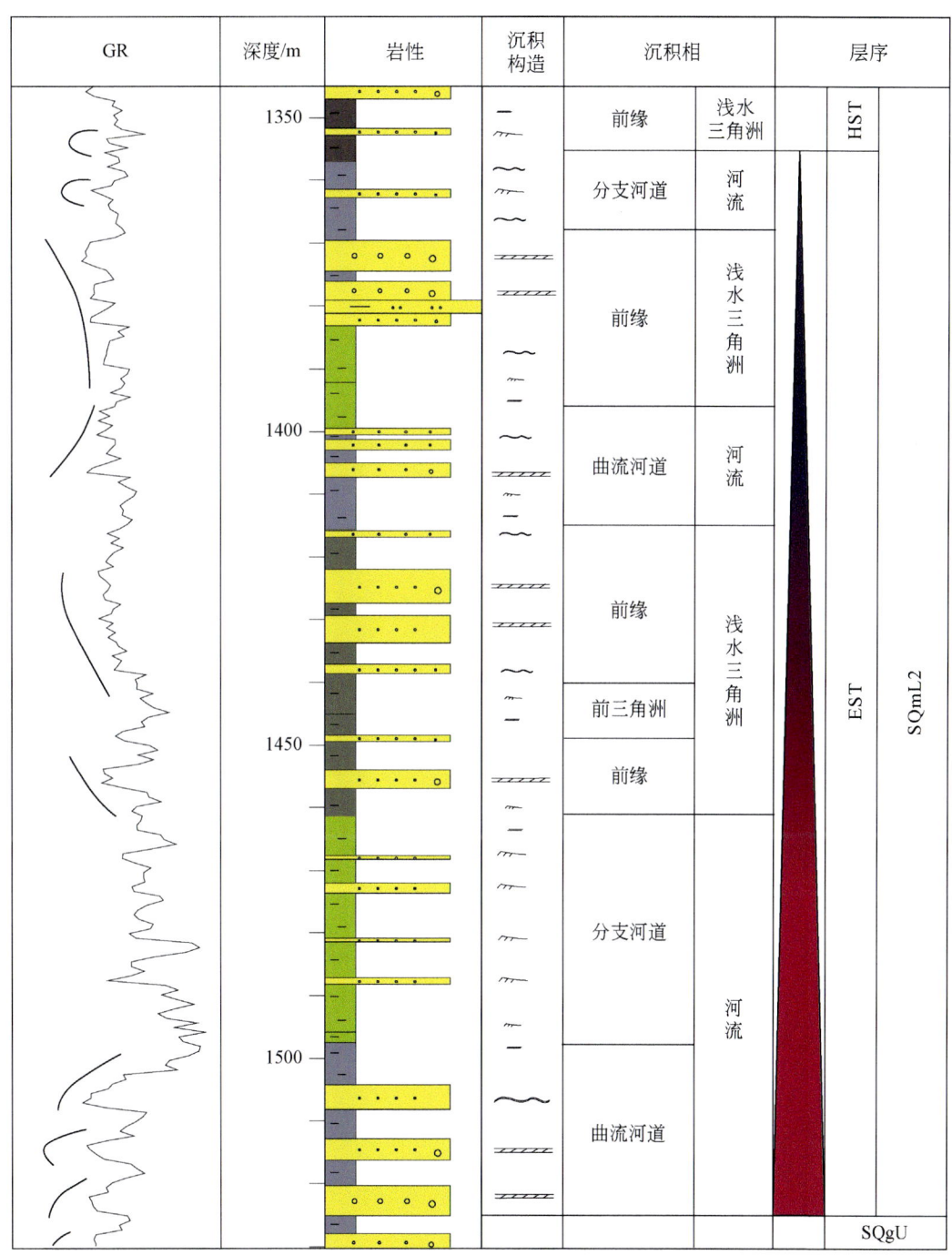

图 5-5 渤海海域新近系泛滥平原、泛滥平原分支河道以及河漫湖泊小型浅水三角洲沉积特征（来自渤南地区 KL10-2-2D 井明化镇组下段下亚段湖扩体系域）

5.2 湖泊相

主要发育季节性湖泊或长期湖泊,在较大的湖泊中可发育湖滩、浅水三角洲等沉积。渤海海域新近系湖泊主要包括浅水湖泊和河漫湖泊两种类型,岩性以块状泥岩为主,夹薄层砂岩。其中,泥岩以灰绿、灰色为主,较少见层理,一般含有粉砂,呈现出粉砂质泥岩或含粉砂泥岩,在含粉砂段多有丰富的生物活动,如钻孔等构造。

5.2.1 浅水湖泊

浅水湖泊主要指枯水期最低水位线至正常浪基面之间的地带。浅湖带临近湖岸,水浅但始终位于水下,遭受波浪和潮流扰动,生物扰动频繁,常常有植物根迹出现。渤海海域新近系浅湖的岩性主要由浅灰、灰绿色泥岩与砂岩组成,砂岩具有较高结构成熟度,常发育平行层理、浪成沙纹层理以及小型交错层理等(图5-6)。由于研究区整体上为浅水湖泊环境,极浅水三角洲在湖盆区广泛发育,因此浅水湖泊相常常与极浅水三角洲相伴生(图5-7)。

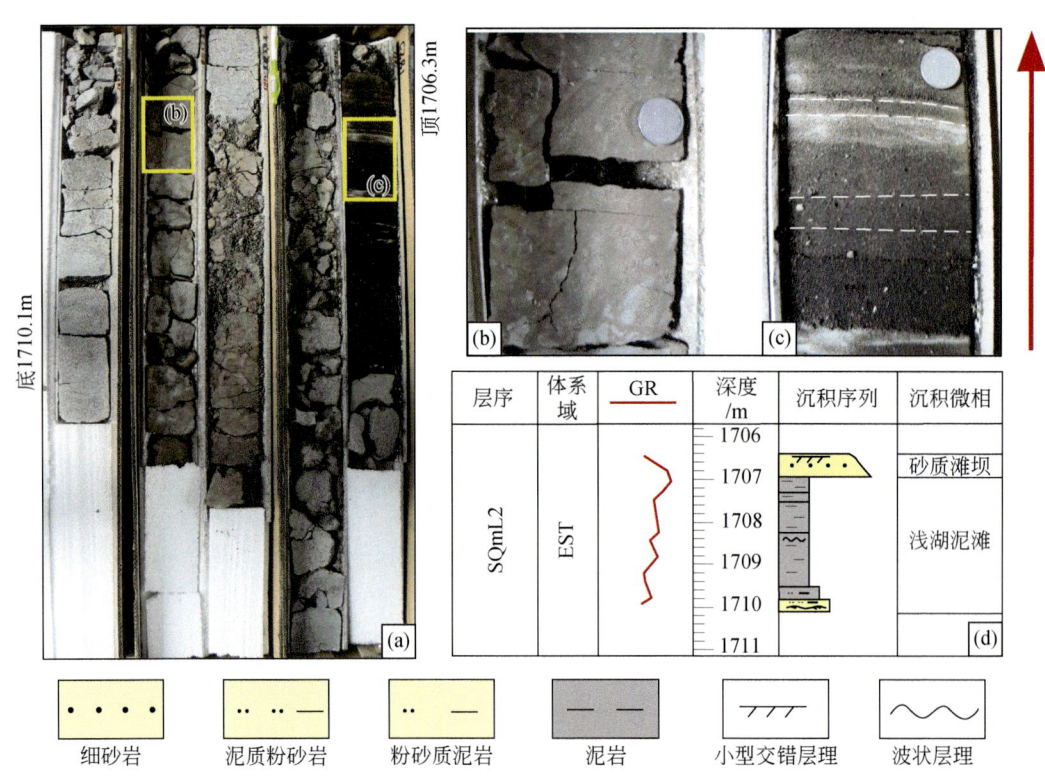

图 5-6 渤南地区新近系明化镇组下段滨浅湖亚相沉积特征

(a) W1井(1706.3~1710.1m)SQmL2段岩心照片;(b) 浅湖泥滩沉积中块状、红色泥岩(1709m);(c) 低角度小型交错层理砂岩(1706.4m);(d) 测井录井相解释。图中硬币的直径为1.9cm,箭头指向顶部

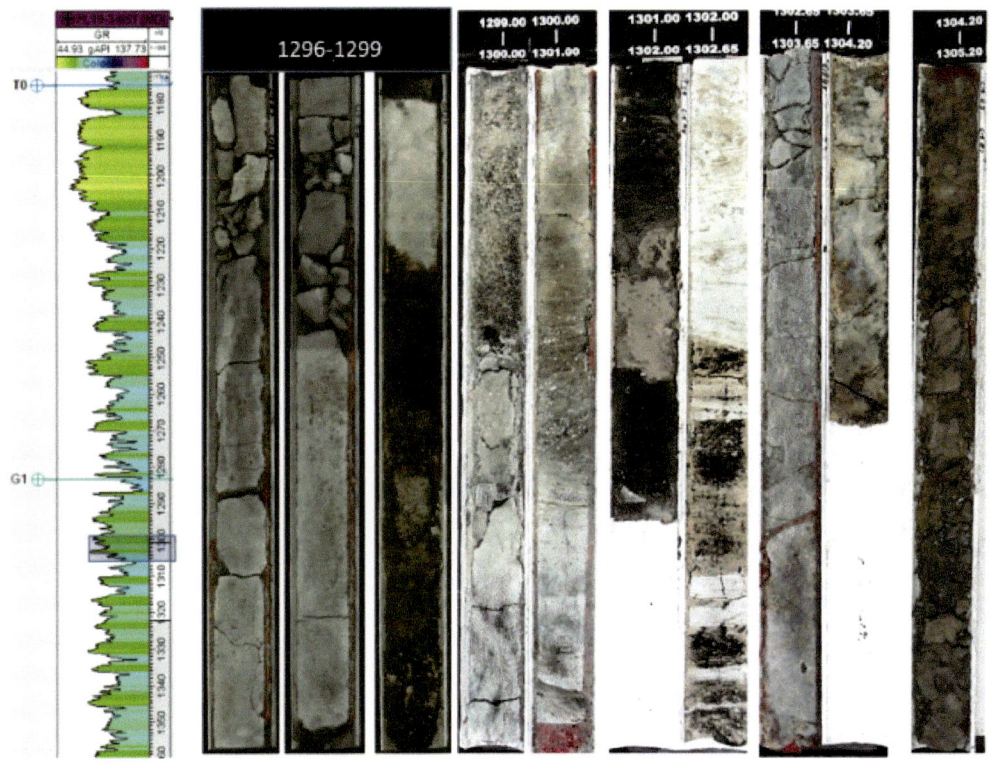

图 5-7 渤海海域新近系馆陶组上段浅湖与浅湖三角洲沉积特征

有关浅水湖泊的古生物、泥岩颜色、黏土矿物等证据详见浅水三角洲沉积相标志（本书 5.3.1 节）的描述。

5.2.2 河漫湖泊

河漫湖泊是发育在泛滥平原上的小型湖泊，以细粒沉积为主，是洪泛积水时形成的湖泊，常与小型河道相连，湖泊内可发育小型三角洲，发育有正韵律的灰绿色泥岩、砂泥岩互层，泥岩通常不纯，部分含有植物碎片，生物活动不发育。在渤海海域渤南地区，新近纪不同时期发育的古湖岸带是河漫湖泊发育的主要区域，此外靠近古湖岸带紧邻向盆地一侧，也可能发育河漫湖泊，如明化镇组下段湖扩体系域沉积期垦利 10 地区（图 5-5）。

5.3 极浅水三角洲

浅水三角洲一般指的是在水体较浅和构造相对稳定的台地和陆表海或地形平缓、整体缓慢沉降的内陆拗陷盆地中形成的，以分流河道（水上和水下）为骨架砂体的河控三角洲（如，Fisk et al., 1954; Fisk, 1961; Donaldson, 1974; Coleman, 1988; Postma, 1990; Plink-Björklund, 2020），在现代浅水海（湖）盆和深时盆地中广泛发育。对于深时盆地而言，我国学者的研究程度相对较高。如针对松辽盆地、鄂尔多斯盆地、四川盆地和渤海湾盆地等开展了浅水三角洲的发育特征、控制因素以及油气成藏等方面的研究（如，吕晓光等，1999；韩晓东等，2000；武富礼等，2004；代黎明等，2007；朱伟林等，2008；刘柳红等，2009；李元昊等，2009；张昌民等，2010；Zou et al.，2010；Li et al.，2014；房亚男等，2016；Liu et al.，2018；Tian et al.，2019；刘宗堡等，2022）。经勘探证实，拗陷湖盆大面积浅水三角洲分流河道体系、河湖交互体系及湖盆中心砂体是岩性油气藏勘探的重要目标，是大面积低丰度岩性油气田形成的基础（邹才能等，2006，2010；徐长贵等，2022）。因此，浅水三角洲作为一种特殊的沉积相类型，具有十分重要的沉积学和石油地质学研究意义。

传统研究认为，渤海湾盆地新近系受新生代构造运动影响，湖盆大范围收缩，全区基本为河流相沉积（毕力刚等，2009）。近年来，通过古生物、遗迹化石、地球化学等角度证实在渤海湾盆地局部地区发育新近纪古湖泊，并对湖泊沉积特征进行深入研究，取得了许多重要认识。目前在济阳拗陷新近系馆陶组（王蛟，2007）、大港滩海区馆陶组至明化镇组（廖远涛等，2008）、渤中拗陷和黄河口地区馆陶组中上部至明化镇组（徐长贵等，2002；朱伟林等，2008），均发现发育古湖泊的相关证据（图5-8）。蔡观强等（2007）对沾化凹陷孤东地区馆陶组广泛发育的螺化石层及对应层位泥灰岩中的C、O、Sr、Nd同位素展开研究，证实在沾化凹陷新近纪发育古湖泊，并对古湖泊古生产力及古环境变迁开展研究。米立军等（2004）在渤海海域东南部5口探井中发现大量指示湖相发育的浮游藻类与无定形有机质。廖远涛等（2008）在大港油田中部滩海新近纪发现了古湖泊发育的遗迹组构、微体古生物、有机化合物、碳氧同位素以及地震证据。

在证实渤海湾盆地新近系发育古湖泊的同时，大量的岩石学、古生物以及地球化学等资料的系统分析进一步揭示了古湖泊的水体较浅且发育多个浅水三角洲沉积体系。研究表明，在渤海海域渤中拗陷及其邻近区域，新近纪发育大型浅水湖泊和具有渤海特色的浅水沉积——（极）浅水三角洲及其伴生沉积体系，这些浅水沉积在湖盆范围内分布面积广，并形成了成因类型丰富的砂体（徐长贵等，2002；代黎明等，2007；朱伟林等，2008；邓强等，2009；赖维成等，2009；Li et al.，2014；Tian et al.，2019；Sun et al.，2020；Tan et al.，2020）。

本节将从古生物、岩石学、测井和地震等识别标志出发，详细阐述渤海海域新近系极浅水三角洲的发育特征和沉积相序构成。

5.3.1 古生物标志

古生物组合与古环境具有一定的对应关系。前人通过古生物分析对渤海海域东南部新近纪古沉积环境研究做了大量工作（图5-8），证实渤海海域东南部新近纪古湖盆发育，并从古生物组合特征上揭示了新近纪湖平面具有从馆陶组沉积时期到明化镇组下段沉积时期古湖泊逐渐扩张，至明化镇组上段沉积时期逐渐衰退的演化特征（图3-1，图3-13，图4-47，图4-48）。

在渤海海域渤南地区多口钻井中发现的新近系大量原地沉积的腹足类化石和双壳类化石（图5-8～图5-10），不仅可以作为浅水湖泊存在的有力证据，也是浅水三角洲发育背景的重要依据。

图 5-8 渤海海域东南部新近系典型古生物照片

(a) BZ29-4-5 井,1272.36~1273.36m,黑色泥岩中沉积大量原地堆积腹足类化石;(b) BZ29-4-5 井,1278~1279m,黑色泥岩顶部沉积大量原地堆积腹足类化石;(c) BZ29-4-5 井,1279~1280m,泥岩中发现双壳类化石;(d)~(f) BZ29-4-5 井,1279.6m,明化镇组下段取心段双壳类化石,准珠蚌;(g) BZ29-4-5 井,1273.2~1279.6m,明化镇组下段取心段腹足类化石;(h) BZ34-2-4 井,1727.1m,大量双壳类化石堆积

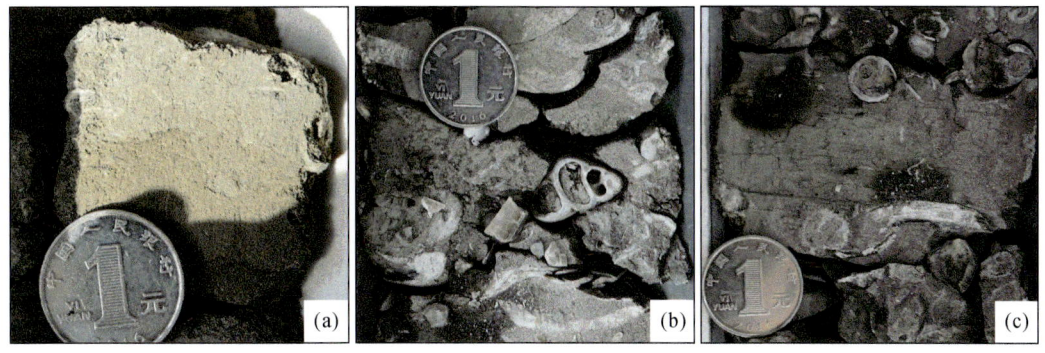

图 5-9 渤海海域渤南地区明化镇组下段典型生物化石

(a) W7 井 1750.11m 处,少量双壳类化石;(b)(c) W12 井 1432.17m 和 1433.16m 处,可见腹足类化石和双壳类化石。图片中硬币的直径为 2.5cm

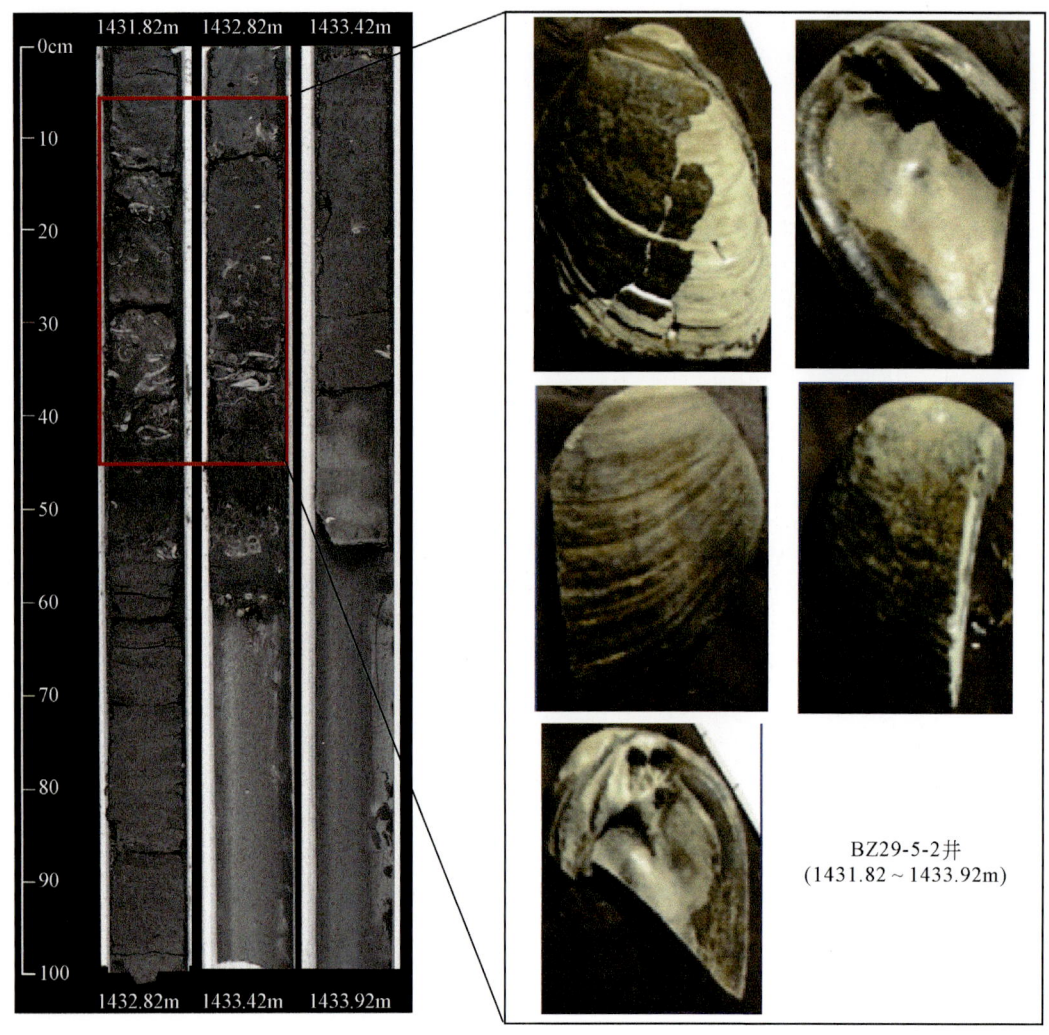

图 5-10　渤南地区 BZ29-5-2 井明化镇组下段淡水湖泊岩性与古丽蚌化石特征

此外,渤海海域新近系还有其他反映湖泊环境的古生物门类,包括藻类、孢粉和无脊椎动物化石,以及在局部地区所发现的少量遗迹化石。

对渤海海域东南部新近纪河湖过渡带古生物的分布特征梳理后发现,滨浅湖相古生物的分异度和丰度均高,并且藻类化石占有重要比重。前人对具有渤海湾盆地地方性色彩的沟鞭藻类化石做过大量分析,研究认为该类化石主要分布在盆地古近系的东营组和沙河街组,多用来指示具有一定盐度的古湖泊环境(王广利等,2008)。有关新近纪沟鞭藻类化石的古环境指示意义方面的研究相对较少,龚胜利和毕力刚(2001)对渤海海域蓬莱 19-3 构造沟鞭藻的研究认为,渤海藻科分子多生存于半深湖-深湖区,因此沟鞭藻类化石可以作为新近纪湖相沉积的指示分子。同时,系统分析结果表明该类化石在新近系渤海海域其他地区的钻井中也有发现(图 5-11,图 5-12),如在黄河口凹陷和莱北低凸起及围区新近系也常见如渤海藻、副渤海藻等沟鞭藻类,一般被解释为湖泊沉积环境。但值得一提的是,渤海

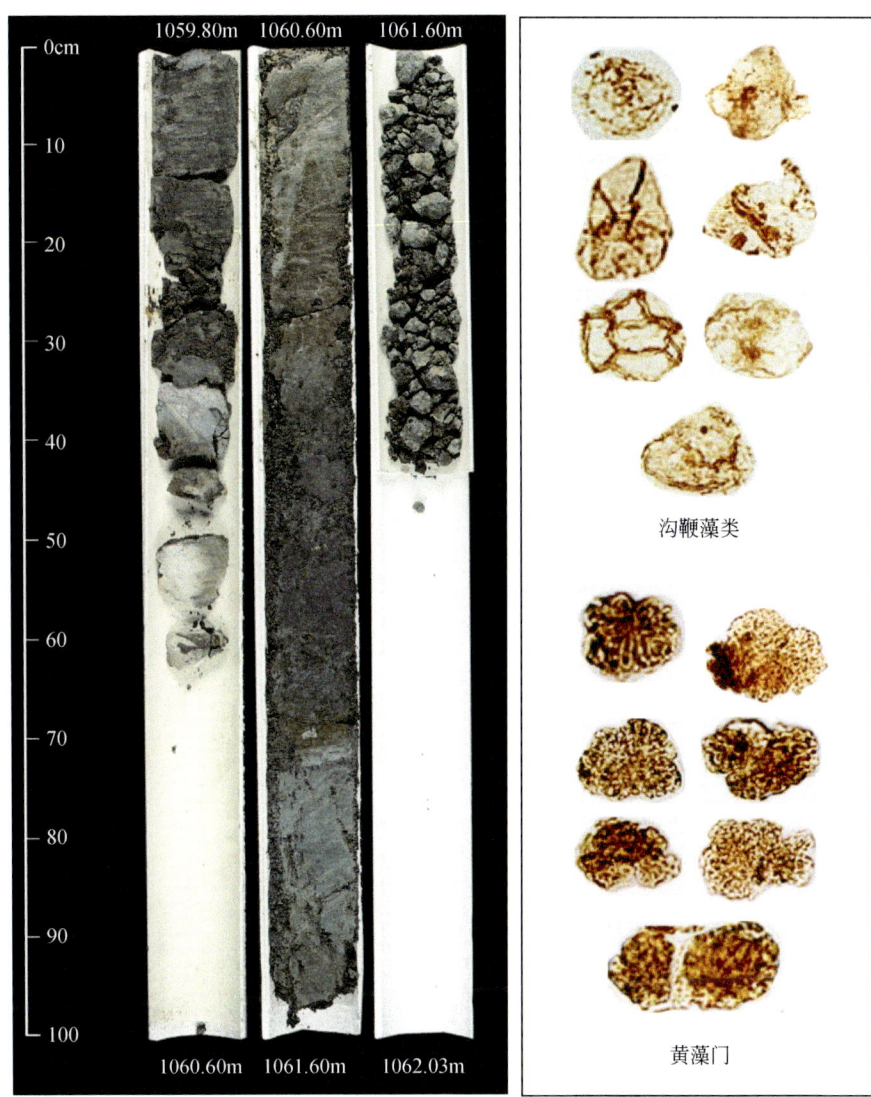

图 5-11 渤南地区 BZ28-2S-3 井明化镇组下段淡水湖泊岩性与沟鞭藻类、黄藻门化石特征

新近系沟鞭藻类化石丰度远低于沙三段沉积时期的典型深湖-半深湖湖沉积环境（图 5-12），同时新近纪与古近纪沟鞭藻形态及保存程度也有显著区别。

光面渤海藻在滨湖区少量存在，锥藻、角凸藻在深度较浅的湖区也有一定的数量。渤海湾盆地古近纪东营组沉积时期发育疑源类富集带，多指示淡水-微咸水湖泊环境。廖远涛等（2008）在大港油田中部滩海地区新近纪的古湖相、三角洲前缘地层中发现一定数量的光面球藻和粒面球藻。在渤海海域渤南地区新近系同样也发现有棒球藻等疑源类（图 5-12）。上述藻类的发现也证实了新近系渤海海域存在湖泊沉积环境。

此外，渤海海域几乎每口探井均有新近系孢粉记录，化石丰富，并且孢粉化石有明显的分带性，具有重要的地质分层和古环境指示意义。从馆陶组到明化镇组上段沉积期，草

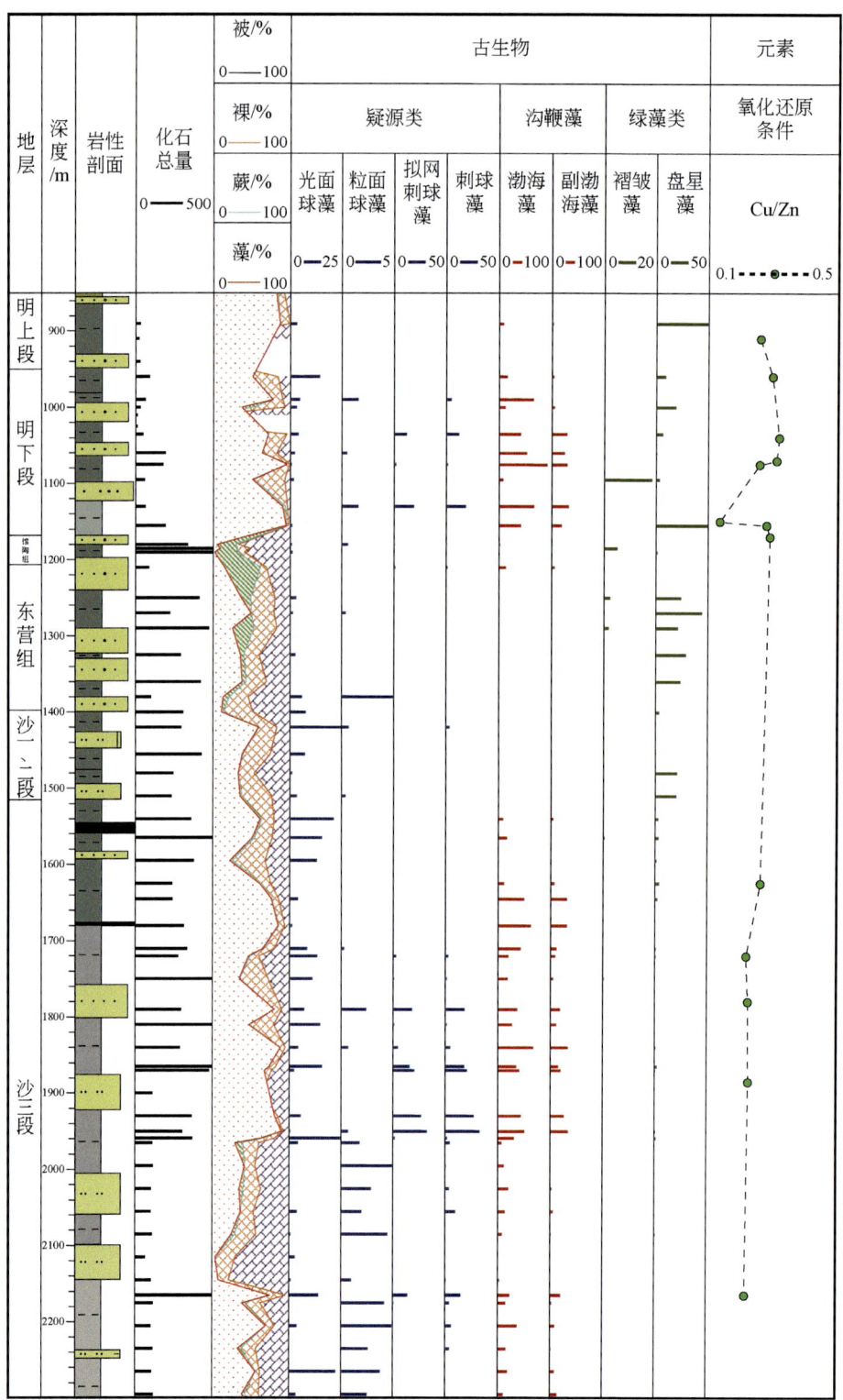

图 5-12 莱州湾凹陷 KL11-4 构造典型井新近系藻类组合特征（化石均为百分含量）

本植物含量逐渐增高，被子类木本植物胡桃科和榆科均占有重要比例。馆陶组和明化镇组下段沉积时期水生植物类型菱粉属、粗肋孢具有较高含量，而明化镇组上段沉积时期干旱的陆生草本植物含量急剧上升，水生植物类型零星出现，反映馆陶组沉积时期到明化镇组上段沉积时期，古气候逐渐由湿润的亚热带类型转为干旱的温带型（图3-1，图3-13）。因此，孢粉记录在证实古湖泊存在的同时，也进一步反映了古气候驱动下的浅水湖泊演化过程：古湖泊在渤海海域东南部馆陶组沉积期开始初始扩张，到明化镇组下段沉积时期古湖盆广泛发育，至明化镇组上段沉积时期古湖盆规模缩小（图4-47，图4-48）。

5.3.2 岩石学和钻测井标志

关于浅水三角洲的亚相、微相划分及相序的构成，国际沉积学界至今未有统一的认识或标准。国外学者多从现代沉积研究出发，对浅水三角洲的形态（如呈扇形）、岩性（如普遍发育较细的砂岩、粉砂岩和泥岩）、构成单元（如细长形分流河道、中等规模的河口坝、堤岸等）、沉积水深（一般较浅）以及沉积规模等进行了细致的研究（如，Fisk，1961；Wright and Coleman，1974；Overeem et al.，2003；Butzer，1970；Velpuri et al.，2012；Carr，2017；Olariu et al.，2012；Huling and Holbrook，2016；Howe，2017）。尽管普遍认为与传统的Gilbert型三角洲不同，但有学者依然将浅水三角洲划分为三角洲平原、三角洲前缘和前三角洲三个亚相（Nemec，1990；Postma，1990）。其中，三角洲平原包含冲积补给系统，三角洲前缘以相对粗粒推移质沉积物为主，前三角洲主要是三角洲的悬浮沉积物（Winsemann et al.，2021）。同样地，国内学者大多也参照了经典三角洲相的划分原则，将浅水三角洲划分为三角洲平原、三角洲前缘和前三角洲三个亚相；其中，三角洲前缘相带是浅水三角洲的主体，砂体厚度总体较小，包含河口坝、分流河道、间湾等微相（如，Zou et al.，2010；Zhu et al.，2017；徐长贵等，2022）。

为了便于读者更好地理解浅水三角洲的沉积特征和相序构成，本书采用国内外大部分学者的观点，依据渤海海域新近系极浅水三角洲沉积过程与沉积环境等的差异，在平面上将极浅水三角洲划分为平原、前缘和前三角洲等3个亚相单元，并可进一步细化出分流河道（水上、水下）、分流河道间、决口扇、席状砂、河口砂坝、浅湖泥坪、浅湖砂坪等主要微相类型。现就极浅水三角洲的亚相分类方式分别进行岩石学和钻测井标志的介绍。

1. 平原亚相

在浅水三角洲平原亚相，以多条不同规模的分流河道为主体、以分流河道-决口沉积复合体、分流河道间-决口河道-分流河道的平面微相或复合微相组合为特色。垂向上岩性组合以泥包砂为特征，即以紫红色、绿色、红褐色等厚层泥岩夹中厚的中细砂岩、粉砂岩为主，亦可见薄层的决口沉积复合体发育（图5-13）。

由于浅水三角洲平原亚相的主体为分流河道沉积，本书重点对分流河道的沉积特征进行描述。单一成因单元的分流河道砂体沉积厚度一般为1~3m，分流河道底部常冲刷下切下伏紫红色泛滥平原泥岩或滨湖相的薄层灰绿色泥岩，具底冲刷面；滞留沉积砾岩成分以泥砾、钙砾为主，磨圆中等-较差。向上逐渐过渡为中、细砂岩，砂岩一般分选较好，可见块状层理、中型槽状交错层理、板状交错层理、平行层理和小型交错层理等。分流河道顶部常出现粉砂岩，上覆紫红色泛滥平原泥岩或灰绿色与紫红色间互的滨湖相泥岩；粉砂岩常呈水平层理、砂纹层理。单期分流河道在垂向上总体呈向上变细的正粒序，伽马和自然电位曲线幅度较大，具有典型的钟形特征，反映出河道能量逐渐减弱的沉积过程（图5-14）。

图 5-13　浅水三角洲平原亚相岩心照片（来自 KL3-2-2 井，1634～1637.2m）

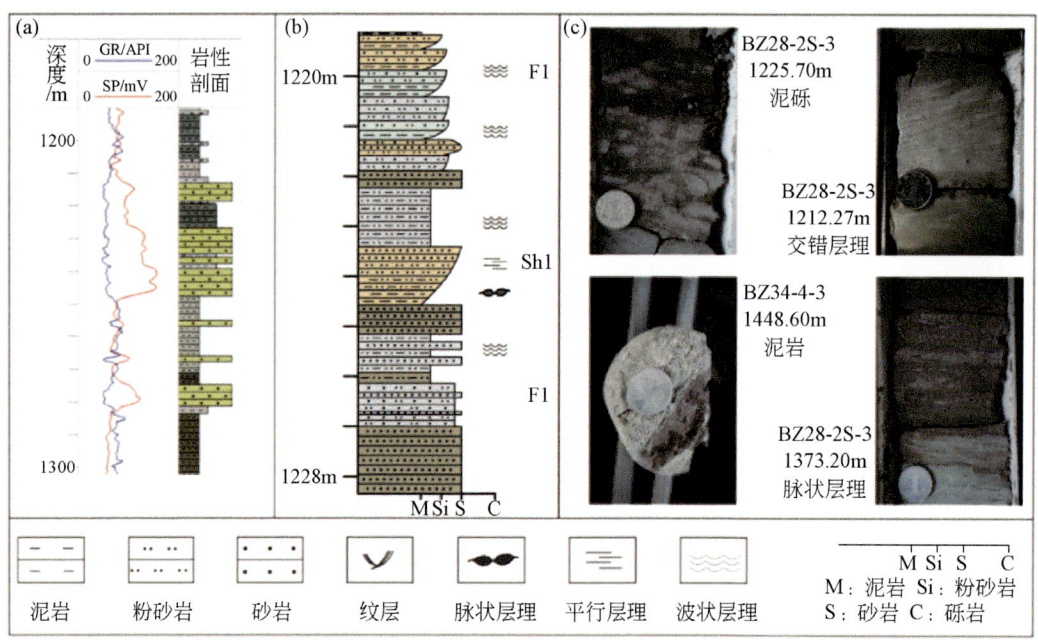

图 5-14　渤海海域莱北地区 BZ28-2S-3 井明化镇组下段浅水三角洲平原亚相沉积特征

（a）录井-测井相；（b）岩心相；（c）浅水三角洲典型沉积构造

依据成因单元的叠置关系，水上分流河道沉积可进一步识别出 3 种类型：曲流型主分流河道、低弯型主分流河道和顺直型单分流河道。

2. 前缘亚相

在浅水三角洲前缘亚相，由于受湖水浅、水动力弱、水密度低、湖水的顶托作用力小等水动力条件的控制，河流仍以河道的形式沿湖底延伸前移，所以前缘亚相仍然以水下分流河道沉积为主。整体上，三角洲前缘亚相呈不太典型的进积或进积－加积序列特征，岩性以相对较厚层的中、细砂岩为主，夹薄层泥岩。自然电位幅度较小，伽马的幅度变化较为明显，通常表现为漏斗形－箱形特征（图 5-15）。

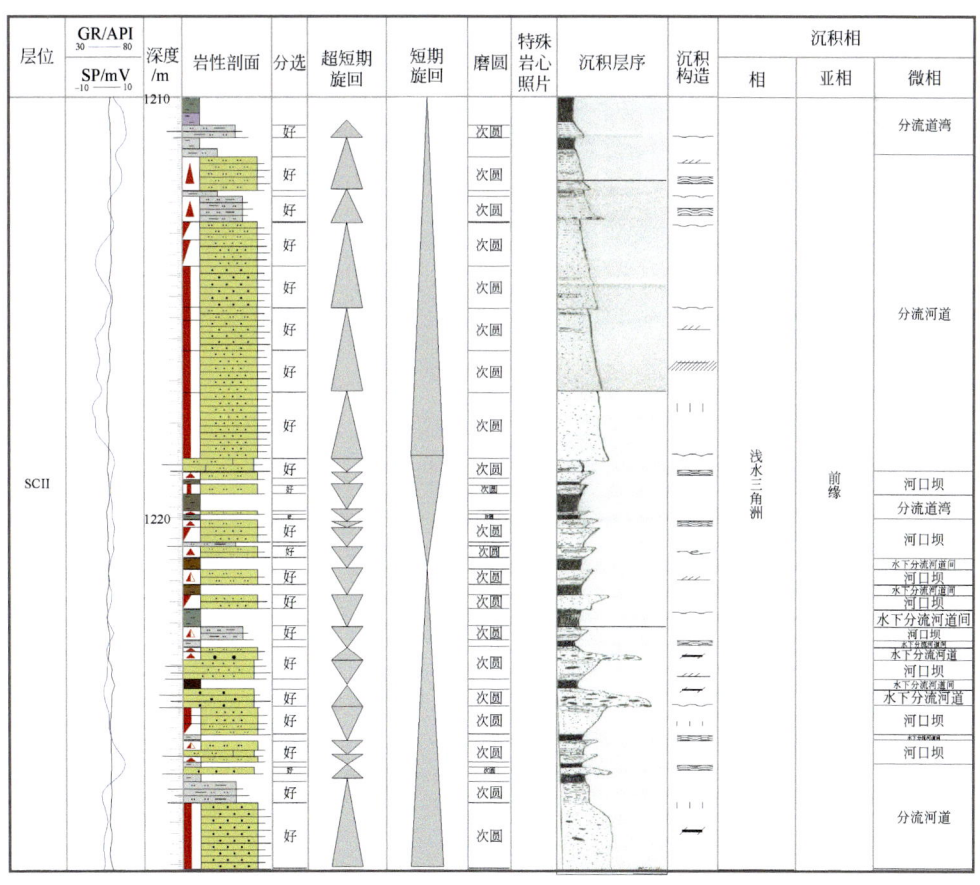

图 5-15 渤海海域渤南地区 BZ28-2S-3 井浅水三角洲前缘亚相沉积特征

水下分流河道主要由中-细粒砂岩组成，砂岩分选磨圆均较好，厚度一般为 2～4m，并与下伏块状泥岩呈冲刷接触（图 5-15，图 5-16）。分流河道岩相垂向序列为正粒序，底部砂岩主要为浅灰色，可能代表了弱还原-还原的浅水环境；常见多种交错层理和波状层理[图 5-16（c）（d）]，多种交错层理指示了相对稳定的、缓慢沉降的构造特征，而不清晰波状层理可能表示水流相对较弱的冲刷作用。分流河道顶部往往为薄层粉砂质泥岩、泥岩，泥岩颜色较多，包括灰绿色、浅红色或杂色；泥岩层理构造多为块状［图 5-16（a）］。向湖盆中心方向，水下分流河道的砂岩厚度逐渐减薄，粒度变细。GR 曲线往往为低值的、齿化钟形或齿化箱形［图 5-16（e）］，说明砂岩中泥质含量相对较少。水下分流河道砂通常多期发育，也常与先期形成的远砂坝、席状砂和浅湖相泥岩相互叠置。

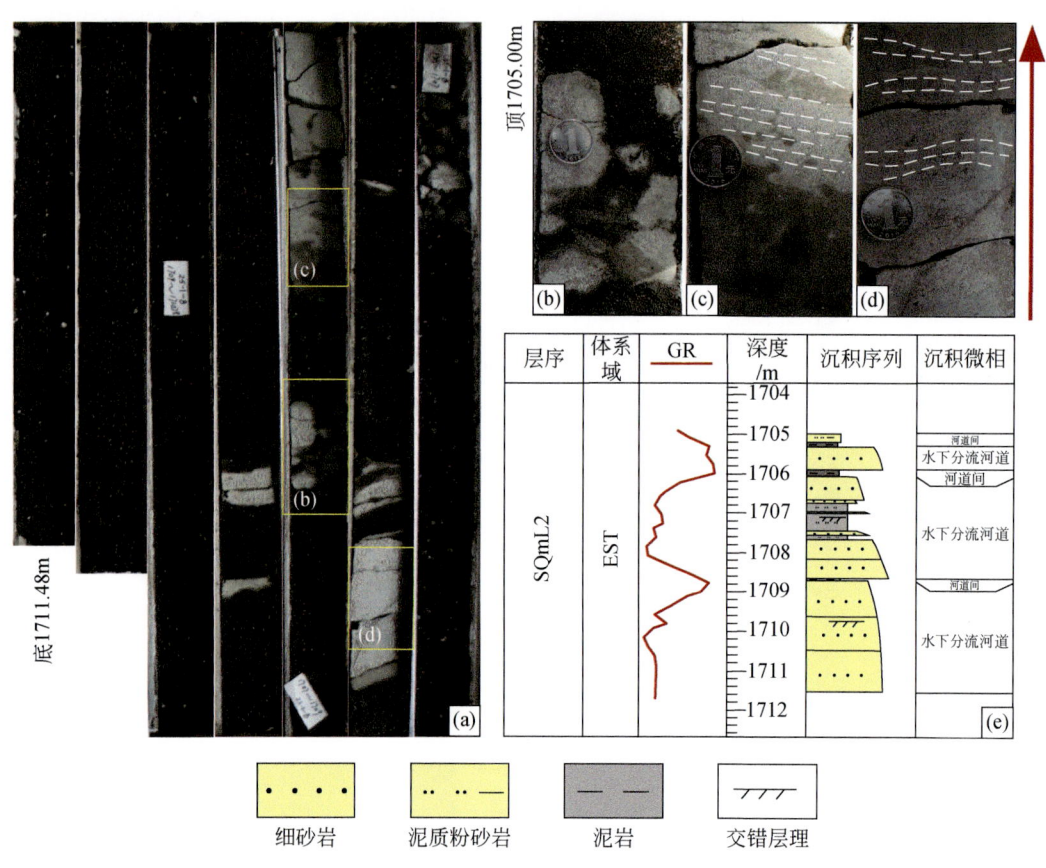

图 5-16　渤海海域渤南地区 BZ25-1-8 井明化镇组下段水下分流河道沉积特征
（a）岩心照片（1705.00～1711.48m）；（b）浅灰色薄层泥岩夹于砂岩之间（1707.52m）；（c）交错层理砂岩段（1707.30m）；
（d）不清晰波状层理粉砂岩（1706.80m）；（e）测井、录井相解释。图片中硬币的直径为 2.5cm，箭头指示层顶

水下分流河道间湾沉积主要充填在水下分流河道、远砂坝和席状砂之间。岩性以粉砂岩、泥质粉砂岩以及泥岩为主，颜色多为浅灰绿色（图 5-15，图 5-16），可见少数红色或杂色，指示了以还原条件为主的沉积环境。水下分流河道间湾沉积多呈块状，可见波纹层理和水平层理。大量分布的块状泥岩证明沉积环境能量较弱，波纹层理可能代表了沉积物受湖水波浪等的控制。在局部粉砂岩中可见较为破碎的壳体化石，岩心中还可见少量碳质碎屑，表明水下分流河道间湾为典型的低能环境下的沉积产物。水下分流河道间湾的 GR 曲线形态表现为低幅、微齿化、平直线状，表明沉积粒度相对较细，分布较为均匀。渤海海域渤南地区新近系浅水三角洲前缘亚相系统研究表明，在盆地区域水下分流河道间湾厚度比水下分流河道砂体厚度大，但在盆地近端则小于水下分流河道砂体的厚度。

此外，在浅水三角洲前缘亚相中还包括河口坝、远砂坝和席状砂沉积。其中，河口坝

可能受频繁湖平面波动、沉积水体较浅和后期河道的频繁改造等原因，在渤海海域新近系其发育特征并不明显。

远砂坝主要由较细的砂岩、粉砂岩、泥质粉砂岩和少量的泥岩构成，其单层砂体厚度一般小于2m（图5-17），可见零星破碎的古生物壳体和植物碎屑，砂岩颜色主要为灰色或灰绿色，也可见因原油浸染而呈褐色。在远砂坝微相中，除了块状层理构造外，还发育水平层理、不清晰平行层理以及波状交错层理［图5-17（b）］，指示当时的沉积环境相对稳定，波状交错层理则表明沉积水流速度相对较缓。在电测特征上，GR曲线形态常呈典型的漏斗状，振幅值相对较高［图5-17（d）］，对应垂向上典型的反粒序［图5-17（c）］特征。

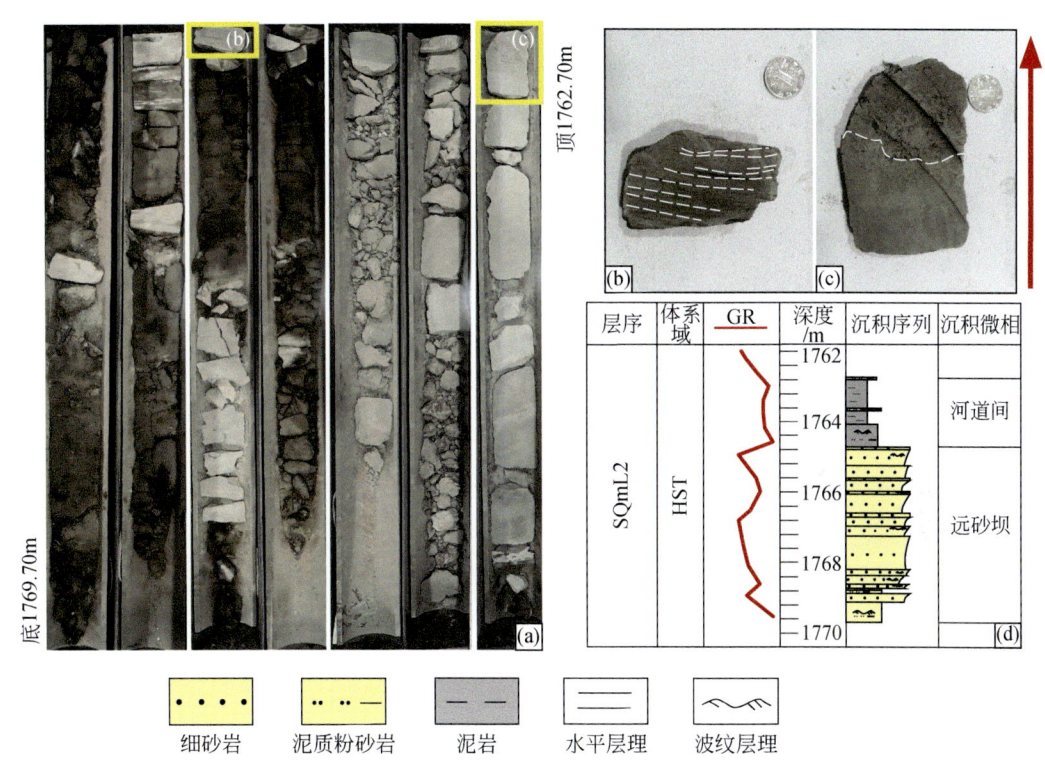

图 5-17　渤海海域渤南地区 BZ25-1-7 井明化镇组下段远砂坝沉积特征

(a) 岩心照片，向上变粗的厚层砂岩段（1764.7～1769.70m）为远砂坝沉积，松散砂岩段（1762.7～1764.7m）为分流河道间沉积；(b) (c) 平行层理和波状层理（1765.2m）；(d) 测井录井相解释。图中硬币的直径为 2.5cm，箭头指示层顶

3. 前三角洲亚相

席状砂沉积微相的岩性以薄层细砂岩、粉砂岩及泥岩频繁互层为主。砂岩的分选较好、成熟度较高，厚度一般小于1m，颜色多为灰色（图5-18）。席状砂滩的顶部可见小规模的波纹层理、水平层理和块状层理［图5-18（c）（d）（g）］，局部见少量碳质碎屑；粉砂岩中含有破碎的生物化石［图5-18（e）（f）］。GR曲线形态表现为中低幅齿化指形或漏斗形［图5-18（h）］。席状砂多呈席状或带状分布于浅水三角洲前缘侧翼，主要发育在水下分流河道的边部，与浅湖泥质沉积共生。砂滩通常是水下分流河道或远砂坝沉积受湖水作用改造后

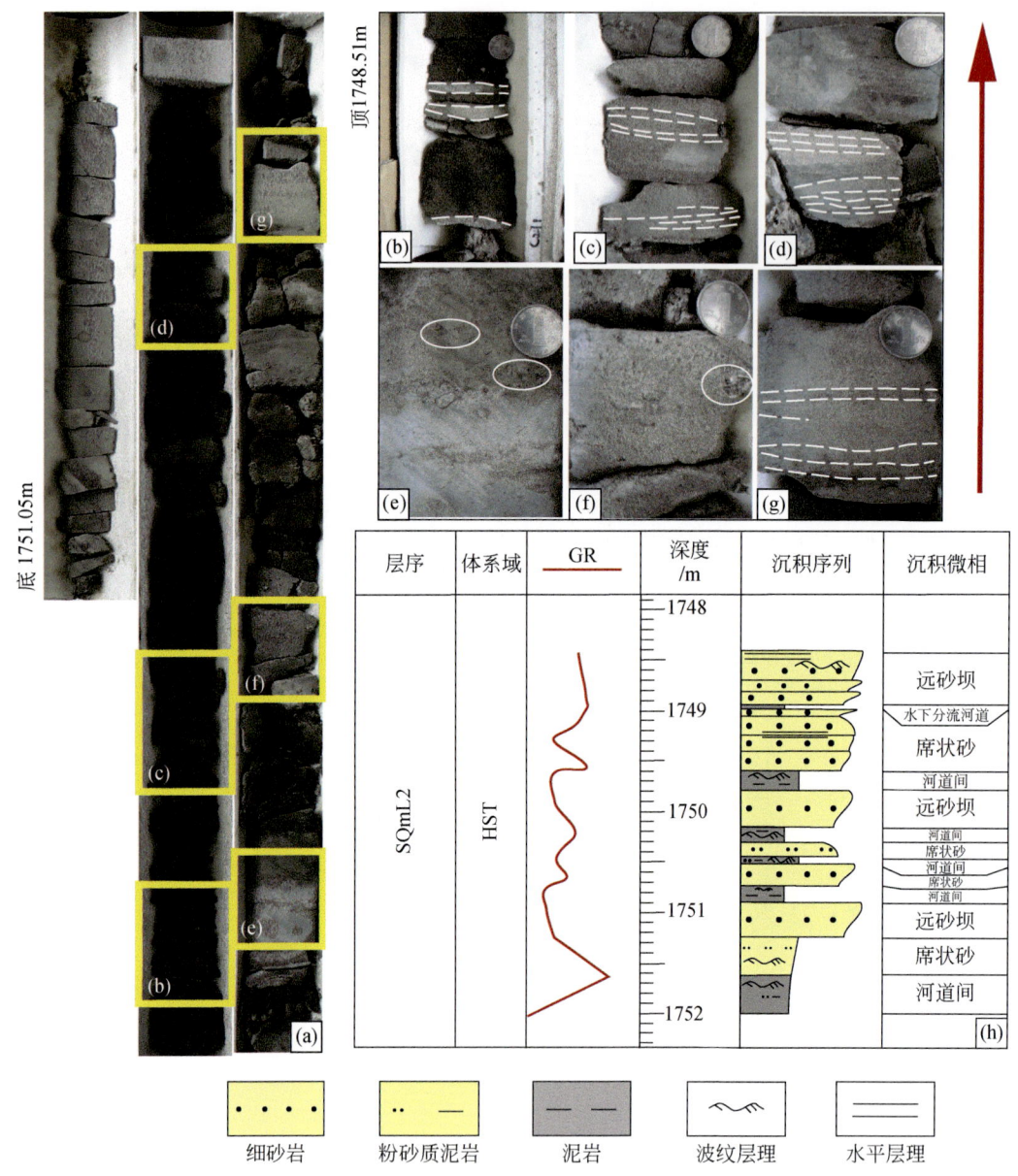

图 5-18 渤海海域渤南地区 BZ26-3-3 井明化镇组下段席状砂滩沉积特征

(a) 岩心照片（1751.05～1748.51m）;（b）泥质条带（1750.36m）;（c）、（d）、（g）分别表示波纹层理粉砂质泥岩和平行层理粉砂质泥岩（分布于 1750.16m, 1749.76m 和 1748.71m 处）;（e）和（f）中可见少量碳质碎屑;（h）测井和录井相解释。图中硬币的直径为 2.5cm，箭头指示层顶部

的沉积产物。

前浅水三角洲亚相以深灰色、灰色的泥岩、粉砂质泥岩为主，夹薄层粉砂岩和泥质粉砂岩，自然电位为平缓低幅特征。在渤海海域渤东中部地区，前三角洲与滨浅湖泥混合沉积，难以区分（图 5-6）。但通过测井曲线的特征可以对二者进行一定的甄别，如在自然伽马曲线上前三角洲多为不太明显的进积序列，而浅湖相泥岩的测井曲线则以低幅

度加积型为主。

5.3.3 地震相标志

渤海海域新近系浅水三角洲具有以分流河道砂体为主、河口坝不发育的特征,与经典的 Gilbert 型三角洲的顶积层、前积层和底积层的三层结构具有明显的差别,因此在地震剖面中前积反射特征不明显,常以中强振幅、中连续、透镜状地震反射为主(图 5-19)。尽管如此,由于浅水三角洲不同亚相中的岩相组合、垂向序列和叠置样式等有一定的差异,三角洲亚相的地震反射特征也有所不同,特别是在地震相结构(如振幅、频率和连续性等)上具有各自的地震响应特征。

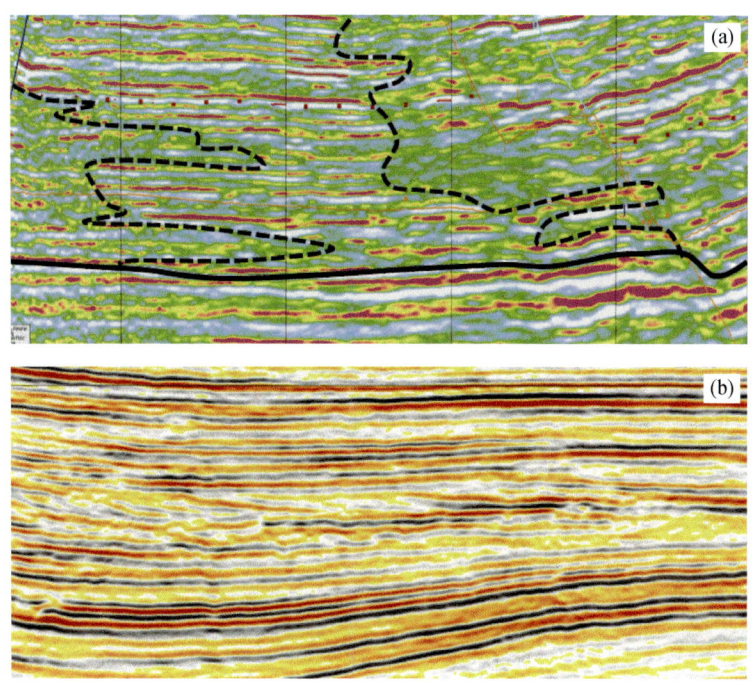

图 5-19 极浅水三角洲(a)与典型 Gilbert 型三角洲(b)地震反射对比

浅水三角洲平原亚相中水上分流河道十分发育,砂体厚度相对较大(图 5-13,图 5-14),在地震剖面中地震反射结构特征尤其明显,以中强振幅、中连续地震反射为主,可见典型的透镜状地震反射构型。

浅水三角洲前缘亚相仍然以水下分流河道为主,对于那些具有一定规模的分流河道,地震反射多以中振幅、中低连续的透镜状为主,其中局部透镜状的地震反射构型代表了单期或多期叠置的水下分流河道;随着分流河道砂体厚度的减薄,振幅变化最明显,表现为逐渐减弱的特征;由于受后期河流的强烈改造,河口坝发育程度较低,因此在震剖面中很难见到明显的前积反射构型;此外,远砂坝和席状砂也由于砂体逐渐变薄,泥岩厚度增加,厚泥岩-薄细砂岩频繁发育,因此在地震剖面中透镜状地震反射构型不清楚,以中弱振幅、中-低连续性地震反射结构为主。

在渤海海域新近系大部分地区，前三角洲亚相中岩性较细，泥岩十分发育，缺乏湖底扇沉积，对应地震反射以低振幅、低连续、低频等地震反射结构为主要特征。如果与前三角洲伴生的滨浅湖相中的砂坪沉积较为发育，则可能具有中振幅、中高连续的平行-亚平行地震反射特征。

值得一提的是，受古气候和基准面旋回的控制，同一个三级层序中不同沉积期的可容空间大小有差异，导致不同沉积体系域内的浅水三角洲，特别是分流河道砂体的规模、相互组合及叠置样式有明显的不同，因此在地震反射特征上也有变化。

在层序发育的早期，可容空间一般较小，河道具有一定的下切作用，河道间相互叠置特征明显，地震反射多为中连续、中强振幅的地震相结构和波状-板状地震相构型（图5-20）。

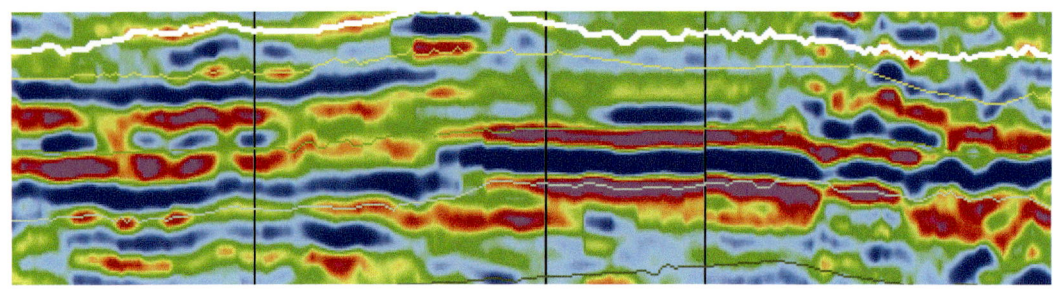

图5-20　低水位期（低可容空间时期）浅水三角洲地震反射特征

在层序发育的中期，湖平面上升，可容空间增加，河道切割作用减弱，发育单期孤立的分流河道砂体，对应地震特征以透镜状地震相构型为主；当河道砂体较发育时，地震反射结构以低连续、中强振幅为主，如果河道砂体发育规模较小、厚度较薄，则地震反射的振幅明显变弱（图5-21）。

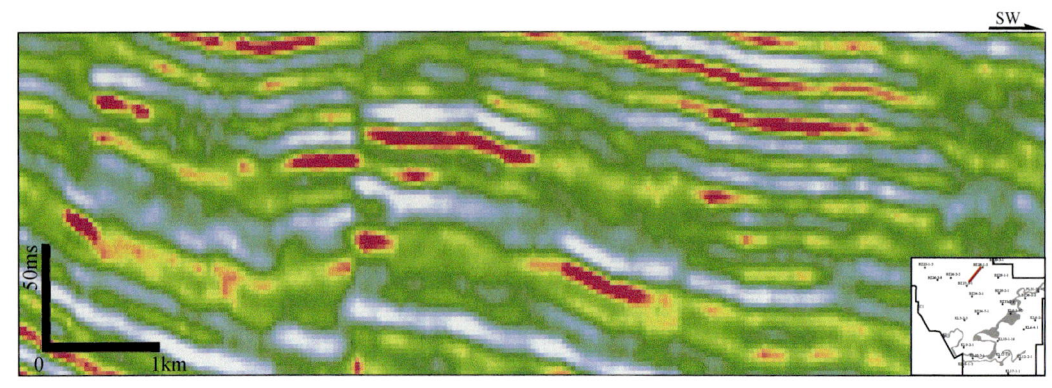

图5-21　湖侵期浅水三角洲典型地震反射特征

在层序发育的晚期，湖平面一般处于高水位状态。此时，伴随湖水的强烈改造作用，形成了宽度相对较大、深度较小的以分流道河道为主的砂体，砂体之间呈拼合板状结构，因此在地震剖面中一般为高连续、中强振幅地震反射结构和波状-亚平行地震反射构型为主的地震响应特征（图5-22）。

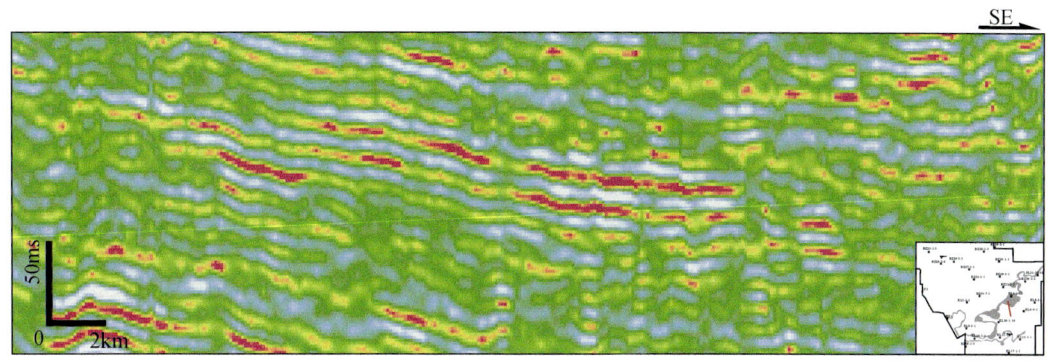

图 5-22 高水位期浅水三角洲典型地震反射特征

5.3.4 沉积相序与发育特征

如前所述，渤海海域新近系发育的极浅水三角洲不同于经典的 Gilbert 型三角洲，有其自身的特点。在古气候约束下，受平缓地貌、极浅水体以及稳定强物源供给等因素的影响，极浅水三角洲的沉积相序和发育特征展现出特殊性。

在纵向上，极浅水三角洲沉积进积特征不是十分明显，多表现为微弱进积至加积的相序组合。由于沉积时地势平缓，湖平面波动频繁，低水位期分流河道长距离向湖泊方向推进，高水位期则长距离后退，湖水间歇性淹没造成多次沉积间断，因此渤海海域新近系极浅水三角洲具有不连续的垂向沉积层序。在湖盆中央，可发育相对完整的三角洲沉积序列（图 5-23），而在盆地大部分地区极浅水三角洲的复合层序特征不典型，通常最底部为冲刷面，冲刷面之下是先期的河流或滨浅湖沉积，冲刷面之上依次是平原亚相的分流河道、水上天然堤、水上决口扇及水上河道间，或为前缘亚相的水下分流河道、水下河道间等微相以及前浅水三角洲、滨浅湖相泥等沉积组合（图 5-23）。

相对于正常三角洲，渤海海域新近系极浅水三角洲形成的地质背景十分特殊，除了其沉积相序不连续的特征以外，还具有以下沉积特征。

1. 相对发育的分流河道砂岩

由于发育在较浅的湖盆，极浅水三角洲沉积一般以河流营力为主，湖水改造作用相对较弱，因此分流河流砂体占主导，其次为河流外缘的席状化沉积物，包括天然堤、决口扇、溢岸不连续砂等。大量有关渤海海域新近系极浅水三角洲的研究表明，分流河道砂体单砂层厚约 2.5～16m，一般小于 10m，单个分流河道砂体宽度一般为 250～300m，常呈现为多期叠置的特征，这与国内诸多盆地浅水三角洲的研究成果类似。

2. 河口坝沉积不发育

渤海海域新近系极浅水三角洲河口坝不发育的原因有两个：一是河口坝发育需较强的湖水改造，而盆大水浅的地质背景导致浅水湖泊水动力较弱，难以形成河口坝发育的水动力条件。二是形成极浅水三角洲的河流建设性较强，使得河道进积速度快，在进积过程中对原河口沉积物具有较强的改造作用，使得早期发育的河口坝不能较好地保存，仅存河口坝的下部产物，从而使河口坝的沉积规模和分布较为局限。

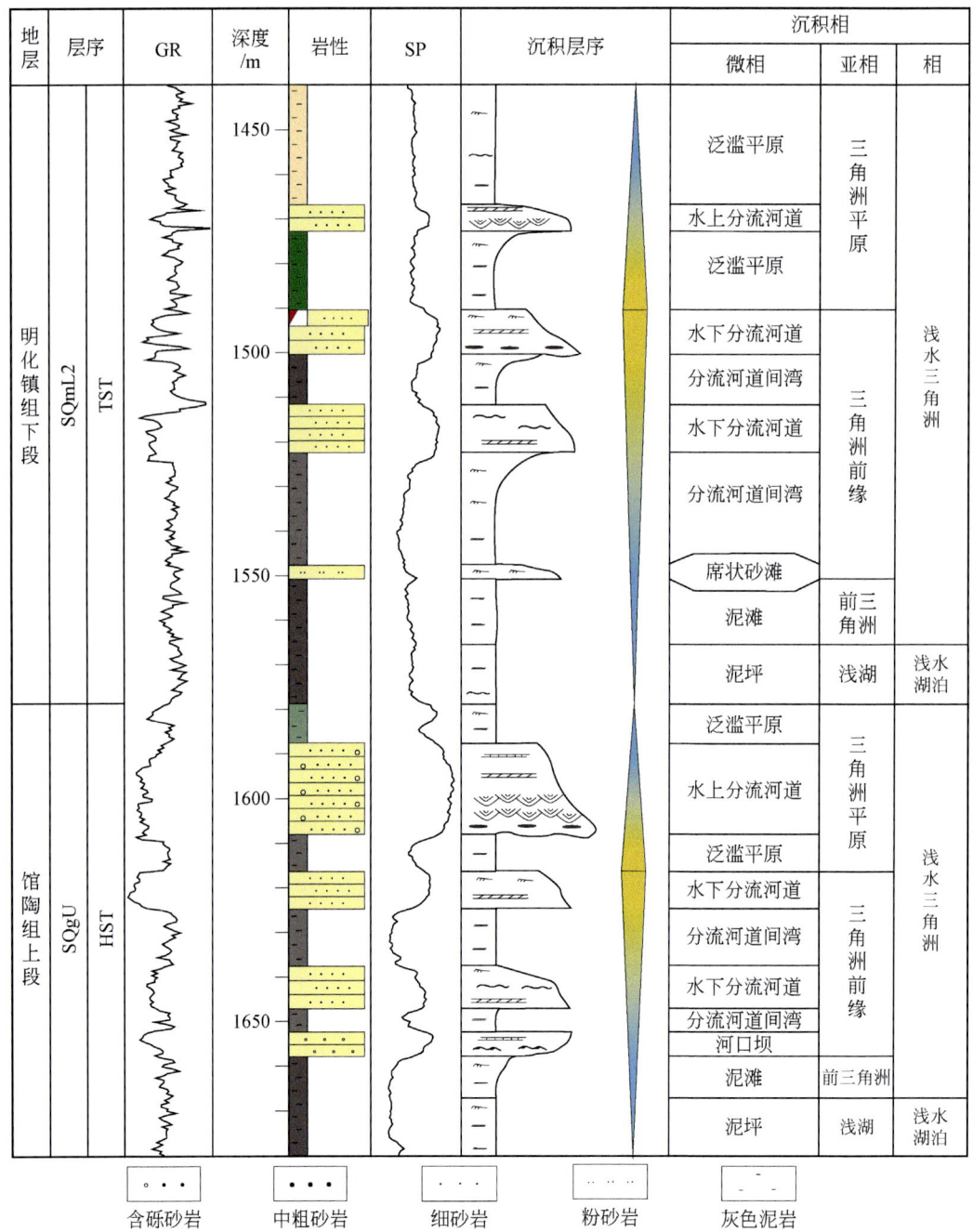

图 5-23　渤海海域渤南地区明化镇组下段极浅水三角洲相序特征

3. 广泛分布的席状砂

关于浅水三角洲席状砂的成因,有研究认为是由于湖平面整体快速下降,伴随季节性、周期性湖面频繁的波动过程,进入三角洲前缘的河口砂坝和水下分流河道被冲刷,以及受回流和沿岸流强烈改造,在三角洲前缘平缓浅水区形成大面积分布的席状砂。但由于渤海海域新近系极浅水的特征,湖泊的水动力难以对前期沉积物起到明显的改造,并形成连续分布席状砂的条件,因此在本地区更有可能是河道扩展化及水流分散后呈面状流的结果,或是洪泛期河道中粗粒沉积物在河道间直接沉积所致。

4. 具有多类型三角洲平面形态

渤海海域极浅水三角洲砂体分布明显且受控于分流河道的分流作用,显示出分流河道分叉后连片沉积的特点,整体上具有建设性三角洲的特征。因此,在平面上可发育鸟足状、树枝状、朵状或指状等多形态类型。

5. 具有宽广的前缘相带

由于盆地斜坡较长、坡度极缓,渤海海域新近系浅水三角洲砂体广布,前缘相带宽阔。平面上极浅水三角洲平原与宽广的三角洲前缘和前三角洲平缓相接,无明显转折,不具有 Gilbert 型三角洲模式的顶积层、前积层、底积层 3 层结构。通过浅水三角洲朵叶体的侧向迁移,在平面上形成大面积稳定分布的、呈扇形席状体的前缘相带,单旋回厚度仅 3~8m,但在纵向剖面上仍然形成多旋回砂体的连续加积层序。

6. 以浅湖相为主的前三角洲沉积

由于水体极浅,整个渤海海域新近纪基本不存在半深湖-深湖区域,在浅水三角洲的前缘相带之外为前三角洲和滨浅湖的泥岩沉积,二者之间难以区分。泥岩呈块状,以棕色、灰绿色为主,夹部分棕红、灰绿色发育小型砂纹层理的粉砂质泥岩,表明其形成时水体较浅,处于半氧化-半还原的沉积环境,为较快速的沉积产物,受后期的改造较小。

7. 前三角洲中极少发育重力流性质的砂体

由于湖底地形非常平缓,加之沉积水体极浅,三角洲前缘沉积稳定,难以形成正常三角洲前缘-前三角洲之间较大斜坡,无明显的沉积坡折带,三角洲前缘相带不易发生滑塌。即便可能发生滑塌作用,由于有限的高差和平缓的地形,也不能进一步发展成具有一定规模的重力流,因而不能形成重力流沉积。

5.4 河湖交互沉积体系

在沉积学中,河湖交互沉积并不是一个沉积相概念,更不属于某种沉积相类型。但在那些浅水湖盆中,在平缓的斜坡带上,高频次的湖水进退必然会形成低频期明显的古湖岸带,而在古湖岸带上沉积下来的物质又明显区别于稳定的湖泊和水上环境。渤海海域新近纪古湖泊研究表明，在极浅水湖盆背景下，各沉积体系域沉积期都具有十分宽缓的古湖岸带，伴随多期湖平面升降，可发育河流、湖泊、三角洲以及洪泛平原等多种沉积，表现出河湖交互沉积的特点，这也是拗陷湖盆萎缩期十分常见的沉积相组合类型，因此本书将这种发育在浅水湖盆古湖岸带上的沉积相组合称为河湖交互沉积体系。

渤海海域渤南地区馆陶组—明化镇组下段沉积时期处于湖盆萎缩期，且气候类型为典型的亚热带季风气候特征，整体处于相对潮湿的气候环境。岩性上常呈现薄层的砂泥岩互层，在湖盆大范围斜坡带内发育不属于典型的河流沉积抑或是三角洲沉积，结合研究区沉积特征的分析，其沉积特征属于河湖交互沉积体系。通过对研究区多口取心井的观察，结合测录井、地震等资料的分析，发现其河道化特征明显，具有河流、三角洲和湖泊共生的特征，并发育有大面积的洪泛平原（图5-24）。

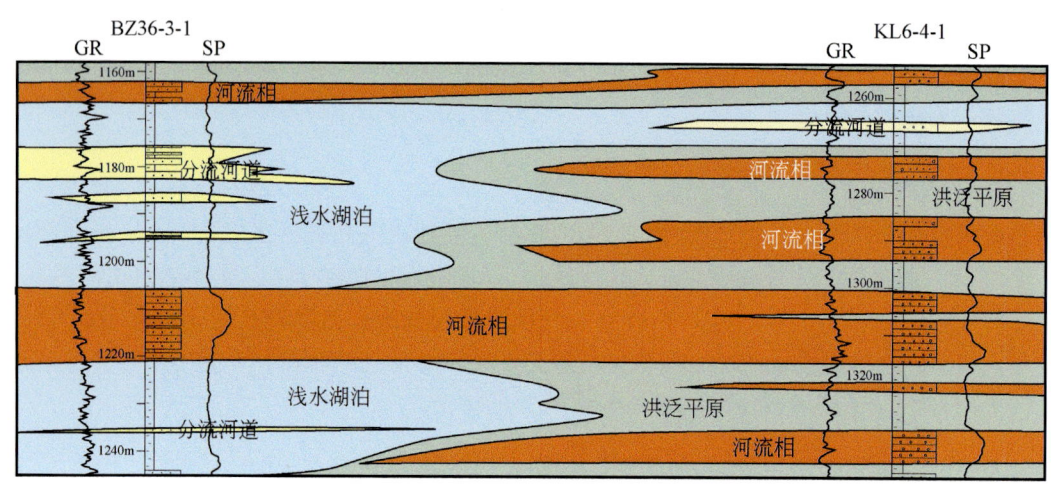

图 5-24　渤海海域渤南地区明化镇组下段古湖岸带中河湖交互体系发育特征

5.5　极浅水三角洲与河湖交互体系的差异对比

从浅水湖盆自身特征来看，湖盆水体分布面积对水体深度变化非常敏感，如现代鄱阳湖在洪水和枯水期间的覆水面积是5∶1，湖盆经常处于河湖交替的环境中。由于河湖交互体系是河流、浅水三角洲等多种沉积相的组合，同时河流相与浅水三角洲分流河道的沉积特征相似，不易区分，加之各沉积相带的砂体及储层具有差异性，其油气勘探意义不同，开展各相带特别是极浅水三角洲与河湖交互体系之间的差异对比尤其重要。为此，需要在相标志、古生物、地震相、平面展布等方面建立起湖泊区（极浅水三角洲）、古湖岸带（河湖交互体系）以及陆相区（河流相）标志性指标的基础上，系统总结区域古地理背景条件下古湖泊单元之间沉积体系的差异性特征，为渤海海域新近系浅水沉积的深入研究、其他类似盆地的沉积体系分析，以及进一步的大面积砂预测和岩性油气藏勘探提供十分重要的借鉴。

表 5-1、图 5-25 是渤海海域渤南地区浅水湖盆主要古湖泊单元之间沉积体系的差异性综合对比结果。

表 5-1 渤海海域渤南地区新近系古湖岸带-浅水三角洲主要参数特征对比表

对比指标	古湖岸带	浅水三角洲	对比结果
岩性	石英长石砂岩为主	石英长石砂岩为主	相似
粒度	较粗	较细	有差别
砂地比	较高	较低	有差别
沉积构造	强水动力构造，平行岸线	强水动力构造	相似
水动力	牵引次总体+跳跃次总体，反映牵引流特征	牵引次总体+悬浮次总体+跳跃次总体，反映牵引流搬运和悬浮搬运的共同影响	有较小差别
古生物	生物扰动强烈	生物扰动强烈	相似
泥岩颜色	紫色泥岩-暗色泥岩	暗色泥岩为主	有差别
测井相	锯齿状、箱装、指状	指状为主	有较小差别
地震相	低连续、中强振幅、中频波透镜状反射	低连续、中强振幅孤立透镜状反射	相似
砂体空间分布	不连续	垂向上多个间断正韵律相互叠置	有较小差别
沉积相	河道、分流河道交互	分流河道	相似
构造背景	岩浆弧	大陆板块+岩浆弧	相似
母岩性质	变质岩+岩浆岩	变质岩+岩浆岩	相似

5.5.1 钻测井差异性分析

通过典型钻井的岩性揭示（图 5-25），浅水湖盆三个古湖泊单元内沉积体系的砂岩类型并无明显区别，均以岩屑长石砂岩为主，其中浅水三角洲和古湖岸带河湖交互体系的沉积则略偏向石英长石砂岩。在测井相上，河湖交互体系往往呈现为锯齿状，指示河流相和浅水三角洲沉积的频繁更替；而陆相区中的河流相的测井多表现为箱形，湖盆浅水三角洲则为指状，靠近泥岩基线。此外，三个古湖泊单元的沉积体系均为岩浆弧的构造背景的源岩类型，母岩岩性主要为变质岩和岩浆岩，在浅水三角洲中出现部分大陆板块物源的物质输入，以及部分沉积岩屑含量的增加，反映了相对远源沉积特征。从泥岩颜色来看，各古湖泊单元的沉积体系的差别并不大，但古湖岸带中河流和浅水三角洲等频繁交替沉积，导致河湖交互体系的泥岩颜色的变化更为丰富，通常呈红色、红褐色、绿色以及灰色泥岩交互出现的特征。对于那些靠近盆地边缘的河湖交互体系，泥岩沉积频繁暴露于地表，导致大量泥岩氧化而呈红色，且在砂岩中可以出现红色泥砾散布。

5.5.2 古生物差异性分析

浅水三角洲主要发育在湖泊环境，古生物十分发育，其特征性的古生物如藻类、孢粉、无脊椎动物、腹足类化石和双壳类等化石在本章前面已经进行详细描述（详见图 5-7～图 5-12）。

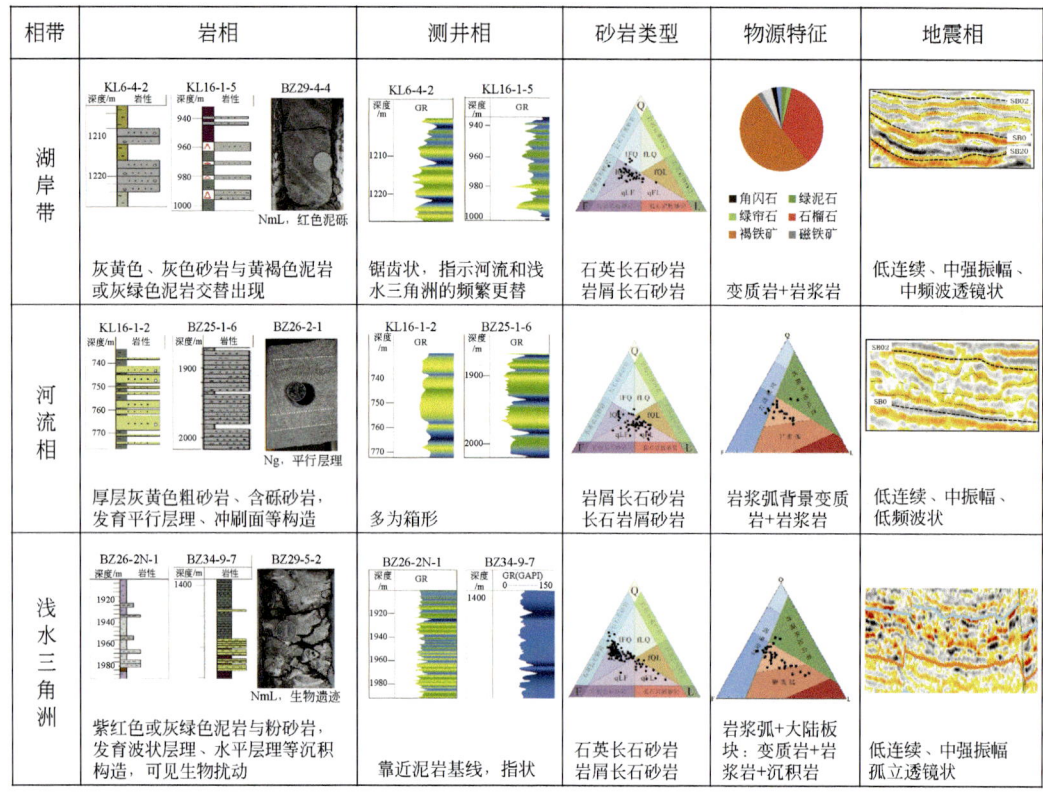

图 5-25 湖岸带、河流相与浅水三角洲主要地质要素对比

与浅水三角洲息息相关的河湖交互沉积体系受河流及浅湖双重动力作用影响，化石丰度整体较低，其中球形疑源类较为常见（图 5-26）。河流相化石少，属种单调，以毛球藻（*Comasphaeridium*），光对裂藻属（*Psiloschizosporis*）和盘星藻（*Pediastrum*）为主。以垦利 6-1 地区为例，古生物分析证实新近系整体以河流相或河湖交互沉积为主，化石稀少，尤其是馆陶组和明化镇组下段上部。明化镇组下段中下部Ⅳ油组及Ⅴ油组顶部化石丰富，其中被子类植物含量为 29.19%~59.13%，平均值达 44.50%，占绝对优势，水生植物毛茛属（*Ranunculus*）连续稳定分布，指示可能小于 1.5m 的浅水沉积环境。浮游藻类含量为 18.32%~60.00%，平均值为 34.14%，其中盘星藻（*Pediastrum*）含量异常高，达 15.11%~53.51%，平均含量达 28.71%，显著高于河流相主导藻类属种类型毛球藻（*Comasphaeridium*）（1.02%~5.41%），光对裂藻属（*Psiloschizosporis*）（0.46%~2.22%）含量。此外褶皱藻属（*Campenia*）（1.03%~3.63%）连续稳定发育，整体可以划分出盘星藻（*Pediastrum*）-褶皱藻属（*Campenia*）化石组合，而该组合主要发现于古近系沙河街组二段滨浅湖沉积环境，这也进一步证实明化镇组下段中下部Ⅳ油组及Ⅴ油组顶部沉积时期局部发育局限水域，同样指示了该沉积期具有河湖交互的沉积环境。

5.5.3 地震相差异性分析

地震剖面是地下地层和地质体在多种因素控制下的地球物理信息的综合响应，在进行地震反射特征分析和沉积相解释时存在一定的多解性。如果以盆地古地貌和古湖泊系统为约束条件，则可明显降低地震资料地质解释的误差。第 4.1.2 节将渤海海域渤南地区新近系划分了陆相区（河流主导区）、古湖岸带（河湖交互体系）和湖泊区（浅水三角洲沉积为主）三个区带，以这三个区带作为古地理约束条件，有助于开展区带间沉积体系的地震相解释，并对不同沉积相带的地震反射特征的差异性进行对比（图 5-25）。

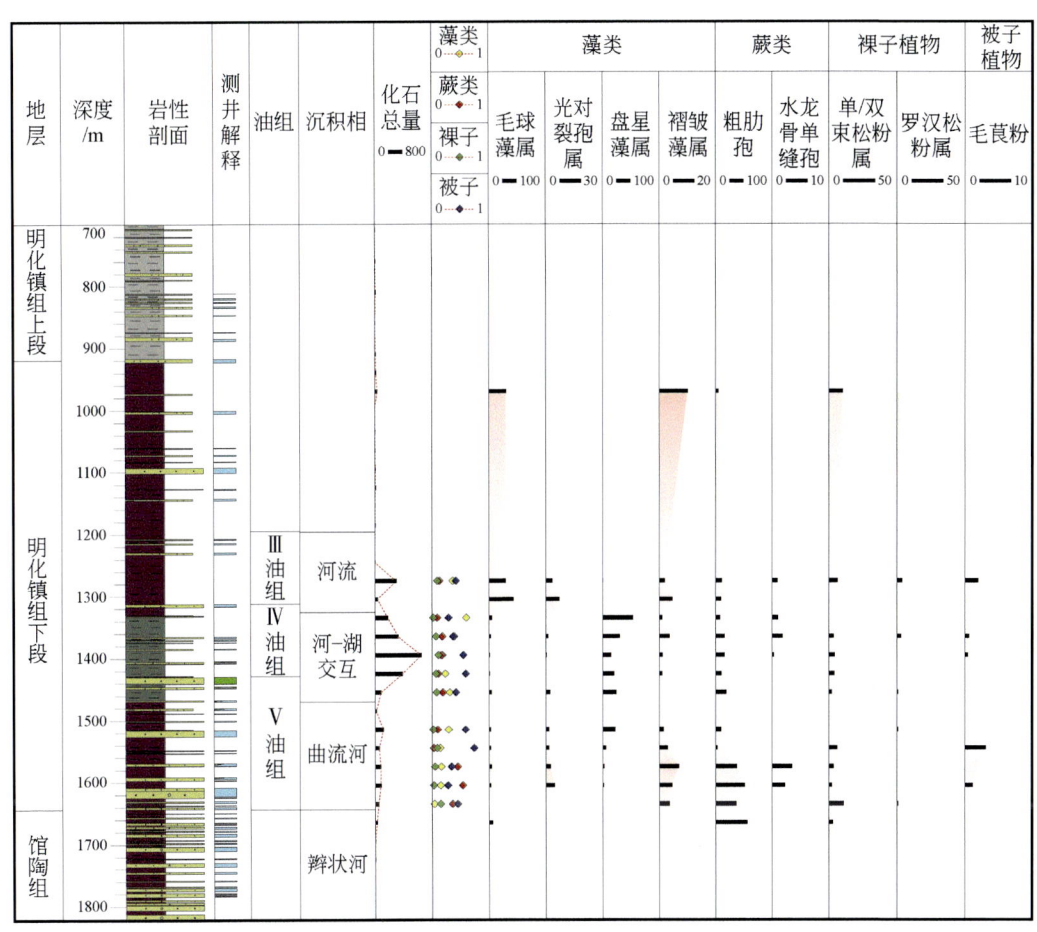

图 5-26 渤南地区 KL6-1-2 井新近系古生物特征

陆相区以各类河流相沉积为主，砂体发育，通常以弱振幅、中低连续性、中低频地震反射结构和蠕虫、波状、透镜状地震反射构型为主，在盆地边缘（盆缘坡折带靠陆一侧）还可见因河流下切侵蚀形成的 V 形或 U 形充填地震反射外形（图 5-27）。

古湖岸带是河流相和浅水三角洲相等交互沉积区域，砂体构成多为侧向叠置拼合、透镜-拼合板状，反映了具有底荷-悬浮负载的辫状/曲流型岩相组合特征，地震振幅整体上强于陆相区。其中中弱振幅、中低连续性波状-蠕虫状地震相多为曲流河沉积的地震响应，在古湖岸带向陆一侧更为发育，向盆地方向则与浅水三角洲交互出现。古湖岸带中出现的中强振幅、中低连续性波状-透镜状地震相则可能代表了浅水三角洲的分流河道沉积，砂体为透镜-拼合板状（图5-27）。

湖泊区以浅水三角洲分流河道砂体为主，地震振幅明显强于前两个区带。砂体一般为孤立板状、孤立迷宫状或孤立透镜状，地震反射表现为强振幅、中低连续性的地震相结构和透镜状、板状地震相构型（图5-27）。

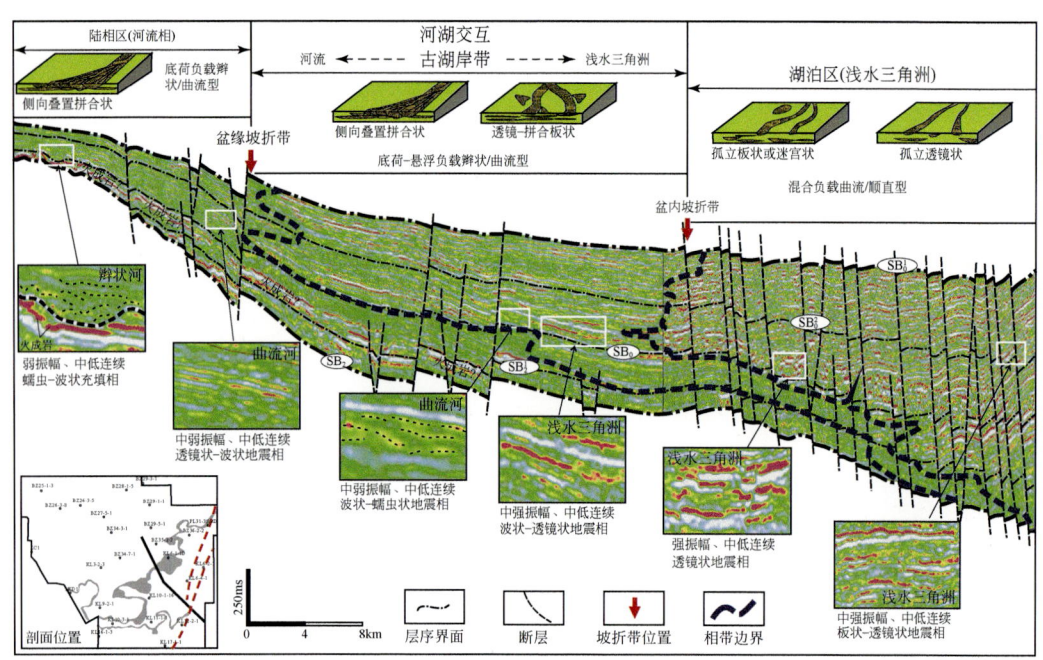

图5-27 渤海海域渤南地区馆陶组—明化镇组下段湖泊区-古湖岸带-陆相区沉积体系的地震反射特征及差异性对比分析

5.5.4 平面发育特征差异性分析

在平面分布上，浅水三角洲与河湖交互体系的差异性较大（图5-28）。

由于古湖岸带是浅水三角洲分流河道和陆相河道的多期叠合，砂体沿着古湖岸带发育区展布，具有多方向性、多期叠置、累计厚度大、分布范围广等特征（图5-28），地震属性反映出的砂体平面特征多为朵状+网状结构，在河湖交互主体区域砂体呈片状展布，主砂体多平行于岸线（图5-28）。鄱阳湖现代考察沉积考察结果表明，湖岸带附近发育平行岸线的砂体，其中红色泥岩中可见大量虫迹，砂体发育和展布特征与渤海海域新近系河湖交互体系近乎类似（图5-29）。

在湖泊区域，砂体多为浅水三角洲分流河道沉积（图5-30）。砂体展布受物源水系、地形地貌和可容空间大小等控制，具有明显的多方向性、单期河道延伸距离长、分流河道交错切割、砂体厚度相对较小、前缘相带分布广、不同水系砂体差异分布等特征。平面上一般呈朵状、枝状（网状）、片状展布，砂体的延伸方向一般垂直于岸线（图5-30）。此外，在同一沉积区，受湖平面波动和可容空间大小的控制，砂体的形态特征也会发生变化，如从低可容空间的朵状演化为高可容空间的枝状等。

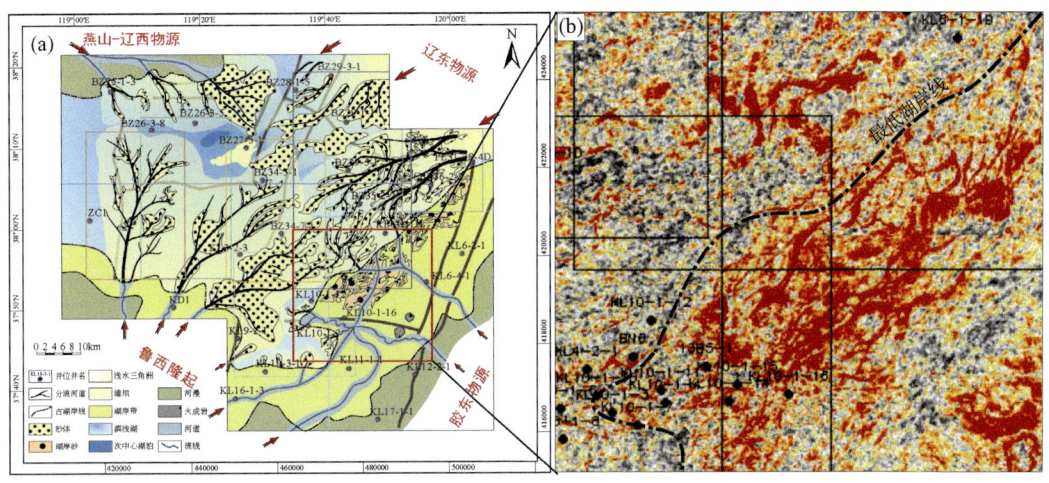

图 5-28 渤海海域渤南地区垦利 6-1 明化镇组下段下亚段湖扩体系域沉积体系平面展布与古湖岸带砂体发育特征

（a）明化镇组下段下亚段湖扩体系域沉积体系平面图；（b）古湖岸带地震属性与砂体展布特征图（明化镇组底界面向上 16ms、向下 2ms 均方根振幅）

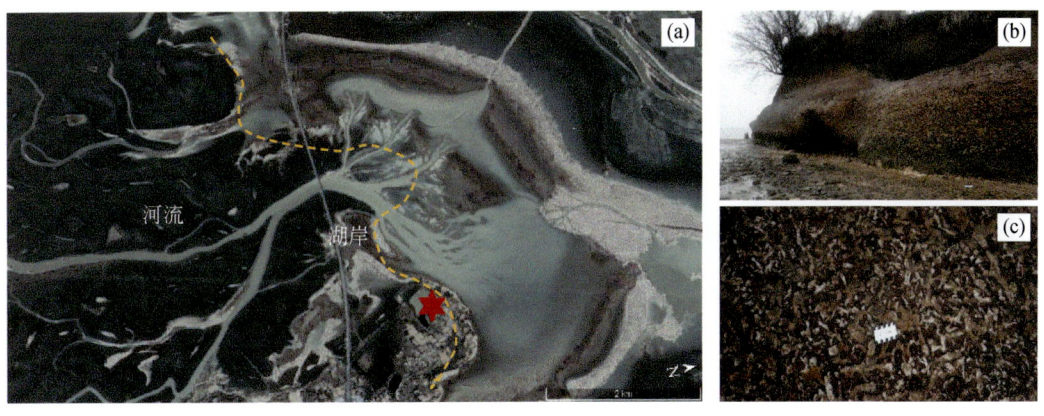

图 5-29 鄱阳湖金溪湖湖岸带砂体发育特征

（a）金溪湖卫星图像（2018 年 10 月 12 日）及沉积相带解释；（b）平行湖岸砂体宏观照片，位置见（a）图红色星号标注；（c）露头位置红色泥岩照片，可见大量虫迹。黄色虚线表示湖岸线发育位置

5.5.5　区域古地理背景差异性分析

通过前面沉积相标志、水动力条件、古生物、地震反射以及平面展布等综合对比不难发现，整体上浅水三角洲、河湖交互体系及河流相的沉积特征相似程度较高，通过上述指标直接区分它们有一定的难度（表 5-1）。部分指标如古生物、粒度、砂地比、泥岩颜色以及砂体空间分布等有一定的区分度，这对于一个研究程度比较高、钻井数量多且数据齐全的盆地可能更为适用。即便如此，浅水湖泊沉积相的多解性依然存在，多年来有关渤海海域新近系沉积体系认识的不断深化就是一个很好的实例。这与浅水湖盆独特的沉积环境密切相关，由此也进一步说明针对浅水湖泊典型特征，开展湖岸线和区域古地理背景的确定

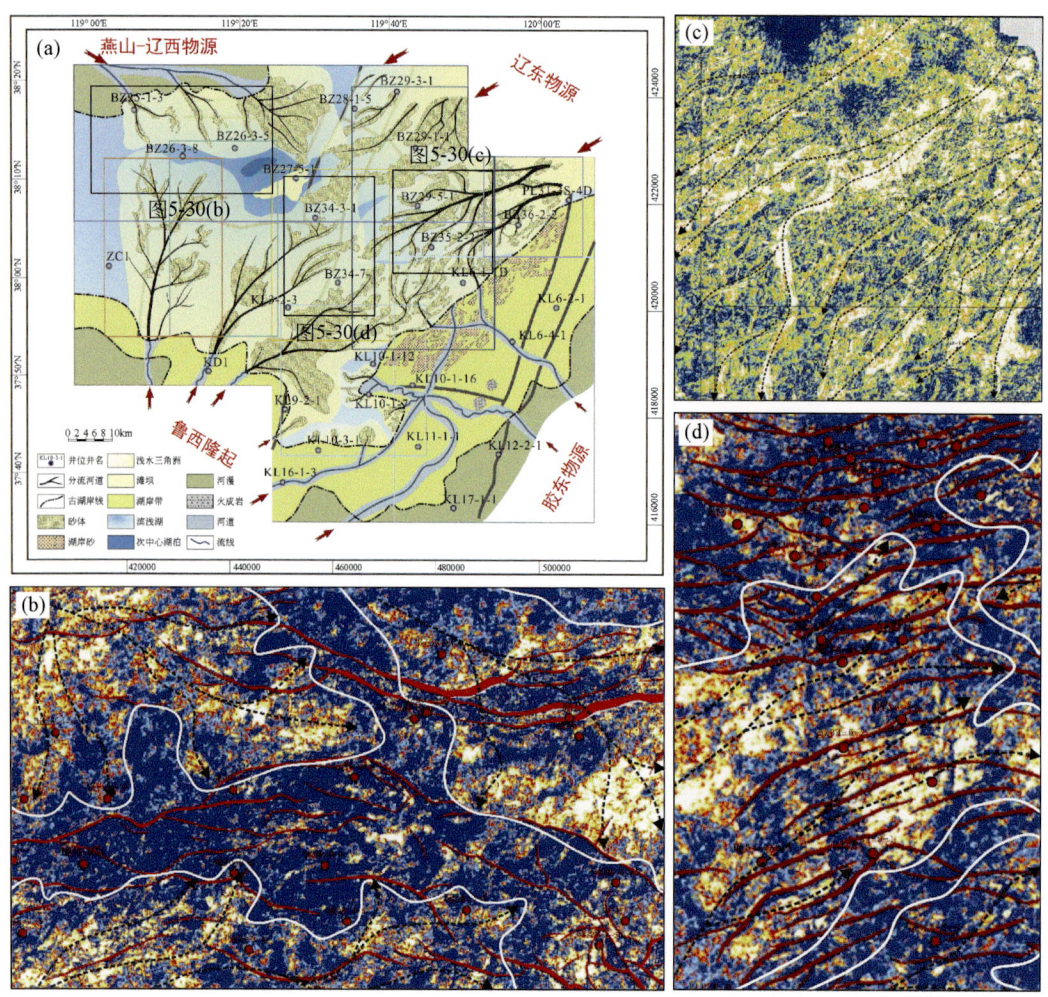

图 5-30 渤海海域渤南地区明化镇组下段下亚段湖扩体系域不同位置极浅水三角洲砂体平面差异分布
(a) 明化镇组下段下亚段湖扩体系域沉积体系平面图；(b) BZ26 地区湖扩体系域准层序组 PSS1 地震属性与砂体展布特征图 (PSS1 均方根振幅)；(c) BZ29 地区湖扩体系域早期地震属性与砂体展布特征图 (明化镇组底界面向上 16ms、向下 2ms 均方根振幅)；(d) BZ34 地区湖扩体系域准层序组 PSS1 地震属性与砂体展布特征图 (PSS1 均方根振幅)

相较于沉积体系变迁的研究更为重要。因此，如果在盆地区域古地理重塑和古湖泊单元划分的基础上，充分借鉴古环境因子的差异性，在不同古地貌和古湖泊单元约束下开展沉积岩石学、古生物学、地震沉积学等综合分析，无疑是构建浅水湖盆沉积相识别标志的重要途径，也是区分不同相带的重要基础工作。

以渤海海域新近系河湖交互体系和浅水三角洲为例，从地貌单元、地形坡度、古湖盆区带及古水深等方面对二者进行了对比（表 5-2）。通过对比不难发现古湖岸带和湖盆区之间的古地理参数具有明显的差别：河湖交互体系发育在古湖岸带，介于古地貌一、二级阶地之间，具有相对较陡的坡度和相对更浅的水体环境；而浅水三角洲则位于湖泊区，长期被湖水所淹没，水深相对较大，地形坡度更缓。由此可见，区域古地貌背景、古湖盆单元等古地理条件是区分二者的最主要环境因子，从而也再次说明了浅水湖盆区域古地理背景

表 5-2 河湖交互体系和浅水三角洲古地理参数对比

参数	河湖交互体系	浅水三角洲	对比结果
地貌单元	盆缘坡折带、盆内坡折带之间	盆内坡折带-湖盆	有差别
地形坡度/(°)	0.25～0.5	<0.25	有差别
古湖盆区带	古湖岸带	湖泊区	有差别
古水深/m	0～3.5	>3.5	有差别

研究的重要性。

5.6 渤海海域新近系主要层序沉积体系平面展布特征——以渤南地区为例

以渤海海域渤南地区为例，充分考虑湖盆古地理条件和古湖泊体系原貌，在钻井沉积相标志、古生物特征、常规地震相及地震沉积学分析和沉积体系差异对比的基础上，系统编制了渤海海域渤南地区新近系主要层序体系域沉积体系平面展布图，通过沉积体系的平面刻画阐明浅水湖盆沉积体系的发育特征，并进一步揭示研究区古地理背景下古湖泊体系中各沉积相带的时空演化过程。

5.6.1 馆陶组下段层序

1. 馆陶组下段湖扩体系域（SQgL-EST）

馆陶组下段湖扩体系域沉积期古湖岸带和陆相区两个古湖泊体系单元非常明显，主要发育河流和浅水三角洲等沉积相类型。由于该时期气候较为干旱，湖泊区面积小、水体浅，湖泊相分布局限且主要发育在渤南地区北部，在湖泊区周缘发育小型浅水三角洲。该沉积期古湖岸带较为宽缓，整体上西部古湖岸带规模较小，较大规模的湖岸带主要分布在渤南地区东部渤中 36 和南部垦利 4-1 附近，古湖岸带内部河流-三角洲交互沉积作用明显，其中在东部古湖岸带上河流控制作用十分明显。河流主导区面积最大，主要分布在本区南部和西部，河道砂体具有明显的二元结构，下部河道沉积主要为含砾粗砂岩、粗砂岩和中砂岩，上部河漫滩沉积主要为大段细砂岩和泥岩（图 5-31）。

2. 馆陶组下段高水位体系域（SQgL-HST）

尽管馆陶组下段高水位体系域沉积期气候依然较为干旱，但与湖扩体系域沉积期相比，气候相对温润，有效促进了湖泊区的扩大，因此在该沉积期湖泊区、古湖岸带和陆相河流区 3 个相带分区明显，发育的沉积体系类型主要有浅水三角洲、河流和湖泊等。首先，湖泊区向南、北方向扩大，主要分布在渤南地区中北部，湖盆水体变深；在湖泊中央发育明显的滨浅湖和滩坝沉积，沿着湖盆周缘发育多个浅水三角洲，相对于湖扩体系域沉积期三

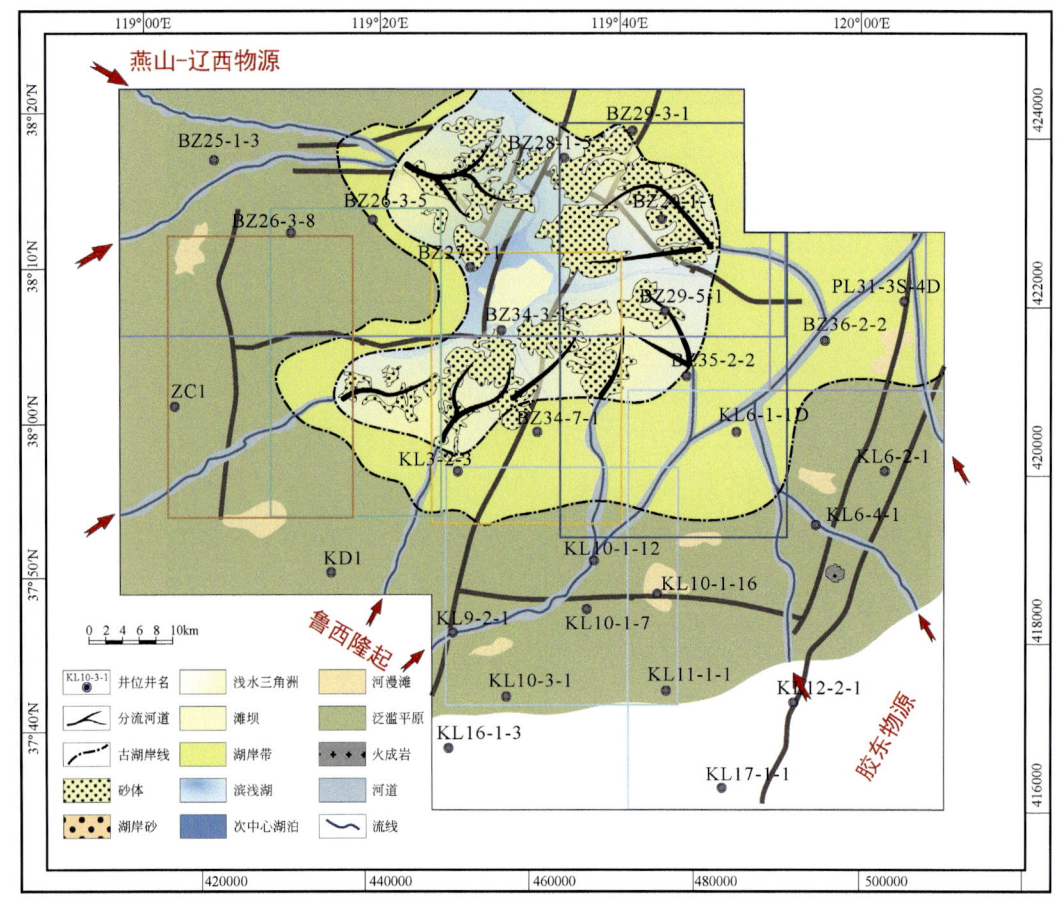

图 5-31 馆陶组下段湖扩体系域（SQgL-EST）沉积相图

角洲规模逐渐变大。其次，该沉积期河流主导区范围缩小，主要分布在研究区南东部和西部。与此相对应，河湖交互体系的分布范围向南、向东迁移，其发育规模、区域分布规律等与馆陶组下段湖扩体系域沉积期大致相当（图 5-32）。

5.6.2 馆陶组上段层序

1. 馆陶组上段湖扩体系域（SQgU-EST）

馆陶组上段湖扩体系域沉积期古湖泊体系单元更加明显，发育的沉积体系类型主要有浅水三角洲、河流和湖泊。相较于馆陶组下段沉积晚期，该沉积期气候变得更加干旱，湖泊区面积相对缩小，水体变浅，主要分布在渤南地区北西部，在湖泊区东部、东南部、西南部和西北部发育多个中型浅水三角洲，其中东部、东南部三角洲的规模较大、发育程度较高；在渤南南部垦利 10 地区，发育规模较小的、呈孤立分布的河漫湖泊，钻井和地震解释揭示在河漫湖泊区域无明显的三角洲发育，但在泛滥平原上可见小规模的分支河道（图 5-5）；馆陶组上段湖扩体系域沉积期岸线交互频繁，古湖岸带分布范围较早期进一步扩大，

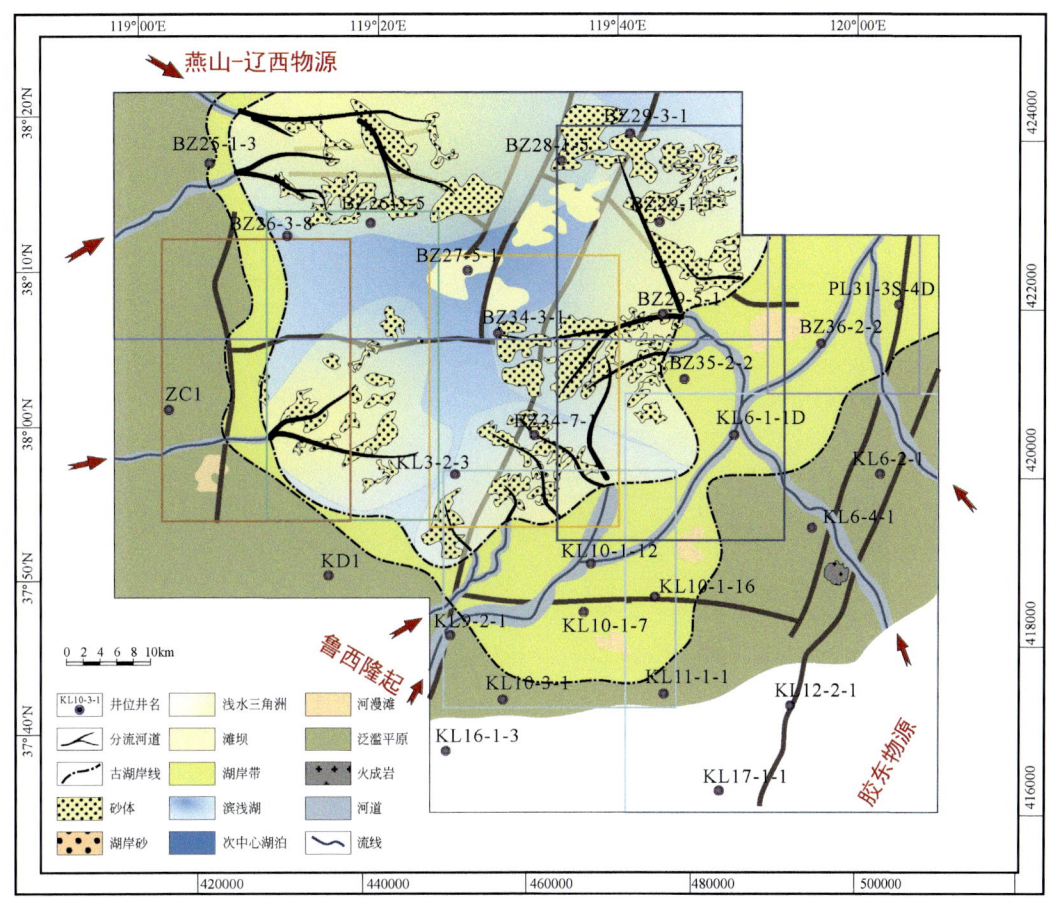

图 5-32　馆陶组下段高水位体系域（SQgL-HST）沉积相图

在渤南地区东部和东南部尤其明显，在该地区古湖岸带上发育数量较多、规模较大的河流，是东部和东南部湖泊区多个三角洲沉积的重要物源通道。相较于馆陶组下段沉积晚期，该时期河流主导区分布范围有所扩大，主要分布在渤南地区东部和南西部（图 5-33）。

2. 馆陶组上段高水位体系域（SQgU-HST）

馆陶组上段高水位体系域沉积期古湖泊单元与沉积体系继承了早期发育特征。该沉积期沉积体系主要包括浅水三角洲、河流和湖泊，但由于气候相对偏温湿，导致湖泊区面积有所扩大，水体逐渐变深，湖泊区主要分布在渤南地区北西部，发育滨浅湖和少量滩坝沉积。在湖泊区周缘发育大型的浅水三角洲沉积，其中西南鲁西方向的三角洲规模最大。此时，南部垦利 10 地区的河漫湖泊面积有所扩大，向北与北部主体浅水湖泊相连通，并在河漫湖泊东西两侧发育小型的浅水三角洲，同时洪泛平原的分支河道沉积也较为发育，主要分布在河漫湖泊周缘。该沉积期岸线频繁交互，古湖岸带分布范围进一步扩大，河湖交互体系沉积规模较大，发育以平行湖岸带方向的、呈条带分布的和多期叠置的河湖交互砂体。伴随古湖岸带的不断扩大，研究区范围内河流主导区分布范围变小，主要发育在研究区南东部和南西部（图 5-34）。

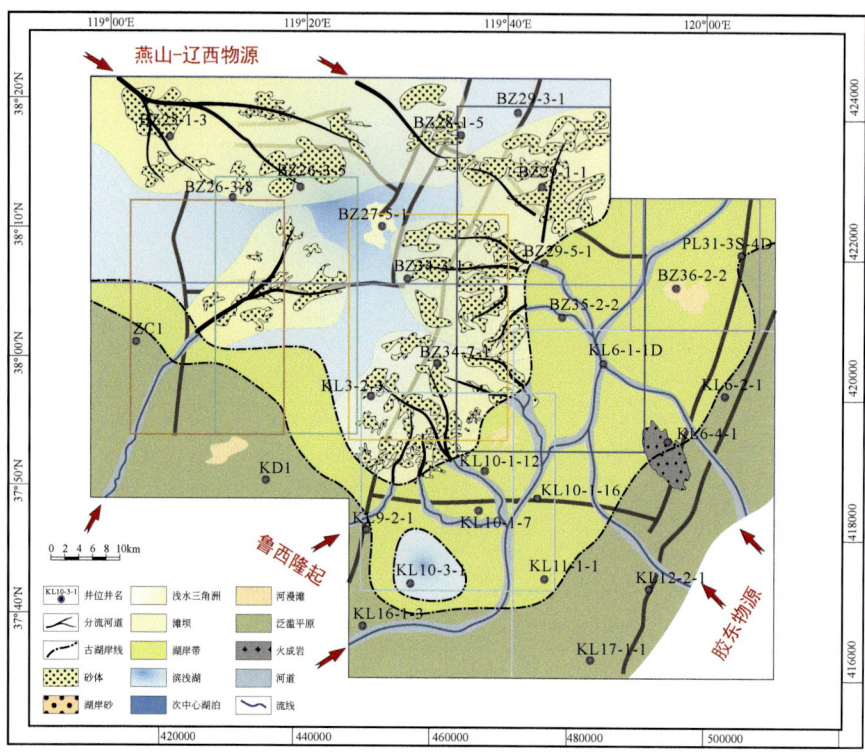

图 5-33 馆陶组上段湖扩体系域（SQgU-EST）沉积相图

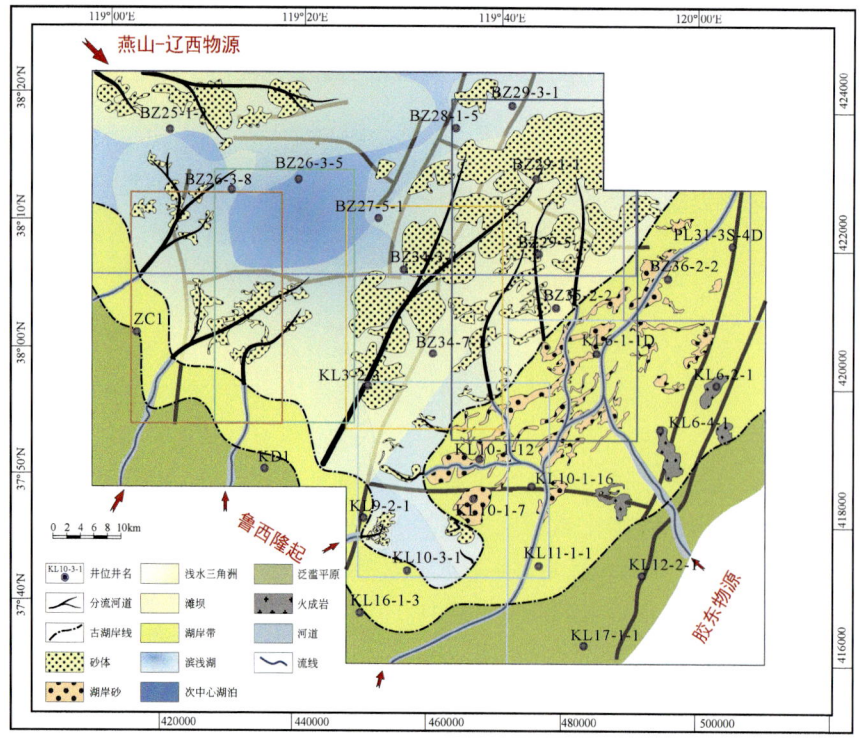

图 5-34 馆陶组上段高水位体系域（SQgU-HST）沉积相图

5.6.3 明化镇组下段下亚段层序

1. 明化镇组下段下亚段湖扩体系域（SQmL2-EST）

经历馆陶组沉积期整体干旱的气候环境后，在明化镇组下段沉积期迎来了温润的气候条件。该沉积期气候偏温湿，湖泊区面积进一步较大，有利于大面积浅水三角洲、河湖交互体系的发育。湖泊区分布在渤南地区中部偏西北，水体较深，以滨浅湖相沉积为主，发育一定规模的滩坝沉积。该时期河流作用明显，发育多个建设性浅水三角洲，以北东至南西方向的辽东水系和南西至北东方向的鲁西水系为主；浅水三角洲规模较大，向盆地延伸距离远，以前缘亚相为主，三角洲分流河道砂体分布清楚。在研究区南部垦利10区的河漫湖泊范围进一步扩大，在河漫湖泊南部和东部发育小型的浅水三角洲，并伴随有洪泛分支河道的沉积（图5-5）。与此同时，该沉积期岸线交互频繁，古湖岸带分布范围明显且规模较大，尤其在研究区的东南部和南部地区，受河流和浅水三角洲共同的沉积作用，发育大规模的、平行湖岸带的多期叠置砂体，也是渤南地区大面积岩性油气藏勘探的主要地区。此外，该时期河流主导区主要分布在研究区南部和北西部，分布范围进一步向南、西后撤（图5-35）。

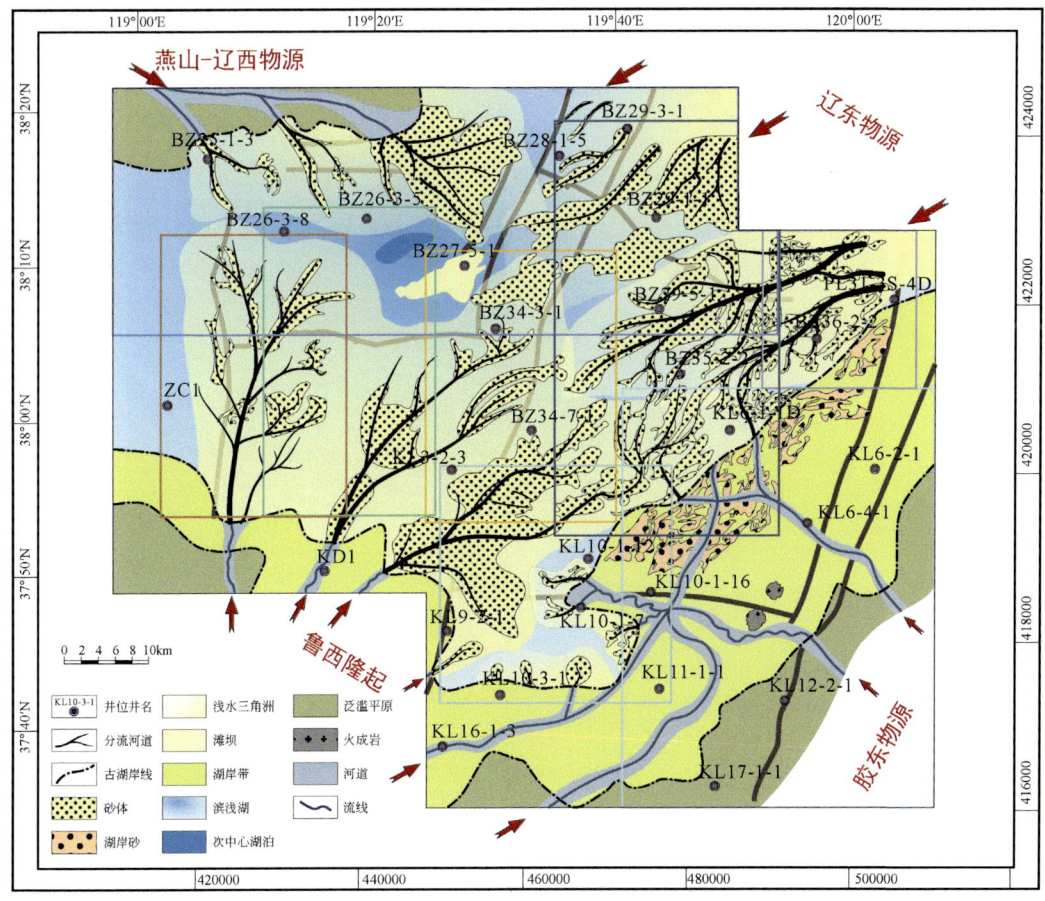

图5-35 明化镇组下段下亚段湖扩体系域（SQmL2-EST）沉积相图

2. 明化镇组下段下亚段高水位体系域（SQmL2-HST）

该沉积期气候温湿，主体湖泊区面积进一步扩大，古湖岸带和陆相河流区向南、向东进一步迁移，发育的沉积体系类型主要包括湖泊、浅水三角洲和河流等。该时期湖盆分布范围较大，水体变深，最深位置分布在本区北西部，发育水体相对较深的浅湖相沉积；此外滩坝沉积规模和分布范围也较大，主要发育在渤中 34 和渤中 26 等地区。浅水三角洲的发育特征很好地继承了该层序湖扩域沉积期的特征，其规模也较大，向盆延伸距离也十分明显，以三角洲前缘亚相为主。此时，南部河漫湖泊逐渐消失，取而代之在渤南地区东部蓬莱 31 和东南部垦利 6-4 区局部发育，可见小型三角洲和洪泛沉积。伴随湖盆的扩张，该沉积期的古湖岸带范围有所变窄，但在研究区的东部（渤中 36 地区）和南部（垦利 16 地区），古湖岸带的规模依然可观，尤其是在南部地区的古湖岸带中，多条河流水系的分布和大型浅水三角洲的发育，也为该地区大面积河湖交互体系砂体的沉积提供了非常有利的条件。最后，该沉积期河流主导区分布范围向研究区周边进一步缩小，主要发育在本地区的南部和东南部（图 5-36）。

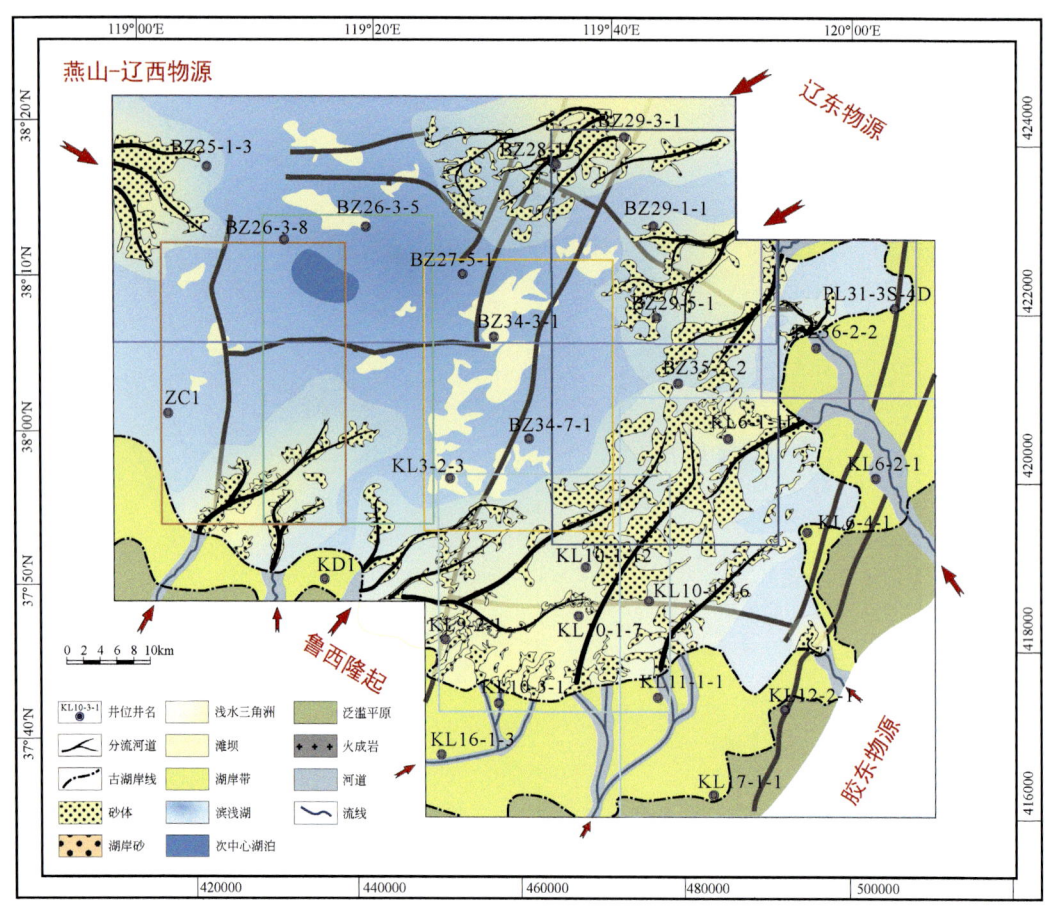

图 5-36　明化镇组下段下亚段高水位体系域（SQmL2-HST）沉积相图

5.6.4 明化镇组下段上亚段层序

1. 明化镇组下段上亚段湖扩体系域（SQmL1-EST）

明化镇组下段上亚段湖扩体系域沉积期发育的沉积体系类型主要包括湖泊、浅水三角洲和河流等。该沉积期气候温湿，河漫湖泊逐渐消失，主体湖泊区面积进一步增大，其中相对较深的湖泊区除了分布在研究区西北部外，也逐渐向渤南地区东部迁移；湖泊主体区域水体相对较深，在湖盆中央发育大面积浅湖滩坝砂。相较于早期，北东向（辽东水系）和南西向（鲁西水系）浅水三角洲的规模整体缩小，而南东（胶东水系）和北西（燕山-辽西水系）三角洲的沉积范围扩大，表现出明显的建设性三角洲的特点。该沉积期古湖岸带范围进一步变窄，河湖交互体系发育程度较低，相对发育的地区位于渤南地区南部。河流主导区分布范围较小，主要在研究区东南部（图5-37）。

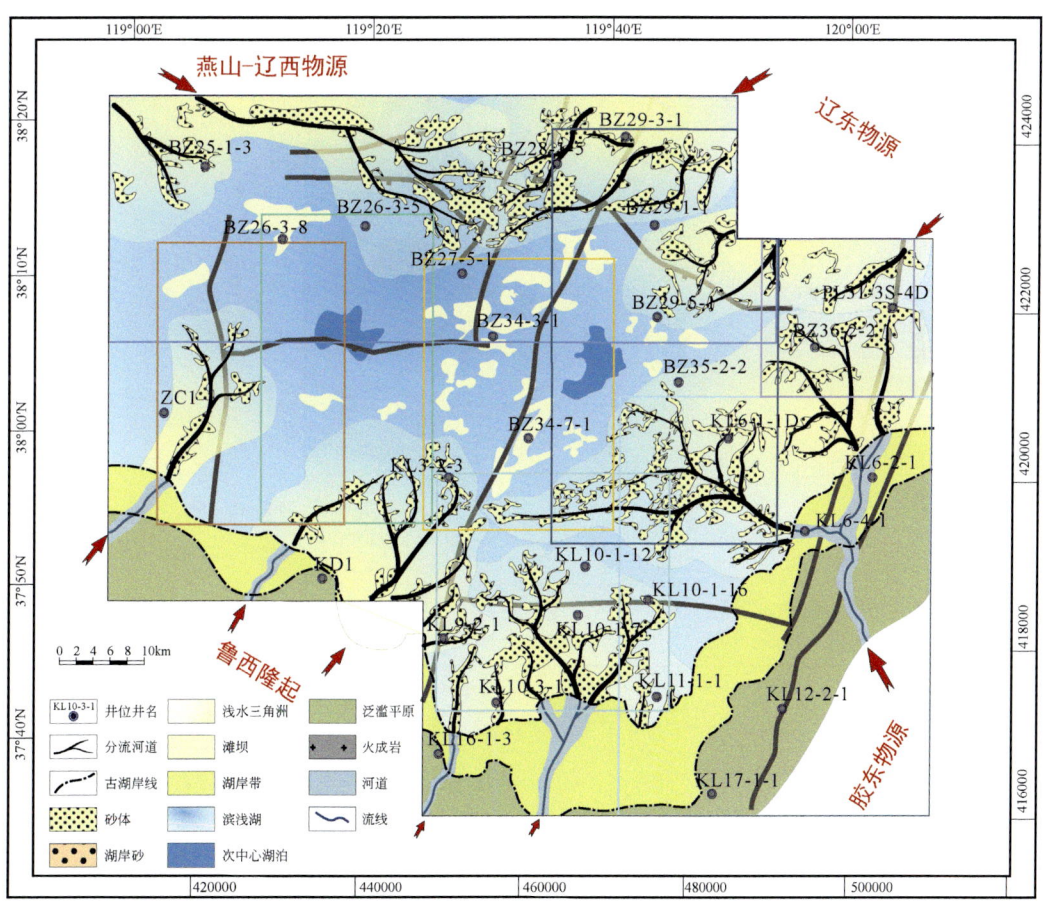

图5-37 明化镇组下段上亚段湖扩体系域（SQmL1-EST）沉积相图

2. 明化镇组下段上亚段高水位体系域（SQmL1-HST）

明化镇组下段上亚段高水位体系域沉积期的古湖泊体系和沉积相带展布继承了该层序湖扩体系的发育特征，主要沉积体系包括浅水三角洲、湖泊和河流等。该时期气候温湿，湖泊区面积较大，水体较深，主要分布在研究区中部和西部，但滩坝砂发育程度较低，浅水三角洲发育规模有所增大，环湖泊中央区分布在研究北部和东部地区；古湖岸带的河湖交互体系和陆相区的河流的发育及分布特征与湖扩体系域时期相似（图5-38）。

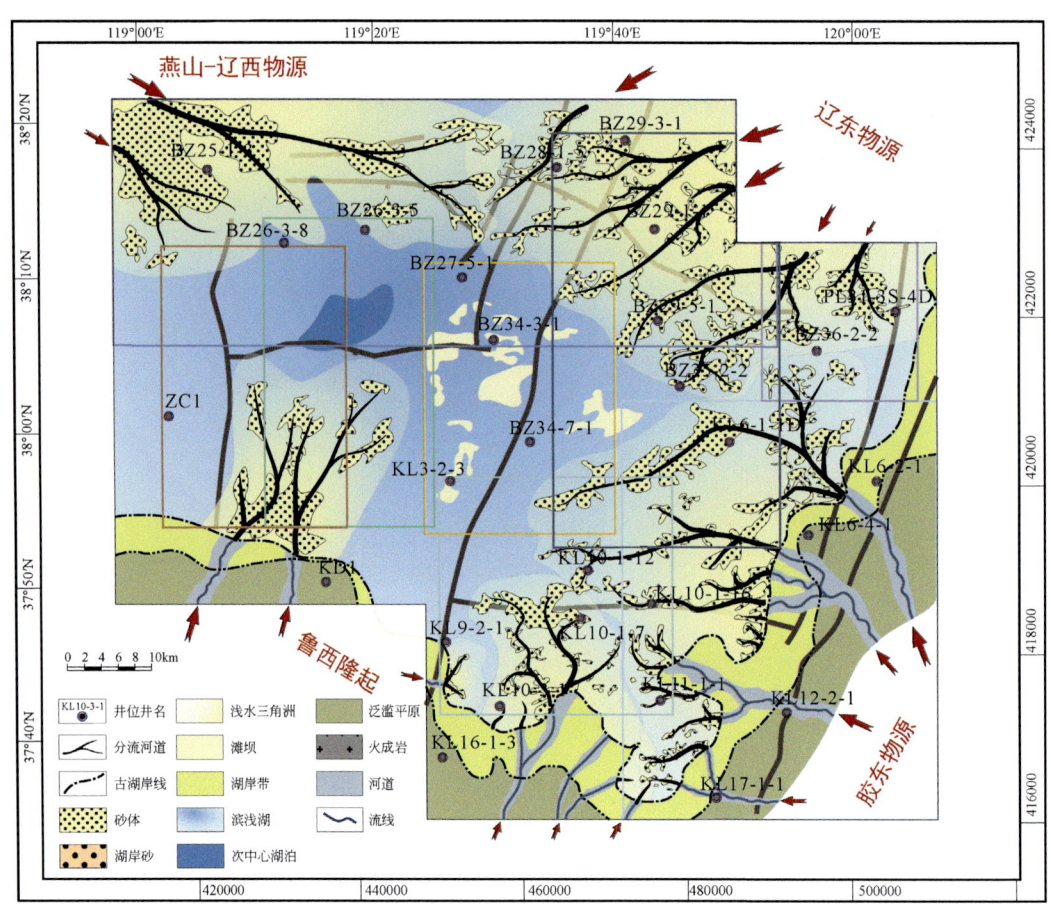

图5-38　明化镇组下段上亚段高水位体系域（SQmL1-HST）沉积相图

第 6 章　现代浅水三角洲沉积类比与水槽模拟实验分析

现代沉积能够为我们了解古代沉积体系提供丰富的沉积学样本，通过研究区实际地质情况与受人为影响较小、沉积背景相似的现代沉积进行类比，采用"将今论古"的思想，是认识深时盆地沉积过程、提取沉积信息和构建沉积模式的最佳方法。此外，对于现代沉积观察过程中的某种现象抑或是研究区的特定沉积环境及背景下的沉积，都可以借助水槽模拟实验去还原其沉积过程、沉积结果和控制因素。为此，本章将通过国内外多个现代浅水盆地的沉积调查和类比，结合基于河湖交互沉积背景下的水槽模拟实验分析，为进一步深入理解渤海海域新近系浅水湖盆的沉积特征、沉积过程、控制因素和发育模式提供帮助，为国内外类似深时盆地的浅水沉积体系的研究提供借鉴。

6.1　现代浅水三角洲沉积类比

6.1.1　国外现代浅水三角洲对比与启示

国际上对现代浅水三角洲的研究始于 20 世纪 50 年代，研究成果丰硕（表 6-1）（Reynolds，2022）。从研究结果来看，浅水三角洲沉积环境主要发育在湖盆，部分存在于海域盆地，控制水深较浅（一般为 2～9m），沉积规模不大；三角洲岩性整体较细，平面上的朵叶扇形特征明显，可分为分流河道主导型和河口坝主导型，其中河口坝主导型浅水三角洲具备向上变粗的岩相序列（表 6-1），如俄罗斯境内的 Volga 三角洲（Overeem et al.，2003）。

下面以几个典型的国外现代浅水湖泊河控三角洲为例，对浅水三角洲的发育特征等进行简要介绍，以期获得对渤海海域新近系极浅水三角洲在沉积学方面认识的启示。

1. 美国密西西比州阿查法拉亚（Atchafalaya）三角洲

该浅水三角洲于 1950 年后形成（Roberts，1998；Tye and Coleman，1989），发育在阿查法拉亚盆地 [图 6-1（a）]，水深约 3m。在 1973 年的一次极端洪水后，三角洲发育在水下（Roberts，1998）。随后的航拍图像显示，仅在几年内三角洲就发生了重大的形态变化 [图 6-1（b）（c）]。阿查法拉亚三角洲中段河口砂坝的生长表明，河口砂坝有明显的上游淤积、侧向迁移和向下游扩张现象 [图 6-1（b）（c）]。三角洲的下游以沉积物堆积为主，但上游和侧向堆积是末端分流河道泄流和沉积的主要控制因素（Olariu and Bhattacharya，2006）。

表 6-1 国外主要现代浅水三角洲研究统计

三角洲及位置	沉积体描述	环境	时代	水深/m	沉积宽度/km	粒度	文献来源
伏尔加（Volga）三角洲，俄罗斯	多个细长形次级三角洲或三角洲朵叶体	湖盆	现代	<3	220	堤岸和河道中 90μm	Overeem 等（2003）
Wax 湖，美国	湾头三角洲，中段河口坝	湖盆	现代	2	12	细-极细砂岩（河口坝沉积）	Wellner 等（2005）；Shaw 和 Mohrig（2014）
密西西比河（Mississippi）三角洲，美国	细长分流河道	海盆	现代	<9	4	—	Kim 等（2009）
奥莫（Omo）三角洲，东非	扇形，细长河道，中段河口坝	湖盆	现代	<5	31	60~200μm，紧邻河道	Butzer（1970）；Velpuri 等（2012）；Carr（2017）
圣克莱尔（St Clair）三角洲，加拿大-美国	细长分流河道	湖盆	现代	6	30	极细砂和粉砂岩	Pezzetta（1973）
卡塔通博河（Catatumbo）三角洲，委内瑞拉	细长分流河道，中段河口坝	湖盆	现代	25	16	细砂、河口坝粒度更细	Hyne 和 Cooper（1979）
萨雷卡梅湖（Sarygamysh Lake）三角洲，土库曼斯坦	细长分流河道，中段河口坝	湖盆	现代	—	10	—	—
莫西河（Mossy）三角洲，加拿大	细长分流河道，中段河口坝	湖盆	现代	12	6	极细	Edmonds 和 Slingerland（2007）；Caldwell 和 Edmonds（2014）
红河（Red River）三角洲，美国	扇形，中段河口坝	湖盆	现代	9	2	细-极细粉砂岩	Olariu 等（2012）；Huling 和 Holbrook（2016）；Howe（2017）
Cubit's Gap 裂缝三角洲，美国	细长分流河道，中段河口坝	海盆	现代	>9	18	125μm（河口坝）	Welder（1955）；Cahoon 等（2011）；Esposito 等（2013）
阿查法拉亚（Atchafalaya）三角洲，美国	中段河口坝	海盆	现代	2	12	细砂、粉砂和黏土	van Heerden 和 Roberts（1988）；van Heerden 等（1991）；Roberts（1998）
瓦尔达诺（Valdarno）盆地，意大利	末端扇、中段河口坝	湖盆	上新世	—	6~15m	粗-细砂岩	Fidolini 和 Ghinassi（2016）
Gilgal Abay 三级洲，埃塞俄比亚	分流河道	湖盆	现代	12	2	—	Kim 等（2009）；Wale（2008）
刘易斯维尔湖（Lake Lewisville），美国	分流河道	湖盆	现代	4	0.6	—	Huling 和 Holbrook（2016）
格雷普韦恩水库（Grapevine Reservoir），美国	分流河道	湖盆	现代	5	0.4	砂岩（河道），粉砂岩（堤岸）	Tomanka（2013）；Howe（2017）
肯普湖（Lake Kemp），美国	分流河道	湖盆	现代	6	0.35	—	Huling 和 Holbrook（2016）

在阿查法拉亚三角洲顺物源方向的剖面中,向盆地方向呈现出向前进积的沉积序列,其中靠近物源区(河口)沉积了较厚的沉积物,被解释为砂坝在向上游生长过程中形成的[图6-1(a)]。在三角洲的横截面,发育具有向上变粗的沉积旋回(van Heerden,1983;van Heerden and Roberts,1988),由于该剖面位于上游地区,主河道内部堆积的沉积物可能因为长期的水流侵蚀作用而较薄,较厚的沉积物主要集中在分支河道和河口坝,具有透镜状外形,向两侧呈明显的双向前积叠置样式[图6-1(b)]。整个三角洲形成的表面斜率较为平缓,向上游倾斜的斜率一般为0.001(1m/km),而向下游倾斜的表面斜率为0.0005(0.5m/km)(图6-2)。通过连续的航拍图像观测,以及对末端分流河道的连续水深测量,可见分流河道被填满,末端分流河道非常浅,水深不到2m,宽度与深度之比为几百倍(Olariu and Bhattacharya,2006)。

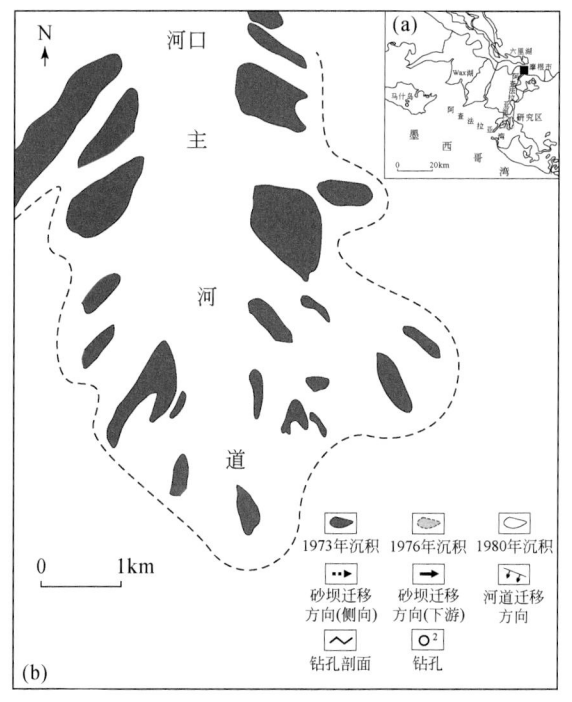
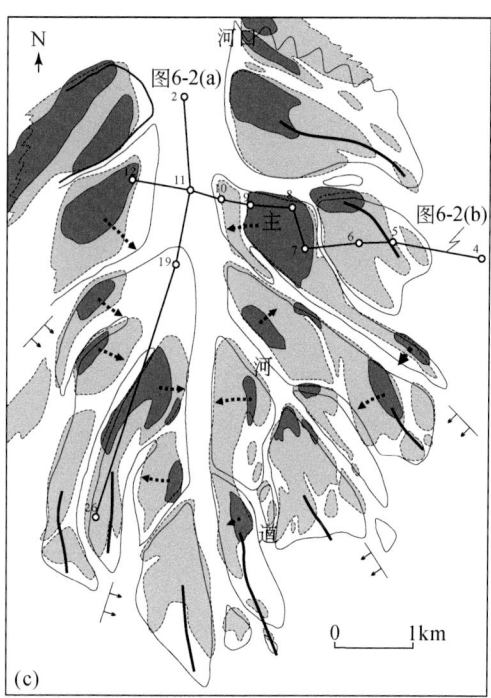

图6-1 阿查法拉亚河三角洲发育位置(a)、1973年三角洲特征(b)和分流河道及河口坝发育演化历史(c)(修改自van Heerden,1983)

末端分流河道形成的循环模式是重复的,但没有发生较深的"主干"河道的推进或切割。阿查法拉亚浅水三角洲朵叶体演化分为四个阶段(van Heerden,1983;van Heerden and Roberts,1988;Roberts,1998):①前三角洲和远端坝的形成;②分流河口坝和水下堤的形成;③陆上堤岸的形成和河道的延伸变长;④上游堆积和朵叶体的融合。

从1973~1982年的三角洲演化过程来看,1973年河口沉积物因为洪泛而形成于水下,河口和分流河道沉积规模较小,为浅水三角洲发育的初期[图6-1(b)]。到了后期(1976年、1982年)强水流所挟带的沉积物通过主干分流河道以及决口后形成的分支主河道等不断向盆地方向推进并堆积,使得三角洲朵叶体不断向盆地扩张,三角洲的规模扩大,由多个分流道和河口坝构成［图 6-1（c）］。其中，较强的水流作用控制了主河道不断向湖盆延伸，次要分支河道的延伸距离相对较小。

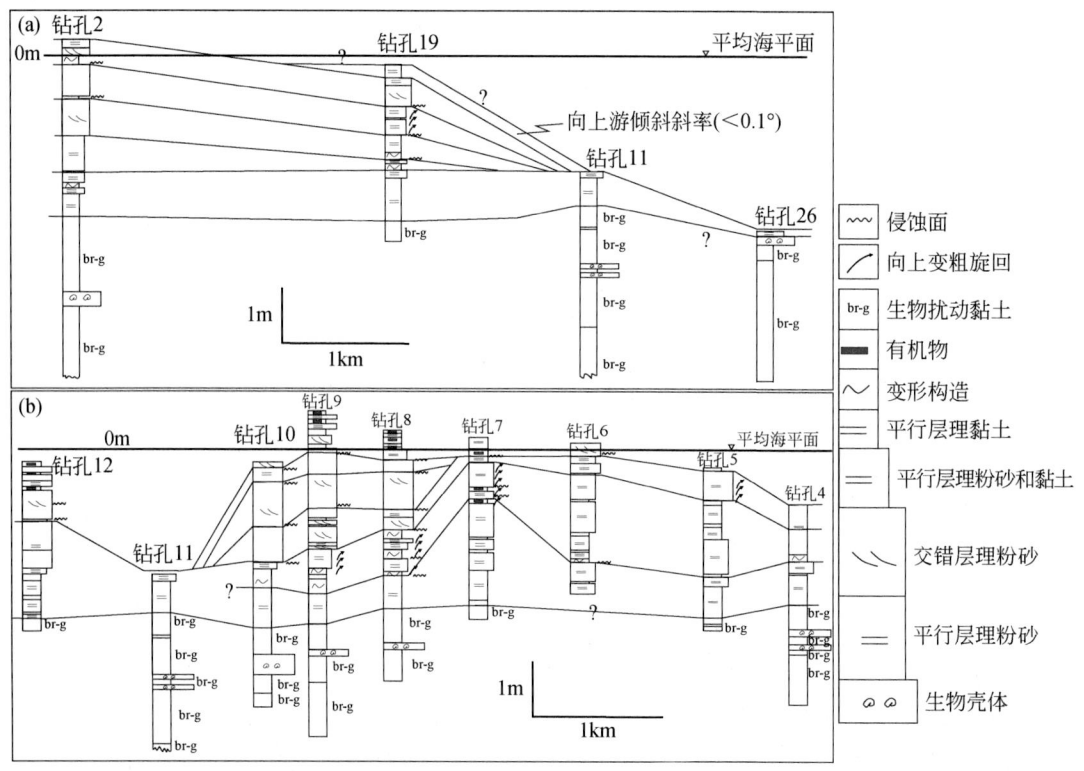

图 6-2　阿查法拉亚河三角洲顺物源方向（a）和垂直物源方向（b）取样剖面（修改自 van Heerden，1983）

2. 东非奥莫三角洲

奥莫三角洲发育在奥莫浅水湖盆，位于东非埃塞俄比亚和肯尼亚交界（4°26′38.51″N，35°59′13.39″E）。奥莫湖湖水深度较浅，一般小于 5m，三角洲以分流河道为主，分流河道向盆地方向的延伸距离较远，在三角洲中部主河道两翼发育河口坝沉积，整体上呈枝状扇形展布（图 6-3）（Butzer，1970；Velpuri et al.，2012；Carr，2017）。2001 年以后，受湖平面升降的影响，奥莫三角洲的三条主要分流河道都发育了具有相同的、三期递进的、不同规模的河口沉积［图 6-3（a）］。

2002~2004 年期间，湖泊水位下降，在主分流河道两翼形成了扇形沉积物。早期沉积物的特征不太清楚，沉积规模（厚度）较小，以呈发散状分流河道组合为主；沉积中晚期，伴随河道逐渐形成，在水动力条件控制下，逐渐形成了一个更大的、河道规模明显的中央河道，该河道穿过扇形沉积物区，直接流入下一个地势相对较低的区域（Reynolds，2022）。

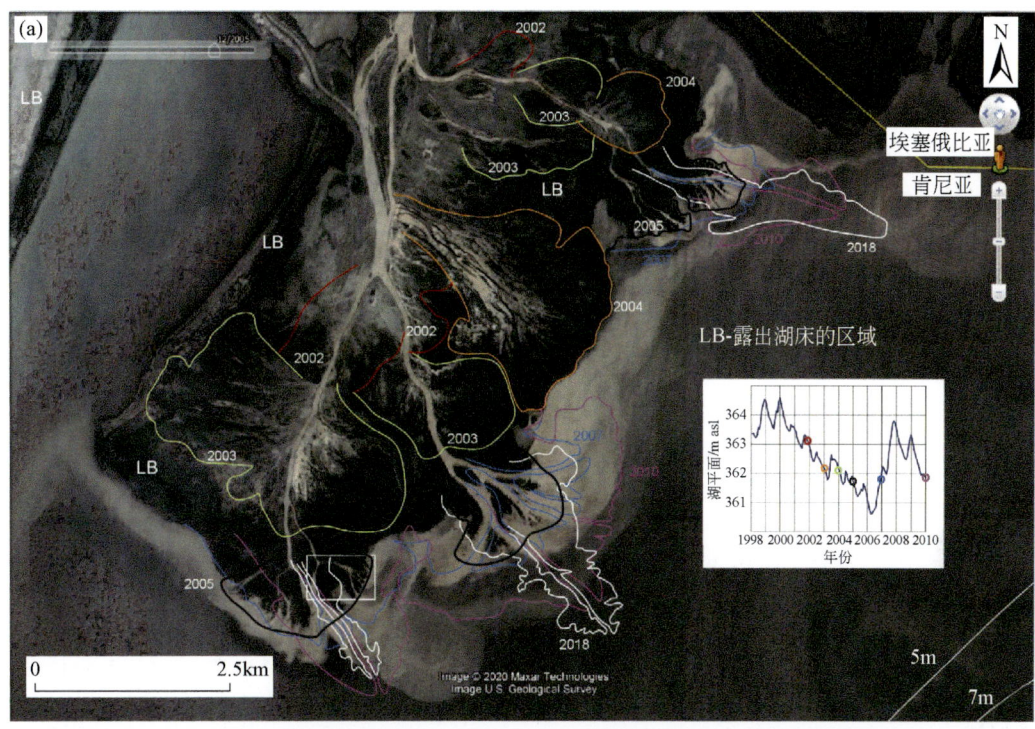

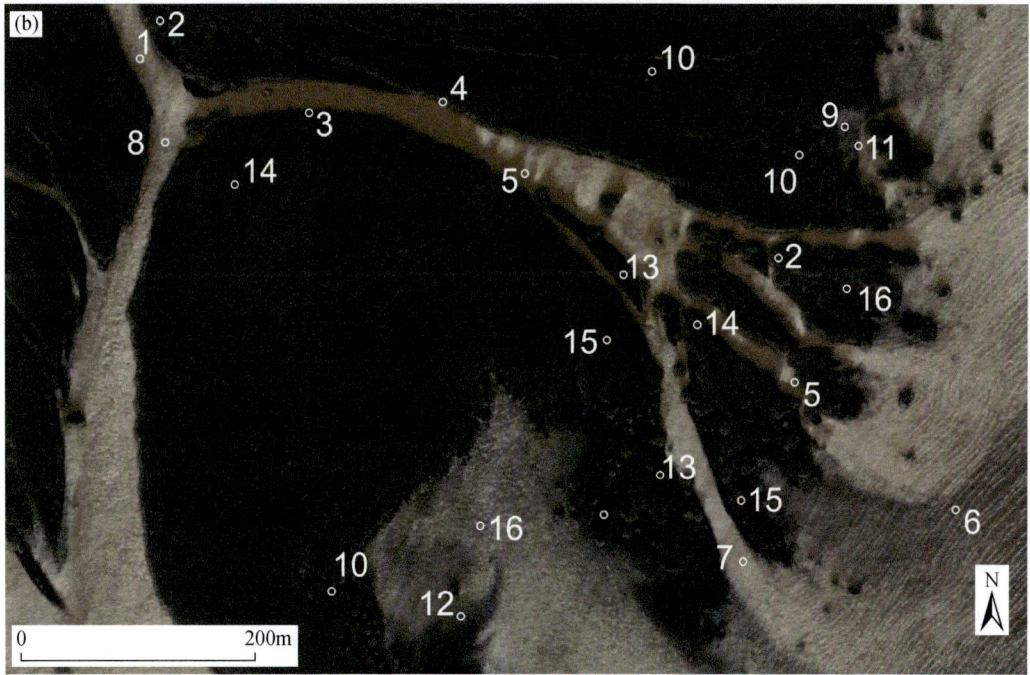

图 6-3 奥莫三角洲多期滨岸线和三角洲发育特征（a）及 2005 年奥莫河南水下河口坝和分流河道分叉的详细解剖（b）（修改自 Reynolds，2022，水位曲线来自 Velpuri et al.，2012，水深曲线来自 Carr，2017）

2005~2007年期间,奥莫湖的卫星图像特征表明,三角洲扇形沉积物是发育在水下,与陆上末端扇的形成环境有明显差异。该时期湖平面上升,是三角洲朵叶体发育的高峰期,主要发育中段河口坝和分流河道,河道具有分叉特征,在整体湖平面上升的过程中,分流河道的延伸作用占主导[图6-3(b)],2007年后的水下分流河道发育的特征尤其明显(Butzer,1970;Reynolds,2022)。

3. 国外现代沉积对渤海海域新近系浅水三角洲研究的启迪

阿查法拉亚三角洲发育的地貌及古水深背景与渤海海域新近系浅水三角洲十分接近,坡度上甚至更缓。由于缺乏气候数据,无法从气候变化、水深波动等因素对浅水三角洲朵叶体演化方面进行对比分析。但从阿查法拉亚三角洲的发育演化、水深范围及平面展布模式来看,与渤海海域明化镇组下段低水位时期以朵状为主的三角洲分布特征极为相似,反映了持续性物源供给和低可容空间条件下三角洲的分流河道、河口坝的全湖泊沉积过程。只是渤海海域新近系的物源供给更充分、母岩造砂能力更强,所形成的三角洲沉积物粒度更粗。同时,可能因为渤海海域新近纪水系多且河流具有更强的建设性,较大的径流量、较高的流速和较强的水动力对先存河口坝的改造作用导致研究区河口坝不发育,与阿查法拉亚三角洲有差异。

尽管以奥莫湖为代表的浅水三角洲的沉积物粒度较细(河道边缘沉积物粒度一般为60~200μm),但是该类三角洲的极浅水环境、低位期扇形特征和高位期分流河道主导的沉积模式与渤海海域新近系有明显的相似之处。特别是通过奥莫三角洲发育过程所揭示的分流河道分叉机制和模型,以及在湖平面升降过程中浅水三角洲的分流河道、中段河口坝的演化过程等尤其值得关注。

国外现代浅水三角洲分流河道分叉驱动模型研究表明,在整体坡度较缓、湖水较浅的大背景下,高惯性射流作用、水下堤岸的阻挡作用以及河口砂坝的迁移过程等是浅水三角洲分流河道网发育的主要控制因素。在高惯性射流中,当支流流量最小或减少时,主河道则不断延长。例如,在那些典型的分流河道中,建设性的堤岸阻止了分支支流,排水(排泄)集中在一个主要的河道网中(如系列次级河道,次级河道网络,或被废弃的朵叶体)。当流量增加时,会导致更深更有效的河道产生,形成延伸更长的河道网和更长的朵叶体。因此,对分支河道分叉模型的机制研究,在为本书后面介绍的水槽模拟实验提供借鉴的同时,对于进一步探讨渤海海域新近系浅水三角洲的形成过程及控制作用具有十分重要的参考意义。

遗憾的是,上述这些研究大多集中在浅水三角洲的发育特征、相序组成及沉积动力学背景上,而有关河湖交互体系及大面积砂体的分析几乎很少涉及。

6.1.2 国内典型现代浅水三角洲对比与启示

1. 鄱阳湖

鄱阳湖是我国长江中下游的重要分支,也是长江流域的重要湖泊,为中国第一大淡水湖,湖泊具有三个重要性质:过水性、吞吐性以及季节性。湖泊位于江西省北部,地处九江、南昌、上饶三市，南北长110km，东西宽50～70km，北部较窄，仅有5～8km。鄱阳湖为连河湖，周围水系广布，赣江、抚河、饶河、信江、修水等五大江河流入该湖，北部与长江相接，洪水季节鄱阳湖水汇入长江，枯水季节可出现江水倒灌鄱阳湖，是典型的吞吐型湖泊。湖泊水浅坡缓，平均水深8.4m，湖底坡降1/1000～2/1000。湖泊面积随季节变化很大，洪水期面积达4647km^2，枯水期面积仅有146km^2，"洪水一片，枯水一线""高水是湖，低水似河"可以形象概括其水位变化特征。而渤海新近系湖盆萎缩期整体沉降缓慢，具有盆大、水浅、坡缓、多水系和古湖岸带明显的特征，与鄱阳湖的相似性较高，因此研究鄱阳湖现代沉积特征，对理清渤海新近系沉积发育特征和沉积演化模式具有重要参考意义。

鄱阳湖洪水期一般出现在3～7月，平水期一般出现在7～10月，枯水期一般出现在10月～次年3月（王军等，2017）。据此收集了鄱阳湖各时期遥感卫星图像，重点截取湖平面上升至最高及下降至最低位置时图像，并绘制鄱阳湖四季湖岸线，识别洪水—平水—枯水线。图6-4（a）为洪水期图像，可以明显看到地区分水上和水下边界，进而划分河控主体区（即陆相区）与河湖交互区；图6-4（b）为枯水期图像，通过识别湖岸线的迁移变化，并在湖平面下降到最低位置时划分出湖泊主体区与河湖交互区的界线。因此，在一个完整的湖平面升降周期内，以洪水—平水—枯水线为界线，浅水背景鄱阳湖盆从盆缘到盆内，会依次发育河控主体区（A区）、河湖交互区（B区）、湖泊主体区（C区）三个区带。

A区始终位于洪水线之上，即使湖平面上升到最大，该区仍处于陆上暴露状态，主要发育河流体系；B区处于洪水线（最大洪泛面）与枯水线（最小洪泛面）之间区域，即湖平面上升到最大和下降到最小所控制的区域，该区在洪水期被湖水覆盖，在枯水期处于陆上暴露环境，平水期伴随湖岸线[如图6-4（b）中绿色、黄色虚线所示]的迁移变化处于河湖频繁交互环境，河湖交互区周期性被湖水淹没，以河流与湖泊复合沉积为主，属于过渡沉积体系；C区处于枯水线之下，即使湖平面下降到最小，该区始终处于湖盆水体覆盖区，以湖泊沉积为主。

河控主体区（A区）位于洪水线之上，主要受赣江为主的河流作用，发育稳定继承性的平直骨架水系，垂向序列呈富砂贫泥组合特征，沉积物以砾、含砾砂、砂为主，垂向上具有正韵律（段冬平等，2014）。受季节性气候变化，湖平面的变化幅度大，枯水期水位最低时河床大面积出露，以平直的骨架水系输导搬运沉积，水体分隔不明显，存在相当少数的孤立点状水体，发育为河床滞留沉积，沉积物砾石直径为2～5cm，次棱角状-次圆状，定向排列；随着水位上升，向上逐渐变为边滩沉积。边滩沉积主要由砾、含砾砂、砂组成，受水位变化影响呈台阶状分布，大部分时间出露在水面之上。在洪水期表现为多支水系的充注，多发育泥裂、沉积河床滞留的砾石等，砾石直径为0.2～3cm。

河湖交互区（B区）形成于河流和湖泊过渡的浅水环境，伴随基准面或湖平面的频繁迁移、摆动，发育了一套周期性交替出现的河流、湖相沉积物。整体沉积特征复杂，沉积物以砂砾、中砂、细砂、泥为主，颜色多呈现土黄色、灰色等复合色，发育泥砾等沉积构造。在季节性出露水面的湖底部分，发育棕黄色黏土夹薄层粉砂的表层沉积物，常见氧化作用形成的棕红色铁质斑纹（梁耀欢等，2016）。该区迁移性水体分隔作用强烈，在洪水期表现为湖泊环境，水量充足，分支水系在水下迁移摆动，呈席状连片特征[图6-4（a）]，发育前缘朵状砂、席状改造砂与湖泊泥岩,在枯水期敞开式出露,水量供应少,不能形成稳定连片的水系,仅存在3~4条主要的骨架水系,且多侧向延伸引起分支和分叉,形成多个分隔的水体,呈现多支条带状或点状展布[图6-4(b)],发育主要的河道砂、前缘朵状砂沉积。

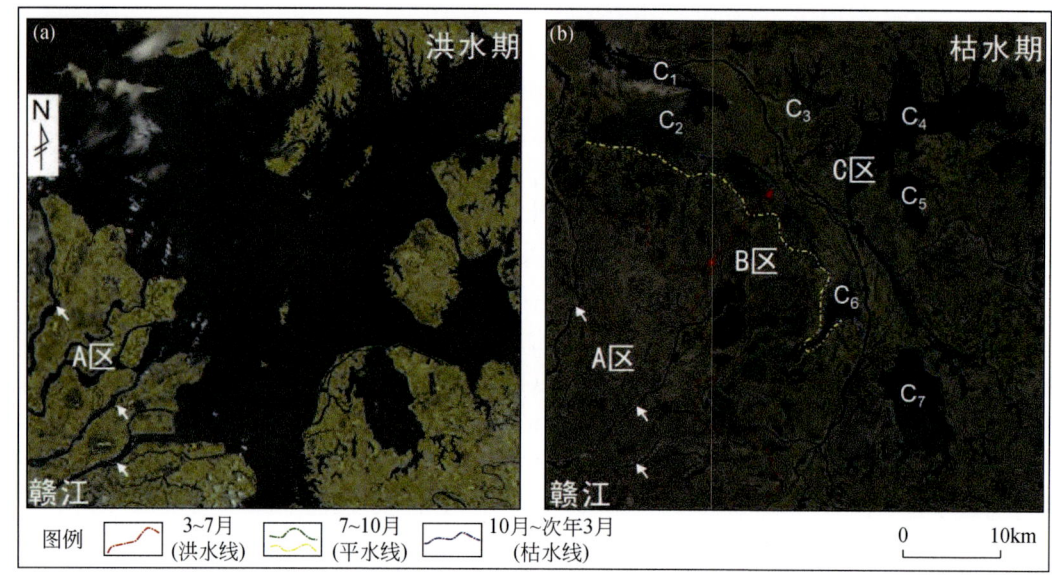

图 6-4　鄱阳湖洪水期(a)、枯水期(b)河湖交互单元划分

湖泊主体区(C区)位于枯水线之下,常年水位较高,发育稳定的湖相沉积。在洪水期整体没于水下,湖区连通,形成大的连片水体,发育稳定的湖泥沉积,以灰色、浅灰色块状泥岩为主,但仍受河流惯性运动影响(金振奎等,2014),带来呈悬浮状态搬运的泥和粉砂,局部发育粉砂质泥夹薄层粉砂,偶见水平层理,无明显粒序,整体反映水体能量较低[图6-4(a)]。

鄱阳湖分布的三个区带与渤海海域渤南地区新近系古湖泊所划分的陆相区(河流主导)、古湖岸带(河湖交互体系)和湖泊区(浅水三角洲主导)基本上是一致的,各个区带的沉积特征、沉积相类型与渤海之间具备较好的可比性,因此鄱阳湖现代沉积的调查对于渤海海域新近系沉积学研究具有十分重要的参考价值。但同时也要看到,鄱阳湖过水性、吞吐性的特征,与渤海新近纪古湖泊性质是否一致值得关注,本书在古环境分析时曾提出渤海新近纪可能存在湖泊敞流的特征,但是吞吐性是否存在可能与鄱阳湖有所不同;此外,渤海海域与鄱阳湖在纬度上的明显差异,导致二者之间必然存在区域气候条件的不同,这也是对比过程中必须考虑的因素之一;最后,鄱阳湖现代沉积考察更多地关注湖盆水体变化、湖盆分区以及各区的沉积特征,有关沉积过程、形成机制等方面的研究亟待进一步深入。

2. 海拉尔湿地

海拉尔盆地隶属于内蒙古自治区呼伦贝尔市,地理位置分布于 119°28′E～120°34′E,

49°06′N～49°28′N，盆地东西长 77km，南北宽 40km，面积 1319.8km²，是一个典型的小型断陷湖盆，具有物源多而短、相变快、相带窄、多沉积中心等特点。现今的海拉尔盆地已经处于充填的末期，具有强准平原化特征，构造活动并不强烈，坡降小而物源搬运距离远。上述这些盆地特征与渤海新近系盆地性质有相似性，同时都处于我国北方地区，对于分析渤海海域河道沉积特征及其演化过程具有参考意义。

海拉尔具有典型的中温带半干旱大陆性草原气候，由于地处纬度偏高，远离海洋且受大兴安岭的屏蔽作用，湿润的海洋气团难以进入，因此整体气候表现为干燥少雨、蒸发量较大的特点，导致整个地区河流流量小、植被单一，局部出现沙漠化的特征。

在海拉尔大的干燥气候背景及海拉尔盆地沉积平缓地貌格局的控制下，海拉尔湿地表现为水流量少、坡降小、水体能量小等特点，其河流类型为局限的流河，具备曲流河的典型特征。曲流河一般呈现单河道，且弯曲指数大于 1.5，其河道坡缓流量稳定，河道内水静且缓，搬运形式以悬浮负载和混合负载为主，沉积物较细，点砂坝特别发育。河流的摆动主要是以凹岸的侧向侵蚀和凸岸的加积作用而形成的侧向迁移，这种摆动的最终结果是形成牛轭湖，而有些则是形成河曲痕，河道带内河曲痕非常发育，可见在准平原化阶段河道的频繁侧向迁移。河道带内与河道带外在图片上区别显著，这与其植被发育关系密切。河道带内的泛滥平原上常发育大大小小的湖泊与沼泽，这些对于涵养水源有着至关重要的作用，因而其上植被发育，而河道带外部则由于缺水而不发育草场甚至出现沙漠化。在河流入湖部位，河道的下切及侧向迁移并不明显，湖沼众多，水流连片，明显的三角洲沉积并不发育，以细粒的泥、粉砂沉积为主，并且有机质丰富。

总体来看，海拉尔盆地在准平原化盆地充填末期，由于侵蚀与沉积基准面基本一致，河流能量较弱，极少发育决口扇或者溢岸沉积，河流以侧向迁移为主，发育点砂坝，湖陆过渡不明显，三角洲并不发育（图 6-5）。

图 6-5　海拉尔河野外照片

6.2 河湖交互背景下水槽模拟实验

河湖交互沉积从其沉积背景上看，应为河湖环境的交互造成的一种沉积结果，然而河湖交互的形成背景及沉积特征又有所不同。在现代湖泊考察的基础上，利用水槽沉积模拟，通过对沉积条件的约束，再现沉积过程，分析不同沉积条件下沉积响应特征，查清不同因素对沉积的控制作用，进而弄清不同沉积体成因机理及其控制因素，明确其连续演化特征和发育模式。

针对渤海海域新近系的地质情况，设计了五组水槽模拟实验（表6-2），水槽模拟采用长江大学活动基底沉积模拟实验平台完成。下面重点介绍湖平面周期变化河湖交互演化模型和基于多级坡折带背景下河湖交互体系-浅水三角洲演化过程模型。

表 6-2 河湖交互水槽实验模型简介

模型序号	模型名称	地貌特征	沉积供给特征
1	河湖交互分布常规介质沉积载荷模型	①弯曲河道；②较深河道；③河道间预设湖泊	砂质为主，辅以泥质
2	河湖交互分布轻介质沉积载荷模型	①弯曲河道；②较深河道；③河道间预设湖泊	以轻质煤灰组分为主，间以砂质
3	决口河道与洼地模型	①山前扇体；②点状物源；③扇后平地	砂质为主，辅以泥质
4	洼地扇体系模型	①顺直河道；②较浅河道；③河外局部洼地	砂质为主，辅以泥质
5	低洼地河流模型	①顺直河道；②较浅河道；③低洼河谷；④谷外洼地	砂质为主，辅以泥质

6.2.1 枯水-洪泛周期变化下河湖交互体系发育过程模拟

实验初始模型为顺直河，河道较浅，河道外部有局部洼地（浅水湖泊），物源供给以砂质为主，辅以泥质沉积物。本实验通过10个小水流量和大水流量周期的反复模拟，主要验证在多期枯水-洪泛条件下，湖平面波动对河（曲流河）、湖（浅水三角洲）宏观格局的影响，同时对河流发育的演化控制因素进行分析。

1. 实验过程

实验开始时，以小流量进行模拟，水流在河道内流动，沿河道侧缘产生侵蚀和堆积，形成的堆积物主要发育于河道中部和近凸岸部位。而侵蚀发育不是很明显，主要发育于凹岸的上洲部位。随着模拟的进行，河道内的堆积物逐渐与凸岸河床连接，形成砂坝的形态。该阶段的模拟主要体现了陆上河流的初始形成。

5小时后，改为大水流量模拟，此时水流充满河道，对河岸具有更强的冲蚀作用。先是在河道的左侧形成了决口，大量的水流由决口溢出河道，在外部低洼地汇聚。同时也有大量的泥砂在岸后地区沉积形成扇体，扇体规模随着水流的溢出而逐渐变大，向外扩展，形成伸长状的朵叶体。在朵叶体外部的低洼区，水流汇聚，形成小型的湖泊。该阶段洪泛期呈现出河流、扇状朵叶体及浅水湖泊共存的特征。

大水 5 小时后改为小水流量模拟，此时河道内水位下降，水流减弱，对岸的侵蚀减弱。水流集中于河道内的、相对较低的、局限的河道内流动。决口处水流不再溢出，水流所挟带的沉积物逐渐将决口堵上，河水停止外溢后，扇体停止发育，同时岸后低洼处的水体也逐渐干涸，湖泊消失。随着模拟的进程推进，河道弯曲度加强，逐渐向侧缘摆动，河道内的砂坝进一步加大，并向下游方向迁移。

小水 5 小时后再进行大水模拟。此时河道重新被河水充满。在满岸河水的条件下，局部河水开始从河岸漫溢出去，在河间形成大量的积水，河间成为积水洼地。随着模拟不断进行，在右侧河道边部形成决口，河水大量由此决口溢出。该决口位于河道河湾的下游方向，与河道上的流向基本一致，为河道能量集中部位。决口一旦形成后，河水主要由此口流出，河道内的流水量快速减小，而流水主要集中于决口部位，在决口外形成一明显的决口水道，在水道外部则形成扇形堆积体。在扇形堆积体外，水流分散，漫流于较低洼区，形成一定区域内的积水和浅水湖泊。随着模拟进行，汇水区的水深加大，呈现出较大面积的湖泊特征，原扇体表现为三角洲的沉积。同时还发现，在汇水区向下游方向，随着地貌的变化，水流又进一步汇聚，形成新的河道，尽管河道水体较分散、流速较慢，但明显具有渠道化的特征，在局部水流流速较大的部位，水流具有冲蚀能力，形成下切作用，沉积物进一步在河道前端水流较弱的地方开始堆积，但堆积规模较小，不能形成扇体。下切的河道规模较小，深度多在 0.5cm 以下，宽度也不足 2cm。

大水 5 小时后再进行小水流量模拟，此时水流量下降后，水流局限于河道内的低洼河床部位，原决口位置逐渐被填平，水流主要在原主河道内流动，挟带的沉积物在决口部位河道砂体位置汇集，并将决口完全堵上，且伴随水流的流动造成河岸的侵蚀和河道内砂坝的进一步发育，使得河道的弯曲度增大，且河曲位置也产生明显的迁移。

小水模拟 5 小时后重复进行大水模拟，如此反复模拟 10 个周期，最终形成了曲流河、河湖交互体系及部分浅水三角洲共同发育的结果（图 6-6）。

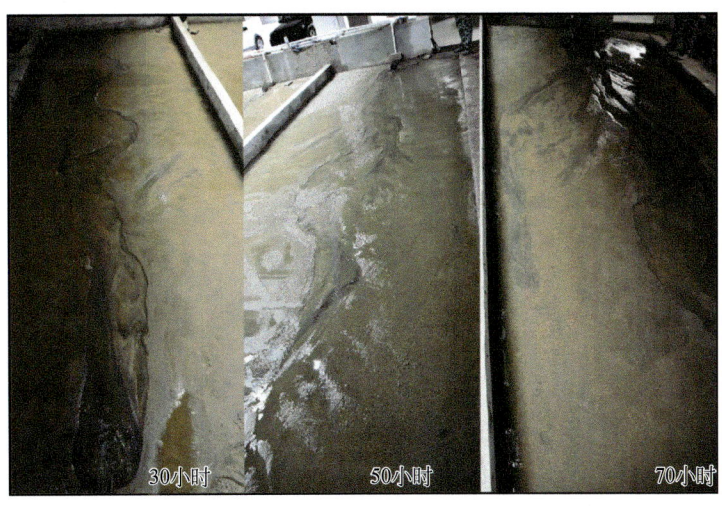

图 6-6 基于决口河道与洼地模型的模拟实验过程

2. 模拟结果与讨论

1）河湖交互体系演化机制分析

对于不同坡度下的沉积特征，实验室模拟表明其影响比较有限，可能是因为实验模拟的时间尺度无法与实际地质历史时期相比拟。通过实验模拟，受时间限制很快形成了基于沉积的自然坡度，这一坡度受控于河流的供水面以及其下游的基准面，不管原始坡度如何，很快便会形成这种自然坡度，从而使其具有均一化的特征。从实验模拟结果看，尽管坡度不能对整个曲流河形成、演化造成明显的影响，但地貌在平面上的变化却对河流的发育具有明显的控制，主要体现在当地貌出现差异时，更有利于形成决口体系，从而使河流和河湖交互体系复杂化。当地貌相对均一时，一般难以形成明显的决口，即便有溢流产生，也很难汇流形成扇体，因此在洪泛高水位期多发育河道沉积为主的河湖交互体系和浅水三角洲。当然在形成的决口体系中，流量的周期性变化或极大洪水的存在也是一个重要原因，若不存在周期性的洪水，仅有小流量的水流作用，则很难决口形成决口体系。

沉积物供给的粒度对河道（包括分流河道）的形态和点坝的发育也具有较大的影响。在实验室条件下，仅由均一细粒粒径（细砂）构成的沉积物供给不能形成较好的曲流河及曲流点坝，而只有在含有一定量的粗粒成分后方能形成典型的曲流河。这可能与细粒沉积和实室水流条件下细粒之间的内部作用力相对较大有关，这种作用力在一定程度上减弱了水流对单个颗粒的作用，从而导致粒间的作用力显著增大而改变了流动动力的原因。

同时，洪泛期强水流作用是导致河道延伸最重要的控制因素。实验观察的河道延伸现象与国外大量现代浅水三角洲分流河道分叉模型及机制的认识基本相同，充分体现了在高惯性射流条件下，流量的增加对更深、更有效的河道和更长的河道网以及朵叶体的发育具有明显的控制作用。

此外，在实验室内可模拟出典型的曲流河及点坝，以及河流的侧向迁移过程。点坝形成的凹岸侵蚀和凸岸沉积这一基本规律在实验室可以看到，但点坝的形成与原来的认识也有所不同，在凹岸侵蚀后，沉积物并不一定是完全的凸岸沉积，而是沿着侵蚀的河道随主流线向下游搬运和对岸连续沉积。当河道内的水流较强时，水流将沉积物直接由凹岸带到对岸，并随水流流速下降而沉积下来，但是当水流流速降低时，沉积物可以在河道中间沉积，或由凹岸沿河道中心延伸到凸岸。因此，曲流河点坝的形成，可能与较大的流速有关，若流速不足够大，可能形成不了传统的点坝体，而有可能形成狭长的河道内的平行于河岸的坝体，类似于纵坝。再者，对模拟实验点坝的形态观察表明（图6-7），在曲流河内，点坝并不是我们所期望和表述的那种理想的半环状由凸岸一环环地向凹岸迁移，并形成平行环头结构，而是在不同时期形成了不同的结构特征。在连续的水流变化过程中，点坝体多表现为向下游沉积的情况，从而形成由凸岸向凹岸和下游迁移沉积的结构。而这种结构发育到一定程度后，点坝体发生局部的废弃，或在点坝的顶部可能会有新的点坝侧积体，而新的侧积体与原点坝之间大多具不同的加积方向和外部的几何形态，从而致使点坝形成了一种多种方向、多种形态拼合的组合样式。

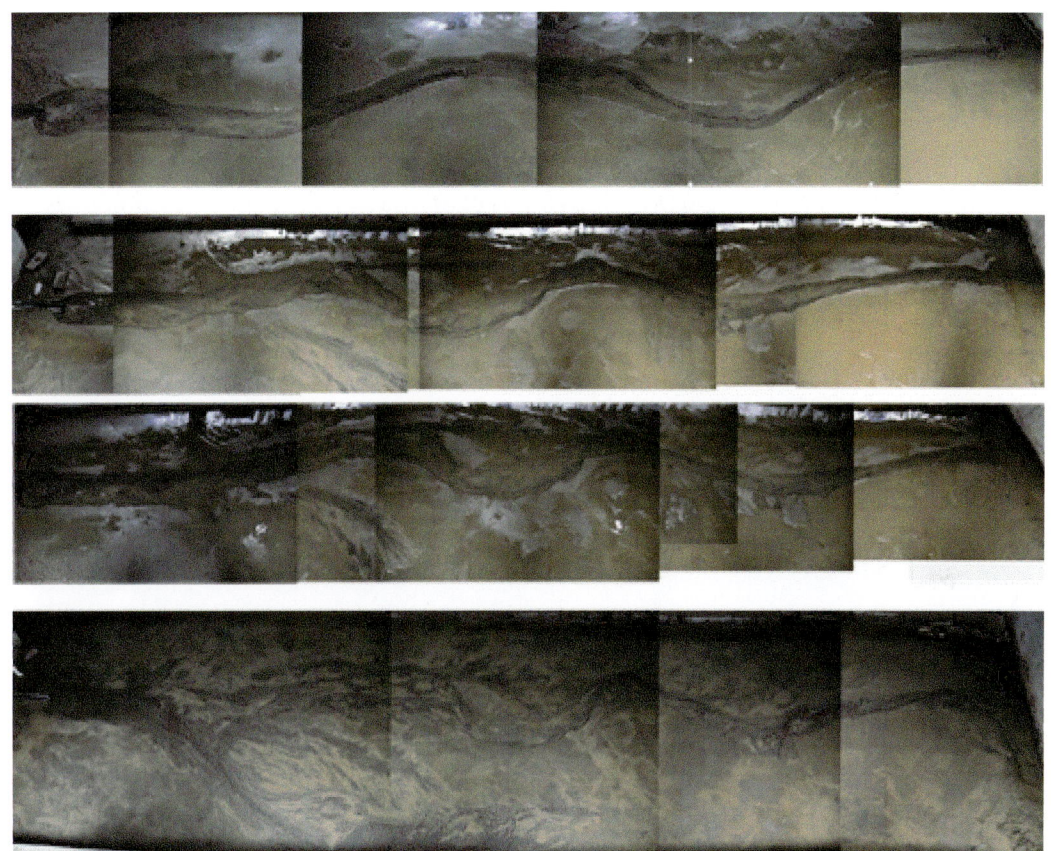

图 6-7 不同时间曲流河及点坝模拟实验照片

对于点坝形成的多样性，除了前面提到的差异性水流速度和弯曲度等控制条件外，河道的深度可能也会对点坝的发育产生影响。但同样受实验室内条件的限制，模拟过程中只能考虑较浅的水流和较小的流速，而对于高流速和较大水深条件下的沉积模拟难度较大。实验中采用极弱水流量模拟，往往难以形成点坝，即便是在实验室内采用较深水深时，也无法还原形成河岸的有效迁移和较大规模点坝，仅是在河床上模拟出类似于点坝的沉积，这或许还与实验室内物源物质的设置和砂体整体搬运的状态有关。在自然河流状况下，水流中有大量的悬移质，且水流呈现出湍流状态，大量的泥砂混在河水中，从而使得在近岸位置上表面形成沉积，特别是在洪水期，其沉积更为明显。而在实验室条件下，尽管水流的湍流可以模拟实现，但水体仅在底部有泥砂的挟带，水体的上部并不能挟带泥砂，因而只能在底部搬运，这点与实际的河流有较大的差别，从而导致在较深水的情况下难以形成砂坝，或砂坝的规模不能与河道的深度相匹配。

2）模拟结果对渤海海域新近系河湖交互体系的启迪

模拟中设置的小水流量和大水流量 10 个周期，代表了多期的枯水—洪泛条件下的湖平面升降过程。小水流代表了枯水期，以河流发育为主，大水流代表了洪泛期，湖平面上升，可形成河流、河湖交互体系和小型湖泊，而多期河湖交替发育的过程及其最终呈现出的沉积格局，恰恰与渤海海域新近系浅水沉积体系的特征一致。其中，洪泛时期水流量增加，湖平面上升,河流不断为汇水区提供沉积物,河流决口形成的扇体以及低洼小型湖泊、大面积汇水区扇体形成及后期的浅水三角洲沉积等,都具有明显的河湖交互体系的特点。

实验的中后期,伴随曲流河形态越来越明显,洪水期河流在凹岸易于决口形成决口扇,沉积物主体还是通过初始河道向前输送,岸后河漫滩的水流分散成片,沉积物相对较少,且低洼处可形成河漫湖泊。沉积枯水期扇体出现叠覆,扇体表面布满水体,并可形成小型河道向前输送砂体。稳定期水流持续稳定,可见河漫滩之上有下切河道出现(图6-8)。实验结果所呈现的地貌单元有河道、决口扇、河漫滩、河漫湖泊、下切河道(图6-8),这与渤海海域渤南南部KL10地区和东南部馆陶组晚期和明化镇组早期的古湖泊单元与沉积特征相似(图5-33～图5-35),河流仍是砂体搬运通道和沉积场所,河漫滩沉积则相对较少且薄,这与水体分布及其变化有关,洪水期水位较高,河漫显著,河道及河漫滩都均匀沉积砂体,后期水流量变小之后,大部分水流被河道局限,只有少量水体通过决口扇表面分流进入河漫滩,带来少量砂体沉积于河漫滩之上。

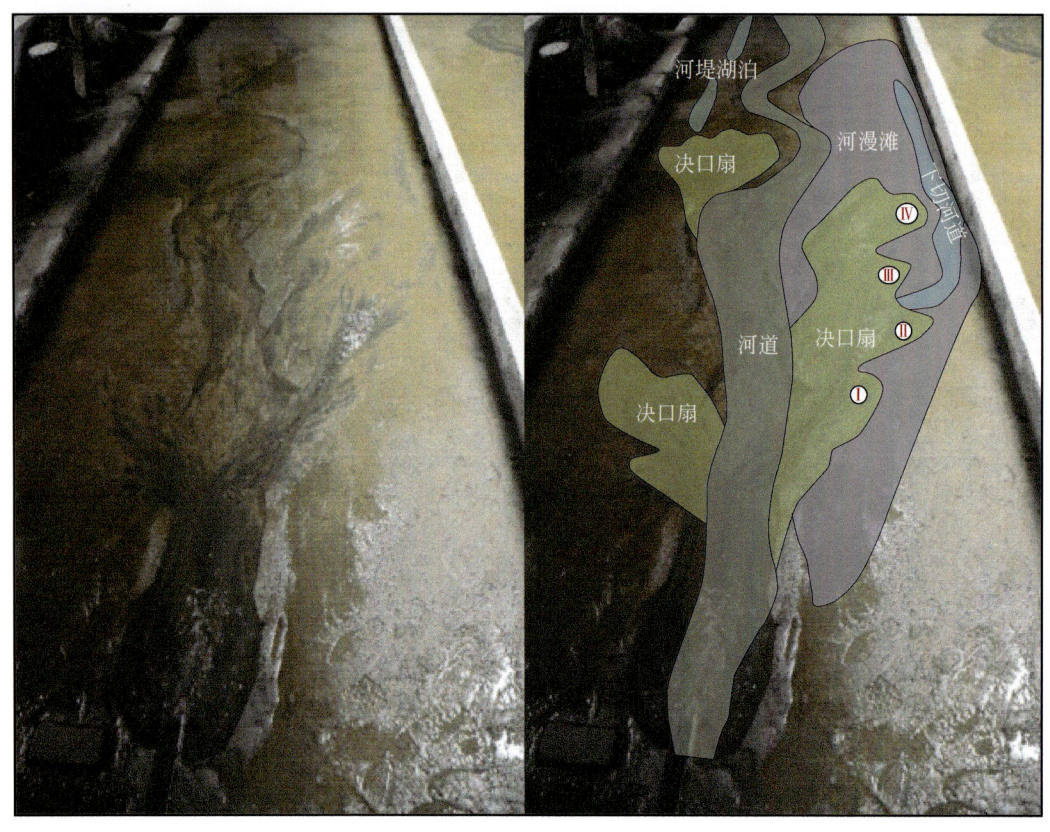

图6-8 基于决口河道与洼地模型实验最终结果及沉积相解释

在模拟中还发现,在多期洪泛与枯水期交替演化的过程中,中后期的洪泛因水动力强度较大,对于河道(分流河道)向盆地方向的延伸影响十分明显,这与奥莫湖等现代河控三角洲沉积机制分析结果相同。如在经历10个小时模拟进入第15个小时的后半期,水流持续作用和地貌的变化,导致向盆地方向形成了新的下切河道,直至水动力逐渐减弱,河道消失，并在河道前端产生新的沉积物。受实验模拟场地的限制，可能因为河道前端的水体保存条件较差、河流持续性供给不够等因素，实验模拟观察认为该区域扇体规模不明显。但在实际地质条件下，依然可以发育以分流河道、河口坝堆积为主的浅水三角洲扇体沉积，如在渤海海域新近纪绝大部分时期的湖盆区，受干湿气候变迁、湖平面频繁的波动和多个水系的持续性物源供给等影响，多期不同规模大小的、以分流河道占主导的、向盆地延伸扩展且呈扇形展布的建设性三角洲。又如奥莫三角洲向盆地方向逐渐递进的三期分流河道与河口沉积模式，最后一期（2007年后）发育在水下的沉积具有典型的浅水三角洲特征，而前两期则是典型的河湖交互沉积。因此，奥莫三角洲多期湖平面波动下分流河道及河口坝演化过程与本次模拟所观察到的现象极其相似，也充分体现了渤海海域新近系河湖交互体系及浅水三角洲发育演化的全过程。

6.2.2 基于坡坪条件下河湖交互及浅水三角洲发育规模差异性模拟实验

本实验主要是验证在预设特定实验底型和洪泛沉积背景下的河流搬运特征、河流湖泊转化过程及发育规模的差异性，通过设置多个坡折带，观察河流差异供给作用及不同位置坡折带对河流搬运过程的影响。实验的预设条件是在常规的泛滥平原上，地貌为三个坡折带，初始河道为顺直河，河道较浅，具有低洼河谷和谷外洼地，沉积物供给以砂质为主，辅以泥质沉积。由于侵蚀基准面不一致，其剥蚀区与沉积区分布位置受坡折控制，同时坡折之下的平坦段容易积水形成湖泊及浅水三角洲沉积，河流沉积特征由此转化为湖泊沉积。

1. 实验过程

实验初始，由于初始河道的存在，物源的搬运及水流都被限制在河道内，没有溢岸沉积的发生，并且由于"三坡三平"底型的设置，各段的基准面并不一样，这就造成了河流接替搬运情况的发生，主要表现在供源的砂主要沉积在坡一与平一的转角处，河道限制的水流并未挟带任何砂子往前搬运。但第二、三个转角处仍有沉积物的堆积，其沉积物与所供物源无关，而是来自河流的侵蚀作用，其侵蚀区域位于坡折带一、二的平坦段，这就形成了三点独立物源充填河道的接替搬运现象（图6-9）。

从实验进程和沉积演化关系来看，不同时期沉积物堆积有差异。早期，三处沉积物所发育的位置基本一致，都是沿着斜坡向下堆积至平坦段，但从上游到下游由于水动力的不断减弱，三处沉积物的规模却不一样。从上到下，转角1处的沉积物在实验开始后的10小时开始沉积，其沉积物长度为0.6m，转角2处为0.4m，转角3处为0.3m。转角1处的沉积物直接来自源区的供源砂，堆积迅速，而2、3两处沉积物则来自平坦段向上侵蚀所形成，计算其10小时的侵蚀速率分别为0.1m/h、0.05m/h。

随着实验的进行，三处转角沉积物堆积越来越厚，隔段河道被完全充填，水流越过堤岸挟带着沉积物形成溢岸砂，此时扇体开始发育。最先形成扇体A，然后是扇体C，最后是扇体B（图6-10）。扇体A靠近物源，发育迅速，扇体沿着初始河道两侧迅速散开，而此时的初始河道的疏导能力差，水流在扇体表面形成复杂且变化较快的疏导体系，同时也不断切割扇体表面，不断改变着扇体表面的地貌特征。扇体 B、C 情况相近，其主要的物源仍然来自坡折带之上的平坦段，此时接替搬运仍然存在，随着向上侵蚀的不断发生，基准面趋于一致，坡折带的影响逐渐减弱，其侵蚀的平坦段与上游扇体连接，此时上游的沉积物开始往下游搬运，三个扇体开始连通。扇体 A 表面的水流较为复杂，变化快，整体上呈现出左右来回摆动的特征，这与其周边可容纳空间的不断变化有关（图 6-10）。水流在扇体表面有主水流和次水流之分，主水流依然是主要的物源输送通道，次水流一般在扇体前端平坦段形成水洼，但沉积少见，水洼处水静且清。无论是主水流或次水流，最终都汇于下游的初始河道段，主水流挟带的上游的沉积物也会随之被带到下游，并充填河道及下一个扇体。

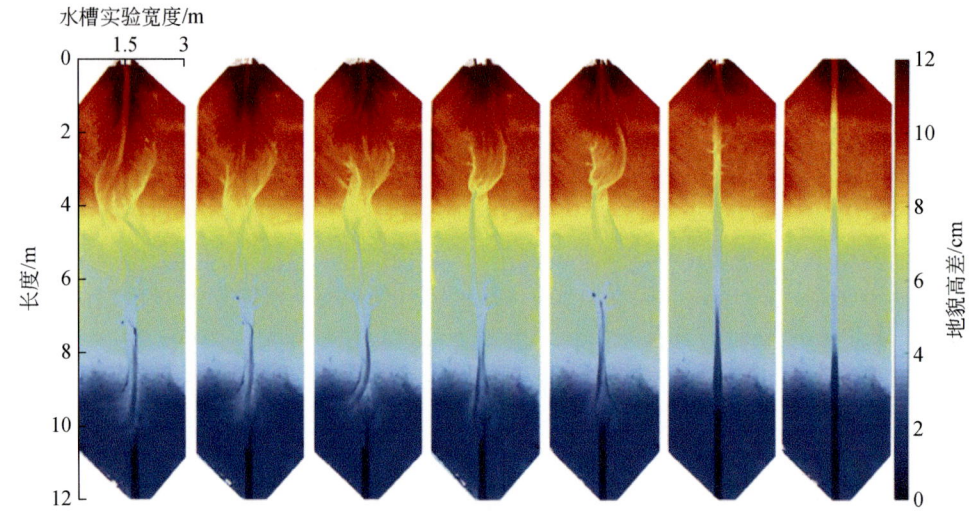

图 6-9　实验地貌平面图

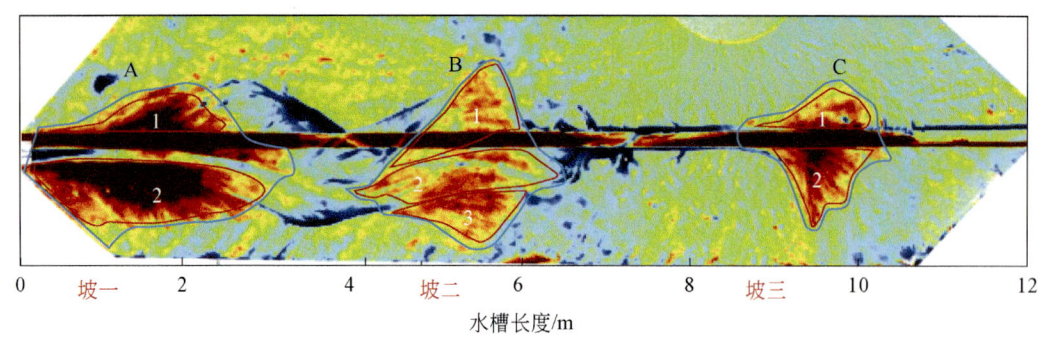

图 6-10　沉积剥蚀平面图-第 6 期

1、2、3 代表各处扇体的编号

三处扇体的发育在面积上一直有差异，由物源区至汇水区扇体规模依次减小，且这种趋势一直保持在整个实验过程中，直到三处扇体连片（图 6-10）。同时，扇体面积增长速率也具有向汇水区逐渐变小的规律。通过对复合扇体 A、B、C 及其内部的单个扇体的长宽及厚度的统计，发现长与宽的比值表现为扇体 A＞B＞C 的特征，这与水动力的强弱有关，水动力强则搬运距离远,所形成的扇体长宽比值就大。此外,扇体发育的厚度也呈现出扇体 A>B>C 的特点,扇体 C 上端初始河道对水流的限制强于扇体 B,因而水流没有太过分散,且河道末端可容纳空间大,扇体发育的面积小而厚度大。

初始河道的演化在实验开始时沉积在三处转角地带,后期溢岸发育为扇体,其他部位河道充填的大致规律是首先沉积于河道中间,水流多沿岸流动,对两岸进行侵蚀,从而使初始河道不断拓宽,加上在扇体表面上的水流状态不断左右摆动,当多向水流汇聚于初始河道时形成涡流,在扇体末端河道常出现较深的冲坑,河道形态也因此发生改变,由顺直河逐渐演化为曲流河。

2. 结果讨论

1) 溯源侵蚀现象及其成因机制

溯源侵蚀现象在自然界中普遍存在,在实验过程中也能明显被观察到。其主要表现形式为对上游河床和河道堤岸的侵蚀。

河床的溯源侵蚀主要是在河流或沟谷的发育过程中,因水流冲刷作用加剧,下切侵蚀不仅加深河床,还使受冲刷的部位随着物质的剥蚀分离向上游源头后退。侵蚀基准面的变化必然引起河流的再塑造(图 6-11)。当侵蚀基准面上升时,水面比降减少,水流搬运泥沙的能力减弱,河流发生堆积。相反,当侵蚀基准面下降时,出露的河床坡度增大,水流侵蚀作用加强,开始在新出露的河段发生侵蚀,然后逐渐向上游发展,导致溯源侵蚀。实验设置的"三坡三平"使得河道的基准面不一样,这是河床溯源侵蚀发生的根本原因。实验中河床的溯源侵蚀主要发生在实验初期,其发生的位置在平坦段与斜坡段的坡折带处,向上侵蚀的部位为平坦段,由于实验空间限制平坦段设置长度仅为 2m,所以持续时间较短,当侵蚀基准面达到一致时,侵蚀部位与上游沉积物连片,此时河床的溯源侵蚀停止。

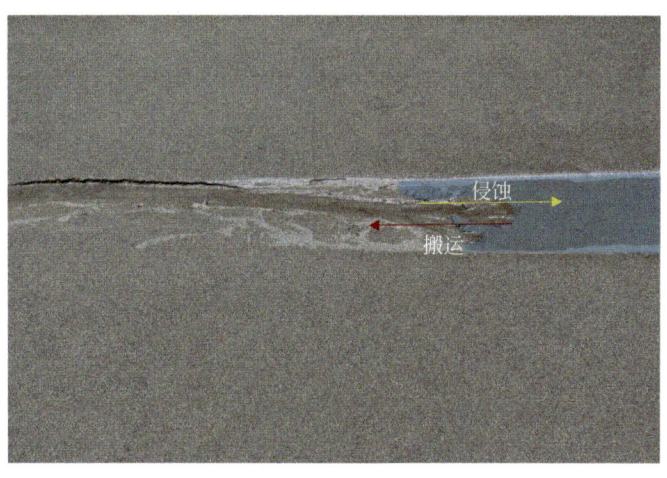

图 6-11 河床溯源侵蚀

相较于河床的溯源侵蚀,河道堤岸的侵蚀程度较弱,主要发生在河流分支汇水于主河道时。实验中,扇体的发育使得有部分水流经过扇表面而流向岸后的低洼地带,从而形成水洼。当水洼处的水流汇于初始河道时，由于扇表面的水流并未挟带沉积物，且堤岸与河床存在高差，溯源侵蚀发生并与堤岸形成约 60°夹角的下切河道。水洼里的水体清且静，加上堤岸与平原坡度较小，溯源侵蚀较慢。由于坡度较小，水流不具定向性，河道的堤岸同样会因此而下切，形成分支状（图 6-12）。一旦分支状形成，水洼向源侵蚀的能力也会因此而减弱，随后伴随河流分支越来越多，整个洼地将会被分割，其最终结果是被不断侵蚀，进而形成新的堤岸（图 6-13）。

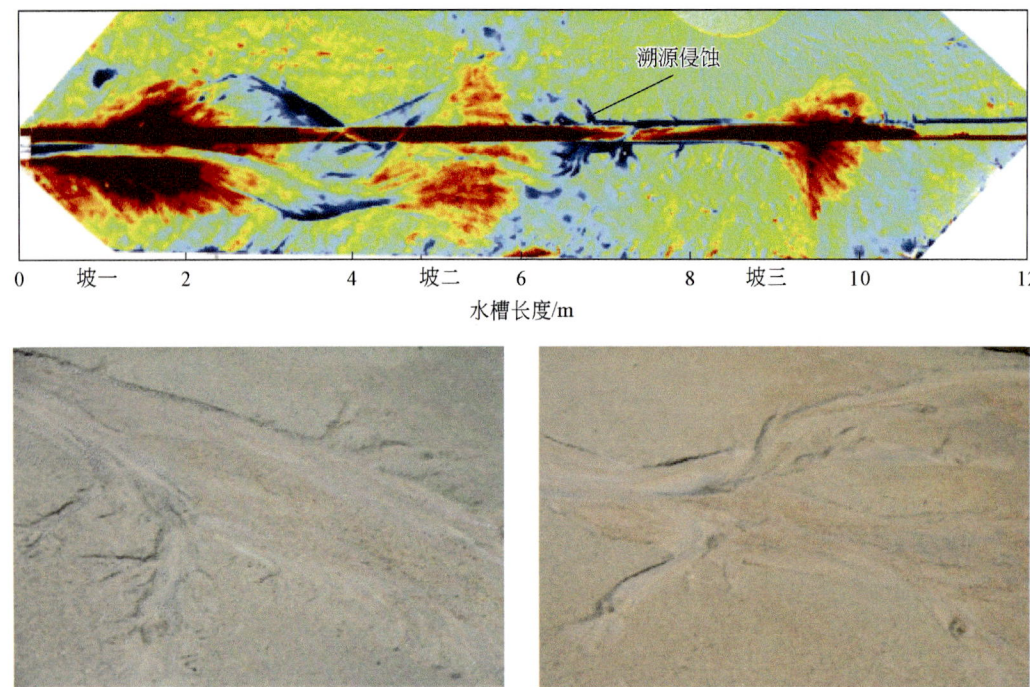

图 6-12　河道堤岸的溯源侵蚀

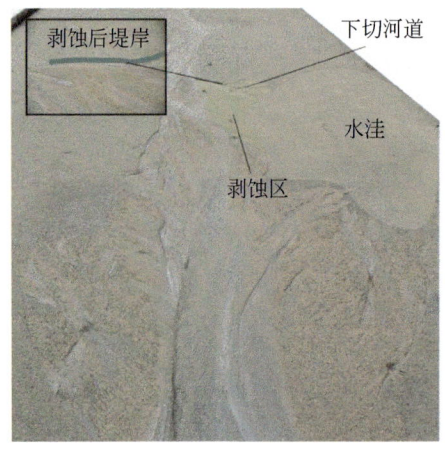

图 6-13　下切河道的形成与侵蚀

2) 河流接替搬运演化及其模式

实验观察表明，河流在自上而下流动过程中，早期同一物源并不能从源区至汇水盆地区被连续搬运，多物源是河流接替搬运的重要特征，这与河流在搬运沉积物过程中各段基准面不同有关。整个接替搬运大体分为三个过程（图6-14）。

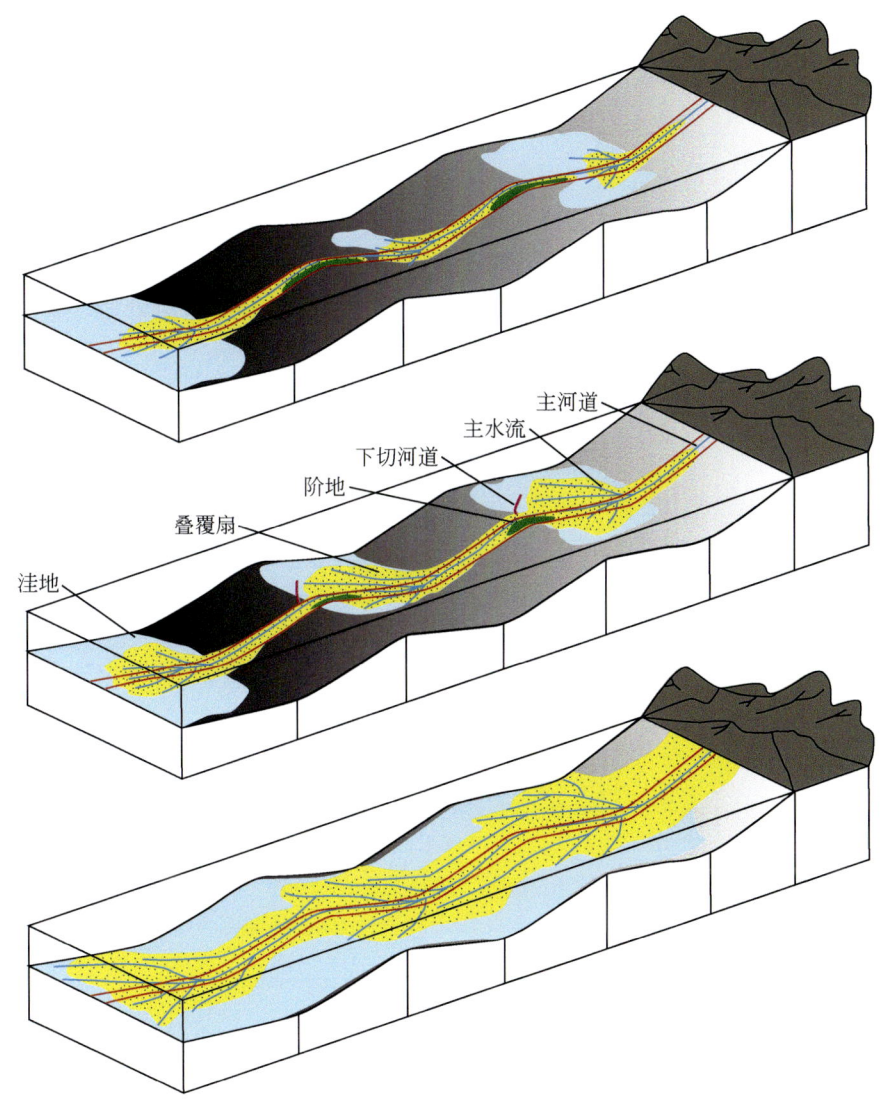

图6-14 河湖转化演化模式

早期地形坡度较大，沉积物堆积在三处转角处，形成三段沉积，上游沉积物来自供源砂，在实验初期只能搬运至扇体A处。而扇体B、扇体C的物源却是独立的，均来自坡折之上平坦段对河床的溯源侵蚀物，坡折带的溯源侵蚀会下切河床一侧，另一侧则暴露于水面成为阶地，随着沉积物的不断堆积，砂体溢出岸边形成扇体，水流通过扇体在岸后平原的低洼处形成水洼，水洼汇水于初始河道形成下切河道。中期剥蚀向上游扩展，平缓区沉积扩大，扇面积扩大，可形成扇或三角洲，当侵蚀达到一定程度，侵蚀部位与上游扇体相连，扇体面积继续扩大，最终达到坡折上下基准面趋于一致。晚期河流扩展体系整体连片，形成较连续辫流化河流体系，可能存水，形成过湖河道或随基准面下降而形成下切河道，属于洪泛平原分支河道体系。河流接替搬运的最终形态是三处扇体连片贯通形成较连续的河流、河湖交互和湖泊体系（图 6-15），这与渤海海域新近系及现代湖泊沉积特征及发育过程极其相似。

图 6-15　河湖交互实验模拟

3）模拟结果对渤海海域盆地新近系浅水沉积的启迪

实验模拟的三个坡坪地貌设置与渤海海域新近系多个地貌阶地具有相似性和可对比性，如在馆陶组沉积期自盆地南部边缘至盆地区的三级阶地（图 4-21）和明化镇组的二级阶地（图 4-22）。通过实验模拟结果可以得到，受初始多级坡折带和物源供给方式和大小的控制，自物源区至盆地区，扇体发育的规模逐渐减小，其中坡一和坡二靠近盆地边缘或位于斜坡带主体区域，河流和湖泊交替发育，扇体规模较大。渤海海域新近系的古湖岸带（图 4-51～图 4-54）大致对应模拟实验的坡一和坡二区带，是河湖交互体系发育的主要部位，且易于发育多期河流、浅水三角洲分流河道砂体的叠置，扇体规模较大，易于形成大面积砂。模拟实验坡三地势较低，主要时期被水体所覆盖，以湖泊浅水三角洲沉积为主，与渤海海域新近系湖泊区沉积特征一致。因此不难看出，实验模拟结果很好地揭示了渤海海域新近系在构造古地貌、古湖泊单元、水动力条件等的控制下，由盆缘至盆地区域河流、河湖交互体系及浅水三角洲相互转化的过程，也合理地解释了扇体发育规模的差异变化。

事实上，水槽模拟实验展现的扇体演化也能被现代湖泊沉积现象所证实，如东非奥莫三角洲，该三角洲三期朵叶体向盆方向迁移、三角洲规模逐渐变小的特征等与本次试验模拟结果也极为相似（图 6-3）。尽管前人研究认为导致奥莫三角洲三期扇体递进受湖平面波动控制，但从各朵叶体发育的位置来看，古地貌特征可能也是重要的影响因素之一。此外，奥莫三角洲研究还表明，持续性、强水流条件对于分流河道的向盆延伸并形成新的三角洲朵叶体同样具有影响，而本次试验过程的中后期三个扇体的连通、河流进一步对扇体的改造和向盆地输送沉积物质的全过程与奥莫三角洲发育演化一致，这也充分说明了除了地貌和湖平面因素以外，水动力强弱对于多期浅水沉积的发育具有十分重要的控制作用。

6.3 极浅水湖盆连续沉积演化过程

渤海海域渤南地区新近系具有湖盆萎缩的沉积特征，除了在稳定性湖泊中发育典型的极浅水三角洲外，河湖交互体系作为过渡沉积相带，在浅水湖盆中占据十分重要的地位。无论浅水三角洲还是河湖交互体系，在盆地演化或是在古气候变迁中，沉积作用是一个连续过程。国外现代沉积研究和本书的水槽模拟实验很好地展现了浅水三角洲的沉积过程，这不仅为我们理解不同时期浅水沉积的形成机制提供窗口，而且也为进一步了解湖盆及沉积发育全过程以及不同阶段差异沉积提供关键信息。因此，在渤海海域渤南地区新近系沉积体系分析基础上，结合现代沉积类比及水槽模拟实验的启示，尝试开展极浅水湖盆连续沉积演化过程的分析与总结，这对于进一步揭示相带差异发育、分布以及大面积砂的形成具有十分重要的意义。本节将根据湖盆充填演化阶段和洪泛程度，对浅水湖盆连续沉积演化过程进行详细阐述。

6.3.1 湖盆充填演化阶段的连续沉积过程

对比渤海海域新近纪浅水湖盆的发育特征，按照湖盆充填演化阶段，可总结出 5 种连续沉积阶段，分别为：①河漫三角洲沉积阶段；②伴湖三角洲沉积阶段；③过湖三角洲沉积阶段；④浅水三角洲沉积阶段；⑤下切河道及洼地沉积阶段。这 5 种沉积阶段贯穿于整个湖盆充填过程中，随着古湖泊体系的差异发育，其沉积样式也随之改变，各阶段的沉积过程在现代浅水盆地中也有很好的对应（表 6-3）。

表 6-3 湖盆充填演化阶段的连续沉积过程总结

沉积阶段	主要时期	沉积背景	沉积特征	典型现代沉积
河漫三角洲	发育早期	局部小型湖泊，低可容空间，物源供给较充足	平原-准平原化特征明显，局限湖泊被充填，河流和堤岸发育，扇体叠覆向前，砂体较薄，以砂泥互层为主	青海湖布哈河道
伴湖—过湖三角洲	发育早中期	局限湖泊发育，规模中等，中低可容空间，沉积物供给充足	河流和河漫沉积发育，发育小型分支河道和三角洲，砂体较薄，以砂泥互层为主	俄罗斯远东
浅水三角洲	发育中期，或层序湖扩体系域及高水位体系域早期	湖泊范围大，高可容空间，沉积物供给充足	以浅水三角洲为主，砂体较厚	鄱阳湖
下切河道及洼地	发育晚期	发育局限湖泊，低可容空间，沉积物供给充足	限定性曲流河为主，局部小型浅水三角洲，偶见河漫沉积，砂体较厚	海拉尔

1. 河漫三角洲沉积阶段

一般发育在浅水盆地演化早期，河漫三角洲沉积主要位于盆地大范围的缓坡带。如渤海海域新近系馆陶组下段和上段的湖扩体系域沉积期，湖泊分布较多，但分布范围较局限，在较低可容空间的影响下，局部湖泊大多被充填，河流较为发育，河道下切不明显，河流迁移较快，河漫亚相发育，决口扇及河漫湖泊发育，河道沉积变现为扇体叠覆，其沉积组合类比于青海湖布哈河,如图6-16(a)所示。

2. 伴湖—过湖三角洲沉积阶段

发育在盆地演化的早中期,或者盆地演化早期的高水位体系域沉积期。如渤海海域渤南地区新近系明化镇组下段湖扩域和馆陶组上下段高水位体系域沉积期,此时湖泊范围开始扩大,除了在渤南北部发育相对较大的湖泊区外,在渤南南部等地区以局部小湖泊为主,类比于俄罗斯远东现代沉积,大小湖泊密布,河流的流动性较差,小型分支河道发育,河道与湖泊关系复杂,河道与湖泊之间存在转化,丰水期水流量增强,小型湖泊被迅速充填而转化为河流沉积,表现为过湖沉积样式[图6-16(b)],而贫水期水流能量较小,未被充填的湖泊表现为伴湖沉积组合,在河漫湖泊发育小型三角洲[图6-16(c)]。

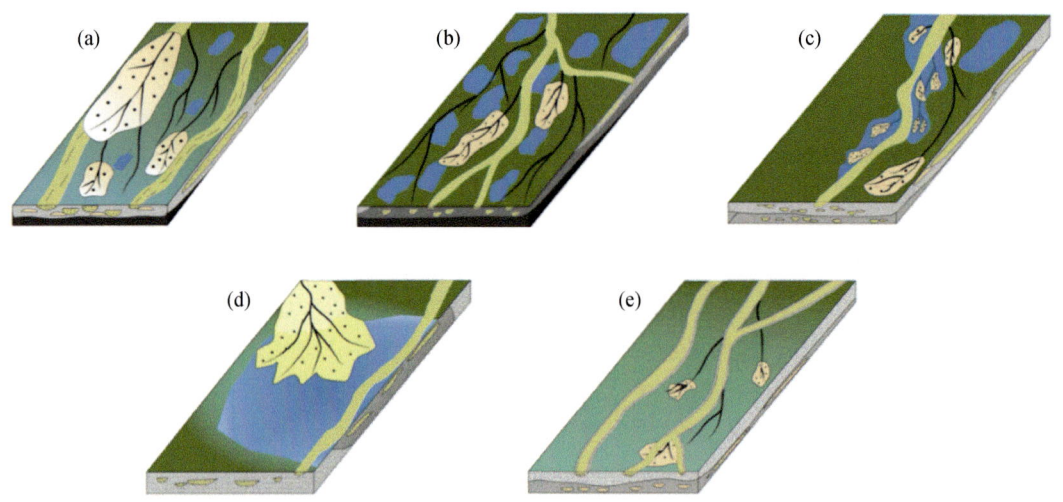

图6-16 湖盆充填演化阶段连续沉积过程演化模式图

3. 浅水三角洲沉积阶段

发育在盆地演化的中期,或者层序充填过程的湖扩晚期和高水位体系域早期的主体湖盆区。以明化镇组下段各层序体系域为典型代表,此时湖泊范围较大,可容空间较大,物源充足,在陆相区主要发育大型河流,在古湖岸带为河流和三角洲交互沉积,在广大的湖盆区域则以典型的建设性河控三角洲沉积为主,类比于鄱阳湖,如图6-16(d)所示。

4. 下切河道及洼地沉积阶段

为盆地充填演化的末期,局部的湖泊已经被完全充填,平原化特征显现,湖泊范围大幅萎缩,主要为河流沉积,河道下切明显,河流稳定,河漫沉积不发育,类比于海拉尔,如图6-16(e)所示。

6.3.2 潮湿洪漫平原沉积过程

潮湿洪漫平原沉积由河道(主河道、分支河道)、堤岸、河漫湿地、河漫滩四种相带组成,是浅水湖盆较为常见的沉积组合,渤海海域渤南地区南部在馆陶组沉积期和明化镇组沉积早期古湖岸带附近比较典型。

主河道不仅是重要的物源供给通道,也是盆地沉积的主要组成部分。在主河道两侧发育有宽阔的堤岸和决口扇体,形成围绕主河道的地貌高地,主河道内可能会发育不同级次的河流阶地,也可能仅仅由单期河道峡谷组成。主河道由河流摆动形成,由于不同时期水位变化较大可形成河道内的河槽带,或者因河流摆动形成槽内河漫带等。

分支河道多为主河道决口形成的小河流,可能因水流汇聚而壮大形成更大的河流,或者因水流发散而消亡形成末梢河道。分支河流一般规模较小,堤岸体系发育较差,但是较大的分支河道也具有主河道的特征,进而向盆地方向延展形成新的分支体系和三角洲朵叶体。

堤岸主要由天然堤和决口扇两种沉积地貌单元组成。天然堤紧邻河道,将河道内漫流带和河道外漫流带分开,呈现出明显的地貌高地的特征,其高度多在数米。天然堤宽度和高度并不一致,在不同部位有较大的变化,在低洼地宽度较大,在较高的部位宽度变窄。天然堤中相对低洼的区域,在涨水时洪水优先由此从河道溢出进入河间洼地,随洪水增大而逐渐漫过所有天然堤。决口扇多紧邻河道发育,形成扇形的正地貌,其外部形态多呈现出一定的不规则外形,主要受控于扇体上的分流小河道的发育程度。

河漫湿地主要由河间湿地、湖泊、小型分支河道和末端扇组成。

河间湿地是河道间的低洼地,为间歇性汇水区,其水位变化较大,处于潜水面附近,排水不畅,藻类及草本植物发育,沉积物主要来自洪泛期所挟带的细粒物质及部分的植物碎屑所形成的泥炭类沉积,岩性以泥质为主,夹少量的粉细砂,偶见较纯的泥炭层,整体上呈现出还原环境深灰色、灰绿色、蓝绿色。

湖泊是河间洼地中相对低洼区,因长期性积水形成的连续性水面分布区。湖泊水体一般很浅,因而很少发育深湖背景下的沉积。但水体内可发育风浪作用的沉积,也可能会发育滩坝,总体规模较小。河流进入湖泊可形成三角洲,在大型湖泊中,一般发育大规模的三角洲,三角洲多呈现出连片状的特征;在小型的湖泊中,三角洲的规模较小,随河道的变化三角洲呈现出不同的特征,以枝状组合为主,较少形成连片状,仅在后期枝状分支河道间被细粒充填而连片。此外在洪水期,由于大量的水流从主河道内漫流到洪漫平原,整个平原都被水体覆盖,显示出湖泊的特征,但这种情况一般持续时间较短,可能只有数天到十多天,其后洪水退去,洼地出露,呈现出平原特征。

河漫湿地小型分支河道是大型分支河道决口所形成的更次一级河道,或者是河间洼地内的积水汇流而形成的河道,河道规模一般较小,宽数米,深度在几米以内。河道数量多且穿插游荡于河漫湿地之上,河道最终逐渐消亡,或形成末端扇,或形成三角洲,也可能回流汇入主河道。

末端扇是由分支河道在平原内流动最终因水流的分散而沉积的扇形沉积体,多在近源背景下发育,而在远源区较少见。与决口扇相比,末端扇与分枝河道相连,而不是直接与主河道相接。

河漫滩主要指河间相对较高的地貌,此处贫水期多暴露于地表,且处于潜水面之上,因而多以氧化环境下的土壤化作用为特征。其沉积物主要是早期沉积残留,在洪水期也发育局部细粒洪漫沉积,但厚度相对较薄。

渤海海域新近纪气候环境主体湿热，且洪漫显著，受气候波动的影响水位变化频繁，在这种潮湿背景下的洪漫沉积因受水位波动影响各时期呈现不同的沉积体系构成。按照洪泛背景下的水位变化，其沉积演化主要分为4个时期。

1. 贫水期

整个潮湿洪漫平原中水体分布局限，地下水位较低，大多处于潜水面之上，因而呈现出氧化环境。此时水流主要集中于主河道的河槽内部，在主要的分支河道中水流较小，甚至出现断流的情况，而低级次的分支河道内水流基本干涸。河漫区内湖泊面积收缩，分布局限。湿地随潜水位的下降而处于相对干燥的环境，河漫滩全部暴露而呈现土壤化特征。贫水期沉积物供给弱，主河道内河槽迁移摆动对原先的沉积物进行改造，而在其他部位很少有沉积发育（图6-17）。

2. 涨水期

随着雨季到来，水量充沛，河流内的水流增多，水流逐渐由河槽内漫溢至堤岸外的河漫区，在堤岸外的低洼部位形成了决口水道或决口扇。同时，与主河道相连的分支河道内的水流也开始流动增多，河道开始摆动。水流漫过堤岸后，在河间洼地汇聚形成湖泊，也可能进入河间原来存在的湖泊内，使得湖泊的面积扩大。随着主河道的水流量增大，河间原来处于潜水面之上的大部分地区处于潜水面之下，进而改变成为沼泽环境，宜于植物生长。而原来的低洼地则有可能形成湖泊。该阶段是沉积发育范围较大的时期，主河道内的河槽和河漫都会有沉积物发育或被改造，而决口处则将大量的沉积物带到河间部位形成浅水沉积（图6-18）。

 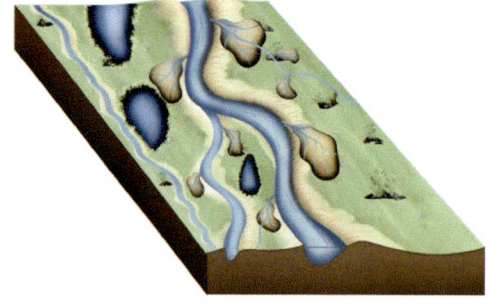

图6-17 贫水期潮湿洪漫平原沉积特征　　图6-18 涨水期潮湿洪漫平原沉积特征

3. 洪水期

随着水量的进一步增大，河流内的水流与堤岸平齐，甚至没过大部分的堤岸，大量的水流进入河间地区，由于排水不畅，河间积水连成一片，仅有河漫滩的高处和局部的堤岸露出水面，呈现出一片汪洋特征。此时整个洪漫平原形成一个巨大的湖泊，但是在这个湖泊内，不同部位的水流具有明显的差异，水流主要还是沿主河道和主要的分支河道流动，沉积物也主要在这些区域搬运和堆积。在河间地区，水流基本上呈现出静止状态，沉积物的堆积较少（图6-19）。

4. 退水期

伴随上游来水减少，主河道因水流外流而水位下降，随着主河道水位下降，河间区域水位逐渐高出主河道，造成河间水回流到主河道，在主河道的河漫区形成退水三角洲。随着大量水流回流河道而外泄，整个平原内的水位下降。当河间水位低于堤内河漫时，河间入河通道底面将高于河间水位，从而使得河间存水不再回流河道。此后河间水流通过分支河道向下游流动排出，水位进一步下降，直到回到贫水期的局限湖泊状态（图6-20）。

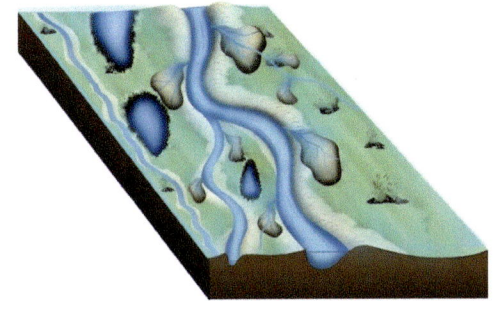

图6-19　洪水期潮湿洪漫平原沉积特征　　　　图6-20　退水期潮湿洪漫平原沉积特征

第7章 渤海海域极浅水三角洲大面积砂体形成的控制作用

7.1 大面积砂体半定量预测

7.1.1 半定量地震沉积微相组合与砂体预测思路

地震数据包含的丰富的几何地震学和物理地震学信息，是进行砂体和储层预测的基础。利用地震资料开展储层和砂体预测的主要技术包括地震反演技术、地震属性分析技术、模式识别技术、烃类检测技术、三维可视化技术以及时移地震技术等。其中，地震属性和多属性融合技术是油田应用中最为常见的方法。

近年来，高质量的三维地震数据为地质学家在构造、地层、沉积乃至油气储层等方面的研究提供了便利，石油地质学家通过对三维地震资料的收集和处理，利用地震地貌学（如Brown et al.，1981；Weimer，1990；Rijks and Jauffred，1991；Brown，1992a，1992b；Biddle et al.，1992；Galloway et al.，1977；Mitchum，1977；Schramm et al.，1977；Posamentier and Morris，2000；Posamentier and Kolla，2003；Mcglue et al.，2006；Raeuchle et al.，1997；Jackson et al.，2010；Hubbard et al.，2011；Zeng et al.，2016；Rankey，2017；Bellwald et al.，2018；Paumard et al.，2020；Posamentier et al.，2022；Harishidayat and Raja，2022）的分析，有助于进一步揭示从河流环境到深水背景的沉积建造并获取详细的地貌要素。但是，地震地貌学往往通过三维地震的时间切片来分析沉积地貌单元，可能导致所研究的沉积体不等时，同时地震响应与沉积相之间的关系也并不明确（Zeng et al.，1996；Liu et al.，2018）。地震沉积学（Gao，2007；Zeng and Hentz，2004；Zeng et al.，2007；Zhao et al.，2011）以三维地震数据 90°相位转移和层切片等技术为基础，是研究沉积岩及其形成过程的重要思路与方法。该方法主要是利用三维地震资料的平面特征而不是垂向特征来提供与地貌学和沉积模型相关的地震属性模式的高分辨率图像，并在多个地区进行了实际应用从而被国内很多学者引用（如 Zeng and Hentz，2004；Zeng et al.，2007；Zhao et al.，2011；Zhu et al.，2018；Xu et al.，2019；Su et al.，2020）。将地震资料进行 90°相位转换，实质上就是对地震数据进行了简单的道积分处理，从而使得地震振幅具有了一定的岩性意义。但是振幅变化与岩性的关系依然亟待表征，如在一个以陆源碎屑沉积为主的盆地中，在某一沉积体系中，代表不同沉积微相的砂岩或泥岩含量的变化与振幅之间是否存在一定的关系呢？因此需要通过大量的地震正演分析来进一步明确岩相差异发育与地震属性之间的内在联系。

正演地震模型是连接露头信息和地下地质信息的有效工具（Biddle et al.，1992；

Helland-Hansen et al.，1994；Hodgetts and Howell，2000；Chapin and Tiller，2007；Falivene et al.，2010；Bakke et al.，2013；Holgate et al.，2014；Jafarian et al.，2018；Grasseau et al.，2019；Bailly et al.，2022；Tomassi et al.，2022；Johansen et al.，2023），而露头地质模型的地震正演模拟研究已被证明是填补井眼高垂直分辨率与三维地震资料横向分辨率之间差距的重要环节（Janson et al.，2007）。当使用已知的地质剖面或模型进行地震建模时，不仅可以为理解和解释在真实地震数据中可以观察到的那些地质特征（也包括那些更小尺度不能识别和解决的特征）提供见解，并在不损失地层复杂性的条件下建立起地层几何体、相模式和岩石属性的分布（Shuster and Aigner，1994；Gartner and Schlager，1999；Janson et al.，2007；Schwab et al.，2007；Falivene et al.，2010；Grippa et al.，2019；He et al.，2019；Christie et al.，2021；Ramdani et al.，2022），而且可以使我们把握地震同相轴的反射特征及地质含义成为可能（Biddle et al.，1992；Stafleu and Schlager，1993，1995）。但是，该方法除了必须满足有与研究地区地下地质相似的露头资料外，还需要建立足够多的二维剖面或者三维地震模型，这些研究工作本身的巨大工作量和烦琐的工作程序已经成为进一步开展相关研究的障碍。对于渤海海域而言，盆地周边缺乏新近系岩石露头则是研究区开展基于露头资料的地震正演模拟分析的最大困难。

渤海海域新近系砂体储层预测始于20世纪90年代，早期主要是基于盆地范围的低级别（二级和三级）层序地层划分和盆地尺度的沉积历史分析及沉积相成图。近年来，以三维地震数据为基础，运用等时切片和地层切片提取等开展地震振幅砂体预测的方法逐渐被关注，并在渤南地区晚中新世浅水三角洲砂体的预测中做出了贡献。但是，在上述所有研究中，高频（四级或准层序组，地层厚度通常为20~50m）层序沉积的系统性研究一直被忽略，不利于储层砂体的预测，即基于三级层序格架的等时切片或地层切片通常会忽略地层和构造的复杂性，缺乏高精度层序（准层序组）框架的建立，往往还会影响所刻画砂体的等时性。

综上所述，结合当前地震储层预测趋势、储层预测方法的局限性、砂体刻画的低成本以及渤海海域新近系实际地质情况，本书以渤南地区新近系明化镇组下段为例，充分借鉴地震地貌和地震沉积学的研究方法，提出半定量地震沉积学的研究思路（图7-1）。

（1）在区域三级层序格架下选择重点地区进行详细的高频层序研究（准层序组）；

（2）分析研究区内钻井中不同类型准层序组的岩相特征和沉积微相，统计并计算准层序组单元内的砂岩百分含量；

（3）建立与不同类型准层序组中岩相组合的地质模型，并进行一维地震正演模拟，以真实三维地震数据为参考，对合成地震记录数据进行振幅归一化，并建立不同类型准层序组岩相组合的砂岩百分含量与振幅的定量关系；

（4）开展研究区三维地震数据90°相位的转换和沿层振幅切片的提取，从沉积学原理出发，以岩相为单元进行砂岩定量化预测、沉积微相（微相组合）解释和成图。

该方法的提出为渤海海域新近系大面积砂体的识别和刻画提供重要的技术支撑。

7.1.2 高频层序地层学研究

层序地层学中有不同级别的地层单元，本书提及的高频层序特指准层序组。理论和实际勘探表明，含油气盆地沉积相成图的精度受控于地层单元的级别，更高级别的层序单元越有利于储层砂体的精细刻画，并用于油田目标预测和评价。但是，基于高精度三维地震资料的砂体预测必须满足以下条件：①地层单元顶底界面地震数据可分辨和可识别；②区域上一定范围内地震数据可追踪解释；③可开展井震结合地层单元的划分，并构建起区域上联合解释的网格体系等。

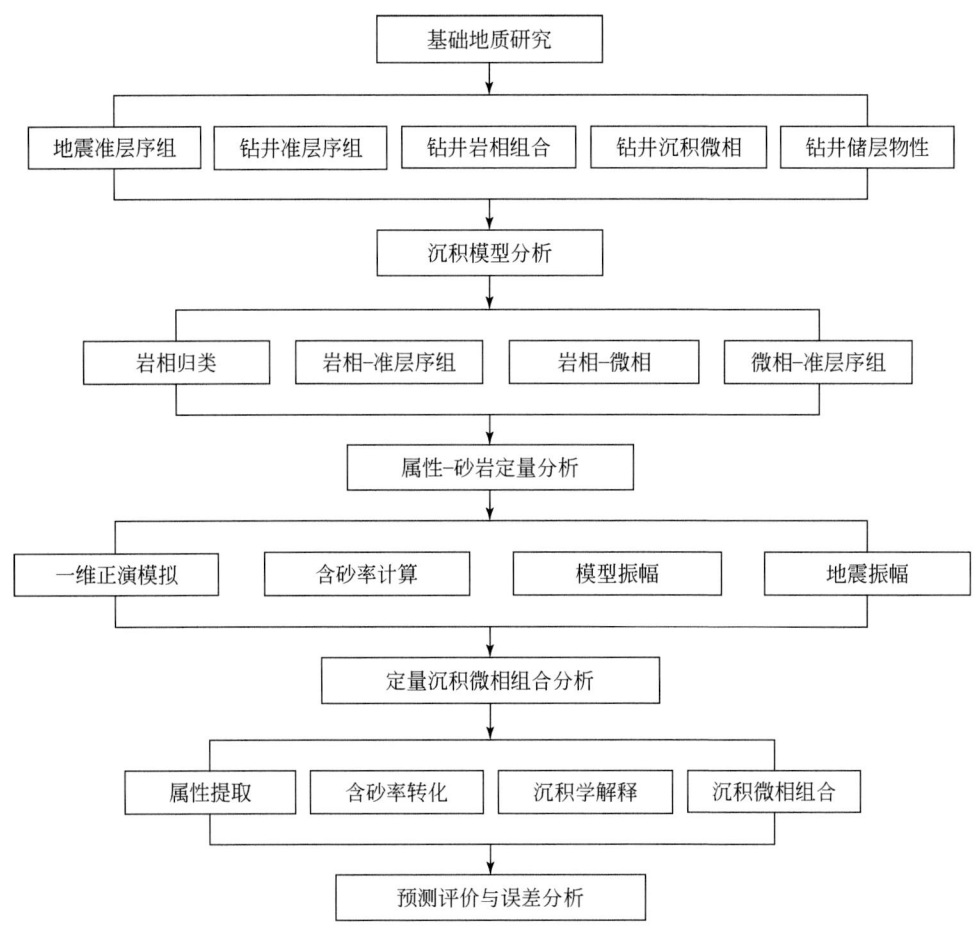

图 7-1　地震属性砂体预测定量化研究技术框图

合成地震记录标定的结果表明，在实际地震子波分辨率条件下，三级层序、体系域和准层序组界面不仅具有明显的钻井岩性和测井响应特征，而且与实际地震同相轴相对应，成为可区域追踪对比的重要不整合或整合界面，也有利于搭建井震结合的桥梁（图 7-2）。在三级层序或体系域格架下，通常因为地层厚度较大，存在多期地层叠置和复杂的沉积内幕信息，更加适合大尺度、区域级别的沉积体系研究，如沉积相和沉积亚相成图，为区域砂体预测提供依据。但是，更高级次的地层单元如准层序，大多由于地层厚度小于地震波的调谐厚度，在井旁地震道上不能够直接识别，而实际地震子波主频不可能如图 7-2 中所示无限制地提高。因此，准层序仅仅局限于钻井资料本身的对比分析，对于钻井分布密集地区有一定的可操作性。但是往往又因为准层序本身存在自旋回和异旋回之分，加之钻井之间沉积地层信息的缺失，利用钻井开展高级别地层、沉积微相和砂体预测存在诸多的不确定性。

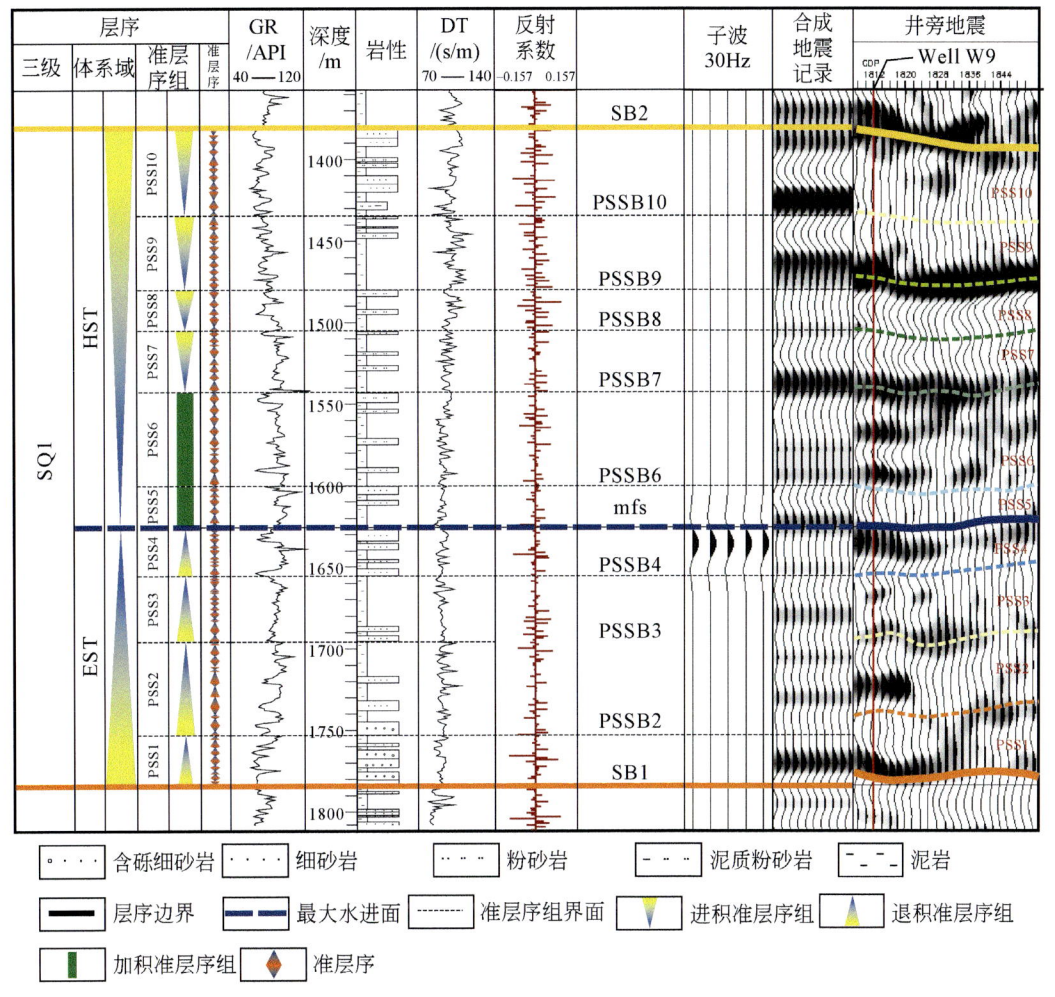

图 7-2　钻井合成记录及高精度层序旋回标定

准层序组是由成因相关的一套准层序构成的、具特征堆砌样式的一种地层序列，其边界为一个重要的洪泛面或可与之对比的面，有时它可与层序边界一致（van Wagoner et al., 1988，1990）。因此根据叠加形式的差异，可识别出进积式、退积式和加积式准层序组三种类型（van Wagoner et al., 1988）。渤海海域新近系明化镇组下段准层序组通常包含了单个规模较大的砂体或一个砂层组，厚度一般介于 30～60m，大致相当于三维地震数据中的一个同相轴，准层序边界可能对应地震同相轴的波峰、波谷或者零相位。由此可见，研究区内的准层序组是一个可在一定区域范围内利用地震反射波信息进行追踪对比的成因地层单元，是开展砂体和储层预测最为理想的高频层序。

因此在高频层序分析时，本书以渤南地区明化镇组下段为研究对象，首先根据钻井中录井岩性、测井曲线的沉积叠置样式的差异划分不同准层序组类型，通过合成地震记录进行钻井与地震的结合，并以高精度三维地震数据为基础开展准层序组界面的区域追踪，这可能是合理、科学地建立起高频层序地层格架的最重要的流程和手段。

以上述高频层序解释、划分方法为指引，选择分布在渤南地区的 207 口钻井，在明化镇组下段两个三级层序中共识别并解释了 17 个准层序组，其中明化镇组下段下亚段发育 11 个准层序组（图 7-3），在明化镇组下段上亚段层序中识别出 6 个准层序组。其中湖扩体系域中的准层序组以退积型为主，高水位体系域早期发育的准层序组以加积型为主，晚期则以进积型为主。

需要再次强调的是，在地震剖面中，与低频层序地层（三级或者二级）边界具有明显的、多类型的地震终止特征（上超、下超、顶超和削截等）不同，受地震分辨率的限制，准层序组所对应的地震反射往往是混合了层序顶、底和内部沉积充填的一个综合地震响应（图 7-4）。因此，在同一个准层序组中很难见到明显的终止关系（断层位置除外）以及进积、加积和退积样式的地震反射，取而代之的是平行-亚平行和不连续的地震反射构型交替出现。

7.1.3 准层序组内部主要岩相-沉积微相模型分析

从对渤南地区所有钻遇明化镇组下段的钻井录井数据分析结果来看，明化镇组下段的岩性主要为砂岩和泥岩，其中砂岩以中细砂岩为主，厚度一般为 2~5m；较厚砂岩主要发育在湖扩体系域早期和高水位体系域晚期，多为中粗砂岩、含砾细砂岩等，最大厚度可达 25m，通常发育在湖扩体系域沉积早期准层序组中；湖扩体系域沉积晚期和高水位体系域沉积早期砂岩较薄，一般为 1~3m，以粉砂岩或泥质粉砂岩为主。

以准层序组为单元，本书选择了 50 个能代表渤南地区明化镇组下段岩性组合特征的典型准层序组作为样本点，按岩相发育特征进行归类描述和沉积解释（表 7-1，图 7-5，图 7-6）。同时这 50 个样本点也是进一步开展含砂率统计、地震正演模拟、振幅值求取以及定量地震沉积学分析的重要数据来源。

1. 岩相 1

岩相 1 为一较厚的泥岩和单一的厚砂岩构成［图 7-5（a）］，砂岩厚度一般大于 10m，粒度变化较大，多为灰白色-灰色粗砂岩-中细砂岩，见小型交错层理。在岩心中砂岩较为疏松，还能见到黑色碎屑，呈定向排列［图 7-6（a）］。泥岩颜色多为灰色、灰绿色，厚度通常大于 20m。岩相 1 主要发育在湖扩体系域早中期和高水位体系域中晚期的准层序组内，单层较厚的砂岩通常被解释为单期规模较大的水下分流河道（表 7-1）。

2. 岩相 2

岩相 2 为多层较厚的砂岩夹中等厚度的泥岩［图 7-5（b）］，泥岩以灰色、绿色为主，厚度一般为 3~7m。砂岩厚度多大于 10m，主要为灰色、灰白色、黄色粗-细砂岩，在多期粗砂岩中还能见到低角度交错层理、槽状交错层理以及楔状交错层理等［图 7-6（b）~（d）］。

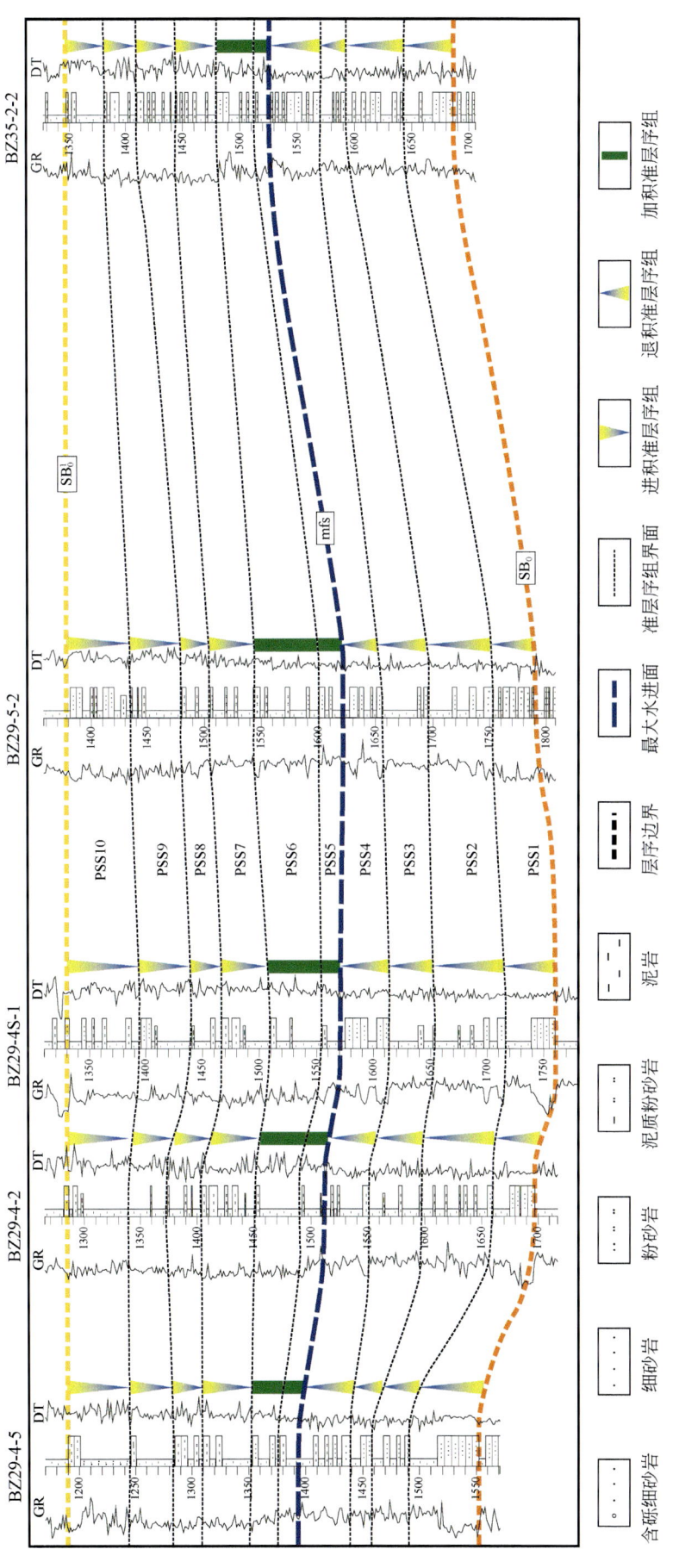

图7-3 渤南地区明化镇组下段下亚段体系域及准层序组连井对比
图中数字为深度，单位m

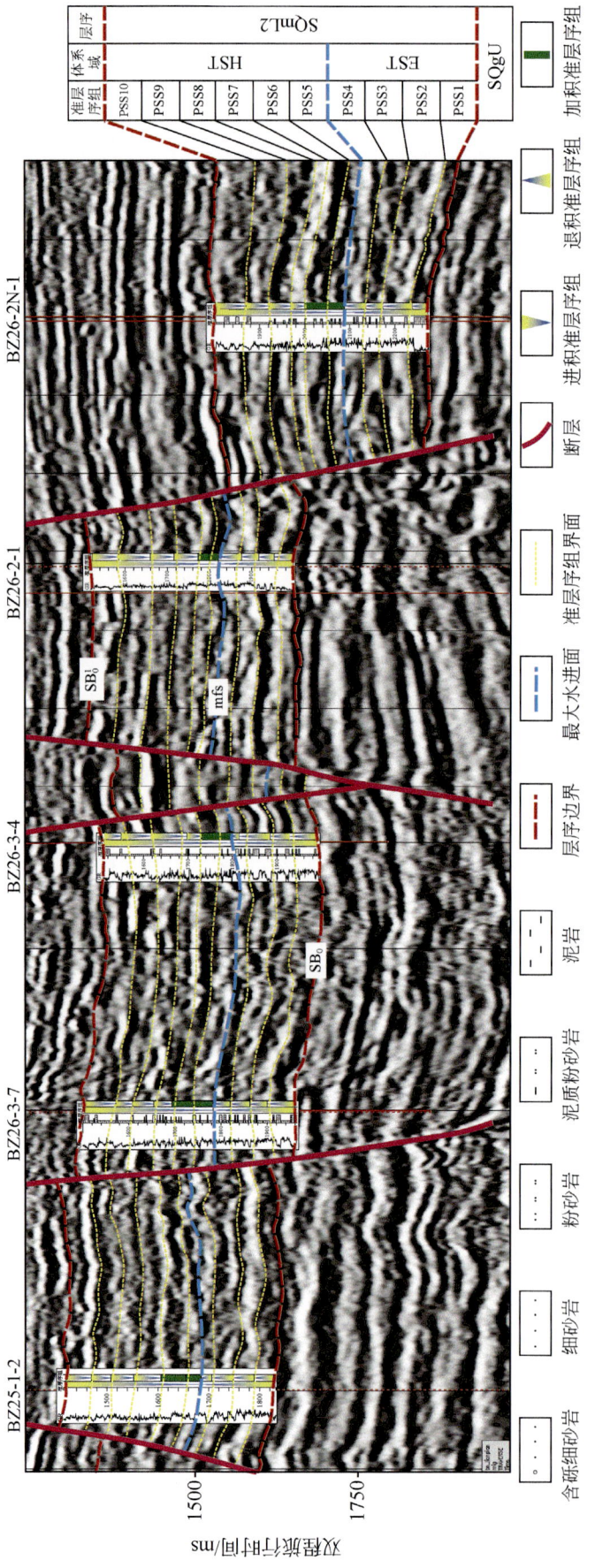

图7-4 渤南地区准层序组地震钻井桥式对比

表 7-1 明化镇组下段准层序组格架下岩相、岩性及沉积相特征统计表

模型名称	岩性描述	体系域	旋回特征	岩相类型	沉积微相
M1	单一厚的泥岩和粗-中细砂岩组成，砂岩厚度 13~22.5m，泥岩厚度为 23~27.5m	EST	退积	LF1	分流河道
M2		EST	退积		
M3		EST	退积		
M4		HST	进积		
M5		HST	进积		
M6		HST	进积		
M7		HST	进积		
M8	多套较厚的砂泥岩互层组合，砂岩多为中细砂岩，厚度 6~15m，大多大于 10m，泥岩厚度 3~7m	EST	加积	LF2	分流河道
M9		EST	退积		
M10		EST	加积		
M11		EST	退积		
M12		EST	退积		
M13		EST	加积		
M14	多套砂泥岩交互构成退积叠置岩相组合，砂岩多为中细砂岩，一般介于 2~15m，下部砂岩平均为 5~15m 砂岩，最厚 25m，向上厚度减薄，泥岩厚度 3~30m，向上厚度增加	EST	退积	LF3	分流河道、远砂坝
M15		EST	退积		
M16		EST	退积		
M17		EST	退积		
M18		EST	退积		
M19		EST	退积		
M20		EST	退积		
M21		EST	退积		
M22		EST	退积		
M23	多套砂泥岩交互构成的进积叠置样式岩相组合，砂岩多为中细砂岩、泥质粉砂岩，厚度介于 1~15m，上部砂岩较厚，最厚可达 15m，向下厚度减薄；泥岩厚度一般为 3~20m，向下厚度增加	HST	进积	LF4	分流河道、远砂坝
M24		HST	进积		
M25		HST	进积		
M26		HST	进积		
M27		HST	进积		
M28		HST	进积		
M29		HST	进积		
M30		HST	进积		
M31		HST	进积		

续表

模型名称	岩性描述	体系域	旋回特征	岩相类型	沉积微相
M32		EST	加积		
M33		EST	加积		
M34		HST	加积		
M35	砂泥岩互层组合，砂岩岩性较细，多为细砂岩-粉砂岩，厚度不大（1～4m），泥岩颜色较深，厚度一般为3～12m	HST	加积	LF5	分流河道、远砂坝、席状砂
M36		HST	加积		
M37		HST	加积		
M38		EST	加积		
M39		EST	加积		
M40		EST	加积		
M41		EST	退积		
M42		HST	进积		
M43		HST	进积		
M44		HST	进积		
M45	厚泥岩夹薄砂岩，砂岩以粉细砂-泥质粉砂岩为主，厚度 1～4m，泥岩厚度大于25m，最后可达 55m	EST	退积	LF6	席状砂、砂滩
M46		EST	退积		
M47		EST	退积		
M48		HST	进积		
M49		EST	退积		
M50		HST	进积		

岩相 2 主要发育在湖扩体系域早期，多个较厚的砂岩和具有交错层理的特征可能代表了湖盆水体变浅时多期分流河道的沉积（表 7-1）。

3. 岩性 3

岩相 3 由一套代表退积叠置样式的砂泥岩互层构成 [图 7-5（c）（d）]。砂岩厚度一般为 2～15m，该地层序列下部砂岩较厚，平均约为 5～15m，以灰色、灰白色中细砂岩为主，发育低角度交错层理 [图 7-6（e）]，靠近湖盆边缘地区含砾砂岩十分发育 [图 7-6（c）]。岩相 3 上部砂岩厚度逐渐减薄，一般为 1～4m，以灰白色、灰色和灰绿色粉-中细砂岩为主，发育波纹或不清晰交错层理 [图 7-6（f）（g）]；泥岩以灰色、深灰色和灰绿色为主，厚度一般为 3～30m，在某些泥岩段中还可见生物介壳的富集 [图 7-6（h）]。岩相 3 主要发育在湖扩体系域时期退积型准层序组中，早中期的砂岩明显发育，单层砂体较厚，晚期砂岩发育程度较低，单层砂体普遍较薄。岩相 3 中的砂岩被解释为水下分流河道-远砂坝的组合，岩相下部较厚的具有低角度交错层理的砂岩多代表了分流河道，向上砂岩变薄泥岩增厚，可能为浅水三角洲前缘的远砂坝沉积（表 7-1）。

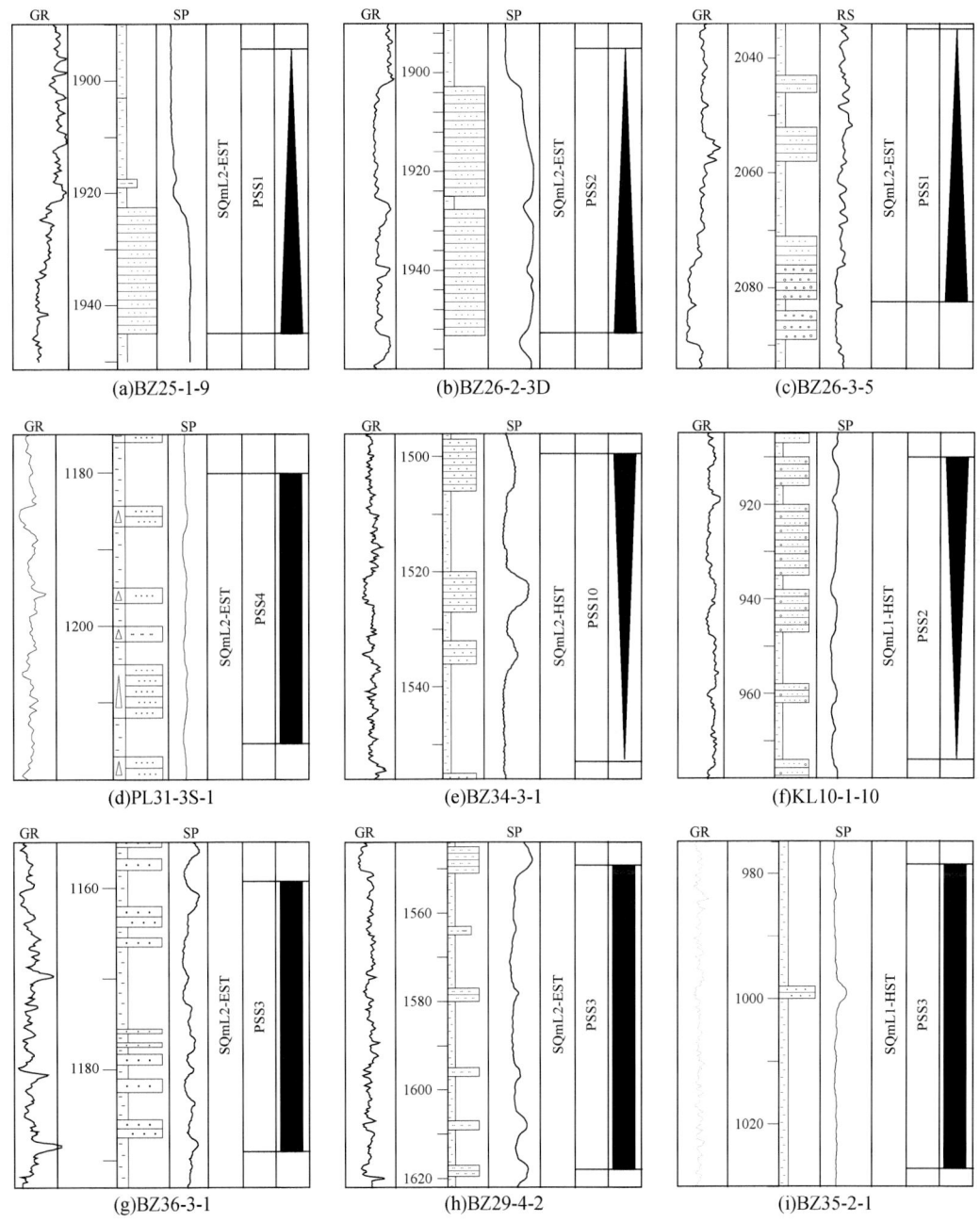

图 7-5 主要岩相测井曲线及岩性特征

图中数字为深度，单位 m

4. 岩相 4

岩相 4 由一套具有进积叠置样式的砂泥岩组合构成 [图 7-5（e）（f）]。砂岩厚度一般为 1~15m，从下至上厚度逐渐增加。该岩相下部砂岩最薄，一般为 1~3m，以灰白色、灰色、深灰色中细砂岩、泥质粉砂岩等为主，在某些泥质粉砂岩中能见到生物介壳［图 7-6(i)］；向上砂岩厚度逐渐增加，岩性变粗，砂岩多为灰色-灰白色中砂岩，局部地区钻井可见含砾砂岩，交错层理发育［图7-6(j)］。岩相4中泥岩向上厚度逐渐减薄，一般为3～20m，

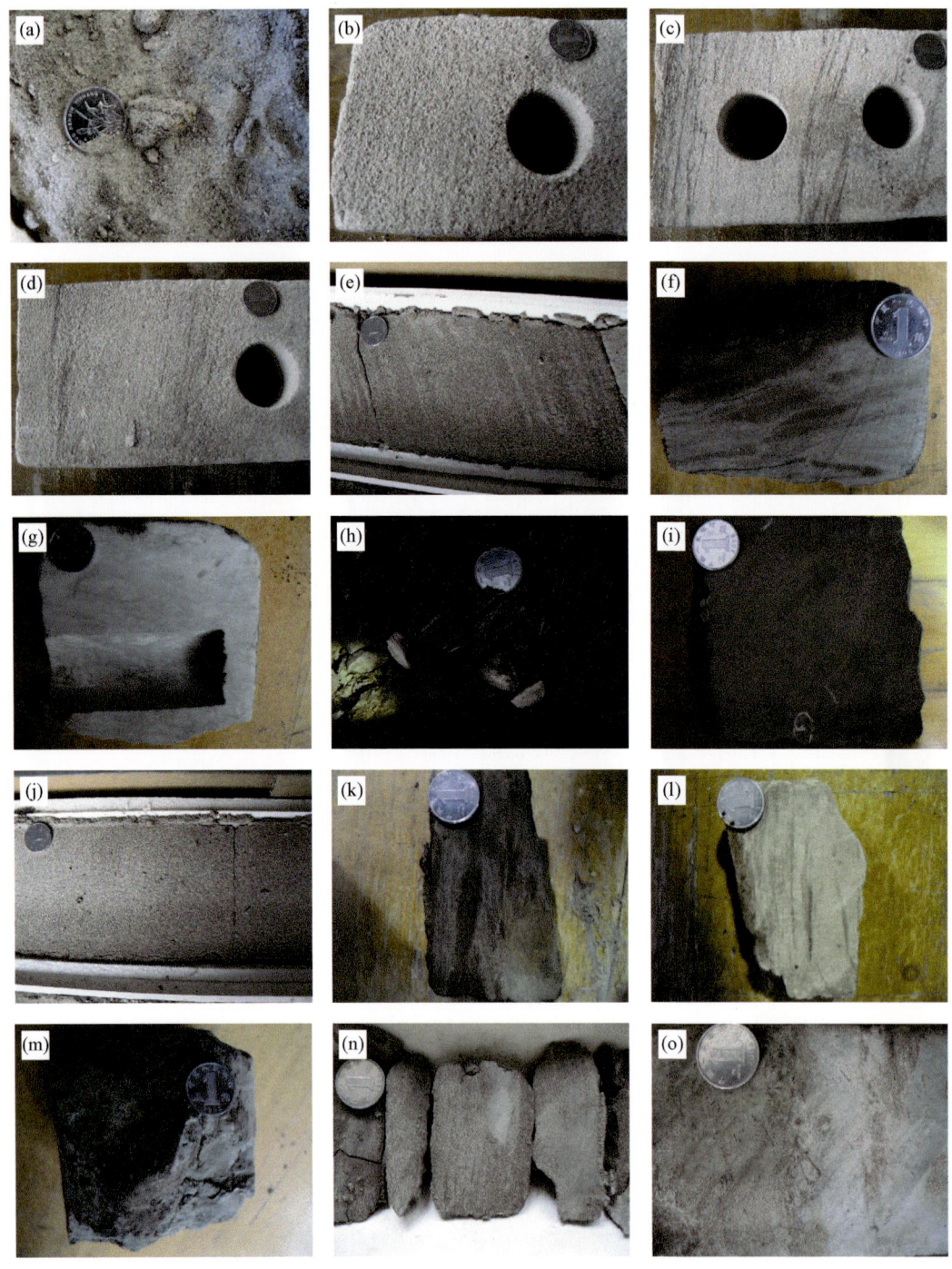

图 7-6　典型岩相岩心照片特征（忽略照片来源、深度等数据）

以灰色、深灰色和绿色为主。岩相 4 主要发育在高水位体系域中晚时期进积型准层序组中，砂岩通常被解释为远砂坝-水下分流河道的组合，而上部较厚的砂岩多代表分流河道。在高水位体系域早期，也有一定数量的进积型准层序组中发育岩相 4，但是砂岩明显较薄，岩性较细，尤其是那些较薄的粉细砂岩可能代表了远砂坝沉积（表 7-1），而具有生物介壳的泥质粉砂岩则可能为前三角洲或湖泊相砂泥混合滩沉积，而厚度较大的泥岩则通常为滨浅湖沉积。

5. 岩相 5

岩相 5 以砂泥岩互层为主要特征，纵向上以加积叠置样式为主［图 7-5（g）(h)］。砂岩厚度不大，一般为 1~4m，以黄色、淡黄色、灰色、灰绿色为主，主要为细砂岩、粉砂岩、泥质粉砂岩，在细砂岩中可见波纹交错层理和低角度交错层理［图 7-6（k）(l)］。泥岩厚度比砂岩厚，一般 3~12m，颜色以灰色、灰绿色为主，块状［图 7-6（m）］，具波纹交错层理［图 7-6（n）］。岩相 5 主要发育在高水位体系域早期的加积准层序组中，其次在湖扩体系域晚期的加积准层序组中也有出现，厚度不大、岩性较细且具有波纹和低角度交错层理的砂体被认为是水体较深环境中的水下分流河道、远砂坝或席状砂（表 7-1）。

6. 岩相 6

岩相 6 为大套泥岩夹中薄层砂岩［图 7-5（i）］，砂岩厚度一般为 1~4m，多以单层砂体出现，颜色以灰色、灰绿色、黄色为主，砂岩较细，主要为细砂岩、粉砂岩和泥质粉砂岩，见波纹交错层理和大量炭屑［图 7-6（o）］。岩相 6 主要发育在湖扩体系域晚期和高水位体系域早期的准层序组中，主要为滨浅湖沉积环境，砂岩通常代表了湖泊中的三角洲前缘席状砂或湖泊环境的砂滩沉积（表 7-1）。

7.1.4 一维地震正演模拟与定量地震沉积学分析

一维地震正演模拟的地质模型是来自对所选取的 50 个样点的砂泥岩发育特征的精细描述和与岩性特征相关的参数（如速度、厚度、岩相组合等）的半定量化统计。因此在地质模型构建的时候，除了岩性特征识别以外，还分别对同一准层序组内所有砂岩、泥岩的厚度，砂岩、泥岩纵向叠置模式，砂岩、泥岩的平均速度、平均波阻抗等进行了详细分析（表 7-2）。

表 7-2 明化镇组下段准层序组各样点含砂率、振幅统计表

模型名称	含砂率/%	泥岩速度/ (m/s)	砂岩速度/ (m/s)	模型振幅 （均方根）	地震振幅 （均方根）
M1	45.00	2302.00	3225.32	11758	12569
M2	40.48	2275.15	2955.36	11800	10986
M3	39.77	2451.32	3025.85	10596	10563
M4	32.50	2375.00	3302.58	11852	12123
M5	35.87	2286.32	3336.41	12547	11243

续表

模型名称	含砂率/%	泥岩速度/(m/s)	砂岩速度/(m/s)	模型振幅（均方根）	地震振幅（均方根）
M6	34.88	2235.35	3246.55	13025	11757
M7	31.91	2347.33	2869.39	12796	10847
M8	76.79	2412.33	2858.42	12878	14063
M9	64.00	2355.45	3212.65	11985	13546
M10	62.22	2213.55	3025.25	11004	12252
M11	56.82	2354.00	3221.25	14025	13255
M12	71.43	2525.35	3325.65	11925	13356
M13	68.42	2215.00	2658.23	13953	12596
M14	45.31	2563.64	2728.57	10962	12159
M15	44.74	1750.43	2413.04	12414	10756
M16	13.46	2325.64	2568.39	8343	8569
M17	41.18	2059.22	2486.67	11387	13523
M18	14.55	2175.75	2701.35	7757	8534
M19	17.31	2235.36	2958.65	8856	9256
M20	16.13	2012.35	2896.45	7524	8865
M21	35.59	2154.00	2500.57	10545	12145
M22	25.00	2211.00	2500.67	9581	12369
M23	27.91	2178.79	2449.45	10228	12458
M24	26.92	2178.79	2449.45	9162	11357
M25	22.22	2498.00	2772.29	10189	9256
M26	23.08	2235.00	2985.65	8569	9365
M27	26.09	2235.00	2524.72	9651	9753
M28	30.00	2413.04	2644.19	12493	10988
M29	47.22	2381.00	2674.25	12104	12145
M30	51.85	2413.04	2844.19	12240	12347
M31	36.00	1825.23	2746.33	11135	10023
M32	13.64	2275.00	2432.33	8563	8561
M33	28.57	2117.82	2342.55	10534	10856
M34	36.36	2275.00	2603.45	12221	11452
M35	25.45	2236.55	2856.35	10569	10899
M36	22.00	2215.25	2598.33	11458	9878
M37	25.64	2125.37	2645.63	9985	9855
M38	20.00	2154.45	2598.32	10223	9987
M39	16.67	2205.35	2756.45	10032	9875
M40	11.54	2129.36	2554.18	8123	8234
M41	1.79	2178.79	2449.45	5133	5004

续表

模型名称	含砂率/%	泥岩速度/(m/s)	砂岩速度/(m/s)	模型振幅（均方根）	地震振幅（均方根）
M42	9.38	2210.20	2486.67	6432	7563
M43	4.44	1965.57	2254.95	5561	6124
M44	5.56	2015.30	2539.85	6554	6055
M45	7.27	2301.55	2621.45	6254	7120
M46	3.77	2145.30	2456.55	5345	6257
M47	6.98	2363.64	2572.29	7597	6896
M48	7.02	2259.00	2545.53	5023	7212
M49	5.45	2173.58	2423.09	7850	7245
M50	4.44	2175.39	2344.77	6233	6029

1. 含砂率统计分析

在对选取的50个准层序组样本点岩性分析的基础上，通过对准层序组厚度、准层序组内砂岩累计厚度的统计，可以分别计算出这些样点的含砂率（表7-2）。而在对砂岩累计厚度统计中，为了定量分析和简化的需要，岩性分类仅按照砂岩和泥岩两个大类来考虑，将粗砂岩、中细砂岩、粉砂岩、含砾砂岩和泥质粉砂岩统一归并为砂岩类，而泥岩和粉砂质泥岩则按泥岩来考虑。

从含砂率的分布来看，整体上渤南地区明化镇组下段浅水三角洲体系的砂岩富集程度不高，所有50个样点中含砂率超过45%的仅有8个样点，大部分样点集中在15%~45%之间。从不同岩相内平均含砂率分布来看（图7-7），岩相2含砂率最高，平均含砂率高达66%，其次为岩相1，含砂率平均值接近40%，该岩相共有7个数据点参与统计，标准差为4.4%，表明岩相1在大部分准层序组中的岩性分布、砂岩发育程度的一致性比较高。岩相3和岩相4的平均含砂率约为30%，所用统计样点分别为9个，但是含砂率数据相对比较分散，这可能与这两种岩相发育在不同体系域中，以及岩相组合的多样性有关。岩相5平均含砂率约为22%，标准差为7.28%，数据点有一定的分散性，这可能与该类岩相发育在不同体系域有关，但整体上湖扩体系域沉积晚期的砂岩发育程度要低于高水位体系域沉积早期（表7-2）。

2. 砂泥岩波阻抗分析

从50个样点岩性的速度统计来看，研究区不同岩性的地层速度分布区间大致为：砂岩速度2300~3300m/s，泥岩速度1750~2500m/s，所有样点砂岩与泥岩之间的速度差异比较明显[图7-8（a）]。对应砂岩波阻抗约为5300~7700g/(s·cm^2)，泥岩波阻抗约为3500~6000g/(s·cm^2)，由此可见，砂岩与泥岩的波阻抗差异较大[图7-8（b）]，这也为后面开展一维正演地震模拟及振幅值定量求取提供了物理地震学的理论基础。

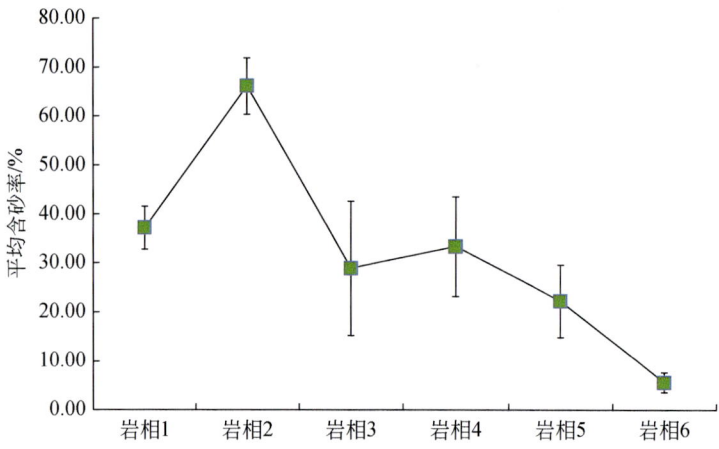

图 7-7 渤南地区明化镇组下段 50 个样点含砂率统计分析图

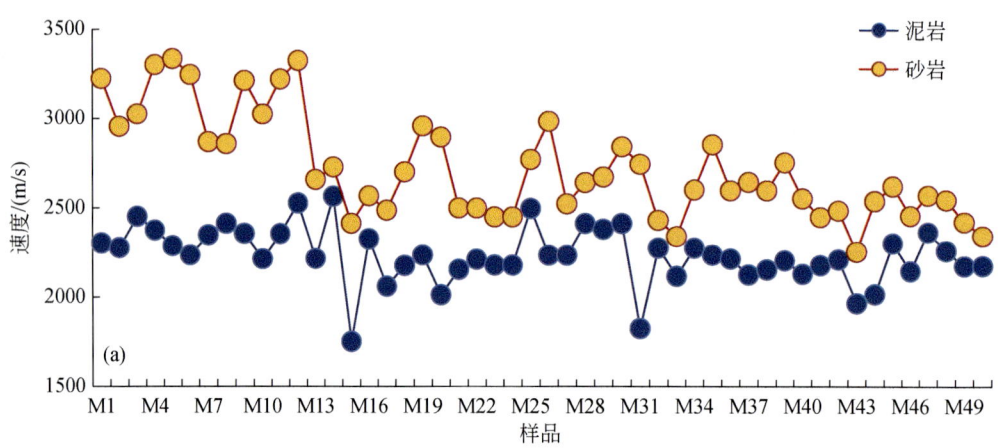

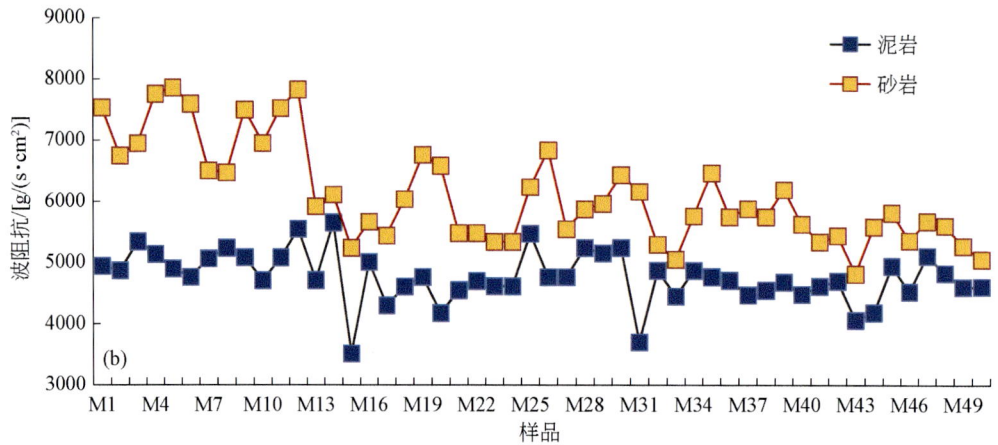

图 7-8 渤南地区明化镇组下段 50 个样点砂泥岩速度及波阻抗分布

3. 地震正演模拟子波主频确认

通过大量的钻井在目的层范围地震合成记录标定和所提取的子波频率分析表明，渤南地区明化镇组下段地震子波主频介于 20~40Hz。为了在地震正演中尽量达到与实际三维地震数据相同反射特征的合成地震道，取平均主频为 30Hz 的雷克子波作为一维地震正演模拟时的子波。

4. 地质模型与地震正演模拟

由于 50 个样点的模拟过程及合成地震记录振幅值的计算方法相同，受篇幅的限制，本书以 M1 模型为例，来详细介绍开展一维地震正演模拟及合成地震记录振幅值求取的过程（表 7-2，图 7-9）。

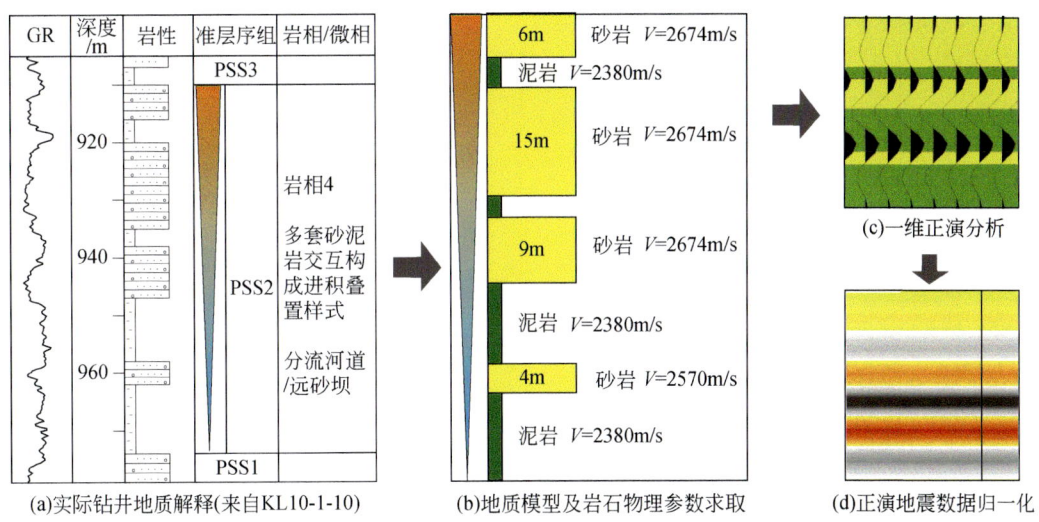

图 7-9 地质模型及地震正演流程

V 表示速度

M1 样点的实际地下岩性组合见图 7-5（a），发育在湖扩体系域早期，为退积型准层序组，沉积相解释为单一的水下分流河道和间湾沉积。M1 样点总厚度 50m，砂岩为灰色细砂岩，厚度为 22.5m，平均速度为 3225m/s。泥岩为灰色和绿色，厚度 27.5m，平均速度为 2324m/s。M1 样点地震正演模拟表明，在砂泥岩分界处为一个完整的波峰地震同相轴反射，振幅较强。岩相 1 中其他具有退积型叠置样式的样点（如 M2、M3）的正演合成记录结果与 M1 样点的特征相似。而具有进积型叠置样式的样点（如 M4~M7）的地震正演模型通常为一完整的波谷反射，但是振幅值也是普遍较高（表 7-2）。

5. 正演模型的归一化处理与均方根振幅值求取

为了达到与实际三维地震数据振幅的可比性，需要对地震正演模拟结果进行振幅特殊处理（图 7-9）。首先将一维地震正演记录以 segy 格式（地震数据专用格式）加载至三维地震解释工区中，以目标三维地震数据的均方根振幅值为参考，利用斯伦贝谢公司 Geoframe 软件中的 Amplitude Normalization 功能将一维正演地震模型数据进行振幅归一化处理，均方根振幅求取方法如下：

$$\text{RMS}=\sqrt{\frac{1}{N}\sum_{i=1}^{N}a_i^2} \tag{7-1}$$

式中，RMS 为均方根振幅；N 为分析时窗内地震波按照 2ms 采样间隔所得到的样点总数；a_i 为同一地震道每个样点位置的振幅值。

在此基础上，对归一化后的一维正演地震数据求取其均方根振幅（称为模型振幅）（表 7-2）。模型均方根值求取表明（图 7-10），岩相 1 和岩相 2 对应的均方根振幅值最大，其中岩相 2 最大值振幅值为 14025，最小振幅值为 11004，平均振幅值为 12628；岩相 1 最大振幅值为 13025，最小振幅值为 10596，平均振幅值为 12053；岩相 3、岩相 4 和岩相 5 的均方根振幅值较大，它们的平均值分别为 9708、10641 和 10190。岩相 6 的均方根振幅值最低，最大振幅值为 7850，最小振幅值为 5023，平均振幅值为 6245，该岩相中所有样点的实测归一化均方根振幅值相对集中，标准差为 879。

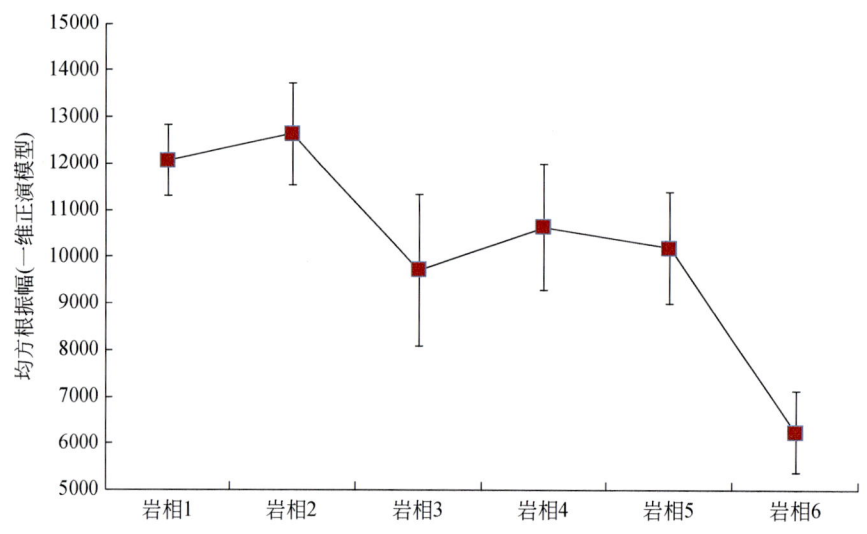

图 7-10　渤南地区明化镇组下段 50 个样点模型均方根振幅统计分析图

6. 含砂率与模型振幅的定量关系

通过前面 50 个样点含砂率和归一化均方根振幅统计计算（表 7-1，表 7-2），结合含砂率和模型振幅散点投图（图 7-11），对含砂率和模型振幅散点数据进行回归分析后发现均方根振幅与含砂率之间具有指数曲线关系：

$$R_s=0.89e^{0.0003\text{RMS}} \tag{7-2}$$

式中，R_s 为含砂率，%；RMS 为模型均方根振幅。

式（7-2）的确定性系数（R^2）高达 0.8532，表明含砂率和振幅之间的关系明显。初步说明了在渤南地区明化镇组下段以浅水三角洲为主的沉积体系中,砂岩的占比大小决定了振幅值的变化。对于那些以分流河道为主的、砂体发育的沉积微相(或微相组合),可能表现为较强-强的地震反射特征,这与本书第 5 章中极浅水三角洲地震相识别标志的结论比较一致,同时也充分说明了利用振幅值变化开展定量地震沉积学研究具备地球物理和数学基础。由此,利用式(7-2)可将通过三维地震数据沿层切片提取的均方根振幅换算为含砂率值,并可进一步开展沉积微相的分析。

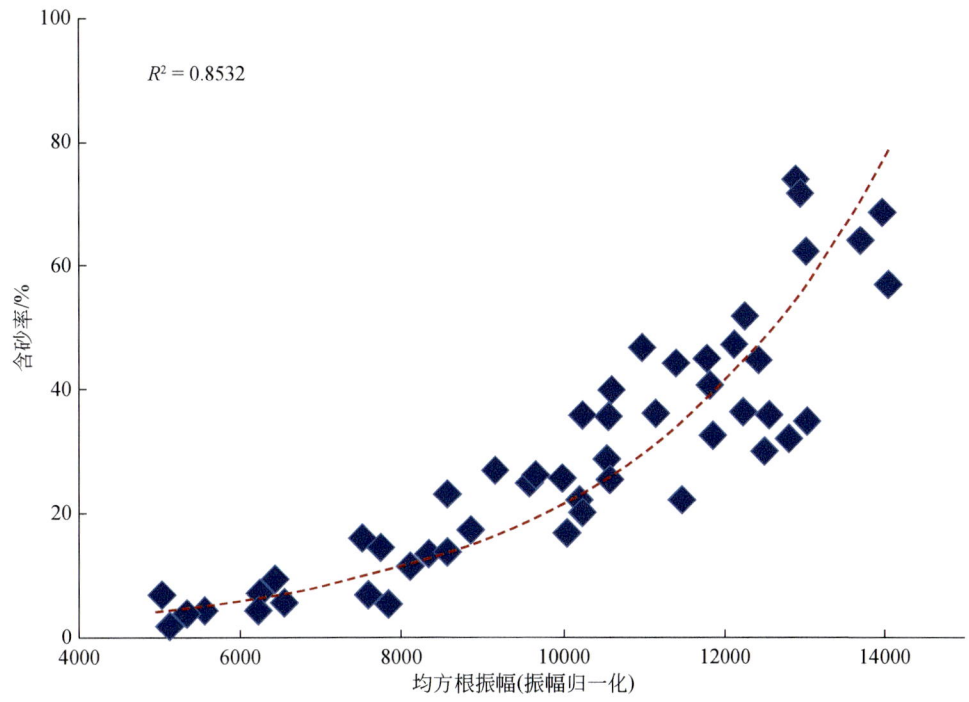

图 7-11 渤南地区明化镇组下段含砂率-均方根振幅关系图

7. 研究区三维地震数据沿层振幅提取与定量地震沉积分析——以明化镇组下段下亚段湖扩体系 PSS1 为例

高频层序的划分不仅提供了等时地层格架,而且也为利用三维地震属性进行地震地貌学和地震沉积学分析提供了重要的基础。本书中涉及的地震属性提取主要参考地震沉积学的分析手段(Zeng and Hentz,2004;Zeng et al.,2007),即对研究区所有三维地震数据都进行了 90°相位转移。现以重点三维工区(渤中 29)准层序组 PSS1 为例,就定量地震沉积分析过程进行阐述。

首先,在准层序组 PSS1 格架下,进行沿层均方根振幅提取(图 7-12)。然后利用含砂率与模型振幅的定量关系式[式(7-2)],将均方根振幅转换为含砂率值后,就可以编制出重点研究的高频层序的含砂率图(图 7-13)。在含砂率平面分布特征基础上,结合前面不同准层序组类型的岩相-沉积微相(微相组合)-含砂率等的关系分析,即可对平面定量含砂率进行沉积微相(微相组合)的解释(图 7-14)。

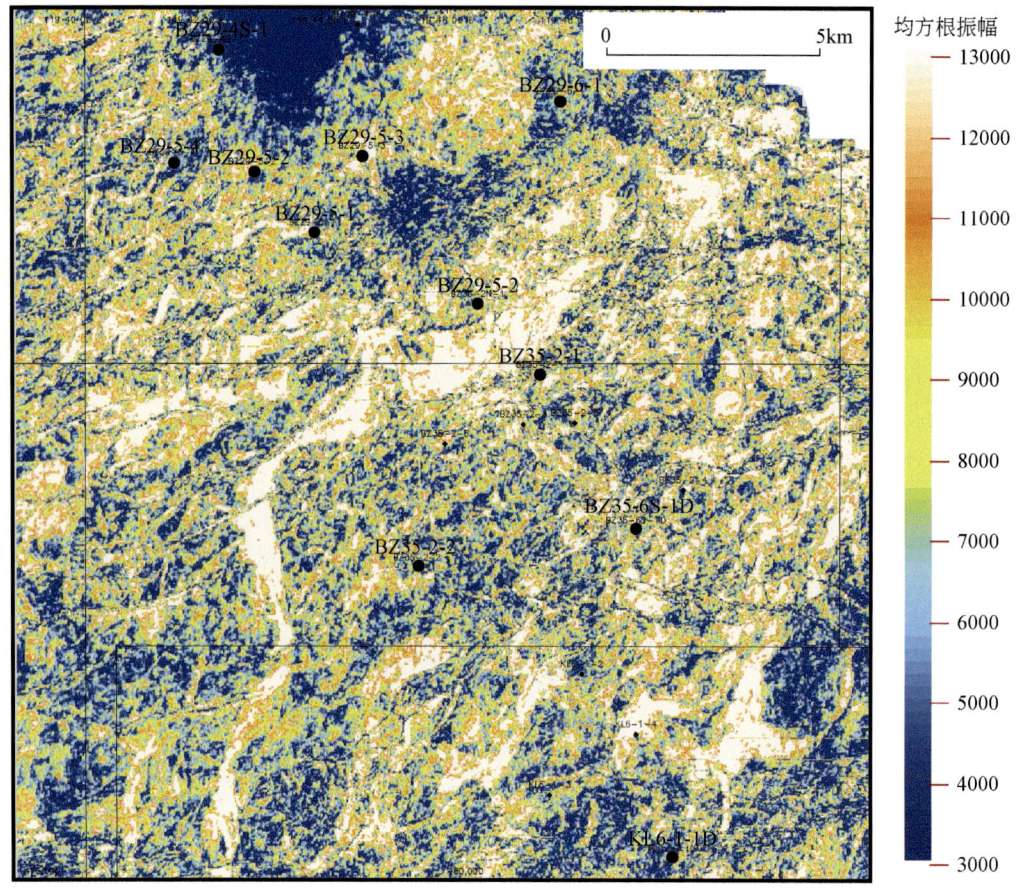

图 7-12　渤中 29 三维区 PSS1 均方根振幅

定量沉积微相解释结果表明，在渤中 29 至少发育 5 个北东-南西向水下分流河道组合，分流河道之间呈网状交互，其中分流河道组合 3 最为明显，高的含砂率和均方根振幅值充分说明了该分流河道组合的砂体十分发育。所有分流河道末端的含砂率和均方根振幅值都很低，表明在这些分流河道末端没有明显的呈扇形分布的规模性砂岩。均方根振幅和含砂率分布特征还说明了在渤中 29 发育的浅水三角洲以分流河道砂体为主，河口坝厚度较薄甚至不发育（Lemons and Chan，1999；Plint，2000；Hoy and Ridgway，2003；Ganil and Bhattacharya，2007；Keumsuk et al.，2007），表明渤海海域新近系发育以分流河道骨架砂为主的河控三角洲（Fisk et al.，1954；Donaldson，1974；Coleman，1988；Postma，1990；Roberts et al.，2003；Zou et al.，2010；Zhu et al.，2017；Tian et al.，2019；Reynolds，2022）。此外，分流河道平面展布方向表明在 PSS1 沉积期，渤中 29 三维区为浅水三角洲沉积的一部分，物源水系可能来自研究区的北东方向（图 7-14）。

第 7 章 渤海海域极浅水三角洲大面积砂体形成的控制作用

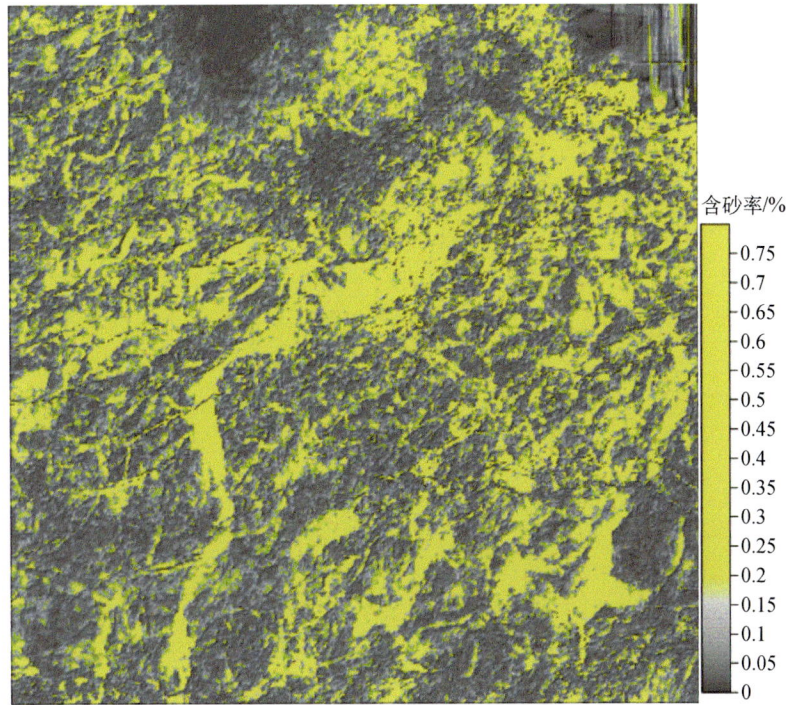

图 7-13 渤中 29 三维区 PSS1 砂地比

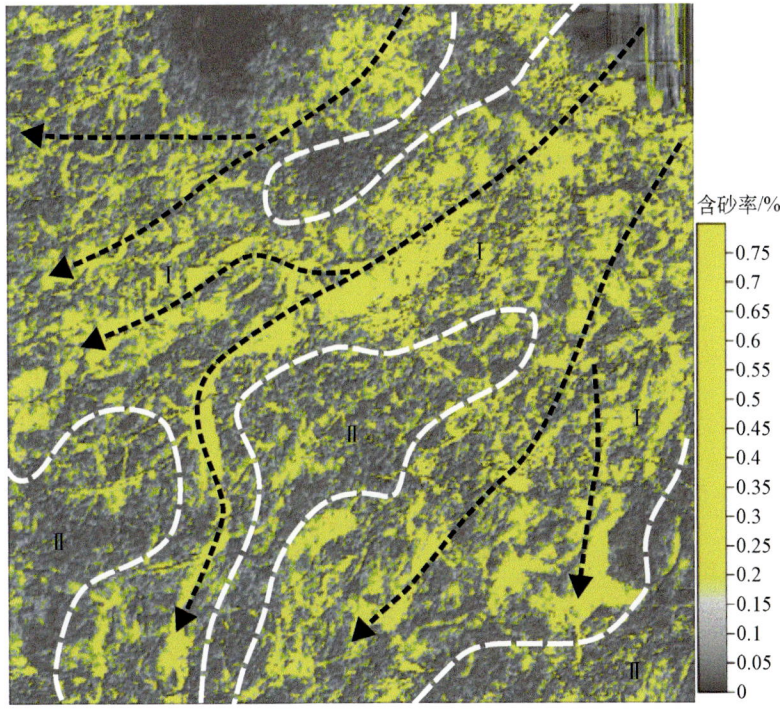

图 7-14 渤中 29 三维区 PSS1 地震沉积微相组合分析

Ⅰ.分流河道-远砂坝组合；Ⅱ.远砂坝-前缘席状砂组合

7.1.5 讨论

1. 三维地震数据沿层振幅切片定量分析的沉积学意义

表面上看,我们仅仅依据了含砂率-均方根振幅定量关系对三维地震数据提取的振幅切片进行含砂率预测和勾绘(图 7-14)。事实上,对于渤海海域渤南地区新近系浅水三角洲,含砂率值的变化代表了不同岩相类型的砂体发育程度,而砂体发育程度与一个三级层序内部的沉积体系域及沉积体系类型存在内在的必然联系。换言之,伴随基准面升降变化,三级层序内部岩性变化和沉积堆积样式受控于可容空间和沉积物供给的相互作用(即 A/S)(Catuneanu and Eriksson,2006;Catuneanu et al.,2009;Posamentier and Allen,1999),紧邻层序界面的体系域或准层序组 A/S 变小,砂岩相对比较富集;相反,在基准面上升时期的海(湖)侵体系域、高水位体系域早期的准层序组中的泥质沉积则是增加的。

渤海海域渤南地区新近系不同岩相类型的含砂率分布规律表明,含砂率的大小与准层序组的类型相关性不大,但与准层序组在一个三级层序内部发育位置和沉积类型密切相关(图 7-15)。岩相 2 主要发育在三级层序湖扩体系域沉积早期,往往对应层序界面之上的第一个准层序组,多套较厚的单砂层为多期分流河道沉积,砂体十分发育,含砂率大多大于 60%,是所有岩相中含砂率最高的岩相类型,而地震正演模型的归一化均方根振幅也处于高值区(11000~14000)(图 7-15)。岩相 1 主要发育在湖扩体系域沉积早中期和高水位体系域沉积中晚期,邻近层序界面,沉积微相以水下分流河道为主,砂体较发育,以单层厚度较大(一般都大于 10m)的砂岩为主,含砂率分布介于 30%~45%区域之间,归一化均方根振幅属于高值区(10000~13000)(图 7-15)。岩相 3 主要发育在湖扩体系域沉积中期,部分样点可能发育在最大湖泛面附近,而岩相 4 则发育在高水位体系域沉积中期至中晚期,尽管砂泥岩叠置样式有差异,但是多为分流河道-远砂坝或远砂坝-分流河道的沉积微相组

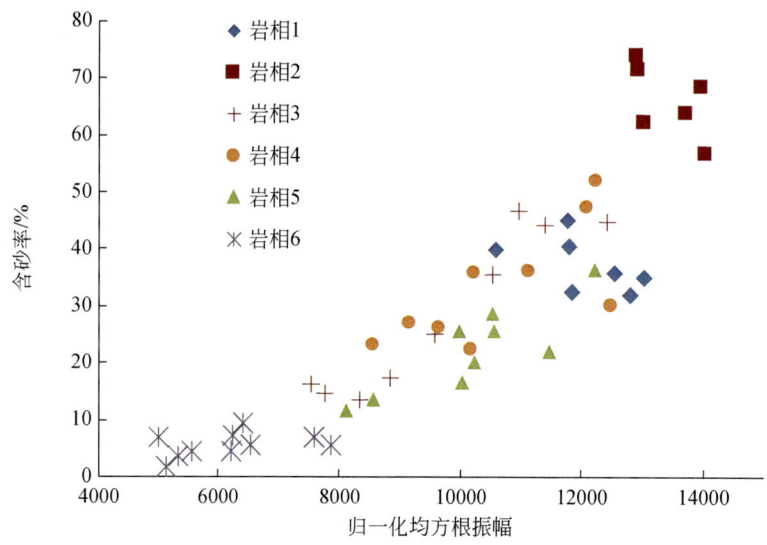

图 7-15 不同类型岩相均方根振幅-含砂率关系图

合；这两种岩相类型中的大部分样点逐渐远离层序界面，且离最大湖泛面越来越近，砂岩相对发育，但是因为部分样点可能发育在湖扩体系域沉积晚期和高水位体系域沉积早期，砂岩含量减小，导致含砂率跨度较大（介于15%～45%之间），因此归一化均方根振幅的分布范围也比较大，为中低-高振幅区（7250～12500）（图7-15）。岩相5以加积为主，主要发育在湖扩体系域沉积中晚期和高水位体系域沉积早中期，砂岩被解释为湖水较深环境中的水下分流河道、远砂坝或席状砂沉积微相，砂体发育程度不高，大部分样点的含砂率分布在15%～30%区域，归一化均方根振幅则位于中-中高值区（8100～12000）（图7-15）。岩相6发育在湖扩体系域沉积晚期和高水位体系域沉积早期，紧邻最大湖泛面，以三角洲前缘席状砂或滨浅湖环境的砂滩沉积为主，砂岩发育程度最低，含砂率值普遍低于10%，归一化均方根振幅分布在低值区（小于8000）（图7-15）。

因此，综上所述，含砂率平面分布特征为沉积地貌和沉积学解释提供了更加直观的证据。

2. 地震数据振幅岩性定量预测的可靠性与误差分析

为了验证利用含砂率-均方根振幅的定量关系对三维地震数据振幅定量岩性解释的可靠性，我们在三维地震数据中，分别测量了50个样点位置三维地震的均方根振幅（称为地震振幅），运用式（7-2）计算出地震振幅对应的含砂率（称为预测含砂率）（表7-2）。将模型均方根振幅与实际三维地震均方根振幅、实测含砂率与预测含砂率分别进行散点投图（图7-16，图7-17），发现模型均方根振幅与实际三维地震均方根振幅、实测含砂率与预测含砂率之间的相关系数分别为0.827和0.889，这种宏观上明显的线性正相关关系充分说明，在渤海海域渤南地区新近系这种具有类似浅水三角洲沉积背景的沉积建造中，以实际钻井中的岩相组合为地质模型的地震正演方法是可取的，通过正演所获取的模型振幅可以代表实际三维地震振幅。因此，进一步通过实测含砂率-均方根振幅关系式［式（7-2）］对实际三维地震振幅切片进行含砂率和岩性的定量预测具有较高的可靠性。

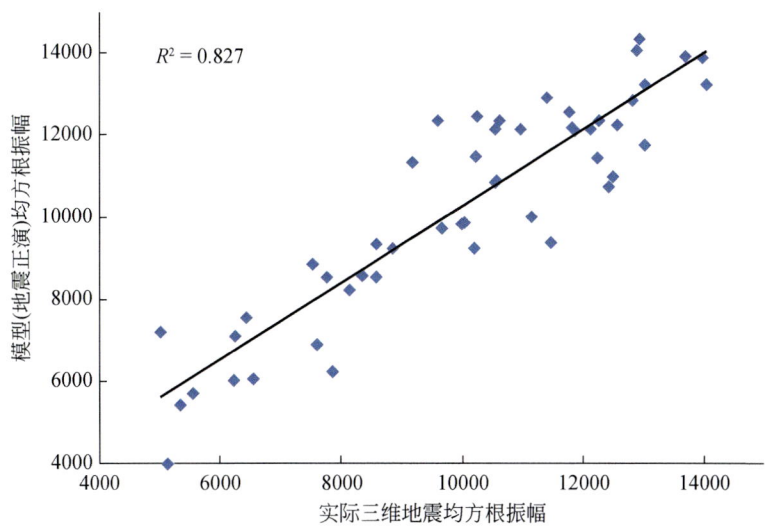

图7-16 三维地震井点地震均方根振幅-模型均方根振幅之间的关系

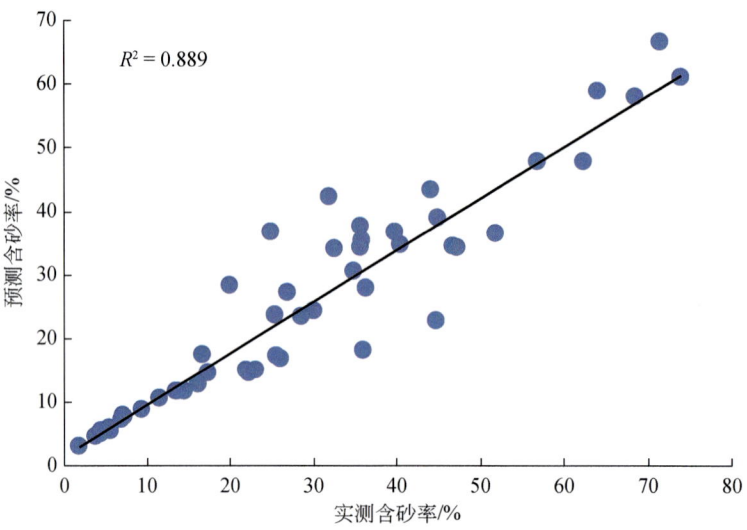

图 7-17 实际含砂率-预测含砂率之间的关系

通过将实测含砂率与预测含砂率进行对比（图 7-18）也能看出，大部分样点位置的预测含砂率与实测含砂率比较接近，预测含砂率值的分布趋势与实测值比较一致。尽管如此，预测含砂率与实测含砂率依然存在一定的误差（表 7-2，图 7-19），分析原因主要有以下几点。

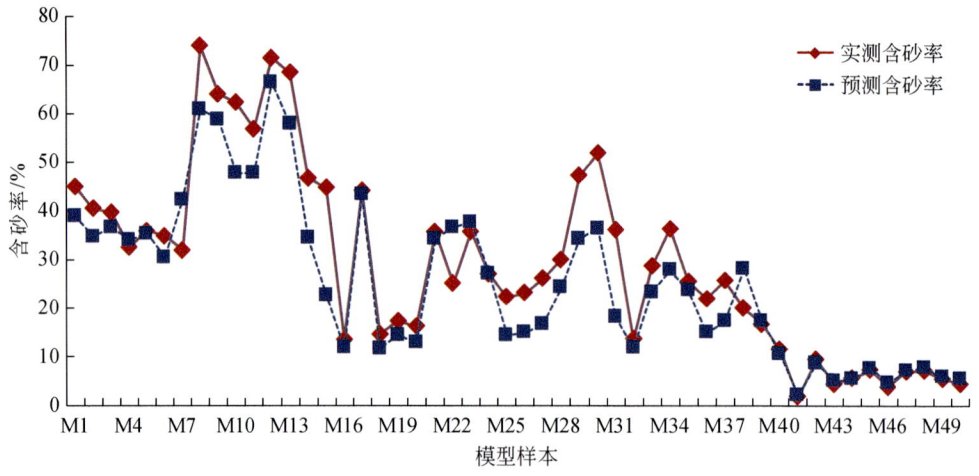

图 7-18 实测含砂率-预测含砂率对比

（1）在同一岩相类型中，沉积环境的变化（本书主要指的是在浅水三角洲为主的沉积体系范围内，沉积亚相的变化），导致不同沉积环境中岩性叠置样式、岩性组合的多变性与复杂性，进而会引起较大区间范围内含砂率值差异性的分布（表 7-1，表 7-2），必然会使实测含砂率相近的样点因为砂泥岩厚度分布及组合不同而具有不同的模型均方根振幅值，同样也会使不同实测含砂率的样点具有相近的模型振幅值，这种误差在岩相 3、岩相 4 和岩相 5 中容易出现（图 7-19）。

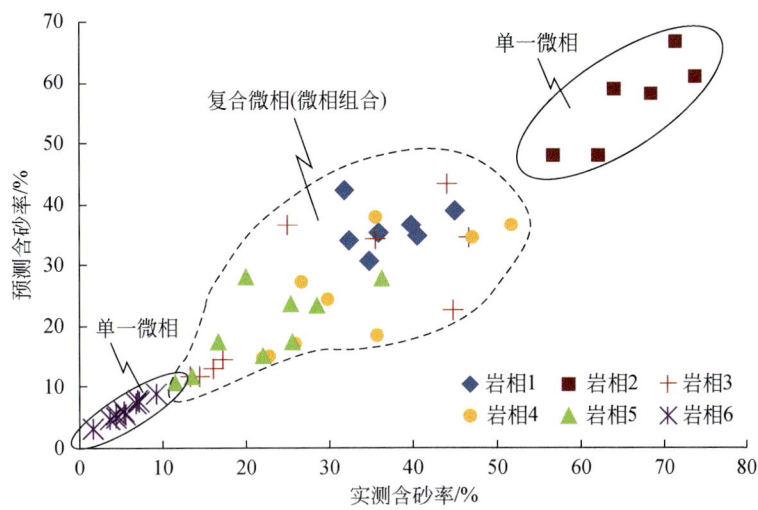

图 7-19 不同岩相中实测含砂率与预测含砂率关系统计

（2）大量样点的地震正演模拟往往会因为工作量的烦琐和需要对模型进行简化，同时在实际正演模拟过程中不可能获取与实际地震数据完全一致的参数，比如在正演时所用到的雷克子波是理想化的子波，恒定主频为30Hz，但是该子波的主频、相位、形态等与实际地震子波之间必然存在差异，这也是模型振幅有误差的重要原因之一。

（3）另外，还有其他产生误差的原因，如受地震分辨率的限制，导致均方根振幅计算误差，钻井中录井-测井岩性解释引起的实测含砂率误差，以及高频层序地震同相轴标定与三维地震数据精细解释程度引起的层切片属性提取的误差等。

3. 关于地质地球物理模型与半定量沉积学的实际应用及局限性

尽管存在上述所阐明的误差，但是开展不同沉积环境背景下的地质-地震响应关系模型的建立和地震属性的半定量岩性解释，其核心技术和思想就是在于不仅充分利用了地震正演模型能将地质剖面或模式与实际地震剖面相结合的优势（如，Shuster and Aigner，1994；Gartner and Schlager，1999；Janson et al.，2007；Schwab et al.，2007），而且这些结合完全有助于对复杂地层结构的地震响应有更加详细而明确的认识（如，Hilterman，1970；Biddle et al.，1992；Campbell and Stafleu，1992；Stafleu and Schlager，1993；Schwab and Pince，1996；Anselmetti and Eberli，1997；Kenter et al.，2001，2002；Gartner et al.，2002；Doherty et al.，2002；Janson et al.，2007；Falivene et al.，2010；Bakke et al.，2013；Holgate et al.，2014；Jafarian et al.，2018；Grippa et al.，2019；He et al.，2019；Christie et al.，2021；Ramdani et al.，2022）。因此，地震正演方法也成为本次研究中构建含砂率-均方根振幅之间的定量关系的重要理论支撑和主要的技术环节之一，同时也充分说明了这种储层砂体预测的思路和方法具有实际应用的意义。

开展定量地震沉积学的研究除了大量的地震正演分析和含砂率-均方根振幅之间的定量关系的建立等工作以外，基础地质研究（如高频层序特征、岩相及沉积环境等）也必不可少，因此本方法强调的是真正意义上的地质-地球物理结合的工作思路和手段。同时，加强基础地质研究，为如何将定量预测出来的砂体做出更加符合沉积学概念的解释提供依据。如此，研究中需要更多地强调砂体的成因类型，所得到的解释成果可能更符合地质规律，或许更加具有资源勘探的意义。

最后，也必须认识到开展高频层序地层格架下的定量沉积学研究依然存在某些不足或者局限性。比如：①需要有与目标研究区相似沉积背景的、具有一定钻井密度分布的地区来建立地质-地球物理模型，而无井或少井地区则可能需要寻找其他地下地质资料（如露头）来建立模型，或者以具有相似地质背景的邻近地区为参考；②因为地质条件（如构造活动、物源水系、地貌背景、水动力条件等）的差异，同一盆地不同区域、同一地区不同沉积期的沉积特征和岩性组合可能存在较大差异，对于区域（盆地）范围或者沉积年代跨度较大的地层，开展定量地震沉积学研究变得不确定甚至不可能实现，因此强烈建议以成因沉积单元（准层序组）为主来进行定量地震沉积学的分析；③本书提出的定量地震沉积学方法需要大量实物工作，如钻井高频层序划分与解释、钻井沉积学分析、高频层序地震解释（高密度解释网格）、各类数据（含砂率、模型振幅、地震振幅等）的统计计算、地质模型的建立、地质模型的正演模拟等；④受沉积环境差异性的影响，不同地区、不同层位的含砂率-均方根振幅关系式都需要重新构建，所得到的定量地震沉积学的结果也不尽相同；⑤如前所述，地震分辨率过低也是限制我们进行砂体预测的主要障碍，因此在实际砂体刻画过程需要客观看待，期待更多的地球物理学家介入以提高地震分辨率和品质。

7.2 大面积砂体发育动力学背景与控制作用

7.2.1 湖盆萎缩期沉积动力学背景

渤海海域新近系区域古地貌特征、古湖泊单元不仅是区分浅水三角洲、河湖交互体系和河流最主要环境因子（表 5-2），而且也是浅水湖盆不同沉积体系发育过程中最重要的控制因素。下面分别从构造古地貌控制盆地格局、古环境控制湖泊分布、古湖泊单元控制沉积相带等方面进行湖盆萎缩期沉积动力学背景的阐述。

1. 构造古地貌控制盆地格局

构造古地貌研究不仅有助于了解原始盆地的面貌和特征，开展构造古地貌的恢复、地貌单元的细化以及坡折带的分析等，对进一步揭示盆地结构和盆地样式、确定盆地范围等都有十分重要的意义。

如前所述，渤海海域渤南地区新近系构造活动相对稳定，尽管明化镇组沉积期沉降速率有所增加，但是整体的稳定沉降造就了新近纪盆地具有明显的盆大水浅、地形平缓的古地貌格局。自盆地边缘至湖盆区，受多级坡折带的控制，在斜坡带上发育多级别的阶地，而湖盆区通常受盆内坡折带的控制。自此，可将渤南地区新近纪划分为一级阶地（陆相区）、二级/三级阶地（河湖交互沉积区）和湖盆区（图 4-8，图 7-20，图 7-21），不同地貌单元的坡度和古水深等参数存在差异，发育了不同类型的沉积体系。

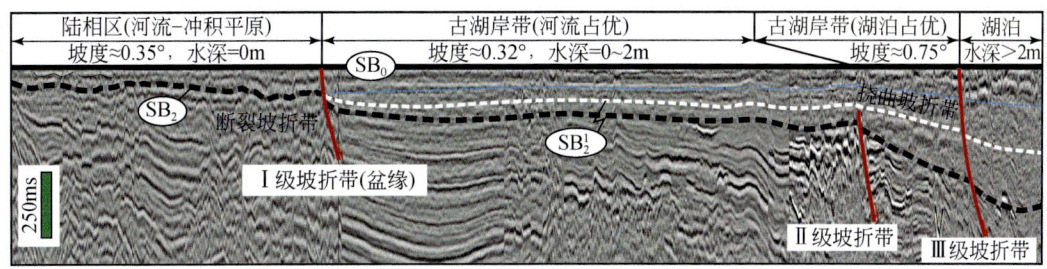

图 7-20 馆陶组坡折带地震剖面特征（SB₀层拉平）

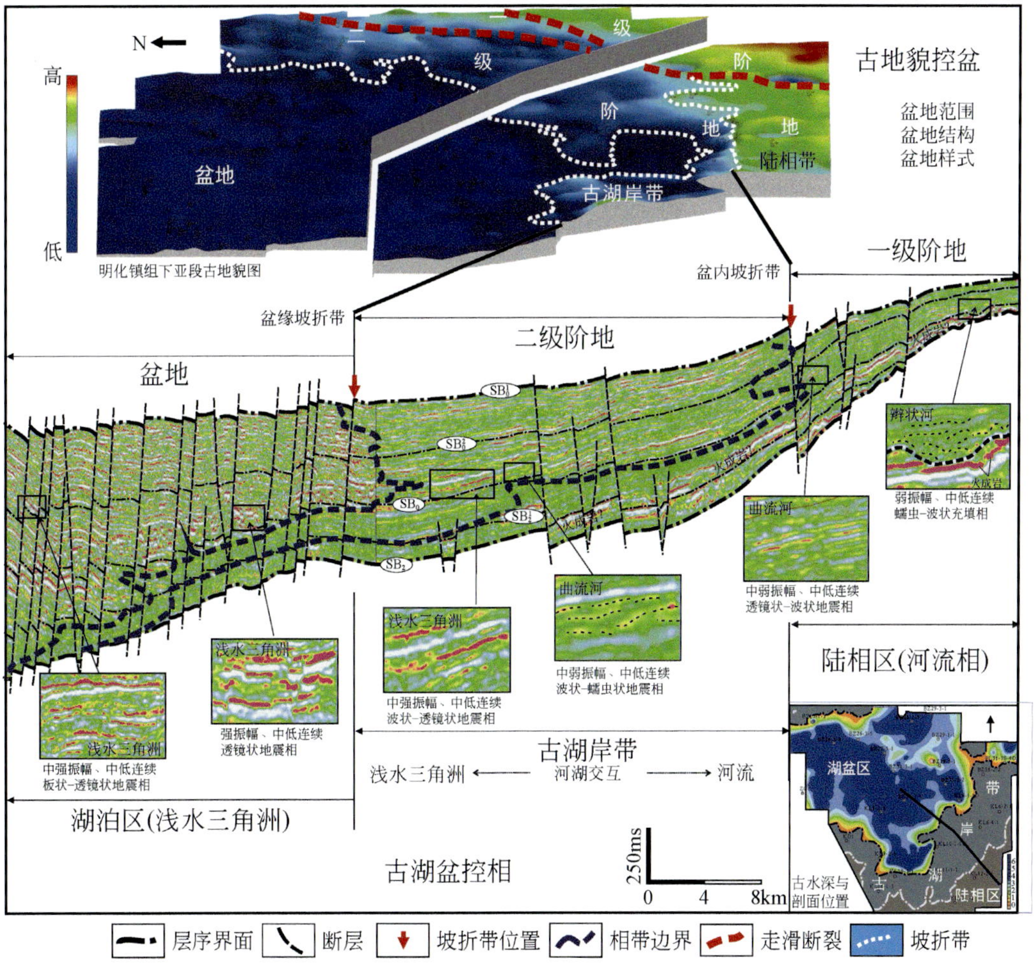

图 7-21 渤南地区明化镇组下段地貌、古湖盆单元及沉积环境解释图

馆陶组沉积期断裂坡折带较为发育，坡折带具有明显多级的特征，形成了独特的构造坡折体系，坡度整体较缓，一般<1°（图7-20）。坡折体系中坡折带之间形成了多个阶梯状平台，一级阶地对应陆相区，坡度约为0.35°，发育河流相沉积；二级阶地对应古湖岸带，坡度约0.3°，水深约0~2m，发育河流和浅水三角洲交互沉积，但是以河流相占主导；三

级阶地对应古湖岸带，坡度约 0.6°，水深有所增加，沉积体系以浅水三角洲占主导；盆地区对应四级阶地，以湖泊相和浅水三角洲沉积为主（图 4-7，图 4-8）。

明化镇组沉积期与早期地貌特征相似程度较高，坡折带也呈现出多级的特征，但地貌阶地有所减少，多发育三级阶地。以 SQmL2 为例，该时期发育明显的多级坡折带，靠近盆地边缘为断裂坡折带，向盆地方向以挠曲坡折带为主。坡折带之间对应拗陷盆地不同沉积地貌单元，湖盆范围明显扩大（图 7-21）。坡度整体较缓，多小于 0.5°。一级阶地对应陆相区，坡度约为 0.35°，发育河流相沉积；二级阶地对应古湖岸带，坡度约 0.25°，水深约 0~3.5m，发育河流和浅水三角洲交互沉积；三级阶地对应盆地区，坡度变缓，约为 0.1°，水深大于 3.5m，以浅水三角洲沉积为主。

2. 古环境控制湖泊分布

在构造活动较强的内陆湖盆中，如中国东部的断陷湖盆，构造作用是控制沉积和地层叠置样式最主要的因素（如，李思田等，1996；Lin et al.，2004；Liu et al.，2017，2020）。构造活动作为大时间尺度的控制因子，不仅控制了物源区的分布、改变了沉积地形地貌的变化，而且对沉积可容空间的增减、湖平面（基准面）的波动甚至局部气候都有重要的影响（如，Williams，1993；Katz and Liu，1998；Ravnas and Steel，1998）。事实上，在古老和现代沉积研究中，其他因素如古气候对沉积物供给、湖盆的分布也具有重要的影响（Hovius and Leeder，1998；Carroll et al.，2006；Syvitski and Milliman，2007；Zhang et al.，2018；Liu et al.，2019），尤其是在构造活动相对较弱的浅水拗陷湖盆，气候无疑是影响基准面和可容空间变化的主要因素，并进而制约了盆地的沉积旋回和沉积记录。

近年来有关全球气候变化、气候变化的效应等研究一直是国际地质界所关注的重要课题（如，Chappellaz et al.，1990；Anderson et al.，2001；谭明等，1998；Zachos et al.，2001；Scotchman et al.，2015）。一些研究表明米兰科维奇天文周期可引起气候变化，主要体现在对大陆冰川的消长和海平面的升降产生较大的影响（如，Chappell and Shackleton，1986；Maslov，2014；Waltham，2015；van den Belt et al.，2015；Crowley et al.，2015；Goff，2015），而该周期明显控制了沉积盆地高频旋回（相当于 Vail 等层序级别的四级或五级）（如，Connolly and Stanton，1999；Gale et al.，2002；Berger，2013；Bruno et al.，2015；Kuhlmann et al.，2015）。同时，受米兰科维奇天文周期控制的湖平面升降也是高频湖泊沉积旋回的最重要控制因素之一（如，Wu et al.，2007；Machlus et al.，2008；Pla-Pueyo et al.，2015；He et al.，2015）。现代湖泊的研究表明，气候波动对湖平面的变化影响至关重要（李玉成等，1999）。

与古近纪裂陷期多幕次强构造活动不同的是，渤海海域新近纪整体构造沉降趋于平静，为湖盆萎缩发育阶段，古气候在千年尺度范围内对湖盆的影响十分明显。气候变化通过对湖平面波动、古湖盆分布、物源及水系径流量的综合控制，进而影响了盆地的沉积旋回和沉积记录。

时间序列上（纵向上），渤海海域新近纪古气候发生了两个明显的突变点，分别为约 12Ma 馆陶组沉积末期和约 5.4Ma 明化镇组下段沉积末期，相应地古水深也发生了较大的变化。馆陶组沉积时期，渤海海域气候属于暖温带，代表潮湿的孢粉组合的百分含量较低，古水深较浅，馆陶组沉积早期所有钻井皆为陆相沉积。明化镇组下段沉积时期为湿润的亚热带到暖温带，潮湿的孢粉组合迅速增大（大部分时期超过50%），此时的水体在整个新近纪达到最深。明化镇组上段沉积时期代表潮湿的孢粉组合的百分含量降低，为温带气候，古水深恢复显示水深变浅（图7-22）。

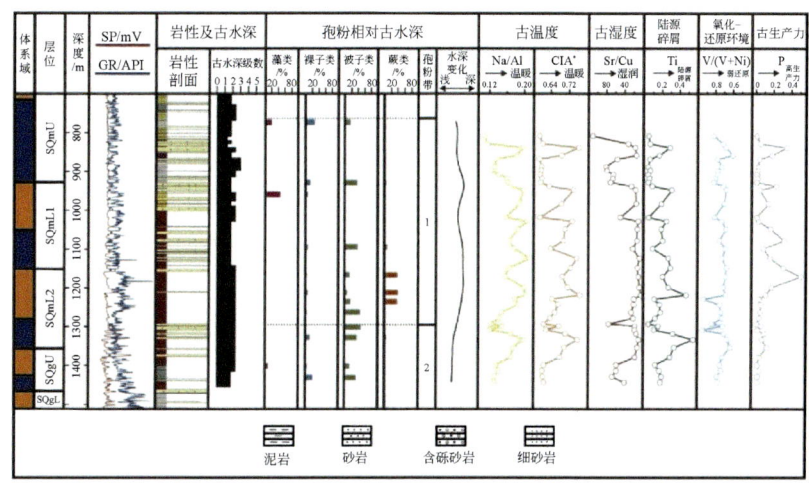

图7-22 渤南地区新近纪KL10-4-1井古气候、古水深综合分析图

古气候频繁波动和所经历的由干旱至湿热的宏观变迁的特征（图7-22），除了导致古水深具有整体由浅至深的变化趋势外，在平面上对古湖盆分布范围也有十分明显的影响，如从馆陶组至明化镇组上段古湖盆逐渐扩大（图4-39～图4-43）。而古气候变迁引起古湖泊的变化对馆陶组辫状河三角洲为主、明化镇组浅水三角洲沉积扩大、多期的河湖交互沉积等也起到明显的控制作用（图5-31～图5-38）。

3. 古湖泊单元控制沉积相带

当前地层动力学分析发展的一个引人瞩目的趋势就是综合考虑构造、气候、海（湖）平面变化等诸因素来进行层序划分（如，Catuneanu et al.，1998；Blum and Törnqvist，2000；Ritchie et al.，2004；Allen and Fielding，2007；Ghinassi et al.，2009；Debret et al.，2014）。国内外大量的研究表明，构造因素对陆相层序发育的影响远比海相环境大得多。但在拗陷湖盆中，沉积旋回和沉积记录可能受湖平面和气候的影响更大。在湖相盆地中，湖泊沉积能灵敏地反映与地球轨道力变化相关的气候效应，湖泊沉积可作为气候和湖平面变化的信息库，它能提供时间分辨率高达百年至十年的气候变化信息（李玉成等，1999；Last and Smol，2001；沈吉，2009）。相对于海洋背景古气候、古水深环境演变而言，湖泊沉积则是地区性古环境、古气候变迁的最佳载体，它完整地记录了地质历史时期区域气候、植被、水深等的演化轨迹，特别是那些汇水域小、沉积速率大、水体相对较浅的沉积盆地，对区域气候变化和古水深的响应尤为敏感（如，Brooks and Zastrow，2002；Polderman and Pryor，2004；Finkelstein and Davis，2006；Wuebbles et al.，2010；Bischoff et al.，2014；Kasse，2014；Yihdego et al.，2015；张成君等，2016；Ran et al.，2021）。

大量的现代沉积研究表明，浅水三角洲沉积水深较浅，一般小于 9m（表 6-1）。而湿润古气候条件和具有一定水深的浅湖环境则是浅水三角洲区别于河流或河湖交互体系最重要的环境，也是判断浅水三角洲存在的重要依据（Nichols，2005；Nichols and Fisher，2007；Fisher et al.，2007；Alonso-Zarza et al.，2009；North and Davidson，2012；Liu et al.，2016b）。通过古水深的定量恢复和古湖泊系统的重建，对于从区域上判别沉积相带的差异分布具有十分重要的意义。

本书第 4 章渤海海域渤南地区新近系古水深平面分布特征和沉积体系研究表明，古湖泊体系可划分为陆相区、古湖岸带和湖泊区（图 4-51～图 4-53）。在陆相区，古水深一般为 0m，以陆上暴露为主，控制了河流等沉积相类型的发育；在古湖岸带，古水深一般介于 0～2m 之间，由于频繁的湖平面波动和多期的湖、陆背景的交互出现，控制了浅水三角洲相与河流相等多类型的混合沉积，其中因多级坡折带的存在，靠近盆地边缘一侧以河流沉积为主，靠近盆地一侧则浅水三角洲比较发育；在湖泊区，古水深通常大于 2m，湖盆中心区域一般为 6m 左右，长期处于水下环境，受分支河道物源供给及湖水的作用，控制了浅水三角洲及湖泊相沉积（图 5-27，图 7-23）。

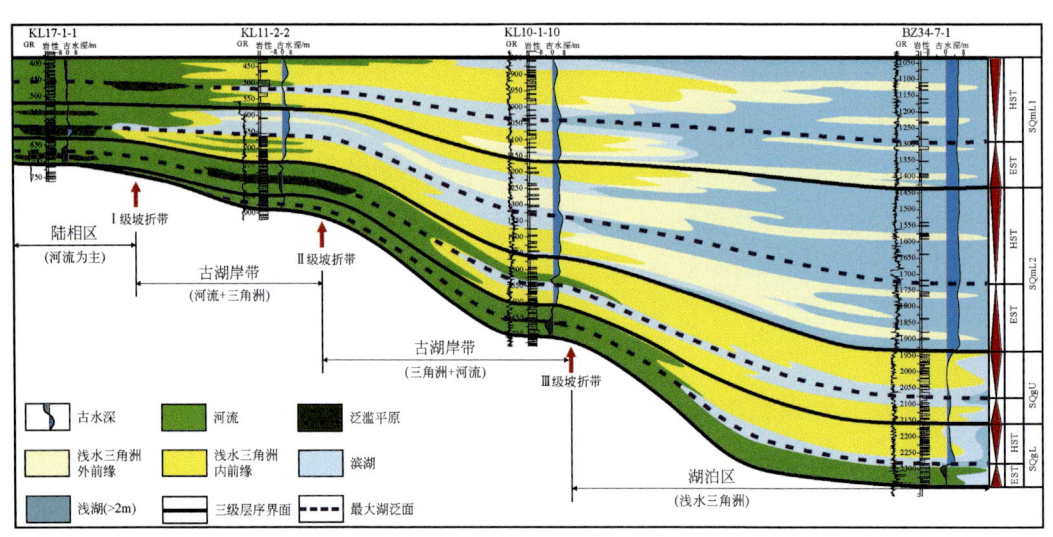

图 7-23 黄河口地区新近系古水深、坡折带分布与沉积体系的关系钻井对比剖面图

图中岩性左侧数值为深度，单位 m

综上所述，古水深变化和古湖泊单元的分区与沉积相类型和不同沉积体系的富集息息相关。

7.2.2 大面积砂体形成控制作用

渤海海域明化镇组下段沉积期构造稳定，盆地处于整体沉降阶段，盆地的源−汇体系受古气候、物源供给、搬运方式、古地貌的控制，物源体系、搬运体系和汇聚体系共同控制了搬运碎屑沉积物的能力和大面积砂体的分布。

1. 古气候对大面积砂体的控制

1）古气候变迁对砂体平面分布的控制

古气候控制了降雨的频率、降雨量，进一步控制了湖泊水体的变化范围和大面积砂体的分布范围。渤海海域明化镇组下段存在两种古气候类型（图7-22），明化镇组下段沉积早期以亚热带气候为主，温度较高；后期以温带气候为主，温度较低。

明化镇组下段沉积早期高温亚热带气候条件下，降雨的频率高，雨水充足，为河流的长距离搬运和碎屑物的承载量提供了有利的古气候条件。另外，该时期的气候频繁向温带气候变化，降雨量频繁波动，导致湖泊范围反复扩大、缩小，河道砂体频繁决口和改道，以及河道席状砂化，最终形成河道和席状砂组成的大面积砂体（图7-24，图7-25），该时

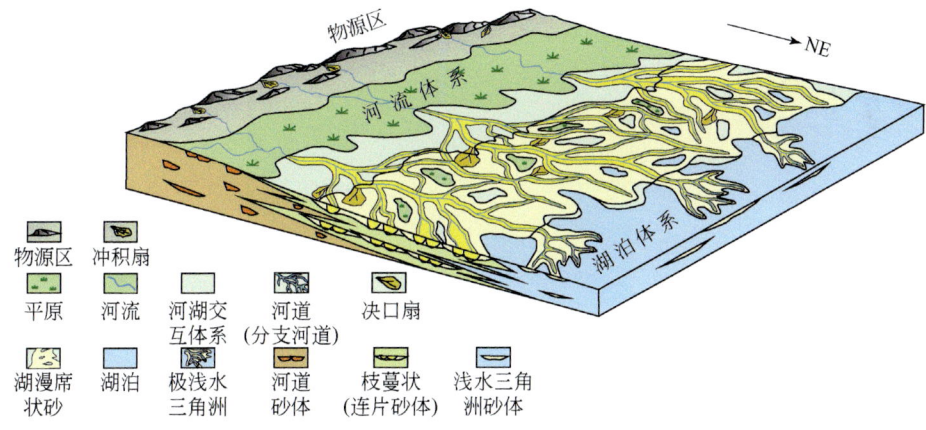

图7-24 渤南地区明化镇组下段沉积期源汇体系模式图

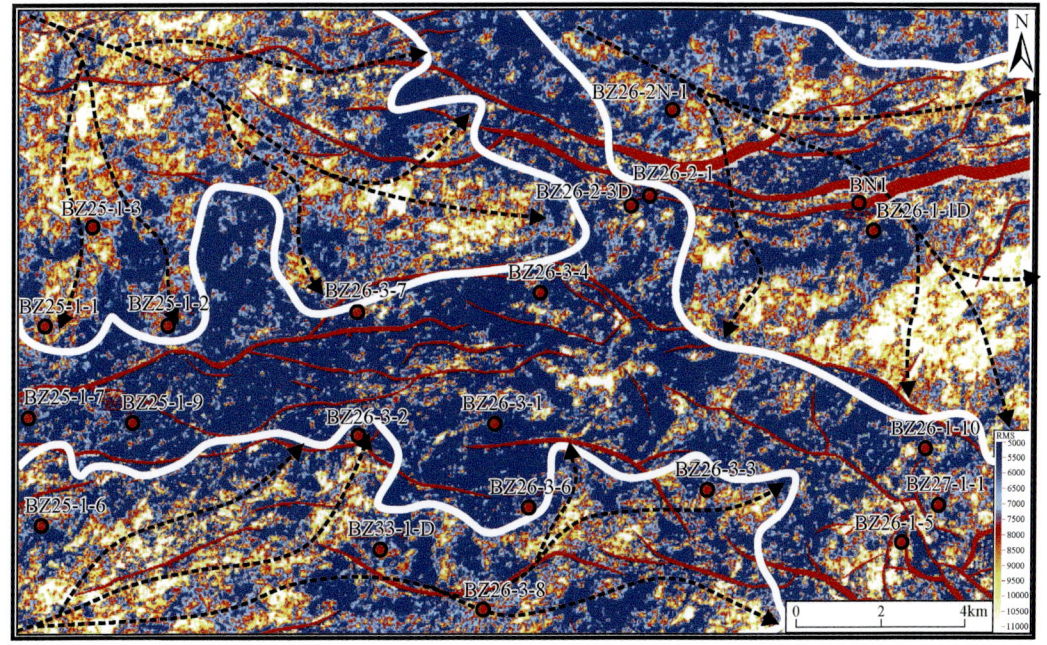

图7-25 明化镇组下段早期浅水三角洲扇状砂体发育特征

期最有利于大面积砂体的发育。至明化镇组下段沉积晚期,受温带气候的影响,降雨的频率降低,降雨量减少,河流搬运能力减弱,河流承载碎屑物质的能力减弱,向研究区提供碎屑物质的能力降低,可供沉积的砂体变少,砂体规模和分布范围逐渐变小,大面积砂体的范围减小(图7-26,图7-27)。

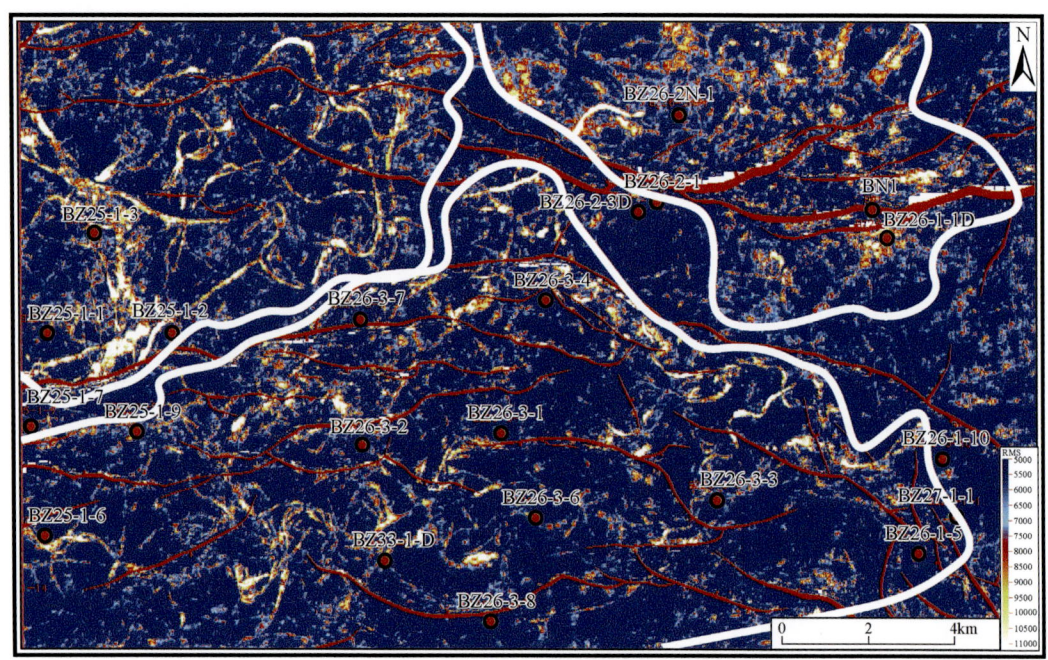

图7-26 明化镇组下段中期浅水三角洲网状砂体发育特征

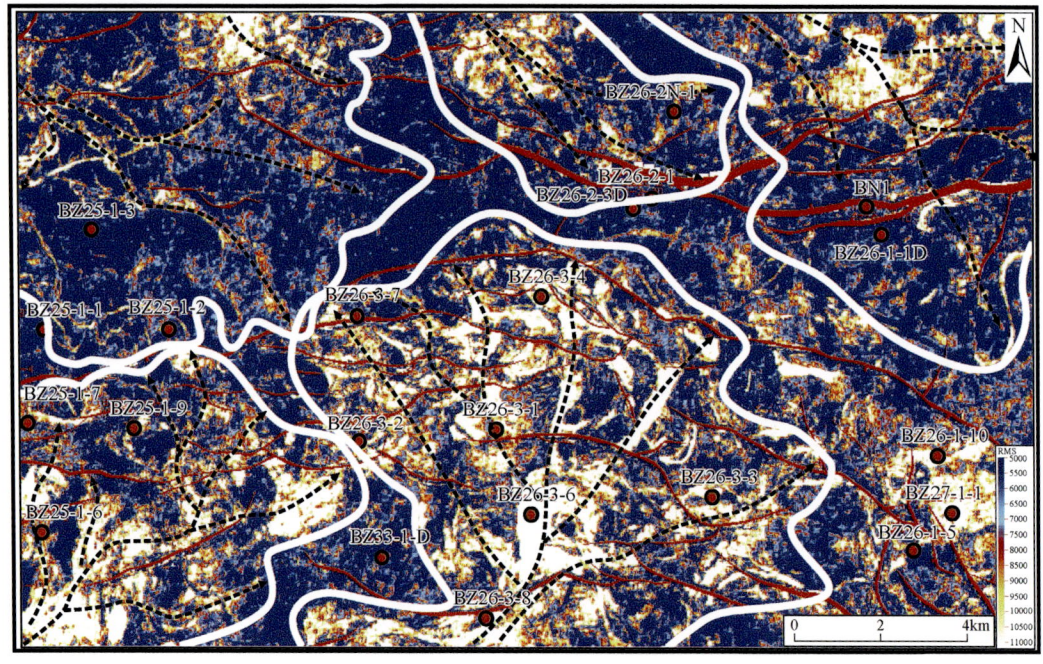

图7-27 明化镇组下段晚期浅水三角洲枝状砂体发育特征

2）古气候周期性波动对砂体纵向分布的控制

气候波动对湖平面的变化影响至关重要（如，李玉成等，1999；Li et al., 2018；Dong et al., 2018），在构造活动相对较弱的湖盆萎缩期，气候驱动必然是影响基准面和可容空间变化的主要因素，并进而控制了盆地的沉积旋回和沉积记录。因此，古气候干湿变迁在决定湖平面升降和基准面变化的同时，对层序内部不同体系域砂体的富集也产生了重要影响。以明化镇组下段下亚段层序为例，详细阐明气候周期性变化对不同体系域砂体的控制作用。

在湖扩域沉积早期，气候相对干燥，古湖泊范围明显缩小。物源区和陆相区的分布变化不大，但是受盆大坡缓的古地貌格局的影响，古湖岸带比较宽缓，因频繁的湖岸线迁移，在该带发育了多期次的河流和浅水三角洲相的交互沉积，其中浅水三角洲往往沉积在相对低洼的地貌单元中。此时，沉积砂体之间多为侧向叠置接触，呈拼合状特征（图7-28），平面上浅水三角洲以朵形（或坨状）曲流河三角洲沉积体为主要特征（图7-25，图7-29），浅水湖盆中分流河道砂体占主导。

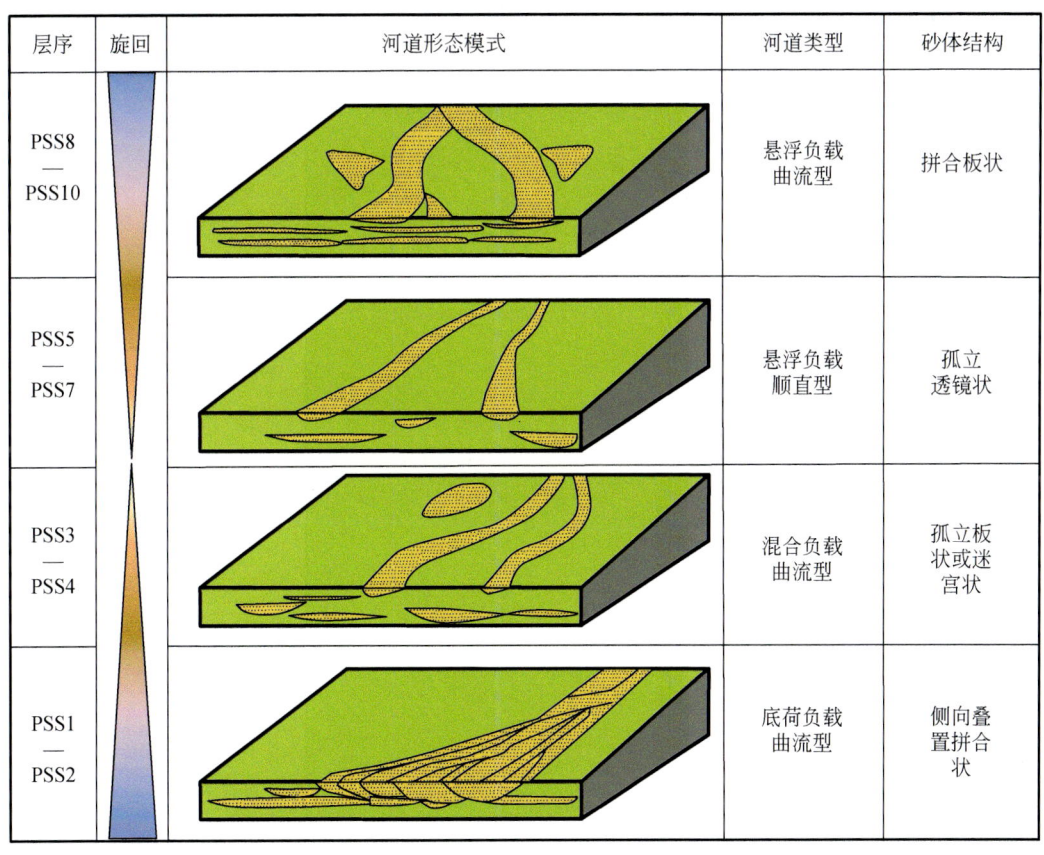

图7-28 三级层序内部体不同体系域砂体展布发育模式图

在快速湖侵和高水位沉积早期，气候变得相对温润潮湿，湖平面快速上升。由于构造活动整体依然处于稳定沉降阶段，古气候变迁和湖平面波动对古湖泊单元和沉积体系的控制作用更加明显。快速湖侵背景下的湖平面波动，对"枝蔓式"河道砂体有一定程度的滩化改造，相互切割的河道砂体进一步连通，物源供给强度决定了沉积砂体平面上叠置发育（图7-26，图7-28，图7-29）。渤海南部钻井表明，该时期部分河道间发育的薄层砂体粒度曲线呈现出双跳跃组分特征（图7-30），这也反映了非单向牵引流的成因机制。

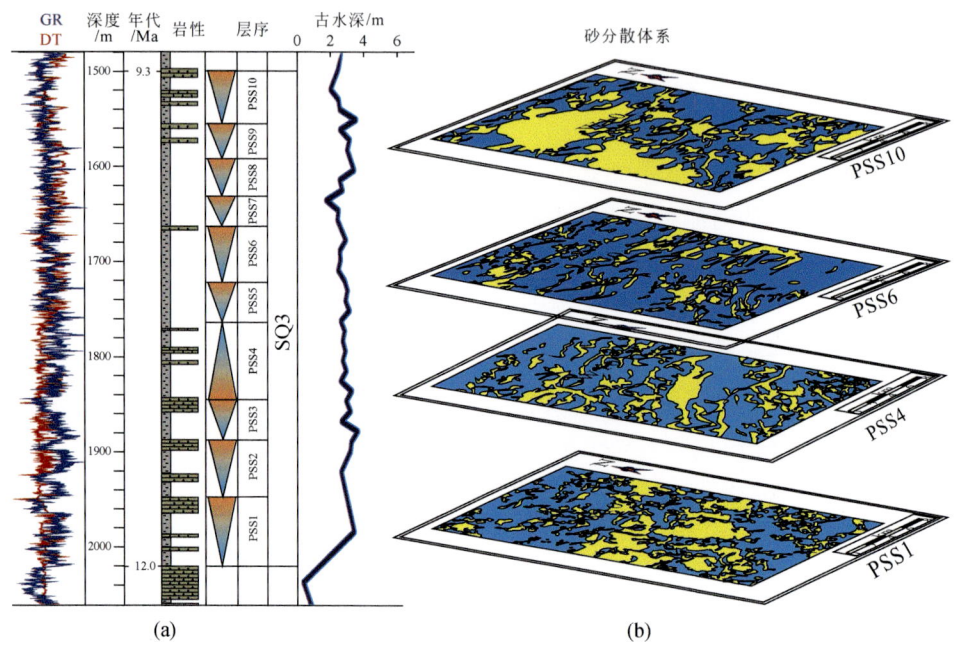

(a)   (b)

图7-29　古水深波动与砂体平面分布耦合（来自BZ34井区）

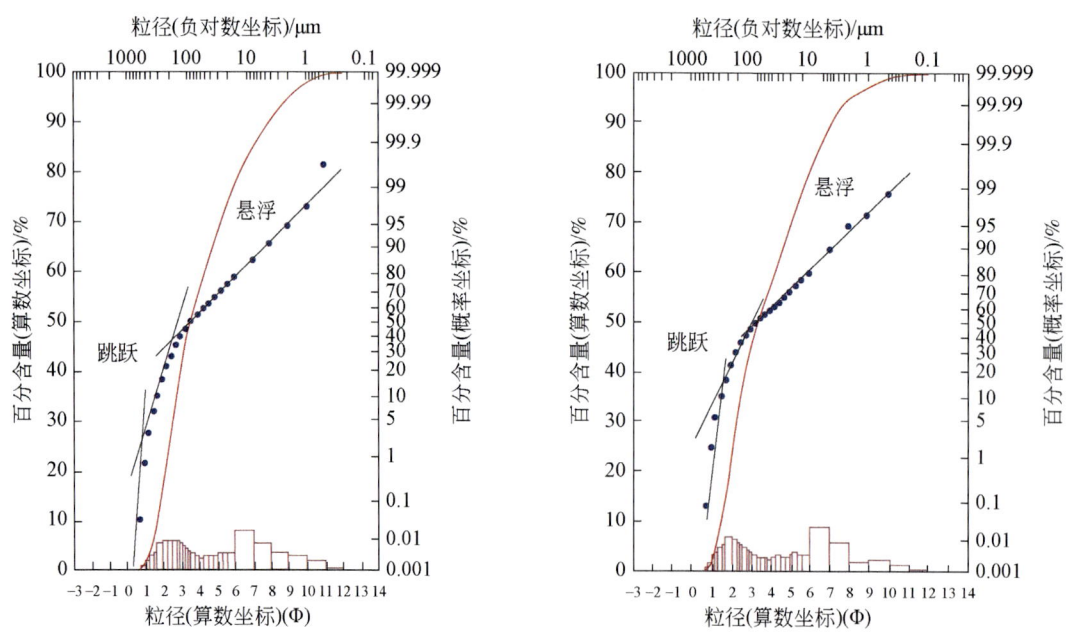

图7-30　"枝蔓式"砂体的粒度曲线特征

基准面缓慢下降期大致对应高水位沉积晚期，此时干旱气候开始出现，湖平面逐渐下降萎缩，该时期的可容空间为中等大小。三角洲主体因内、外前缘所处水体深度有差异，砂体的发育特征则有所不同。内前缘分流河道弯曲度增大，伴随分流河道宽度变大、深度变小，悬浮负载为主的、宽厚比较大的分流河道砂体在横向上极容易连片，形成分布广泛的席状砂体（图7-28）。在洪水期宽缓非限制性河流也容易泛滥，从而形成分布广泛的泛滥平原沉积。外前缘水下河道在向相对深水区逐步推进的过程中遭受湖水改造作用较弱，因此河道的席状化强度很弱，保留了良好的水下河道砂体的形态（图7-27，图7-29）。

为了进一步证实上述的观点，选择渤中26、渤中34、渤中29等地区进行了明化镇组下段下亚段三级层序内不同体系域的准层序组砂体发育程度的统计分析，并从砂体在纵向上的发育程度、砂体纵向叠置样式进行了解释。

通过砂体平均厚度和最大厚度的统计不难发现，平均砂体厚度最大值主要分布在湖扩体系域沉积早期，其次为高水位体系域沉积晚期，砂体厚度最小值主要分布在湖扩体系域沉积晚期和高水位体系域沉积早期（图7-31）。

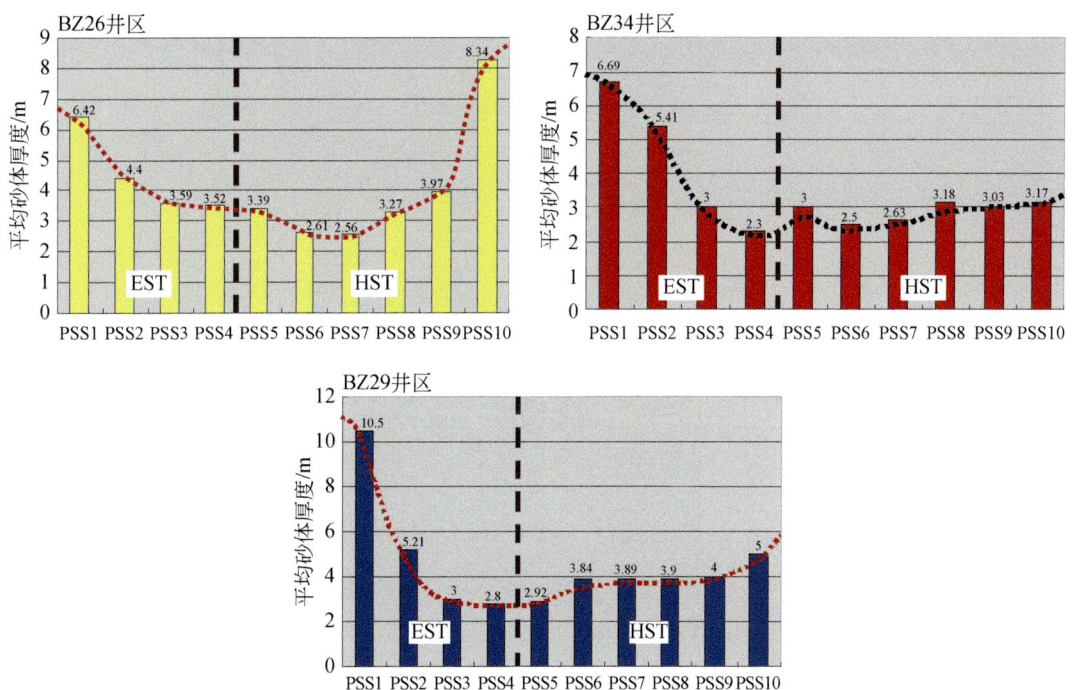

图7-31 渤南地区主要井区SQmL2各准层序组平均砂体厚度统计图

紫色虚线为体系域分界线

从砂体最大厚度发育趋势上看，湖扩体系域沉积早期中往往发育厚度最大的砂体，湖扩体系域沉积晚期和高水位体系域沉积早期砂体相对较薄，而高水位体系域沉积晚期砂体最大厚度介于上述二者之间（图7-32）。各准层序组含砂率统计分析结果也具有上述类似特征。

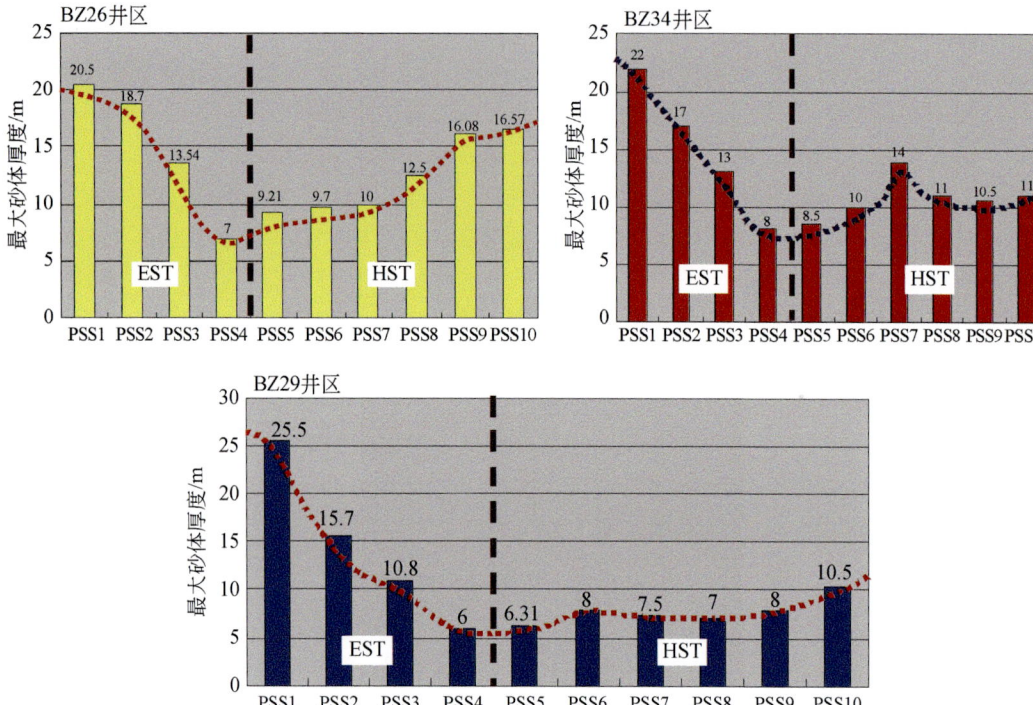

图 7-32 渤南地区主要井区 SQmL2 各准层序组最大砂体厚度统计图

紫色虚线为体系域分界线

因此，结合最大、平均砂体厚度以及含砂率分布情况可以得到以下结论：

（1）在古气候约束下，湖扩体系域沉积早期是浅水三角洲砂体最为发育的时期，高水位体系域沉积晚期则次之，湖扩体系域沉积晚期和高水位体系域沉积早期砂体最不发育。

（2）在古气候驱动下，受湖平面波动的影响，层序格架内不同体系域中准层序组发育样式也决定了砂体发育程度。湖扩体系域沉积早期，尽管发育退积型准层序组，但在整体基准面下降过程中，砂体依然最为发育；湖扩体系域沉积晚期，古水深较大，以退积型准层序组为典型特征，砂体发育程度较差；高水位体系域沉积时期以进积型准层序组为主，砂体发育程度明显优于水进域沉积时期，但高水位体系域沉积早期砂体发育程度又明显不如晚期。

前面详细分析了砂体发育程度在层序不同体系域及准层序组中存在明显变化。同样地，受古气候和古水深的影响，砂体的叠置样式或结构类型在不同体系域中也具有很大的不同，其钻测井对比和地震响应特征变化也非常明显（图 7-33）。

湖扩体系域沉积早期，砂体之间多为侧向叠置接触，呈拼合状特征。地震上表现为中强振幅反射结构、蠕虫-波状反射构型。之后砂体多为孤立板状，砂体之间连通性明显减弱，地震反射表现为中低连续、中强振幅结构，具波状反射构型。湖扩体系域沉积晚期至高水位体系域沉积早期，多发育呈孤立透镜状的水下分流河道砂，地震反射以局部呈"两点"反射的丘状构型，连续性较差，振幅较弱（图 7-34）。高水位体系域沉积晚期砂体相对较发育，砂体之间呈拼合板状结构，振幅较强、连续性较好，反射构型多为波状-亚平行。

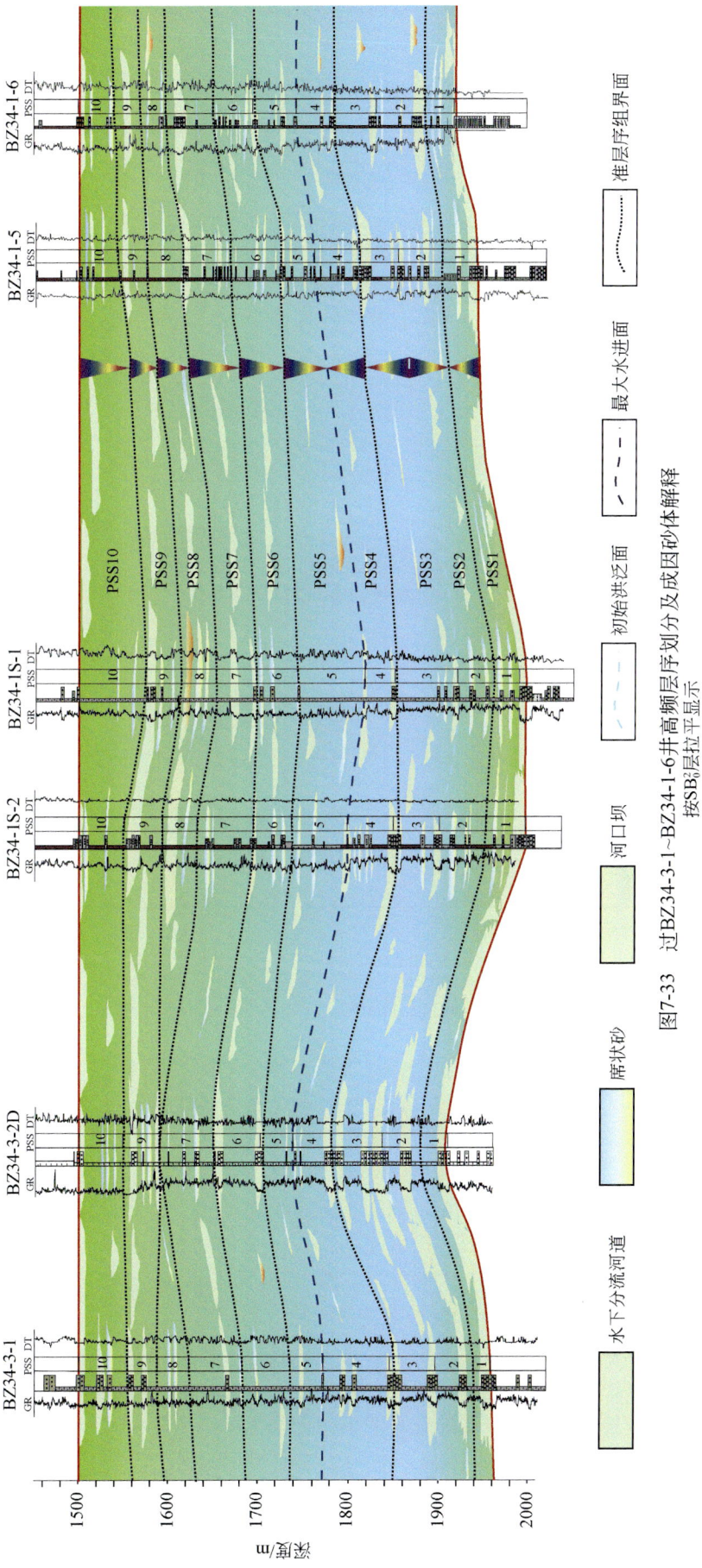

图7-33 过BZ34-3-1~BZ34-1-6井高频层序划分及成因砂体解释按SB6²层拉平显示

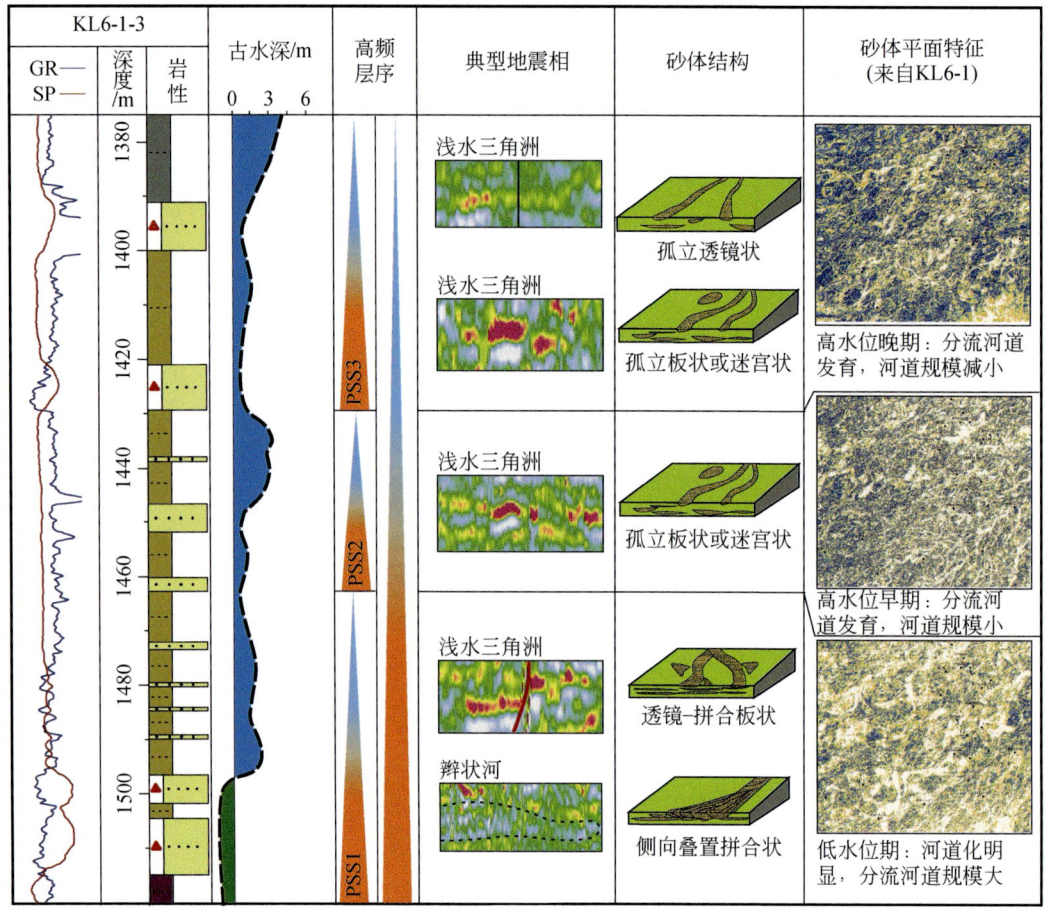

图 7-34 渤南地区明化镇组下段湖扩体系域层序结构与砂体发育特征关系分析

2. 物源供给对大面积砂体的控制

在沉积盆地和源汇系统分析过程中，古物源的分布、大小及其母岩性质是十分重要的研究内容之一，其中具有造砂能力的母岩不仅影响了盆地区扇体的富砂程度，而且对优质储层也具有直接的控制作用（徐长贵和龚承林，2023）。

第 4 章物源详细研究表明，渤海海域渤南地区新近系明化镇组下段母岩以变质岩或变质岩与岩浆岩的组合为主，其中长英质母岩造砂能力强，能够为砂体提供充足的碎屑物质，为大面积砂体的发育提供十分重要的物质基础。

明化镇组下段沉积期的古水系主要分布在燕山-辽西隆起、辽东隆起、鲁西隆起和胶东隆起四个方向，其中，燕山-辽西隆起距离研究区较远，辽东隆起、鲁西隆起和胶东隆起距离研究区较近，但胶东隆起水系发育较少。辽东隆起和鲁西隆起为研究区明化镇组下段砂体的主要供源方向，其距离较近、河流体系较多的古水系特征，体现出较强的碎屑物质搬运能力。因此，辽东隆起和鲁西隆起充足的供源为明化镇组下段大面积砂体的发育提供了物质和古水系保障。

与上述构造古地貌特征和古气候对沉积体宏观分布和演化规律的控制作用不同,具体到某个特定时期、特定地貌背景下,季节性降水所导致的物源供给和短期湖平面波动对沉积砂体的影响可能更为直接,前述鄱阳湖现代沉积和水槽模拟实验也证实了这一点。在湖平面快速上升期,上游方向供水显著增强,挟带了大量的碎屑物质,输沙量明显增加,而此时可容纳空间并没有明显变化,河道易形成决口频繁改道迁移,同时河网密集。短时期内形成平面上呈相互切割交织的密集河网"枝蔓式"形态,单个河道砂体形态和传统认识的河道基本一致,但由于短期内的相互切割,多期河道平面上相互切割或侧向叠置、河道砂体间几乎没有泥岩隔层存在,砂体间相互连通交织连片(图 7-35)。

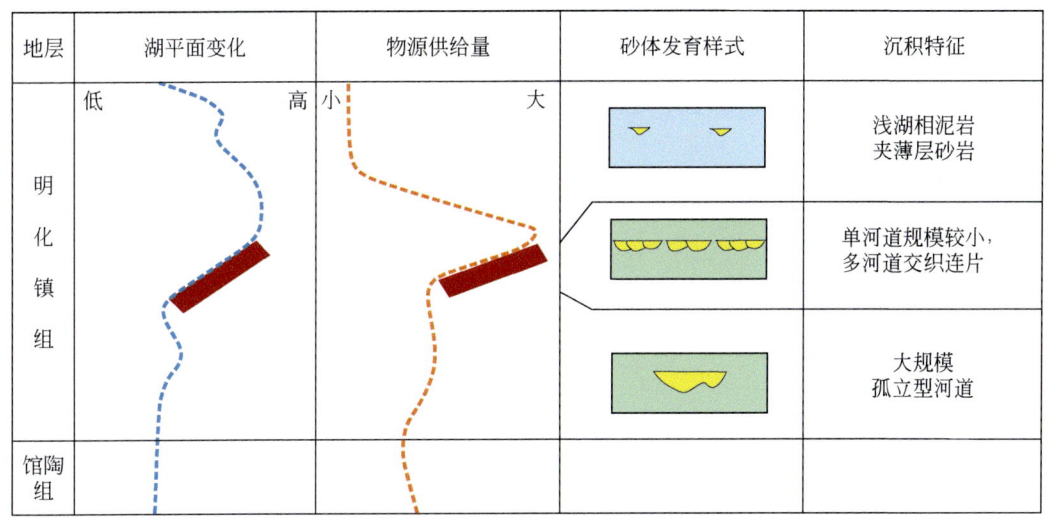

图 7-35 明化镇组下段沉积早期物源供给量与砂体形态关系

3. 搬运体系对大面积砂体的控制

隆起区与湖泊之间形成了面积较大的可供河流搬运的地带,搬运体系主要发育在该地带(图 4-21,图 4-22,图 7-24)。渤海海域渤南地区明化镇组下段的搬运体系主要为河流。河流从上游挟带碎屑物质向湖泊持续搬运的过程中,发生河流的不断迁移、切割,直到湖泊边缘形成分流河道。因此,上游以相对单一的河流搬运体系为主,向湖盆方向逐渐过渡为"网状"分支河流搬运体系。在距离湖盆更近的位置,受湖泊范围的频繁波动等影响,河道多处发生决口,可形成大量新的、更多的河流搬运体系。在湖泊边缘,受湖泊水体阻力的影响,河流在岸线附近形成鸟足状等分支河流搬运体系(图 7-24)。随着河流体系的频繁改道,越靠近湖盆方向,越容易形成大量相互交错的、相互连通的河道砂和席状砂,导致河道砂之间被席状砂连通,砂体的面积增大。

此外,从渤海海域渤南地区的主要沟谷展布来看,至少发育鲁西隆起区、胶东隆起区和辽西隆起区三个方向的大型沟谷群。其中,受研究区范围的限制,研究区西北部斜坡带沟谷未完整呈现。但在渤海海域渤南地区东南区域,由于受三大搬运体系的共同控制,是陆相河流体系、古湖岸带河湖交互体系和极浅水三角洲体系共同发育区域(图 5-32~图 5-37),通常也是砂体最富集地带,KL6-1 大油田就是很好的证明(图 7-36)。

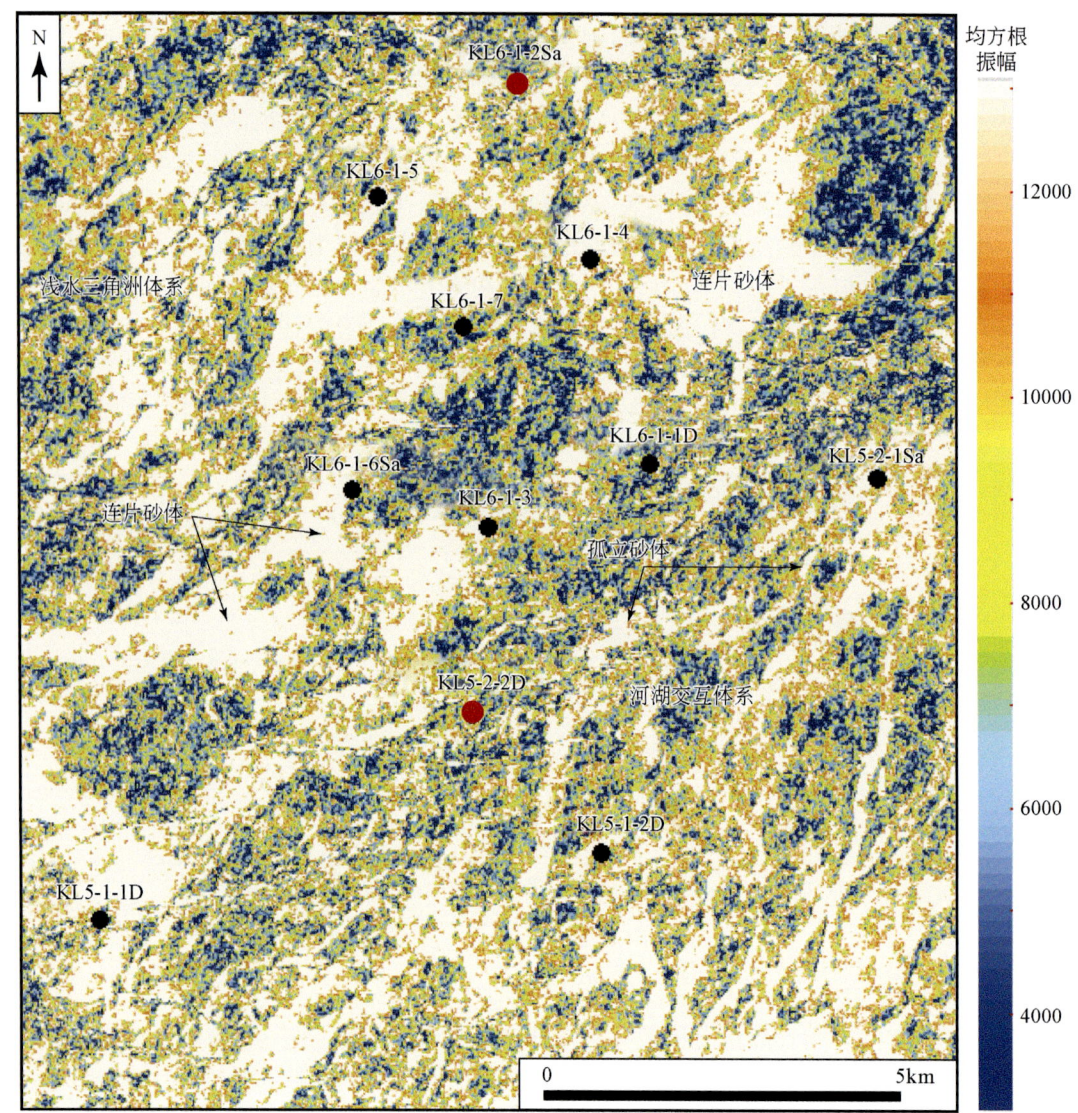

图 7-36 渤南地区 KL6-1 砂体展布特征

4. 汇聚体系对大面积砂体的控制

汇聚体系是当前沉积盆地源汇系统分析的重要内容之一，也是砂体主要的沉积场所。在一个拗陷浅水湖盆，在区域气候和物源的作用下，汇聚体系的古地貌和古湖泊中的不同区带、不同水系沉积体系差异发育以及汇聚区微古地貌的变化等，对大面积砂体的发育和富集都会产生影响。

首先，汇聚体系可能发育多种地貌形式，与地貌特征一致的是发育多个区带的古湖泊系统，在不同地貌或古湖泊单元中沉积体系类型有差异，砂体的聚集程度也就不同。如前所述，在明化镇组下段沉积期，盆地坡度整体较缓，依据古地貌特征可划分为一级阶地、二级/三级阶地和湖盆区（图 4-8），按照古湖泊特征则可划分为陆相区、古湖岸带和湖盆区（图 4-50～图 4-53）。形成于周围隆起的古水系流向汇聚区的过程中，受沉积古地形和湖泊范围频繁变化的影响，在湖泊波及不到的陆相区位置，主要发育河流体系，以河道砂沉积为主，具有较孤立、呈线条状分布、面积小的特征。在古湖岸带位置，往往处于最低湖平面和最大湖平面之间，受季节性水流影响，河流与湖泊频繁交互，发育河湖交互体系，主要沉积大面积河道砂、席状砂，且河道砂之间往往被席状砂连通，呈片状、藤状，砂体面积大。在长期湖泊发育的位置，坡度最缓，以浅水三角洲砂体和湖相泥岩为主，砂体呈朵叶状或鸟足状，范围也较大。因此，在同一个物源水系条件下，古湖岸带中的河湖交互体系最有利于大面积砂的形成，其次为湖泊区的极浅水三角洲（图 7-24，图 7-37）。

其次，在同一个盆地的不同汇聚体系中，由于物源距离、水系供给强度和汇聚体系的构造古地貌与古湖泊特征有差异，导致区域上不同地区沉积体系类型、规模等有所不同，而区域沉积体系的差异性发育则决定了大面积砂体的平面分布。以渤南地区明化镇组下段下亚段层的沉积体系划分为例，在西北部地区（渤中 26 区）沉积体系物源主要来自燕山褶皱带，受研究范围的限制，在研究区范围表现为相对远源的沉积，但从该区的古湖泊单元划分上应属于湖泊区（图 4-50），主要发育浅水三角洲前缘亚相沉积，砂体平面特征以朵状、片状分布为主要特征（图 7-25～图 7-27），砂体较为发育。渤南中部为黄河口凹陷渤中 34 区，是渤南地区新近系湖盆中央区，为多物源汇聚的地方。该区域距离物源较远，其中西南方向物源的供给作用较为明显，钻井揭示砂地比整体偏低，但是受湖平面波动的影响，在低可容空间时期砂体相对富集，呈朵状或片状出现，至高水位时期砂体多为孤立河道，呈枝状或网状出现（图 7-38），砂体发育程度中等。渤中 29-4 三维区位于渤南地区东北部，分布位置主要为湖泊区，发育浅水三角洲沉积，但是该区离物源（辽东隆起）相对较近，水系供给能力强，浅水三角洲前缘的多期分流河道交织发育，相互叠置，砂体在平面上十分发育（图 7-39）。渤南地区东南部为 KL10 三维区，从古地貌和古湖泊体系特征上看，该区自东南至西北分别发育陆相区、古湖岸带和湖泊区。由于该区距离物源较近，且同时受鲁西隆起和胶东隆起两个物源水系的控制，砂体的河道化非常明显，区域上砂体十分发育（图 7-40）。其中，在古湖岸带，由于多物源供给，形成了多类型砂体的叠置，砂体富集程度非常高；湖盆区同样受到多物源的控制，浅水三角洲砂体在平面上以枝状、网状展布为主，在东西向发育一规模较大的水下河道，砂较发育；陆相区由于河道相对孤立，砂体发育程度相对较低（图 7-40）。

从上面不同物源水系沉积体系与砂体展布的差异发育的分析不难看出，研究区南部-东南部明化镇组下段沉积期由于受辽东、胶东和鲁西隆起等多个物源水系的综合影响，且发育宽缓的古湖岸带，多期的河流、河湖交互及极浅水三角洲叠置沉积，是大面积砂体沉积最理想的场所，为 KL6-1、KL11 等大型油田提供了最有利的物质基础。因此，在亚热带古气候、距离物源较近、水系发达、坡度相对较缓、湖泊范围频繁变化的范围内和长期湖泊发育的位置，最有利于河湖交互体系和浅水三角洲等大面积砂体的沉积（图 7-24）。

此外需特别强调的是，汇聚体系中微古地貌对砂体的富集也具有十分重要的控制作用。总体上，渤海海域新近纪处于构造活动稳定阶段，盆地坡度缓，缺乏明显的大型坡折带，同沉积断层在大部分地区不活跃，与构造活跃的断陷湖盆在古地貌特征上完全不同，即便

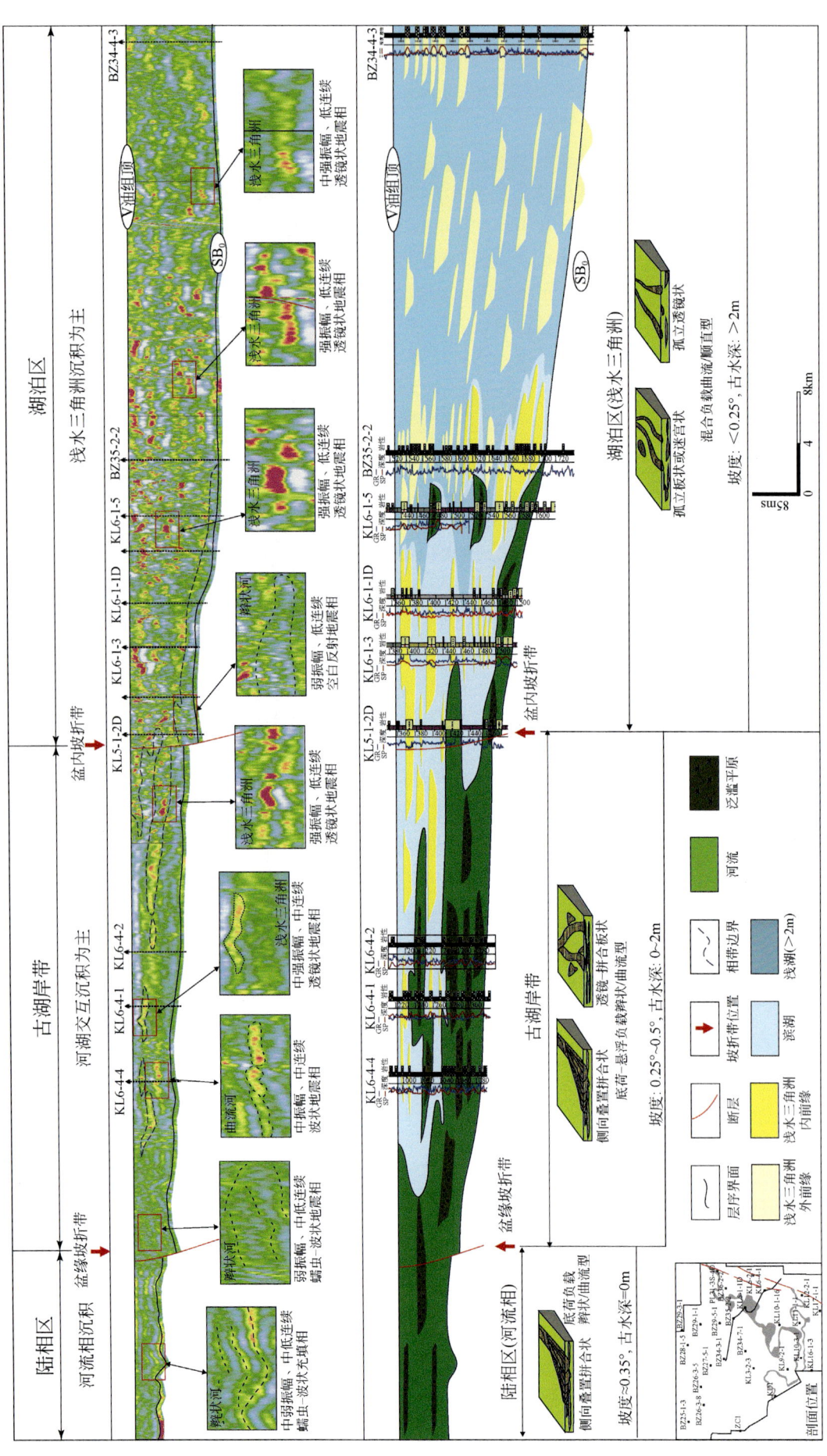

图 7-37 构造古地貌特征与其沉积体系分布

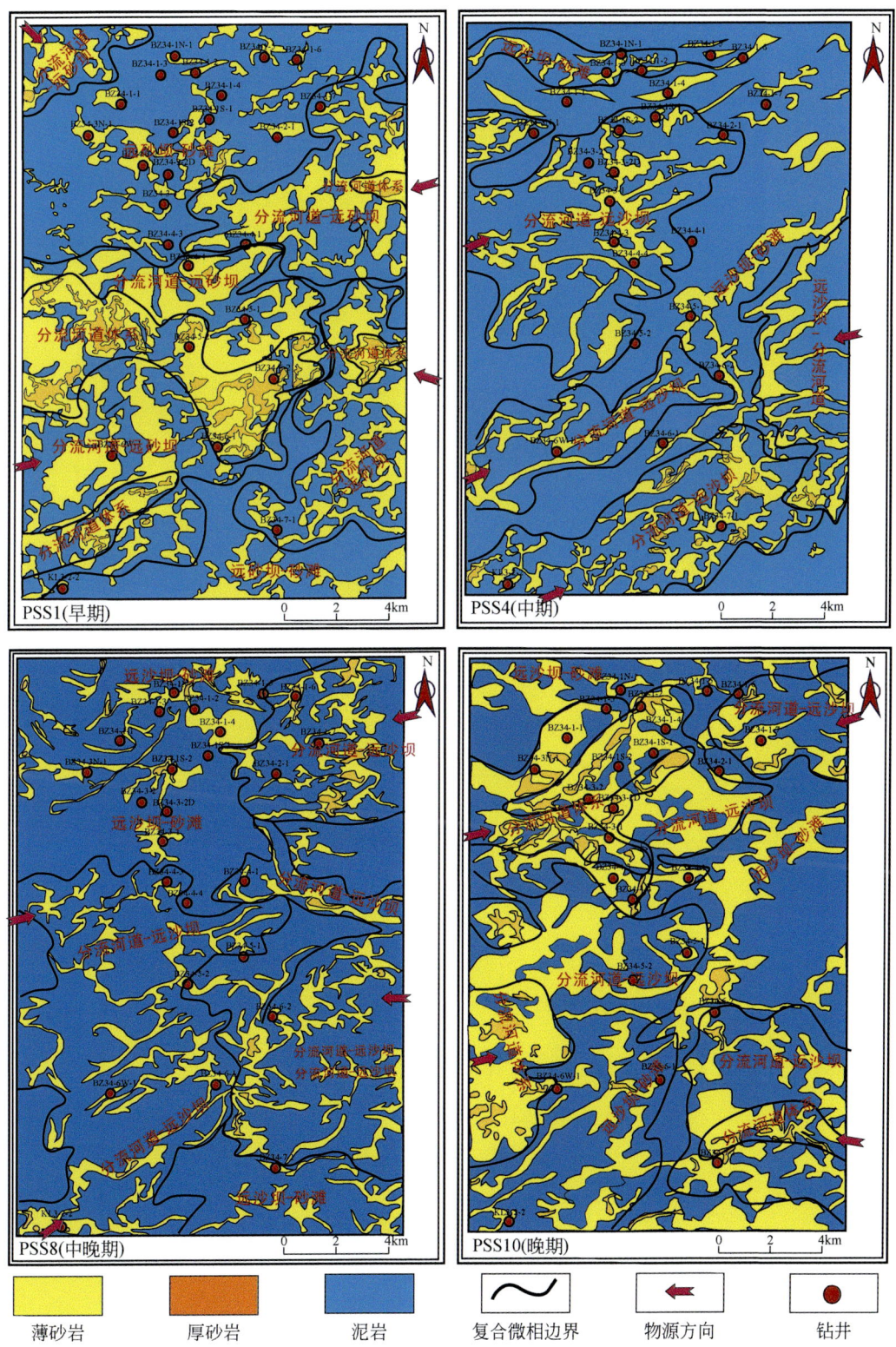

图 7-38 渤中 34 区明化镇组下段主要准层序组砂体分布与地震沉积微相解释

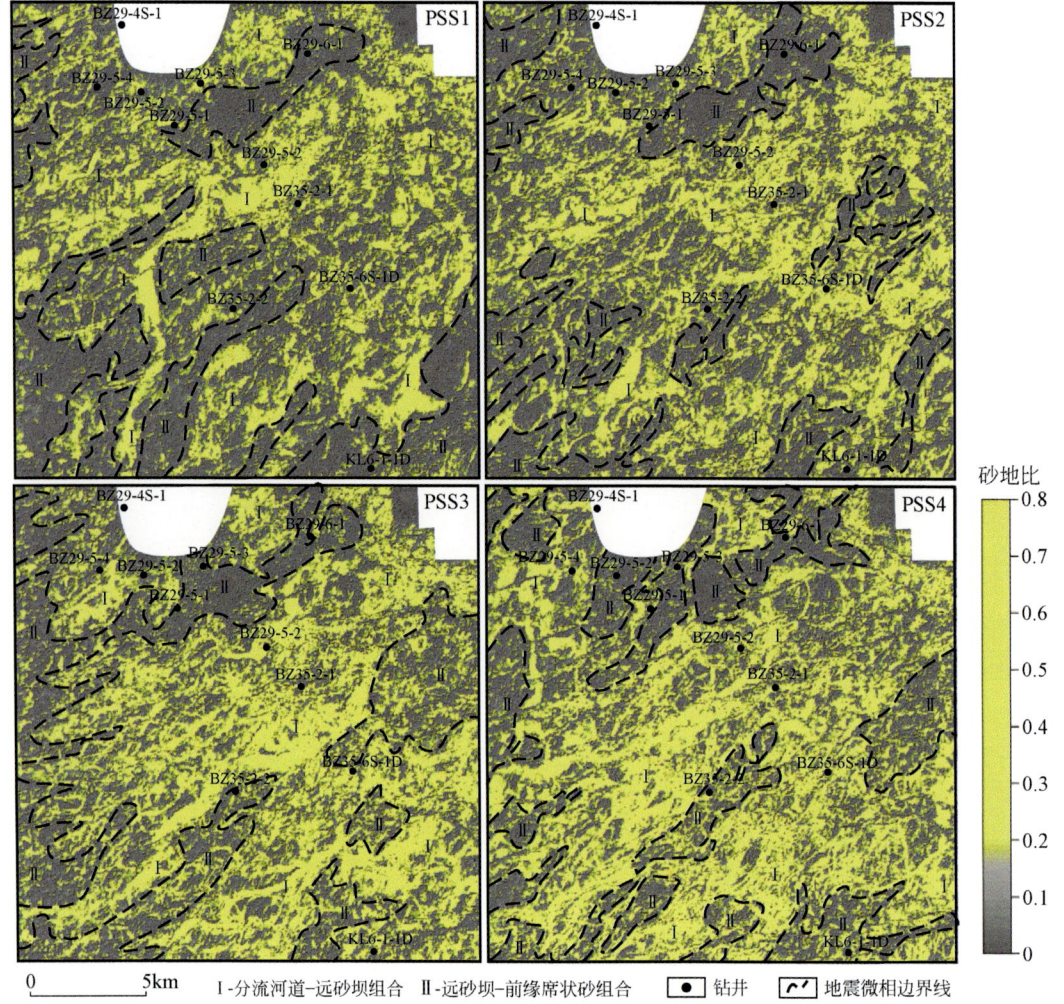

图 7-39 渤中 29-4 三维区明化镇组下段湖扩体系域准层序组含砂率平面分布与地震沉积微相解释

与构造活动相对稳定的大型拗陷湖盆（如准噶尔盆地侏罗系）相比，坡折带的规模也远远不及。但是，结合构造和高频层序精细解释发现，在高频沉积时期仍然发育以"微"古地貌为主的地貌单元。

渤海海域新近系微古地貌一般是沉积作用造成的。早期沉积体系堆积以后，当后期沉积物再次沉积时，由于早期沉积体在横向上岩性的差异分布导致压实和抗侵蚀能力的不同，在平面上可形成多个相对"高"和"低"的地形（图 7-41），平面上表现出明显的分割性，多个相对古地貌"高"和"低"的形成与早期沉积体及其平面展布分不开。如果这种相对古地貌高在横向上具有一定的分布范围，又称为局部小型的"水下低隆起"，同样地相对古地貌低在平面上又可划分为多个局部小次洼和水道，它们同属于局部可容空间增加的部位。

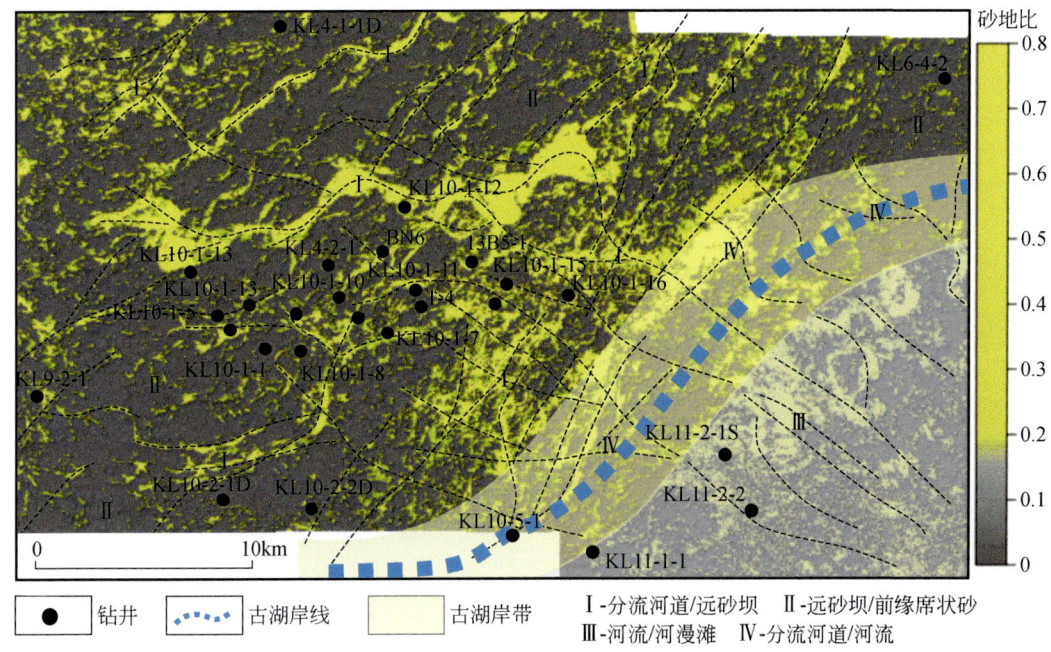

图 7-40 KL10-3 三维区明化镇组下段准层序组 PSS1 含砂率及地震沉积微相图

在浅水湖盆中，微古地貌背景的存在明显改变了后期沉积时的平面可容空间，进而控制了沉积砂体在横向上发育的非均一性，往往在局部低洼地带砂体更为富集（图 7-41）。通过对实际地震剖面的解释发现，受早期砂-泥岩的不均一分布，后期沉积时的地貌单元起伏不平，其中在局部相对古地貌低部位，准层序组界面之上的振幅明显较强，反之则以弱振幅为主（图 7-41）。类似这种特征在整个渤南地区浅层中比较常见。

具有河道形态特征的微古地貌更加容易发育各类分流河道沉积，同时也决定了砂体的富集程度。图 7-42 是渤中 26 区南部准层序组 PSS5 内一个分流河道受控于河谷地貌的解释，可以看到该分流河道在垂直河道方向的地震剖面上为一局部振幅较强的地震反射，发育在相对低洼的地区 [图 7-42（a）]，沿着分流河道展布方向的地震剖面可以看到，该河道为一横向连续性较好，振幅较强的地震反射同相轴，在该河道底部（PSSB5 之下）振幅较弱，反映了该河道之下的早期沉积物以泥岩为主 [图 7-42（b）]，泥质沉积物更容易被压实且遭受侵蚀，故能形成低地势的古河谷 [图 7-42（c）]。

此外，当相对湖平面处于上升阶段，某些有一定规模的微古地貌高地由于一直被湖水所覆盖而成为水下微小低凸起，受气候和频繁的湖水波动的影响，长期遭受湖水改造，极易在平面上形成呈片状分布的席状砂，砂体的连通性较好，具备一定的规模（图 7-43）。

为了更加直观地阐明浅水湖盆微古地貌对砂体富集的控制作用，以渤南地区渤中 26 区、渤中 29 区和渤中 34 区明化镇组下段湖扩体系域准层序组为研究对象，开展了钻井位置的微古地貌-砂岩厚度定量关系的分析。从微地貌与砂岩厚度散点投图不难发现，三个地区的微古地貌低与砂体的厚度之间有较好的正相关（图 7-44），整体上表现为低洼的地貌发育了较厚的砂体，部分准层序组内部的单一或多个砂层组的累加厚度甚至超过 20m，而地

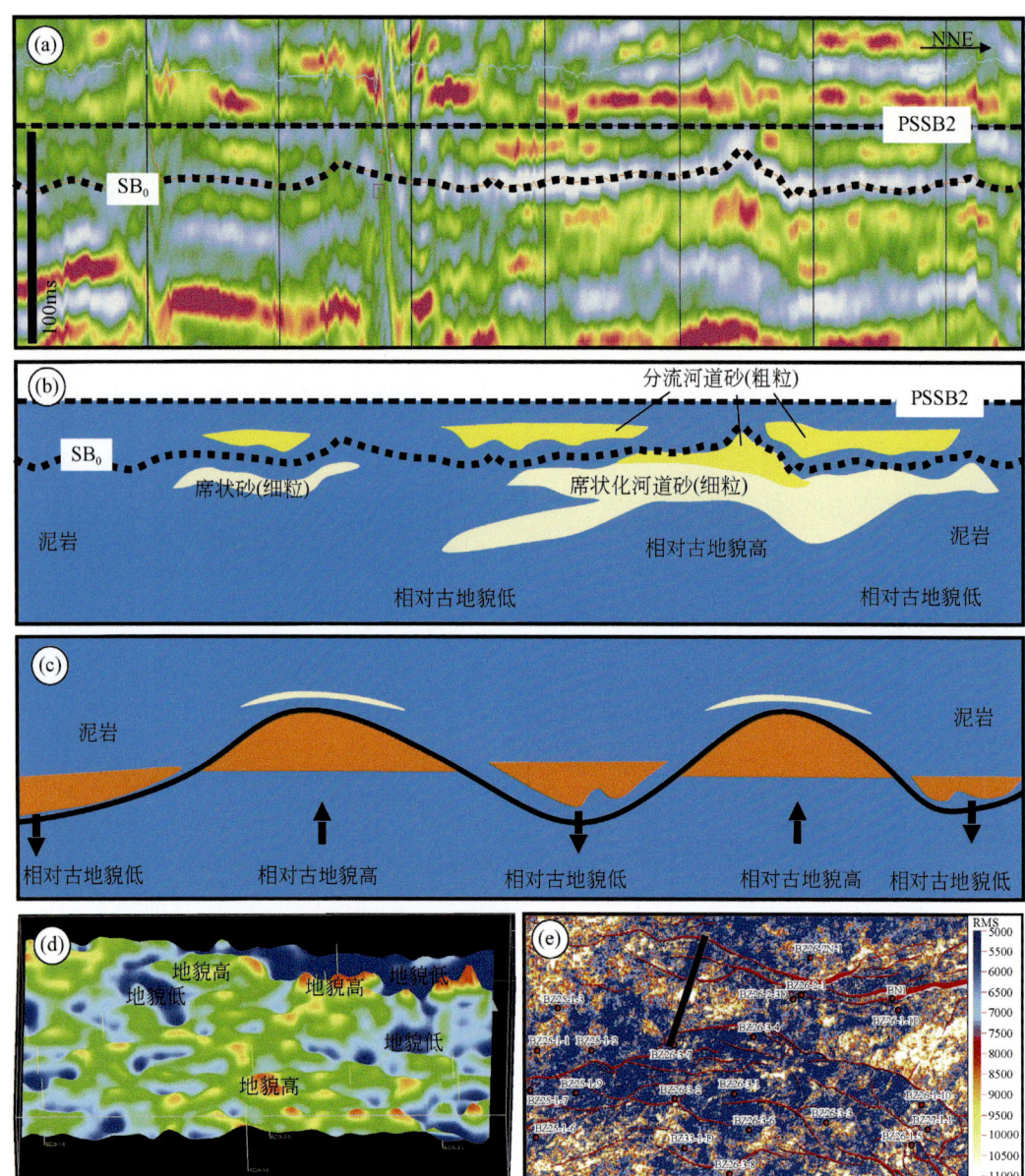

图 7-41 渤中 26 区明化镇组下段 PSS1 微古地貌对砂体的控制解释

（a）原始地震剖面，剖面位置见图（e）；（b）砂体发育程度与微古地貌解释；（c）微古地貌形成及其对后期砂体富集控制作用模式图；（d）准层序组 PSS1 微古地貌图；（e）准层序组均方根振幅（强振幅解释为砂体）

貌相对较高的地区砂体较薄，准层序组内部砂体的累计厚度通常小于 10m，一般为 5～10m，表明在同一沉积环境中微古地貌决定了砂体的富集。

此外，从单个地区的微古地貌与砂岩厚度的关系来看，渤中 34 区的砂岩厚度分布比较分散，砂岩厚度范围变化较大，部分钻井揭示了较厚的砂岩。这些具有一定规模的砂体分布充分说明了，由于该地区处于湖盆的中央位置，多方向的物源汇聚为砂体发育提供了重要的物质基础；部分钻井位置尽管具有较为明显的微古地貌低，但其砂岩的累计厚度并不

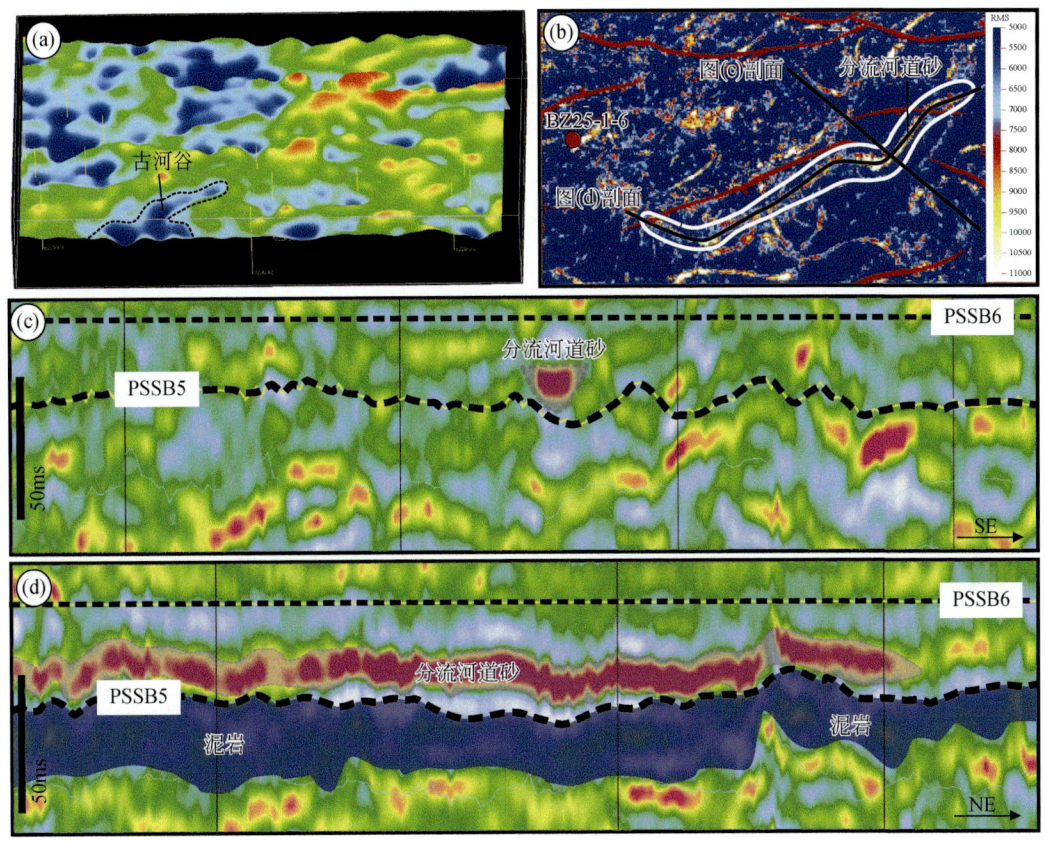

图 7-42 渤中 26 区南部准层序组 PSS5 河谷古地貌对砂体的控制作用

(a) PSS5 准层序组微古地貌图；(b) PSS5 均方根振幅，对应位置为图 (a) 古河谷发育区，强振幅解释为砂体；(c) 垂直分流河道方向地震剖面，剖面位置见图 (b)；(d) 顺分流河道方向地震剖面，剖面位置见图 (b)

明显，这可能因为这些钻井分布在洼陷的中央部位，与某个时期湖水相对较深、物源供给不足等因素有关（图 7-44）。渤中 26 区位于渤南地区西北部，从盆地宏观地貌单元来看基本上也发育在盆地中央，与渤中 34 区最大差异在于该地区的沉积体系物源仅来自西北部燕山褶皱带这一单一物源区，且物源的搬运路径较远，不利于形成大规模的砂体（图 7-44）。渤中 29 区中微古地貌与砂岩厚度的关系最为明显，且砂岩的厚度和规模整体较大，这可能与渤中 29 区的多物源（辽东物源区+胶东物源区）、近距离搬运和河湖交互体系发育有很大的关系（图 7-44）。

7.2.3 大面积砂体发育模式

在前面浅水湖盆沉积动力学背景及大面积砂控制因素分析的基础上，提出了渤海海域新近系浅水湖盆沉积体系及砂体发育富集的成因模式。由于整个湖盆处于拗陷萎缩期，构造活动稳定，物源供给充足，地形坡度平缓，在新近纪不同时期都发育湖泊（浅水三角洲占主导）、古湖岸带（河湖交互体系）和陆相区（河流相占主导）三个古湖泊单元及其对应的沉积相带。但是在一个三级层序中，通常又因为气候变迁和湖平面波动的差异性，导致低水位期和高水位期古湖泊单元有所不同，进而影响了沉积和砂分散体系的变化。

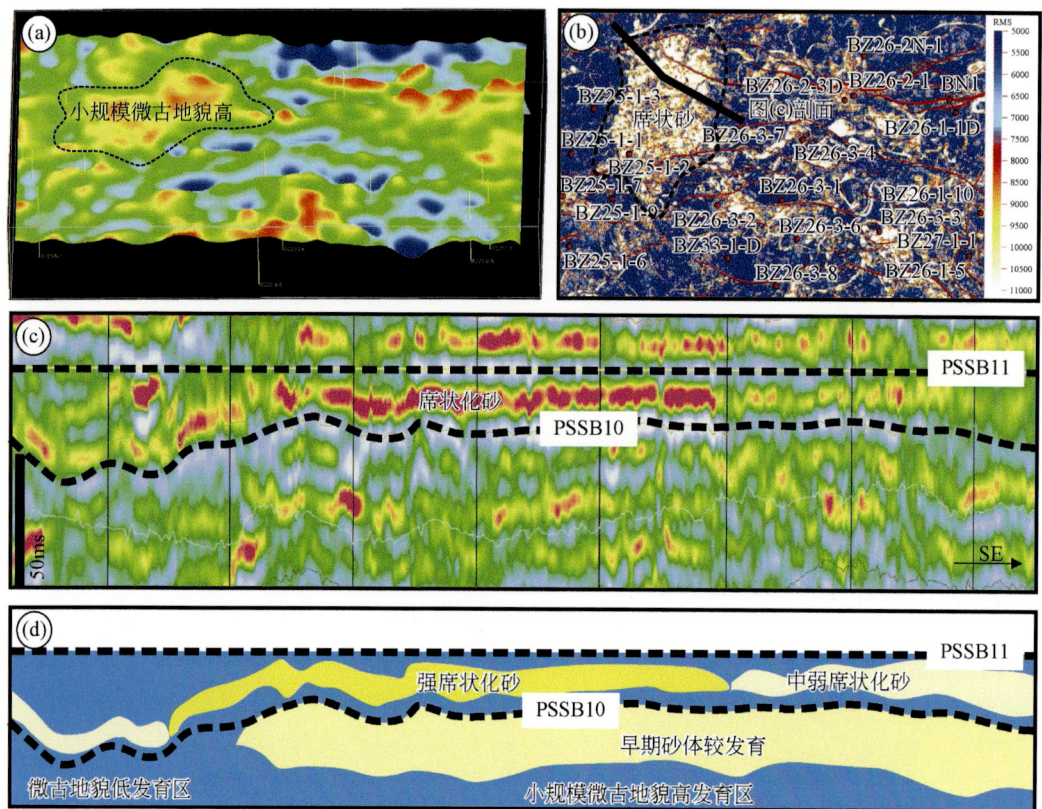

图 7-43　渤中 26 区准层序组 PSS10 小规模微古地貌高对砂体的控制

（a）PSS10 准层序组微古地貌图；（b）PSS10 均方根振幅（强振幅解释为砂体）；（c）原始地震剖面，剖面位置见图（b）；
（d）微古地貌与砂体解释

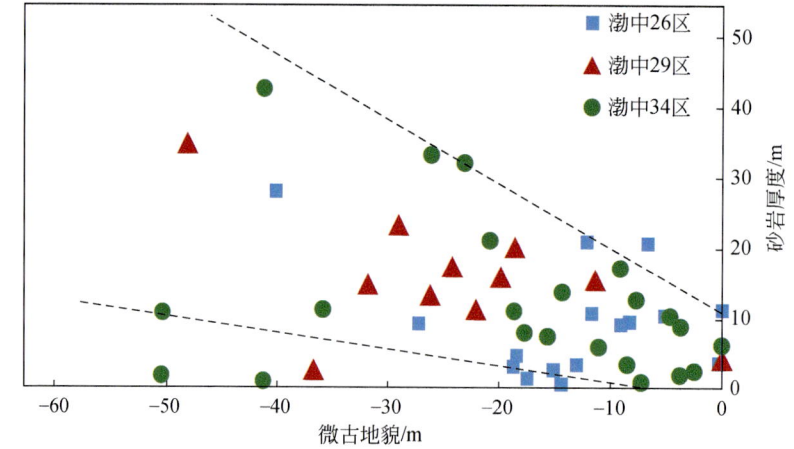

图 7-44　微古地貌高低与砂岩厚度之间定量关系

地貌高低用数值表示，数值越小表示地貌越低

在低水位时期，气候相对干燥，古湖泊范围明显缩小。物源区和陆相区的分布变化不大，但是受盆大坡缓的古地貌格局的影响，古湖岸带比较宽缓，因频繁的湖岸线迁移，在

古湖岸带发育了多期次的河流和浅水三角洲相的交互沉积，其中浅水三角洲往往沉积在相对低洼的地貌单元中。湖盆主体范围较小，湖平面处于整体下降时期，在湖泊区发育以多期分流河道为主体的浅水三角洲，分流河道不断改道且相互切割，砂体的剖面结构多为侧向叠置拼合或拼合板状，主要为多期具有底荷负载的曲流型分流河道组成。三角洲的平面组合多为河道较宽、相互叠置的枝状-朵状形态，在少数分流河道的前端可发育小规模的河口坝沉积（图7-45）。

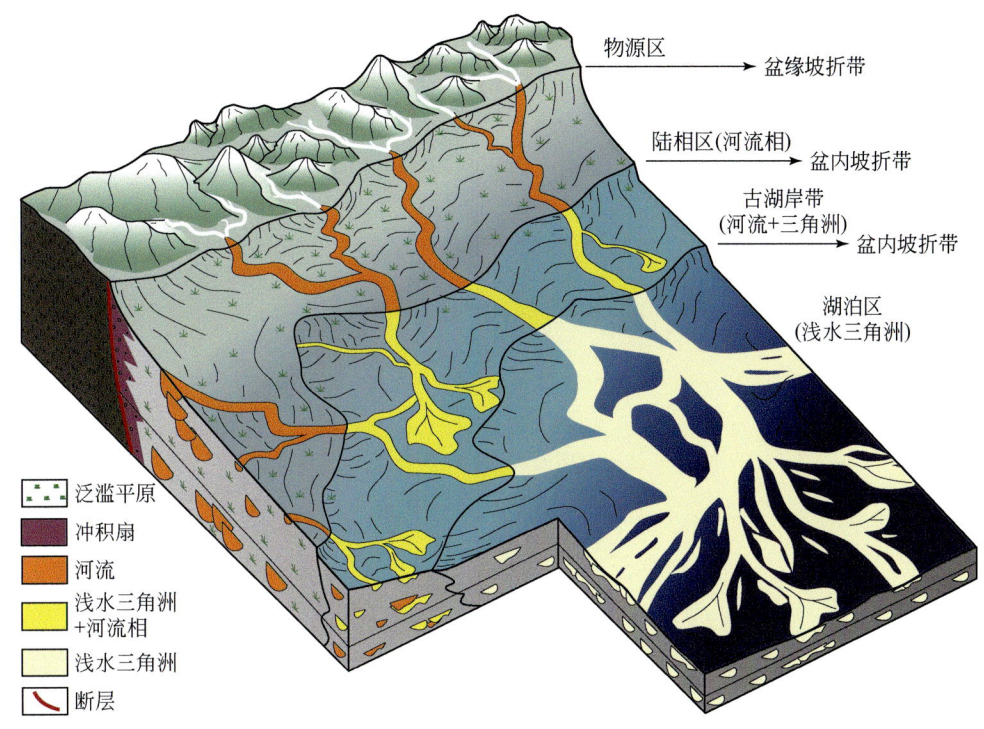

图7-45 拗陷湖盆萎缩期低水位时期沉积体系及砂体发育模式

在高水位时期，气候变得相对温润潮湿，湖平面上升。由于构造活动整体依然处于稳定沉降阶段，古气候和湖平面对古湖泊单元和沉积体系的控制更加明显。该时期的物源区与低水位期差别不大，陆相区有所后撤。尽管同样受盆大坡缓的古地貌格局的影响，但是湖平面整体处于高水位时期，古湖岸带相对较窄，河湖交互沉积在该区域依然发育，但以河流相沉积为主。此时湖盆主体范围扩大，湖平面处于整体上升阶段，可容空间增加，在湖泊区发育多期以分流河道为主体的浅水三角洲，分流河道以孤立状发育为主，不同时期的河道相互改造不明显，砂体的剖面结构多为孤立透镜状，在湖扩体系域中期可能发育迷宫状，河道为悬浮负载的曲流形和顺直形。三角洲的平面组合多为河道较窄、相互交汇的枝状-网状形态（图7-46）。

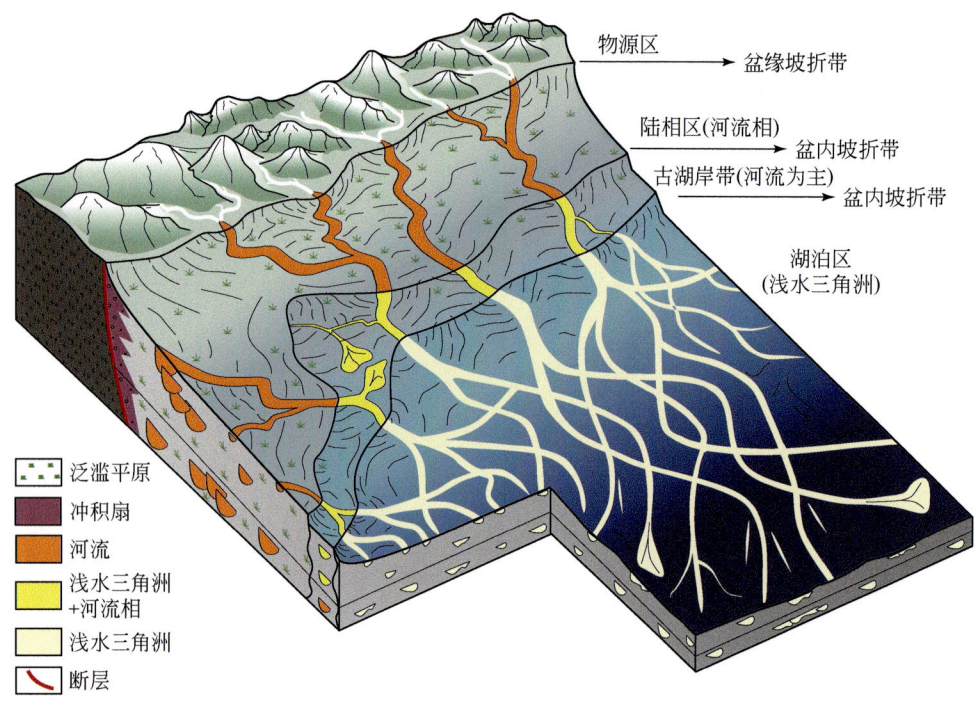

图 7-46 拗陷湖盆萎缩期高水位时期沉积体系及砂体发育模式

第 8 章　大面积岩性圈闭的形成条件分析

8.1　大面积岩性圈闭形成的物质基础

大面积岩性圈闭形成与大面积砂体发育密不可分。渤南地区是渤海湾盆地油气较为富集的油区之一，其中油气区主要分布在黄河口凹陷和莱州湾凹陷。近年来，在渤海南部明化镇组下段发现了大面积岩性油气藏，如垦利 6-1（KL6-1）等亿吨级大型油田，横向上，油层连通性好（图 8-1），平面上，油气藏呈片状分布，面积大（图 8-2）。勘探实践表明，渤海南部甚至整个渤海海域明化镇组下段仍然具有巨大的勘探潜力。

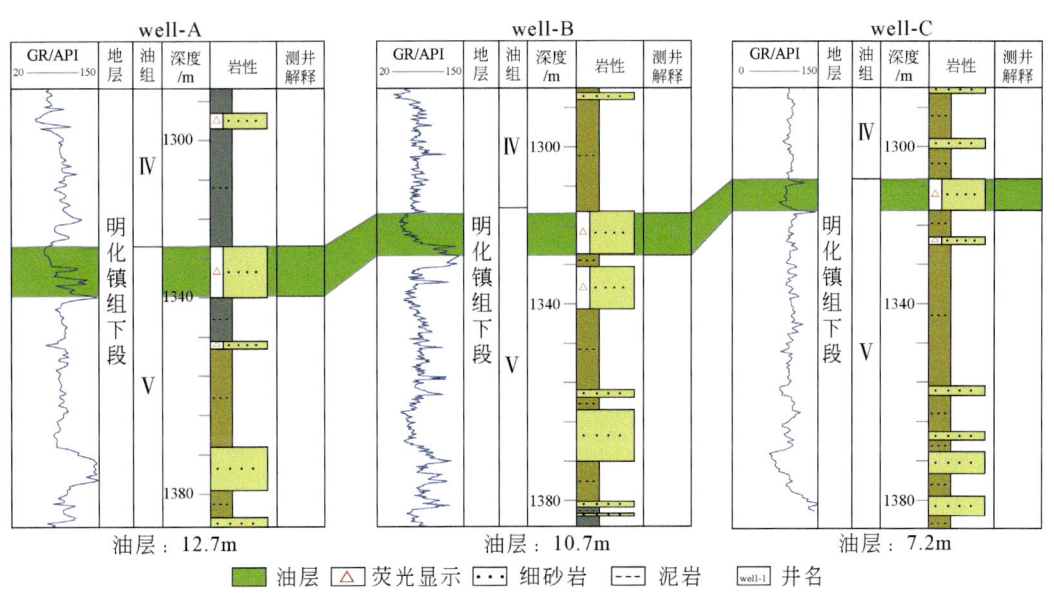

图 8-1　渤海海域渤南地区 KL6-1 明化镇组下段砂体和油层连续分布特征

本书第 7 章有关大面积砂控制因素分析表明，适宜的古气候、强造砂母岩分布、多物源多水系供给、多古湖泊单元汇聚体系等要素共同决定了大面积砂体的发育与分布。渤海南部早期的油气勘探以古近系三角洲和明化镇组下段河道砂为主，河道砂之间连通性差，砂体面积小，平面上常呈条带状分布，剖面上呈透镜状产出，发育的圈闭面积小，不具备发育大面积岩性油气藏的潜力。

近年来，作者所在团队运用源–汇系统理论，通过分析渤海海域渤南地区明化镇组沉积期的古气候条件、物源体系、搬运体系和汇聚体系，在渤海海域渤南地区大面积岩性圈闭形成的物质基础方面取得较为成熟的认识：

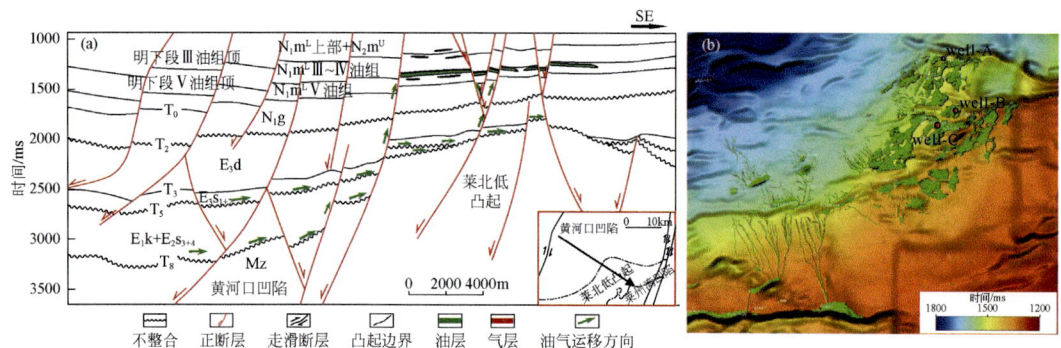

图 8-2 渤海海域渤南地区 KL6-1 明化镇组下段构造岩性油藏成藏模式和含油面积分布

(a) 成藏模式；(b) 含油面积分布

(1) 渤海海域渤南地区明化镇组下段沉积期以亚热带和温带气候为主，其间存在亚热带、多雨与温带少雨频繁交替的环境，为河流的搬运提供了充足的水动力条件。

(2) 渤海海域渤南地区周围的辽东隆起、鲁西隆起和胶东隆起物源区距离湖泊较近，母岩类型为长英质变质岩或变质岩与岩浆岩的组合，长英质粗粒母岩为大面积砂岩提供了充足的碎屑物质。

(3) 研究区发育四个方向的大型古水系，以及河流、河湖交互、湖泊等汇聚体系，尤其是河湖交互和湖泊体系为面积较大的砂体的形成提供了十分重要的物质基础（图 7-26），具备发育大面积岩性圈闭的条件（图 8-2）。

8.2 大面积岩性圈闭成藏条件及油气运聚定量表征

新近系浅层大面积砂体的确定仅仅解决了大面积构造-岩性复合圈闭的形成的条件。而圈闭成藏与否还需要更加系统的油气运聚、圈闭封堵等方面的分析，其中油气运聚是渤海海域浅层成藏最关键的要素。如垦利 6-1 明化镇组下段亿吨级油田，烃类沿通源断裂运移至河道-席状砂之后 [图 8-2（a）]，会沿着河道-席状砂连片砂体运移到更大范围的圈闭中，形成大型油气藏 [图 8-2（b）]。又如在垦利 6-1 油田的勘探过程中总结出该认识之后，指导了垦利 10-2 的勘查，成功发现了又一个亿吨级油田。因此，本节将在大面积砂体识别确认的基础上，从浅层成藏过程的运聚方面重点分析大面积岩性圈闭的成藏条件，以期为寻找更多的大油田提供借鉴。

大量勘探实践表明，单独的构造脊、断层或者断-砂配置研究已不能有效地评价新近系成藏特征。新近系作为他源型成藏层系，其油气成藏与富集是各种运聚条件（深层聚油、垂向运移和浅层分流）相互匹配的结果，因此新近系的成藏特征涉及深层汇聚、断层垂向运移和浅层分流 3 个成藏环节的综合分析。在重点分析 3 个成藏环节的基础上，结合勘探实践，在前人研究的基础上提出新近系"脊-断共控"成藏模式。"脊-断共控"成藏模式进一步明确了构造脊对于新近系富集成藏的重要意义，着重强调构造-断层、断层-区域盖层、圈闭-断层等运聚环节配置的重要性。其中，构造脊控制了油气在深层优势运聚方向和横向油气聚集量；构造脊-断层、断层-区域盖层的配置控制了油气的垂向运移量；目的圈闭-断层的配置控制了浅层分流能力和油气富集程度。深层构造脊的存在是形成浅层高丰度油藏的先决条件,而 3 个成藏环节间配置环环相扣,是形成高丰度油藏的 3 个必要条件。

8.2.1 油气初次汇聚能力评价

输导层的聚油能力是构造脊控藏的基础,相当于新近系成藏的油气"中转站"。邓运华等在研究中国近海盆地成藏特征时发现,凸起区之上的潜山圈闭面积与对应油田的储量有明显的正相关性,这表明输导层顶面的圈闭面积是构造脊聚油能力评价的关键参数。

潜山风化壳分布广泛,因此围绕构造脊高点圈闭面积这一核心参数可建立潜山构造脊聚油能力评价的计算式。潜山风化壳形成的圈闭需在构造脊的沟通下,即通过优势运移路径,才能形成有效、通畅的深层运聚。反之,潜山风化壳在凹陷区形成的圈闭无构造脊沟通,没有汇油能力和控藏作用。作者创建了潜山风化壳的构造脊聚油指数 I_a(index of accumulation),将其定义为与烃源岩直接接触,或通过风化壳或其他初始运移通道连接的圈闭中的油气汇聚量。在烃源充足的条件下,作者利用潜山风化壳与主力烃源岩的接触长度来表征构造脊与烃源岩的接触程度,利用构造脊的倾角来表征油气沿构造脊的斜向运移动力(图 8-3),利用构造脊高点的圈闭面积来表征构造脊顶面的聚油能力,建立了潜山构造脊聚油指数的计算式。

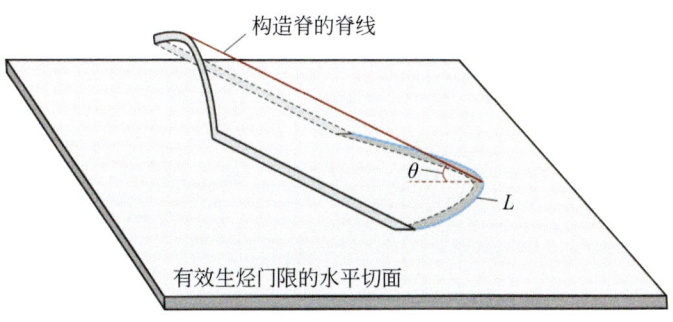

图 8-3 构造脊汇聚模式图

$$I_a = \sum_{i=1}^{n} SL_i \sin \theta_i \tag{8-1}$$

式中,I_a 为构造脊聚油指数,km³;n 为潜山构造脊高点圈闭所对应的构造脊数量;S 为构造脊高点的圈闭面积,表征构造脊顶面的聚油能力,km²;L_i 为第 i 个潜山风化壳(构造脊)与主力烃源岩的接触长度,如潜山面与沙河街组三段顶面的接触长度,表征构造脊与烃源岩的接触程度,km;θ_i 为第 i 个构造脊脊线(如褶皱脊线)的倾角,表征油气沿构造脊的斜向运移动力。

渤海海域凸起区、斜坡带和凹陷区中多个油田储量的统计(表 8-1)表明,构造脊聚油指数与储量之间具有良好的相关性,二者相关性的判定系数相对较大,约为 0.92;构造脊高点顶面圈闭面积与储量之间相关性的判定系数约为 0.89。这表明,在油源供应充足的条件下,构造脊高点的圈闭面积是聚油指数的核心(图 8-4)。另外,由于统计的构造脊高点圈闭位于富生烃凹陷的周边,一般为凸起区或凹中隆起区的背斜或者断背斜构造,烃源条件和保存条件对聚油指数的影响较小。另外，当构造脊高点圈闭为断块构造或者断鼻构造类型，或者烃源条件不明确时，圈闭的保存条件和生、排烃条件分析也应该是表征油气汇聚能力的重要参数。

表 8-1 构造脊汇聚要素与对应油田储量统计表

油田名称	构造脊编号	构造脊与烃源岩接触长度/km	构造脊倾角/(°)	构造脊圈闭形态	构造脊圈闭面积/km²	构造脊聚油指数/km³	聚油指数	对应储量/万 t
PL9-1	1	2.062	13.5	断背斜	80.2	38.59	103.89	22247
	2	1.663	5.7			13.27		
	3	1.497	7.4			15.48		
	4	1.608	6.8			15.36		
	5	2.655	5.7			21.19		
QHD32-6	1	2.062	8.5	背斜	66.7	20.40	82.99	19400
	2	1.413	14.0			22.86		
	3	0.966	14.6			16.21		
	4	2.232	9.1			23.52		
CFD12-6	1	1.603	9.1	断背斜	41.0	10.38	45.31	6560
	2	0.725	14.6			7.48		
	3	0.524	14.6			5.41		
	4	1.416	10.8			10.84		
	5	0.981	16.2			11.20		
PL20-2	1	0.782	19.8	背斜	41.8	11.07	49.49	6289
	2	0.748	10.2			5.54		
	3	1.117	28.4			22.18		
	4	1.245	11.9			10.70		
BZ8-4	1	2.623	9.1	背斜	26.0	10.77	28.22	5757
	2	0.563	17.7			4.46		
	3	2.546	11.3			12.98		
KL6-1	1	3.234	8.9	背斜	43.5	21.76	90.10	14484
	2	1.782	12.3			16.51		
	3	1.635	15.3			18.77		
	4	0.654	16.9			8.27		
	5	1.562	14.3			16.78		
	6	0.568	18.9			8.00		
BZ28-1	1	1.294	25.6	背斜	12.0	6.72	13.65	2052
	2	0.848	11.9			2.09		
	3	1.322	17.7			4.83		
BZ23-3	1	0.595	11.3	断背斜	7.2	0.84	8.23	1039
	2	0.529	13.0			0.85		
	3	0.672	12.4			1.04		
	4	1.416	19.8			3.45		
	5	0.859	19.3			2.04		

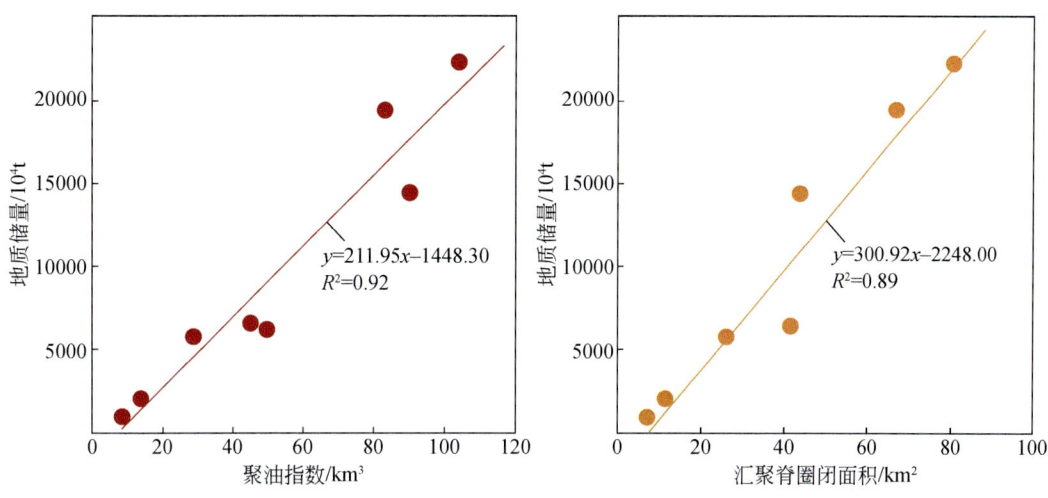

图 8-4 研究区聚油指数以及构造脊高点圈闭面积与地质储量的相关性

8.2.2 油气垂向中转能力评价

渤海海域新近系砂体与烃源岩并不直接接触，主要靠断层的垂向输导聚集成藏。单条断层与烃源岩的接触面积有限，仅断面附近的烃源岩供烃。而构造脊作为优势运移路径上的圈闭，能够大量地横向聚油，并通过合适的构造脊-断层配置关系，间接地增大断层与烃源岩的接触面积，为浅层高丰度油藏的形成提供充足的油源和充沛的动力。因此，运移断层与构造脊高点油藏的配置关系影响着油气的垂向运移量。钻探实践证实，断层作用与其所切至的构造脊高点圈闭部位和长轴方向有关，断层与构造脊高点油藏的接触面积越大，油气的垂向运移量越大，对应油层的厚度越大。

在构造脊和运移断层有良好的配置基础上，油气具备垂向运移的基本条件，但断层的垂向运移能力还受到区域盖层厚度、成藏期断层活动强度控制（图 8-5）。根据渤海海域沉积相分析与勘探实践，东营组底部（东营组二段下亚段＋东营组三段）的沉积环境为滨、浅湖—半深湖相，发育较厚的富泥沉积，厚度为 30~1070m，平均厚度为 443m；明化镇组下段底部为最大湖盆期沉积，发育 58~472m 不等厚的富泥段，平均厚度为 227m。因此，

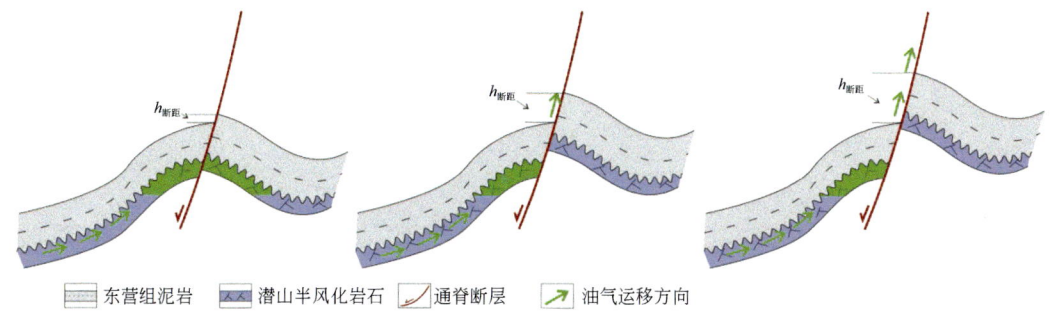

图 8-5 断层活动性、区域泥岩盖层配置控运模式图

渤海海域普遍发育 2 套区域分布的泥岩段。在整体晚期成藏的背景下，断层断距越大，区域泥岩盖层的厚度越小，即断接厚度越小，油气的垂向运移能力越强，成藏层位越浅，油气层越厚（图 8-6）。

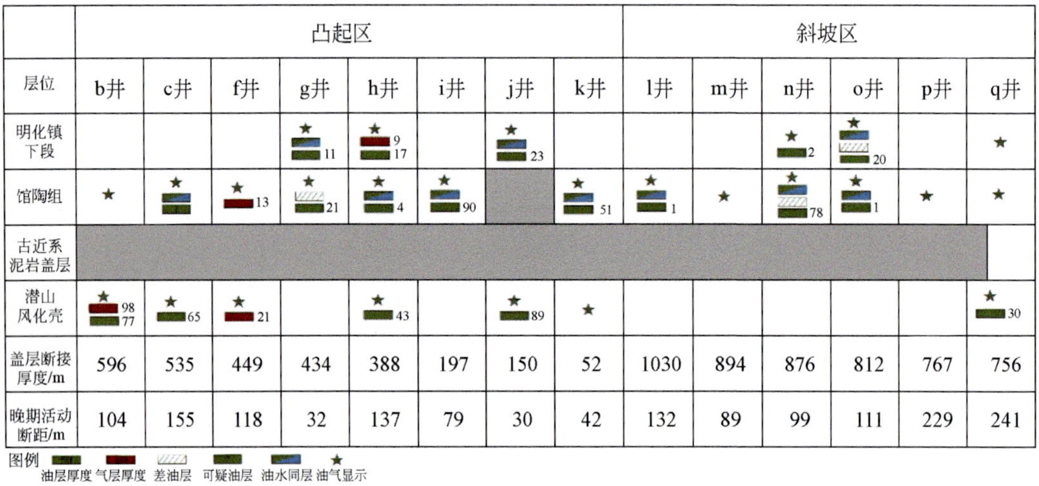

凸起区
斜坡区
层位
b井 c井 f井 g井 h井 i井 j井 k井 l井 m井 n井 o井 p井 q井
明化镇下段
11 9 17 23 2 20
馆陶组
13 21 4 90 51 1 78 1
古近系泥岩盖层
潜山风化壳
98 77 65 21 43 89 30
盖层断接厚度/m
596 535 449 434 388 197 150 52 1030 894 876 812 767 756
晚期活动断距/m
104 155 118 32 137 79 30 42 132 89 99 111 229 241
图例
油层厚度 气层厚度 差油层 可疑油层 油水同层 油气显示

图 8-6　区域泥岩盖层断接厚度与成藏层位统计

从深、浅层泥岩盖层的断接厚度和成藏层位的统计（图 8-6）来看，区域泥岩段的断接厚度与成藏层位有明显的对应关系：当深层盖层的断接厚度大于 220m，含油层系以潜山风化壳、沙河街组、东营组等深层为主（图 8-7 中Ⅰ象限和Ⅳ象限）；当深层盖层的断接厚度较小（小于 50m）且浅层泥岩的断接厚度较小（小于 80m）时，含油层系以明化镇组下段为主（图 8-7 中Ⅲ象限为主）；当深层盖层的断接厚度较小（小于 220m）且浅层盖层的断接厚度较大（50～350m）时，含油层系以馆陶组为主（图 8-7 中Ⅰ象限和Ⅱ象限）。图 8-7 中，以馆陶组成藏为主和以深层成藏为主的统计结果在Ⅰ象限有部分重合，即深层盖层的断接厚度较大时，馆陶组也可以成藏，这可能与深层构造脊高点圈闭的类型有关，如当圈

深层含油为主
馆陶组含油为主
明化镇组下段含油为主
浅层盖层断接厚度/m
深层盖层断接厚度/m
400
300
200
100
0
−100
−200
−300
−400
−1500
−1000
−500
0
500
1000
Ⅰ
Ⅱ
Ⅲ
Ⅳ

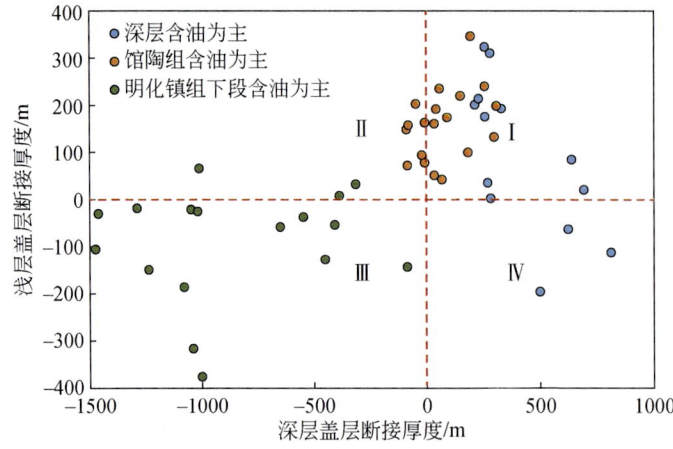

图 8-7　研究区东南部深、浅层盖层断接厚度与成藏层位的关系

闭为背斜时，随着油气的不断横向充注，油气浮力不断增强，油气沿断层的垂向突破能力也会随之增加，所能克服的泥岩段的盖层厚度也就相应增加。

8.2.3 侧向分流与成藏能力评价

圈闭与断层的配置关系实质是断层与地层（砂体）的组合关系。关于断层与圈闭的配置，渤海海域大量实际研究认为，当砂体的倾向与断层倾向相反时（反屋脊式）有利于油气运聚（图8-8），在砂体低部位，断层与砂体的接触面积越大，砂体的含油丰度越高。断裂通常具有幕式活动的特征，断裂的多期幕式活动对应着应力的多次释放，其所吸入的流体会优先向浅层压力较小的地层运移。因此，从成藏动力学角度分析，当新近系砂体的高部位存在断层时，砂体高部位将形成泄压区，这将增加地层水的排替空间，有利于形成高丰度油藏。在砂体低部位，断层与砂体接触形成了油气侧向充注的基础，而在砂体高部位，断层与砂体的接触则有助于增大充注的强度。因此，对于上倾尖灭的"单断型砂体"和在高、低部位均存在断层的"双断型砂体"，二者的油气充注条件存在差异。

类型	断-砂配置类型	剖面类型	充注特征	南堡凹陷典型实例（按油源断裂）
I	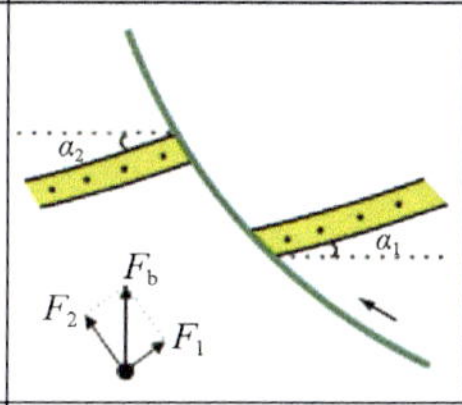	反向	在F_1作用下上盘砂体可发生顺层充注，而下盘砂体与F_2近垂直，油气充注作用很弱，形成上盘强充注、下盘弱充注	NP1-3断裂　NP4-4断裂 NP4-48断裂　NP5-2断裂 NP2-12断裂　NP5-8断裂 NP4-9断裂　NP13-1断裂 NP4-10断裂　NP13-2断裂 NP4-1断裂　NP13-3断裂 NP4-2断裂　NP4-91断裂 NP4-3断裂
II	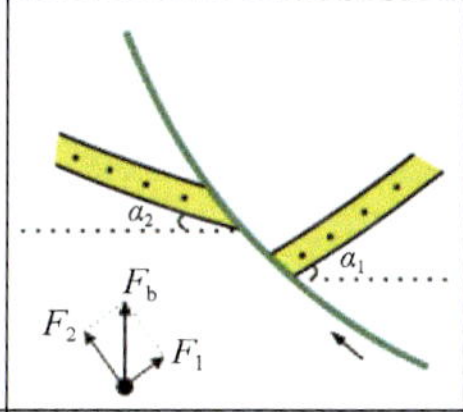	反"屋脊式"	在F_1、F_2作用下，上盘、下盘砂体均可发生顺层充注，形成上、下盘强充注	不发育
III	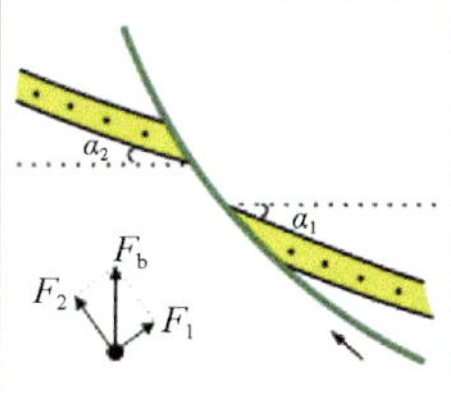	顺向	F_1与上盘砂体近垂直，油气充注作用很弱，而在F_2作用下，下盘砂体可发生顺层充注形成上盘弱充注、下盘强充注	BGZ断裂 GSP12-1断裂
IV	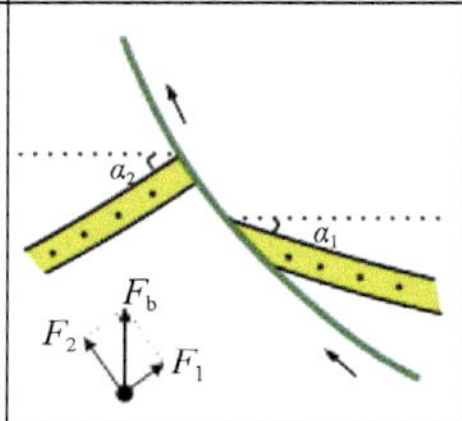	"屋脊式"	F_1、F_2与上、下盘砂体近垂直，油气充注作用均很弱，形成上、下盘弱充注	NP5-12断裂

油源断裂　砂体　F_b 浮力作用方向　F_1 向砂体充注分力　F_2 沿断裂继续运移分力

图8-8　断-砂配置类型控运模式图

明化镇组下段以河湖交互体系和浅水三角洲沉积为主,砂地比在 10%~50%,整体为"泥包砂"岩性组合;馆陶组一般为辫状河三角洲沉积相,砂地比在 30%~80%,为典型的"砂包泥"岩性组合。对于"双断型砂体"的高部位对接,当形成砂-泥对接时,砂体的油气充注能力较强,保存能力较好,形成的油柱高度较大;当形成砂-砂对接时,砂体中油气的充注能力较强,但保存能力较弱,容易形成底水油藏或者含油水层,这在富砂型的馆陶组中较为常见。

蓬莱 13-2 油田位于渤东凹陷花状构造带,其主要含油层系为明化镇组下段。勘探实践表明,在砂体低部位,断层与砂体的接触面积是砂体成藏的基础,但据此预测含油丰度则具有片面性,二者正相关性不明显[表 8-2,图 8-9(a)]。引入砂体在高、低部位的断层-砂体接触面积之比,创建侧向分流系数 I_d(无量纲),用以表征油气充注能力,显示其与探明油柱高度具有明显的正相关关系[图 8-9(b)]。

其中,分流系数表达式为

$$I_d = S_1/S_2 \tag{8-2}$$

式中,S_1 为砂体高部位断-砂接触面积,km^2;S_2 为砂体低部位断-砂接触面积,km^2。

表 8-2 蓬莱 13-2 油区明化镇组下段断-砂接触面积与探明油柱数据统计表

砂体名称	低部位断-砂接触面积/km^2	高部位断-砂接触面积/km^2	高、低部位断-砂接触面积之比	探明油柱高度/m
3DSA-1080	9.8	45.2	4.6	75
3DSA-1310	14.8	36.4	2.5	50
3DSA-1330	32.5	59.5	1.8	32
3D-1365	15	36	2.4	40
3D-1366	40	60	1.5	37
4d-1391	8	16	2	45
4d-1426	20	50	2.5	45
4d-1433	12	15	1.3	45
4d-1666	6	20	3.3	60
1d-1129	30	30	1	40
1d-1433	50	137.5	2.8	65
4d-1125	1.6	2	1.3	12
4d-1338	6	2	0.3	5
4d-1412	1.8	4.2	2.3	25
6d-913	12.8	4.5	0.4	20
6d-1215	27	43.5	1.6	45
6d-1311	4.5	5.5	1.2	15
6d-1340	37.8	27.9	0.7	35

对于花状构造带,高丰度油藏的形成受构造位置(花状构造带的"花心""花瓣"位置)以及砂体-断层的配置样式共同控制。"花心"位置相对于"花瓣"位置而言,由于断

裂较为发育、断裂密度大，易形成"双断型砂体"（图8-10），侧向充注能力强，是高丰度油藏发育的潜在有利区。

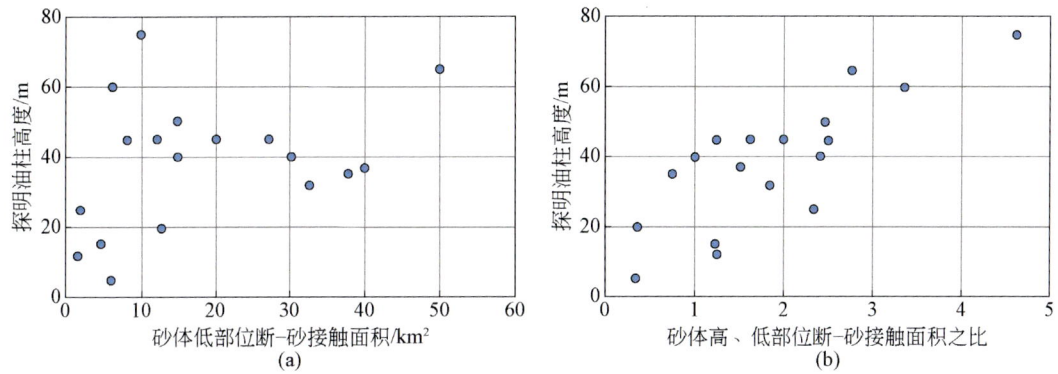

图 8-9　PL13-2 油区明化镇组下段断-砂接触面积与探明油柱高度的关系

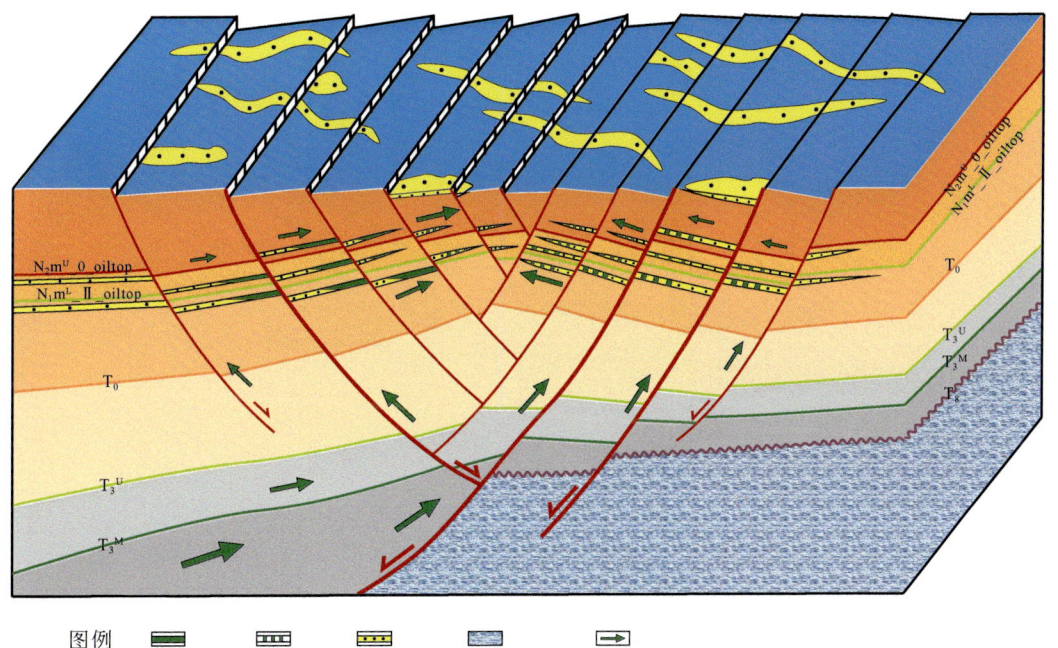

图 8-10　蓬莱 13-2 油区明化镇组下段砂体类型分布规律

8.3　大面积岩性圈闭形成模式

油气运移在凹陷区是发散的，无特定规律，而在斜坡凸起区油气运移由发散到收敛，形成若干优势运移通道（输导层构造脊），虽然只占输导层的 1%～10%，但却运输了绝大部分的油气。因此，当具备大面积砂发育物质基础时，汇聚型构造脊的存在是浅层成藏的先决条件，不仅是油气输导通道，更是浅部成藏充当"中转站"的角色，构造脊圈闭的运聚量直接决定了浅层成藏的丰度。

渤海海域新近系成藏是断层幕式、高效、短期运移的直接结果，而新近系高丰度块形成的前提是深层有规模性的油气聚集，即深层油气"中转站"的存在。渤海海域新近系勘探实践表明，除断层的垂向运移之外，油气的横向运聚对于油气富集十分关键。这样，在油气源源不断供给的基础上，新近系下方的汇聚型构造脊长期汇聚油气，随着断穿新近系和古近系地层的断层的间歇性活动，油气沿断层向浅层运移。周而复始，上覆浅层构造才能够获取足够的油气，从而形成商业性油气的聚集（图 8-11）。汇聚型构造脊作为新近系成藏的中转站，从平面上控制了油气横向优势运聚方向和部位，决定了油气富集的平面分布，通过与运移断层的配置，进一步控制了油气在深层的垂向运移。当输导脊圈闭形态越好、面积越大、埋深越浅时，横向聚油效果越好，当运移断层切至汇聚型构造脊圈闭的较高位置时，断面与圈闭含油面积接触程度越高，对应的垂向运移能力越强。

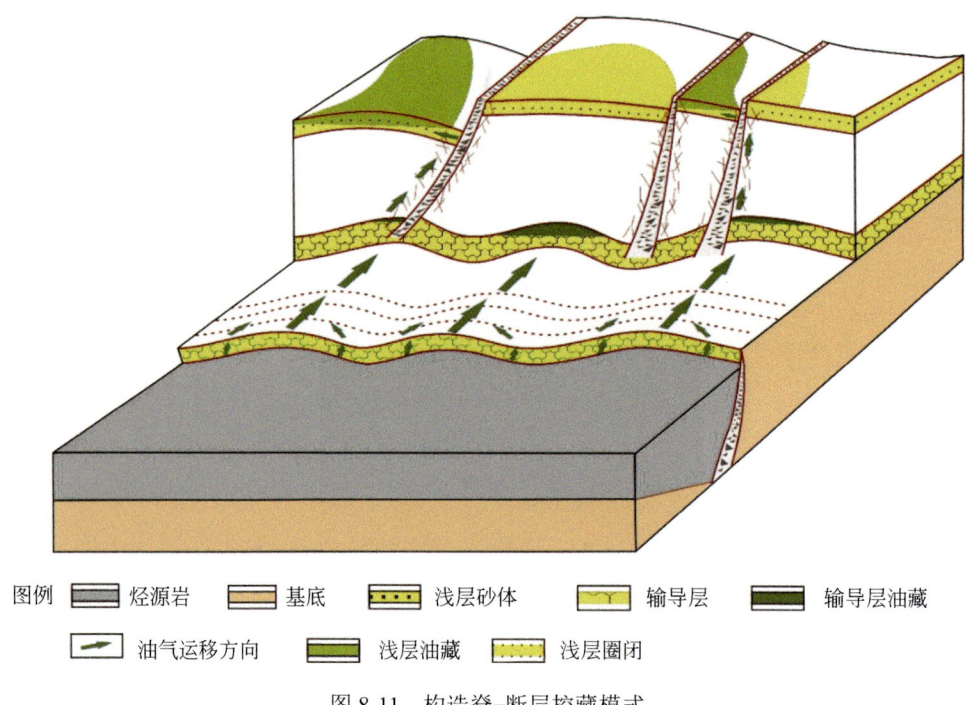

图例 ▬ 烃源岩　▬ 基底　▬▬ 浅层砂体　⊥ 输导层　▬ 输导层油藏
　　　→ 油气运移方向　▬ 浅层油藏　▬ 浅层圈闭

图 8-11　构造脊-断层控藏模式

8.3.1　汇聚型构造脊成藏意义与类型

在渤海海域，汇聚型构造脊包括油气的主运移路径及在其之上的构造高点或岩性尖灭。对于凹陷区而言，下伏沙河街组为主力供烃层系，在下生上储的成藏模式中，断层垂向运移至关重要，重点体现在活动强度、断层与烃源接触面积两个方面，若断层下方存在汇聚型构造脊，横向汇聚形成深层"中转站"，那么就额外增加了断层与烃源（生烃层系、深层含油层系）的接触面积，从而为浅层形成油气富集块创造条件；对于斜坡区与凸起区而言,下伏东营组生烃能力极其微弱,凹陷区沙河街组生成的油气必须通过横向运移才能在斜坡区、凸起区成藏,而在构造脊的作用下,形成深层"中转站",配合断层的幕式活动,最终在浅层形成高丰度块。汇聚型构造脊主要包括构造圈闭型、砂体圈闭型,其中构造圈闭型主要分布在(低)凸起区、凹中隆起区[图8-12(a)(d)(f)],砂体圈闭型主要分布在陡坡带大断层下降盘[图8-12(c)],而缓坡带与深凹区深层汇聚型构造脊往往不发育[图8-12(b)(e)],浅层勘探效果较差。深层构造脊的本质特征在于油气的横向运聚,在深层形成规模性的原生油气藏,所以,中深层的油层也可作为"油藏型"构造脊,为浅层的砂体成藏充当油气"中转站"的角色。

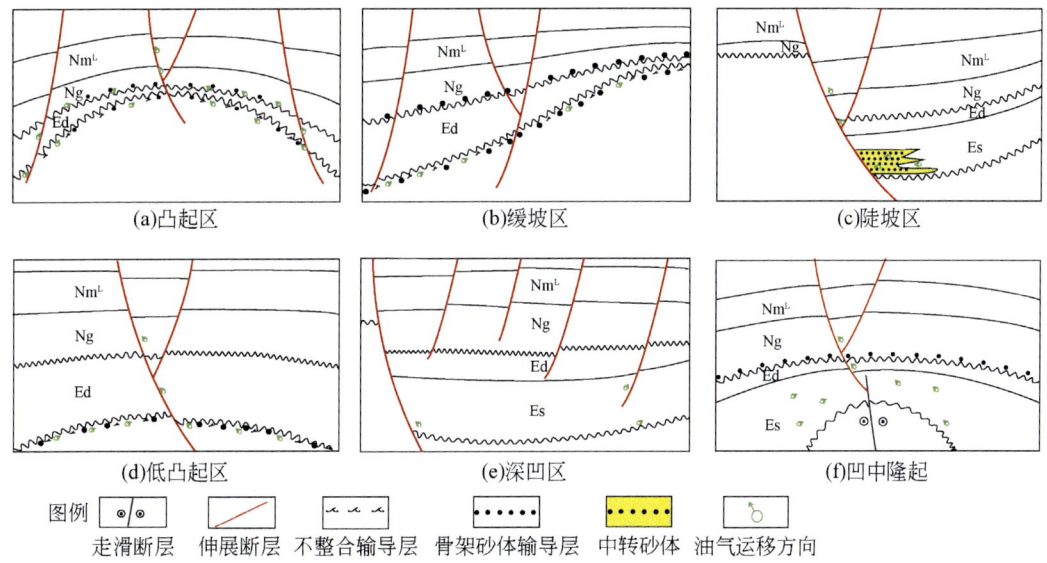

图8-12 汇聚型构造脊类型与模式

不整合面与骨架砂体是油气横向运移的两种主要路径,而油气发生横向运移的关键是输导层与盖层组合的稳定性。渤海海域新近系发育特征表明,馆陶组砂体与潜山顶部不整合面(T_8地震反射面)是油气横向运移的两种潜在路径。

针对馆陶组岩性特征,不同层段岩性特征不同,横向运移能力也不同。馆陶组中段泥岩盖层相对发育,但是砂岩输导层横向变化较快,油气经过短距离横向运移后砂岩输导层出现尖灭便聚集成藏,属于阶梯式的横向运移,且距离较短(图8-13);馆陶组上段与下段砂岩输导层相对发育,在与盖层组合较好的条件下可发生油气横向运移,在盖层缺失的条件下由横向运移转为垂向运移,在遇到合适的盖层条件(泥质条带发育)时,又由垂向运移转为横向运移,属于阶梯式的发散运移(图8-13),不易形成大规模的横向运移,易于聚集,如蓬莱19-3油田。通过对馆陶组骨架砂体横向运移模式的分析,馆陶组整体砂泥地层横向变化较快,骨架砂体与泥质盖层组合横向不稳定,不具备油气长距离大规模横向运移的基础。

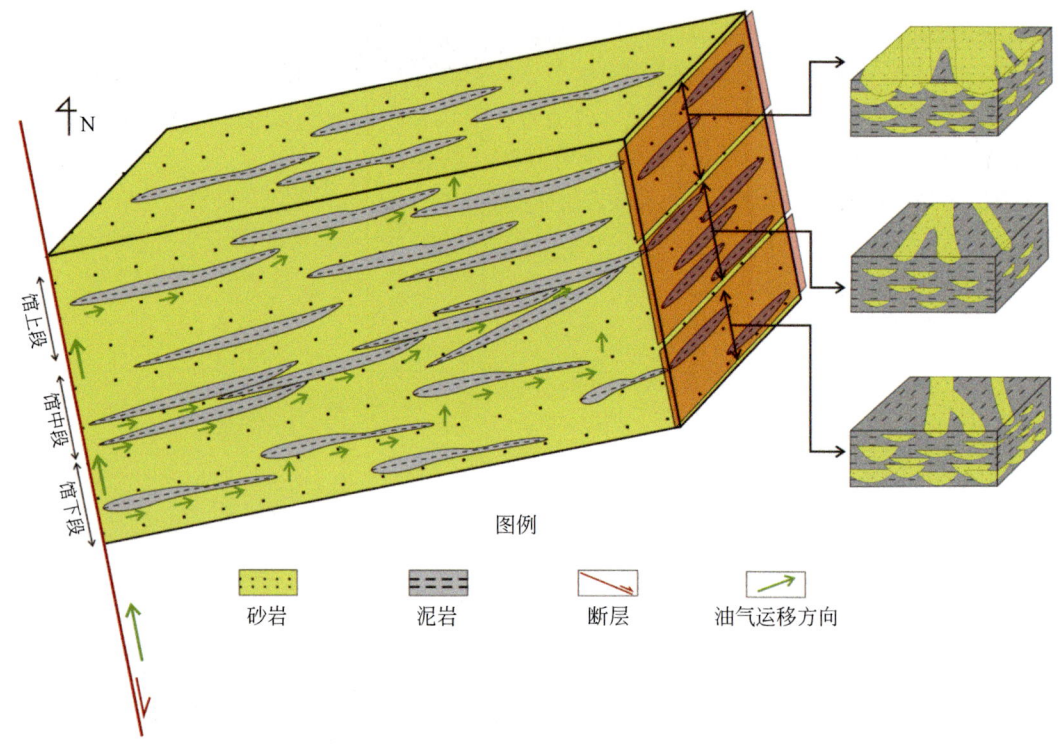

图 8-13 馆陶组砂体运聚模式

研究表明，完整的潜山不整合面自上而下应分为水进砂体、黏土层、半风化岩石等三部分，形成了以水进砂体、半风化岩石为运移路径的上、下两套输导体系。研究区潜山顶部的不整合面之上水进砂体（底砾岩）发育程度低，导致上输导体系不发育，而风化黏土层与上覆古近系泥岩形成良好的盖层条件；不整合面之下的半风化岩石为中生界、古生界及元古宇潜山，以碳酸盐岩、中酸性火山熔岩、未变质花岗岩为主，原生节理或者孔隙较为发育。另外，研究区受郯庐走滑主断裂带及次级走滑断裂的影响，构造运动强烈，次生裂缝与溶孔十分发育。总体而言，潜山岩性岩相有利于原生孔缝的发育，而后期改造作用也有利于次生孔缝的发育与保存，古近系泥岩及风化黏土层形成的盖层分布稳定，具备油气长距离大规模的横向运移的基础（图 8-14），潜山顶面斜坡一直延伸至凹陷内，综合分析，潜山顶部的不整合面是斜坡凸起区油气横向运移的主要路径。PL20-3-1 井钻遇元古宇变质碳酸盐岩（泥粉晶灰岩），相对于未变质灰岩或白云化灰岩，坚硬致密，不易风化，但在其潜山薄片中发现了固体沥青，证实了油气曾经在潜山半风化岩石中聚集成藏（图 8-14）。另外，渤中 28-1 碳酸盐岩潜山油田位于渤南低凸起，来自渤中凹陷的油源经过凸起倾末端的中生界火山岩向上运移并且聚集成藏，油田的形成也表明了潜山顶面不整合面的横向运移作用。

潜山不整合面构造脊油气运聚量受控于半风化岩石孔缝的发育程度、顶面圈闭类型及构造位置。首先，半风化岩石孔隙是主要的储集空间，而裂缝虽占储集空间的极小部分，但可沟通互不连通的孔隙，因此孔缝越发育，连通型的储集空间越大，半风化岩石横向运

第 8 章 大面积岩性圈闭的形成条件分析

CFD12-6-X,岩屑,3085~3090m,泥质粉砂岩(潜山顶面发育,十分疏松)

CFD12-6-X,壁心,3110m,砂砾岩(50×,裂缝发育为主,局部发育溶蚀孔)

PL7-1-1,岩屑,3862~3888m,凝灰岩(潜山顶面发育,泥质特征明显)

PL7-1-1,岩心,3994~3996m,砂砾岩(裂缝发育为主,局部发育溶蚀孔)

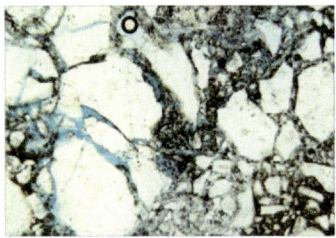
PL9-1-2,镜下,1285m,花岗岩(50×,破碎粒间孔与裂缝发育)

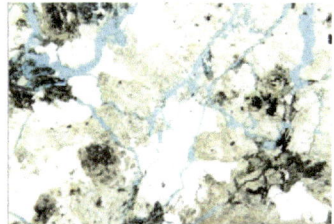
PL9-1-11,镜下,1605m,花岗岩(25×,网状构造裂缝发育并溶蚀)

BZ28-1-7,镜下,3204.9m,颗粒灰岩(25×,粒内溶孔发育)

BZ28-1-8,镜下,3349.6m,细晶白云岩(25×,构造裂缝发育)

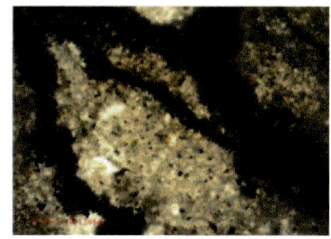
PL20-C3,镜下,1366m,粉泥晶石灰岩(50×,微裂缝中充填黑色固体沥青)

图 8-14 潜山风化壳物性与含油气性

聚量越大;其次,背斜型、断鼻型、断块型构造脊顶面圈闭聚油背景不同,油气运聚量依次减小;再次,当构造脊顶面存在多个高度不同的圈闭时,近源方向的构造脊圈闭首先被充满,其输导层运聚量较大[图 8-15(b)(c)];若在烃源持续充足供给的条件下,不同位置的圈闭终将被充满[图 8-15(a)]。

8.3.2 构造脊-断层模式建立

从油气运移的动力出发,烃源岩生、排烃之后,受控于密度差和高差的浮力便成为油气二次运移的主要动力,而浮力相对于输导层排替压力的大小就决定了优势运移方向和路径。对于相邻区域,烃类与地层水密度差以及输导层排替压力变化不大,而高差就是浮力的主控因素,输导脊就是构造脊。从凹陷区到斜坡区,油气的运移是由发散到收敛,最终归于沿输导脊的横向优势运移方向。渤南低凸起东段北斜坡带潜山至少发育四条深层输导脊(图 8-16),均以倾末端的形式深入渤中凹陷,由凹陷区到凸起区形成了高势区向低势区的转化,为凸起与斜坡区的新近系成藏提供了良好的运聚背景。渤海地区大部分斜坡凸起区下伏地层不具备生烃能力,其浅层的成藏必须通过油气的横向输导,输导脊的重要性不言而喻。因此，输导脊中转能力的精细评价对于油气富集块勘探至关重要，同时也有助于解释斜坡带钻井出现明显的差异成藏的现象。

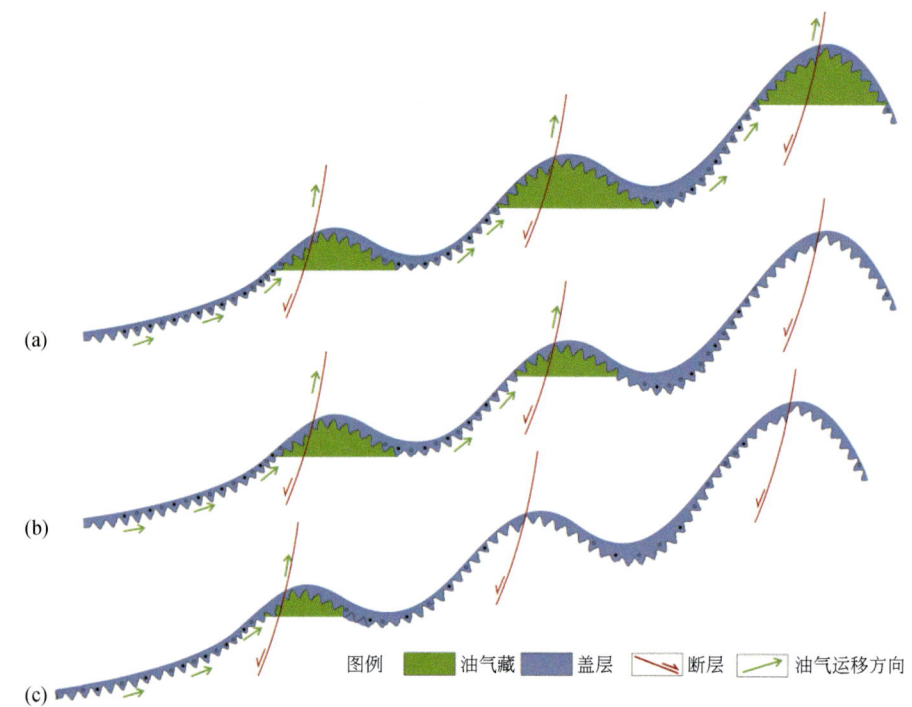

图 8-15 基于构造脊的油气差异运聚模式

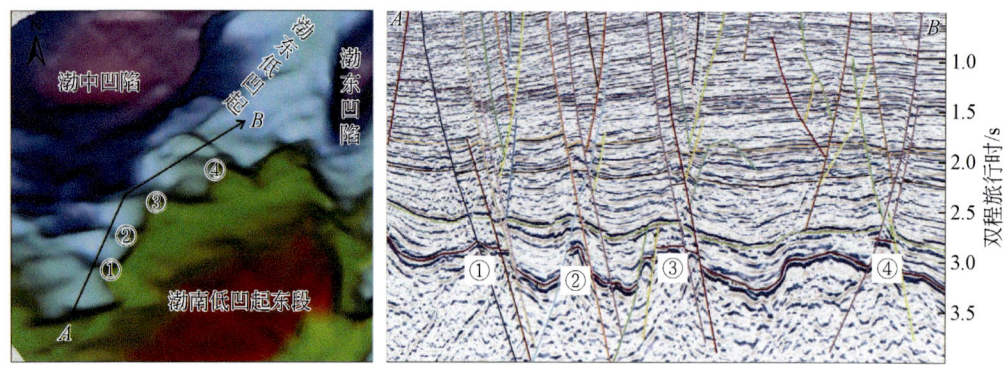

图 8-16 渤南低凸起东段北斜坡构造脊发育特征

受此影响，在输导脊无圈闭背景下，油气的过路运移配以短期高效充注易于形成低丰度油藏；在输导脊局部高点处，圈闭形成局部汇聚配以短期高效充注易于形成中等丰度油藏；在输导脊区域高点处，圈闭持续横向汇聚油气配以短期高效充注易于形成高丰度油藏。根据输导脊与运移断层的配置关系，分为"脊-断""坡-断""槽-断"三种类型，在"脊-断"配置关系中，良好的圈闭背景具有强大汇油能力，而运移断层与输导脊含油区接触面积大，从而形成了规模性的垂向运移量，因此输导脊聚油量以及和断层配置产生的油气中转量对输导脊之上的浅层成藏至关重要（图 8-17）。

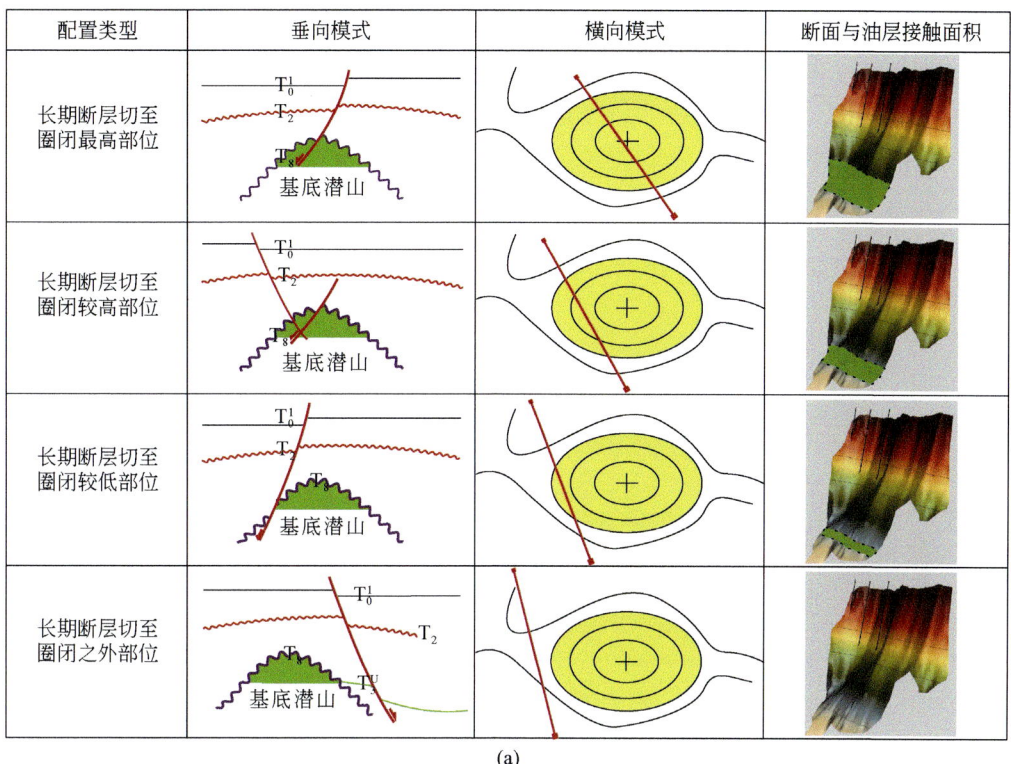

(a)

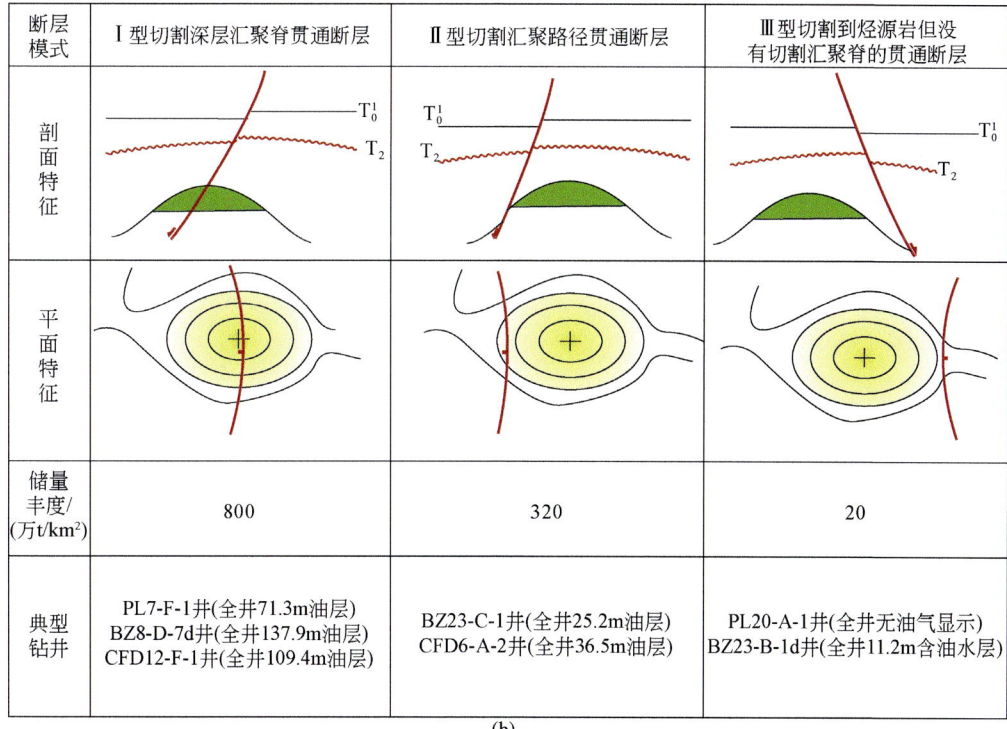

(b)

图 8-17 潜山风化壳构造脊与断层配置模式

国内外学者研究表明，在断层两盘岩性特征基本一致的条件下，断层主动盘（下降盘）相对被动盘诱导裂缝带发育程度高。因此，认为断层下降盘易于形成良好的垂向输导条件。在构造脊斜坡部位，运移断层与构造脊的顺向组合使油气利于从横向运移转为沿断层的垂向运移，而反向组合不利于油气垂向输导［图 8-18（a）(b)］。若运移断层发育在构造脊圈闭自圈高点部位，那么顺向与反向组合对于油气垂向输导的影响差异不明显［图 8-18（c）(d)］。

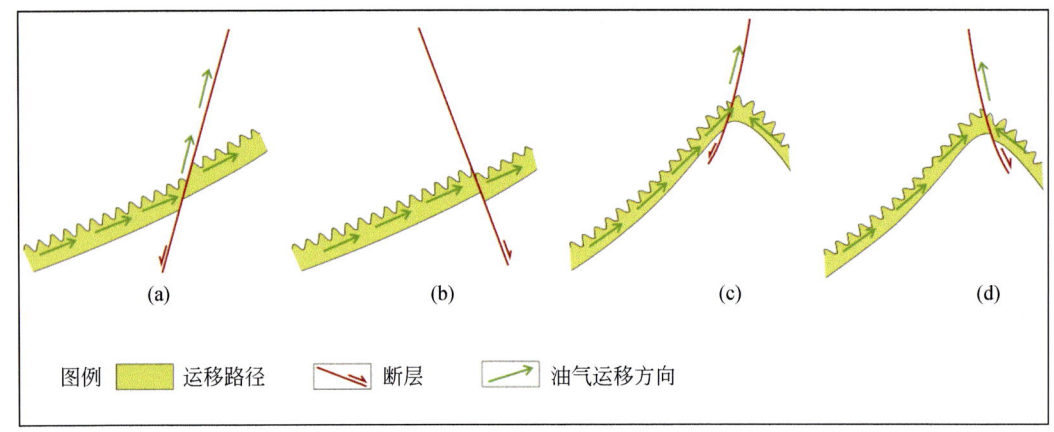

图 8-18　断层裂缝发育程度对垂向中转的影响

新近系侧向输导模式可以用图 8-19 表示，主要表现为断-砂接触关系和耦合状态。侧向输导的效率与断-砂接触面积、断层幕式活动应力释放等息息相关。当断-砂接触面积越大、砂体高部位出现明显的泄压区时，越有利于形成高丰度的油藏（图 8-19）。

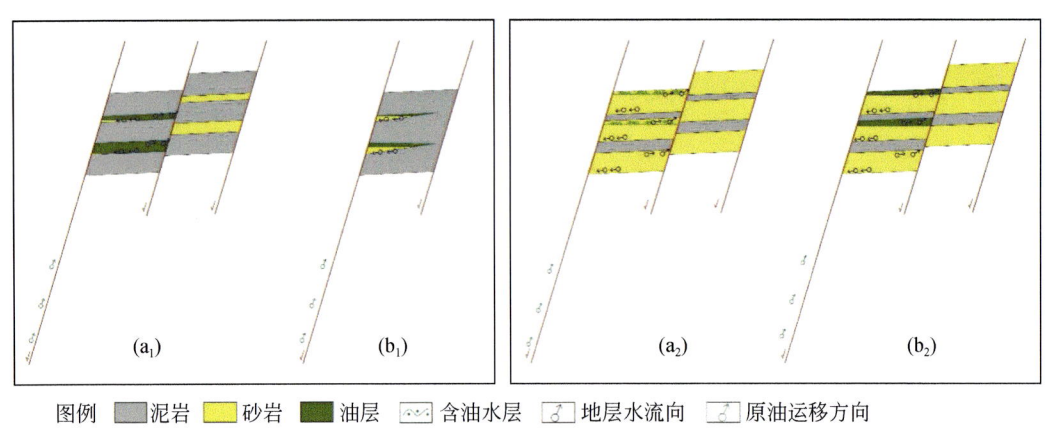

图 8-19　新近系砂体侧向分流模式图

第9章 渤海新近系大面积岩性油气藏勘探实例与潜力分析

作者及其团队通过十余年"产学研用"联合攻关，在对渤海海域盆地新近系沉积层序、构造古地貌、古气候、古湖盆及大面积砂体发育控制因素分析的基础上，创新建立了陆相断陷盆地浅层油气勘探新理论，采取"产学研用"一体化联合攻关模式，针对存在的科学问题及技术难题，实现了老油区勘探战略转移和勘探新领域突破，发现22个油田，形成7个亿吨级油田群，累计新增三级石油地质储量15.06亿t（油当量），其中探明石油地质储量9.12亿t。

9.1 勘探实例分析

9.1.1 凸起区浅层富集区——以蓬莱20-2油田为例

蓬莱20-2油田在构造上位于渤海东部海域庙西南凸起西南端，2011年9月，利用二维地震资料在蓬莱20-3构造相对高部位钻探PL20-3-1井，2015年1月应用新采集处理的三维资料在蓬莱20-2构造相对高部位钻探PL20-2-1井。2016年10月底，蓬莱20-2油田共计钻井8口，基本探明了油田内主要区块的含油情况（图9-1）。

油田平面上分为20-2和20-3两个区块，两区块被走滑断裂分割，整体上为受北北东向走滑断层和近东西向边界正断层共同控制的断块构造，被后期断层复杂化形成一系列断块圈闭。蓬莱20-2油田主要含油目的层为新近系馆陶组、明化镇组下段。纵向上，油层集中分布在馆陶组中部；平面上，馆陶组油气主要集中在20-2区块的1井区和20-3区块的3-1井区，明化镇组下段油气主要集中20-2区块的3d井区。馆陶组储层为极浅水三角洲沉积，多期砂体叠置呈"毯式"结构连片分布，水下分流河道微相较发育，不发育河口坝砂体，与周边蓬莱油田群具有相似的沉积环境和储层特征；蓬莱20-2油田馆陶组纵向上具有多套油水系统，不同井区、同一井区的不同油组、同一油组的不同亚油组分属于不同流体系统。油水分布主要受构造控制，油藏类型主要为构造油藏和岩性-构造油藏，馆陶组顶部厚储层成藏主要受构造控制，为构造油藏；馆陶组中部薄储层则受岩性、构造共同控制，为岩性-构造油藏，横向上表现为多个含油砂体叠置连片分布，局部存在孤立的岩性油藏，油藏埋深900.0~1350.0m。PL20-2-5井在层段（1065.4~1069.0m、1101.9~1103.0m、1114.4~1117.4m，7.7m/3层）射孔后采用螺杆泵电缆加热在2个工作制度下求产采用泵转速80r/min、油嘴敞放，折算日均产油量31.20m³，日产气847m³，地面原油密度（20℃）：0.959~0.984t/m³，地面原油黏度（50℃）：775.90~3109.00mPa·s，蓬莱20-2油田馆陶组地面原油为重质原油，

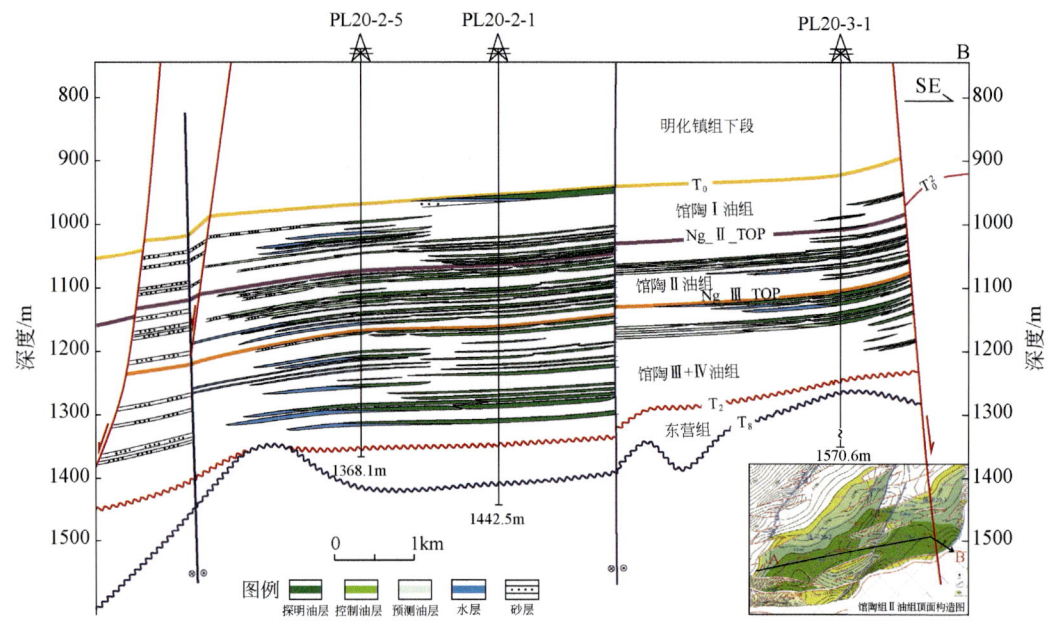

图 9-1 蓬莱 20-2 油田油藏综合图

具有胶质沥青质含量高、低含硫等特点。

蓬莱 20-2 油田具有典型凸起区构造脊特征，潜山以缓坡形式深入凹陷区，为油气横向输导路径，输导脊的横向聚油能力决定优势成藏区带，"脊-断"配置决定不同井区油气充注强度。利用断层附近地震波的相似性进行断层精细识别，形成多尺度走滑断裂精细识别技术组合，发现蓬莱 20-2 西构造，增加圈闭面积 8.8km²。

仅用 7 口井发现探明储量 4421.09 万 t，三级储量 6205.65 万 t，结束了庙西南凸起没有油田的历史，引领蓬莱 19-3 油田围区新一轮勘探热潮。

9.1.2 洼中隆油气聚集带

1. 黄河口东洼渤中 36-1 油田

渤中 36-1 油田位于渤海南部海域，渤海湾盆地黄河口凹陷东洼，紧邻郯庐断裂东支，北侧紧邻渤南低凸起。1997~2011 年，预探合营阶段，BZ36-2-1 井和 BZ36-4-1 井钻探初步揭示了该构造的勘探潜力，2012~2015 年，预探自营阶段，PL31-3S-1 井、BZ36-1-1D 井和 PL31-3-1D 井的成功钻探进一步揭示了黄河口凹陷东洼的勘探潜力和良好的油气运移条件，2016~2017 年，集束评价阶段，自 2016 年 5 月起在 36-1、31-3S、31-3 和 36-2 区块共钻探 16 口评价井，成功评价该油田（图 9-2）。

该油田新近系、古近系构造受走滑断裂和伸展断裂共同作用，其中 36-1、36-2、36-4 区块为受长期发育伸展断裂及其派生断层控制的一系列地堑、地垒断块圈闭群；31-3、31-3S 区块为受走滑断裂及其派生断层控制的断块圈闭群。油田的含油层位为新近系明化镇组、馆陶组和古近系东营组、沙河街组，其中明化镇组下段和馆陶组为本油田的主要含油层位，东三段和沙二段为次要含油层位。明化镇组下段为浅水三角洲沉积的中-细粒岩屑长石和长石岩屑砂岩,具有高孔、高-特高渗的物性特征,测井分析平均孔隙度27.1%,平均渗透率1019.3mD,储层较发育,平面连片分布。馆陶组为辫状河沉积的中-粗粒岩屑长石和长石岩屑砂岩,具有中孔、高渗的物性特征,测井分析平均孔隙度22.0%,平均渗透率760.2mD,储层较发育,横向叠置连片分布。东三段和沙二段储层为辫状河三角洲沉积,其中东三段为中-粗粒岩屑长石和长石岩屑砂岩,具有中-高孔、中-高渗的物性特征,沙二段为砂砾岩,局部发育微裂缝,孔隙度为中-低孔。

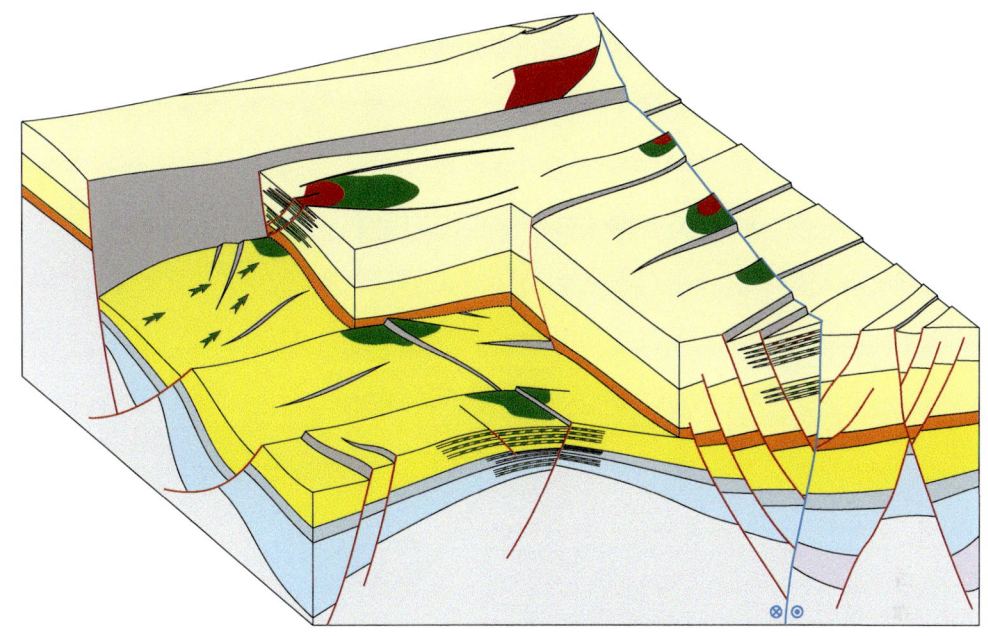

图9-2 渤中36-1油田油藏综合图

油气藏类型为在构造背景上发育的、受岩性影响、受构造和断层因素控制的多油气水系统的岩性-构造油藏、层状构造油藏。明化镇组油藏类型以岩性-构造油藏为主,油藏埋深1100~1350m;馆陶组油藏类型以层状构造油藏为主,油藏埋深1250~1550m;东三段、沙二段油藏类型以层状构造油藏为主,油藏埋深2050~2280m。PL31-3S-1井和BZ36-1-1D井在明化镇组下段和馆陶组共进行5次DST测试。其中PL31-3S-1井馆陶组DST1获日产油54.13m^3,明化镇组下段DST2获日产油89.36m^3,明化镇组下段DST3获日产气408865m^3;BZ36-1-1D井在馆陶组DST1获日产油36.73m^3,在明化镇组下段DST2获日产油56.16m^3。该油田新近系明化镇组、馆陶组油藏原油性质具有密度高、黏度高、含蜡量中到高、凝固点中到高等特点,属于重质稠油;油田三级石油储量8515.89万t/8791.11万m^3;探明5084.19万t/5240.45万m^3,控制2722.36万t/2811.4万m^3。

渤中36-1构造位于黄河口东洼渤中36深层构造脊之上,具有双洼供油特点,构造脊为"脊-断-圈"接力式油气运移模式,深层油气运移的输导层是区域盖层之下,东下段和沙河街组上部形成了全区深层最重要的横向输导层。油田区走滑带为"源-断-圈"垂向贯通式,采用地震资料融合处理+叠前深度偏处理技术,提升品质,揭示剪切型小微断裂机理,并指导解释小微断层遮挡成圈模式,渤中 36 构造区圈闭面积增加 11.9km^2;岩性圈闭面积增加 7 个,合计 20.2km^2,真实恢复渤中 36 构造区圈闭原貌,勘探潜力得到极大提升。

渤中 36-1 油田储量规模大、测试产能高,是大型油气田群,开拓了边缘洼陷复杂断块油气成藏勘探新思路,引领边缘洼陷复杂区勘探新热潮,有望在渤南东部建立新的开发体系。

2. 渤中凹陷西部曹妃甸 12-6/渤中 8-4 油田

曹妃甸 12-6/渤中 8-4 油田位于渤海中部海域,区域上曹妃甸 12-6/渤中 8-4 油田位于渤中西洼中央构造带,北接石臼坨凸起,西南临沙垒田凸起,东南与渤中凹陷主体相接。受控于张蓬-郯庐双向走滑断裂,构造极其破碎,浅层整体表现为复杂断块型圈闭群,成藏十分复杂(图 9-3,图 9-4)。

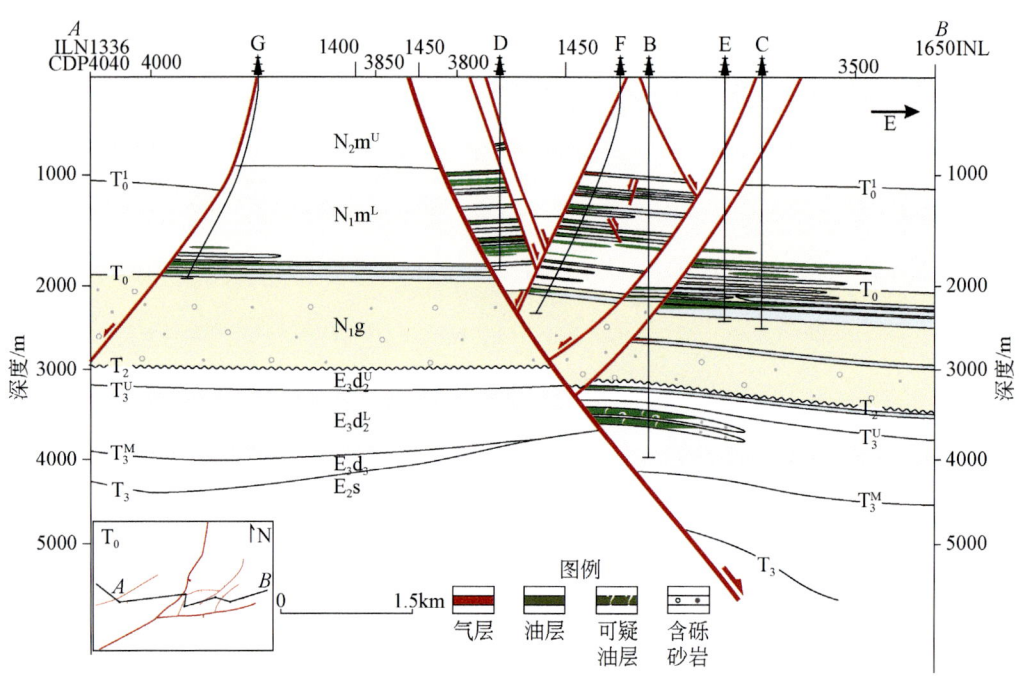

图 9-3 渤中 8-4 油田油藏综合图

曹妃甸 12-6/渤中 8-4 油田的油气勘探评价共经历多个阶段。第一阶段是以潜山为目的层的勘探阶段,主要钻探海中 8 井和渤中 8-4-1 井。海中 8 井钻探于 1974 年,完钻层位为太古宇,在明化镇组下段、中生界共获得油层 22.2m,并在中生界裸眼求产,仅获 0.39m^3,产能不理想,勘探一度搁置。1997 年外国石油公司钻探的 BZ8-4-1 井,以碳酸盐岩潜山为主要目的层,未获得良好油气发现,最终放弃继续勘探。第二阶段是以古近系为主的合作阶段。2003~2006 年,外国石油公司以古近系为主要目的层,在 6-1 区块/6-2 区块分别钻探了曹妃甸 6-1-1D、曹妃甸 6-2-1D 两口井,这两口井在深层未获得理想发现,仅在馆陶组钻遇一定厚度油层。第三阶段是浅层勘探阶段。在构造脊模式指导下,2012 年 2 月,以明化镇组下段、东营组为主要目的层钻探了 BZ8-4-2 井，在明化镇组下段、馆陶组发现油气层 48.1m，该井成功钻探体现了渤中 8-4 构造较大的勘探潜力，实现了渤中凹陷西斜坡浅层的重要突破，揭开了渤中 8-4 油田油藏评价的序幕。2013 年，在 12-6 区块钻探曹妃甸 12-6-1 井，该井完钻层位为太古宇，在明化镇组下段、中生界均获得较好发现，累计油层 111.7m，从而发现了该油田。该井最终在明化镇组下段、中生界测试，产能在 71～86m³/d。由于中生界压降较大，储量难以动用。而浅层获得商业油流，明确了本区主要勘探层系，即浅层新近系，该井也揭开了曹妃甸 12-6 油藏评价的序幕。至 2016 年曹妃甸 12-6/渤中 8-4 油田完成评价，其中渤中 8-4 构造共钻探 14 口井，曹妃甸 12-6 构造共钻探 13 口井，明确了曹妃甸 12-6/渤中 8-4 为油层厚度大、测试产能高、储量丰度大的高品位中轻质油田。

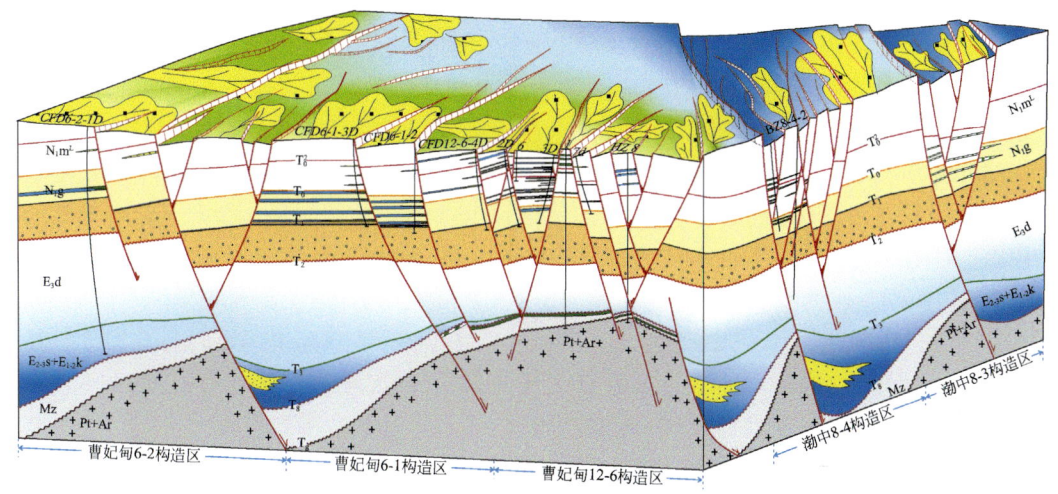

图 9-4 曹妃甸 12-6 油田油藏综合图

曹妃甸 12-6 油田圈闭沿古构造脊依次分布，被晚期 NEE 向断层分隔。以两条近东西向切穿东营组的断层为界，由北向南分隔为 6-2 区块、6-1 区块、12-6 区块。12-6 区块为一个具有基底古隆起背景、被断层复杂化的背斜构造，具有多个断块、多个高点的特征，走向 NW，地层向四周下倾。渤中 8-4 构造为一个被断层复杂化的断裂半背斜，渤中 8-4 构造具有多个断块、多个高点的特征，走向为 NE 方向，倾向为 SE 方向，目标构造发育在洼中隆起部位。

曹妃甸 12-6/渤中 8-4 油田区明化镇组储层岩性以中、细粒岩屑长石砂岩为主。其中，曹妃甸 12-6 明化镇组上段和明化镇组下段Ⅰ、Ⅱ油组沉积相为曲流河，平均砂岩含量 45.1%～54.3%，平均单砂层厚度 9.7m，平面属性显示砂体呈"朵叶状"展布；明化镇组下段Ⅲ～Ⅴ油组沉积相为极浅水三角洲，平均砂岩含量 22.8%～23.3%，平均单砂层厚度 5.1m，平面属性显示砂体呈"窄河道"状展布。明化镇组储层物性以高-特高孔、高-特高渗为主，明化镇组上段孔隙度 31.7%～36.6%，渗透率 1666.2～4022.8mD，明化镇组下段孔隙度 20.9%～37.1%，渗透率 151.5～4549.0mD。渤中 8-4 明化镇组储层主要为极浅水三角洲沉积的细砂岩和粉砂岩，储层具有高孔特高渗的物性特征，测井解释孔隙度Ⅰ～Ⅵ油组平均值为 27.4%～37.4%，渗透率为 749.6～5739.6mD，主力含油层段砂岩百分含量多在 30%左右。曹妃甸 12-6/渤中 8-4 油田区馆陶组储层岩性以中、细粒岩屑长石砂岩为主，主要为辫状河沉积。其中，曹妃甸 12-6 整体储层发育程度较好，砂岩含量 74.8%～87.2%，平面上差别不大。纵向上，Ⅰ～Ⅴ油组砂层发育程度较好，平均砂岩含量 71.5%～88.3%，Ⅳ油组为砂泥互层沉积，平均砂岩含量 38.2%～54.1%，为区域稳定分布的低阻油层段，平面分布稳定。馆陶组储层物性以中-高孔、高-特高渗为主，油层段孔隙度 22.6%～32.0%，渗透率 228.2～5544.3mD。渤中 8-4 馆陶组储层主要为辫状河沉积的含砾中粗砂岩，储层具有高孔特高渗的物性特征，测井解释孔隙度Ⅰ～Ⅴ油组平均值为 26.8%～30.3%，渗透率为 2952.3～6458.7mD，主力含油层段砂岩百分含量多在 50%以上，储层发育，横向叠置连片分布。曹妃甸 12-6/渤中 8-4 油田区纵向上油水间互，存在多套流体系统。其中曹妃甸 12-6 明化镇组油藏类型以岩性-构造油藏为主，油藏埋深 580～1550m；馆陶组油藏类型以块状构造油藏为主，其次为层状构造油藏，油藏埋深 1440～1842m。主力层位以中、轻质原油性质为主，整体纵向上流体性质随埋深增加有逐渐变好的趋势。明化镇组地面原油密度 0.880～0.955t/m^3，地层原油黏度 5.87～294.00mPa·s，为中-重质原油；馆陶组地面原油密度 0.858～0.965t/m^3，地层原油黏度 8.70～97.99mPa·s，为中-重质原油。渤中 8-4 构造明化镇组油藏类型以岩性-构造油藏为主。明化镇组上段、明化镇组下段、馆陶组具有不同的流体性质，且地面及地层流体性质与埋深呈较好的关系，表现为随深度增加，流体性质变好。其中，明化镇组上段为重质稠油，地面原油密度 0.950～0.952t/m^3，具有胶质沥青质含量高、含蜡量中等、含硫量低、凝固点较低等特点，地层原油黏度 266mPa·s，具有高黏度、高密度、地饱压差小、溶解气油比低等特点。明化镇组下段为中质常规油，地面原油密度 0.887t/m^3，具有胶质沥青质含量中等、含蜡量高、含硫量低、凝固点高等特点，地层原油黏度 21.88～23.10mPa·s，具有低黏度、低密度、地饱压差较小等特点。馆陶组为轻质常规油，地面原油密度 0.853～0.866t/m^3，具有黏度低、胶质沥青质含量中等、高含蜡、低含硫、凝固点高等特点，地层原油黏度为 3.00～3.34mPa·s，具有低黏度、低密度、地饱压差大、溶解气油比低等特点。温压资料显示，曹妃甸 12-6 构造压力系数为 1.016，压力梯度为 0.996MPa/100m，温度梯度为 4.37℃/100m，属异常高温和正常压力系统；渤中 8-4 构造压力系数为 0.993，压力梯度为 0.964MPa/100m，温度梯度为 3.60℃/100m，属正常压力和温度系统。

曹妃甸 12-6/渤中 8-4 构造区属于凹中隆起型构造脊，其油气运移模式是指在凹陷区内的次级中、小型隆起上形成的浅层成藏模式，油气首先在古地貌隆起处汇聚。油田区深层构造脊与凹陷区沙河街组烃源岩大面积接触，烃源岩排出的油气优先向构造脊高速运移，形成油气的初次汇聚，且构造脊相对越高越有利于油气运聚。当油气在构造脊高部位汇聚之后，通过晚期大量发育的贯穿构造脊的活动性断裂垂向运移至浅层成藏曹妃甸 12-6/渤中 8-4 油田，分布在构造脊发育的部位，油气受构造脊的控制明显。渤中 8-4 构造脊面积大、幅度陡，油气汇烃能力强，储量丰度最高（高达 379.63×10^{4}t/km^2）；曹妃甸 12-6 构造曹妃甸 12-6/6-1 区块构造脊面积较大、埋深浅、幅度较陡，油气汇烃能力较强，储量丰度也较高（260.3×10^4～392.5×10^{4}t/km^2）。

曹妃甸 12-6 构造位于沙垒田凸起的倾没端，20 世纪 70 年代钻探的 HZ8 井没有好的油气发现。HZ8 井深层以富泥沉积为主，但其潜山是油气运移构造脊，对浅层成藏有利，将勘探层系由深层转移至浅层后，获得了很好的油气发现。经渤海海域长期勘探实践证实，凹陷区内的中、小型古隆起由于具备近源汇聚的特征，具有较强的汇聚能力。

渤中 8-4 油田探明石油地质储量 5240.45 万 m^3/5084.19 万 t，三级地质储量 7787.9 万 m^3/6889.81 万 t，曹妃甸 12-6 油田探明石油地质储量 4228.23 万 m^3/3888.79 万 t，三级地质储量 7184.59 万 m^3/6561.53 万 t。

9.1.3 陡坡带聚集区

1. 垦利 10-2 油田

垦利 10-2 油田位于渤海湾盆地济阳拗陷的莱州湾凹陷，1989～2021 年，为构造勘探阶段，2019 年之前，在 10-2 区块构造高点以古近系为主要目的层钻探 KL10-2-1d 井、KL10-2-2d 井及 KL10-5-1 井，深层一直未有大的发现，但是浅层钻遇了多套油层，展现了良好勘探潜力。2021 年至今，岩性勘探阶段，针对明化镇组下段多期砂体叠置和油藏分块集中的特点开展集束评价，集中部署一批探井，在明化镇组下段Ⅳ、Ⅴ油组钻遇多套油层，全面评价储量规模。

垦利 10-2 构造整体上为一系列东西向断层控制形成的单斜构造，由南向北倾斜，构造平缓。油田长期处于油气运移的低势区，为有利的油气聚集带。垦利 10-2 油田目的层主要为明化镇组下段Ⅳ油组、Ⅴ油组和馆陶组顶部，明化镇组下段Ⅳ油组和Ⅴ油组为曲流河河床亚相沉积和浅水三角洲前缘沉积，储层岩性以中细粒岩屑长石砂岩和长石岩屑砂岩为主，分选中-好，磨圆度次棱-次圆状。纵向上油水间互，存在多套流体系统，油气藏埋深 1155.0～1453.0m（图 9-5）。

KL10-2-4 井在明化镇组下段Ⅴ油组进行了 1 个层段的测试：测试层段 1359.7～1370.1m，采用螺杆泵 70r/min 生产，折合日产油 57.78m^3。明化镇组下段油藏类型为构造-岩性油藏，流体性质为重质稠油，地面原油密度 0.964～0.981t/m^3，地面原油黏度 880.60～3174.00mPa·s，地层原油黏度 168.90～653.61mPa·s，体积系数 1.046～1.061，具有中含硫、低含蜡、胶质沥青质含量中等特点。馆陶组油藏类型为构造-岩性油藏，流体性质为重质稠油，地面原油密度 0.986t/m^3，地面原油黏度 6828.00mPa·s，具有中含硫、低含蜡、胶质沥青质含量中等特点。垦利 10-2 油田探明叠合含油面积为 98.91km^2，探明原油地质储量为 10844.15 万 t，溶解气探明地质储量为 22.74 亿 m^3。

垦利 10-2 油田北侧陡坡带深层大型构造脊是浅层岩性圈闭油气充足供给的重要保障，浅层东、西两个构造脊控制明化镇组下段油气主要运移方向，自下而上从Ⅴ油组到Ⅳ油组由叠置连片砂体演变为河道型砂体，大型连片砂体奠定了连片规模型成藏的物质基础。

垦利 10-2 油田是勘探思路"两大转变"的结出的硕果，古近系构造勘探向新近系岩性勘探转变、垂向疏导模式向浅层横向运移模式转变，认识转变助力勘探评价不断取得新突破。

2. 曹妃甸 6-4 油田

曹妃甸 6-4 油田位于渤海中西部海域，石臼坨凸起西段石南一号大断层下降盘陡坡带，

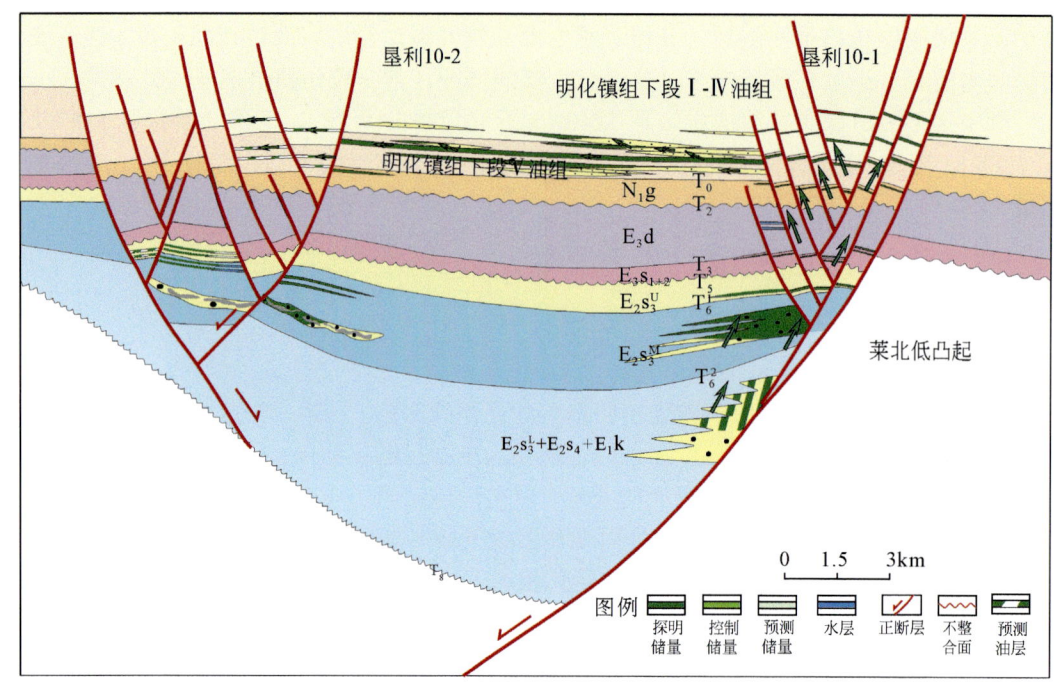

图 9-5 垦利 10-2 油田油藏综合图

东侧紧邻渤中凹陷西生油次注，成藏位置非常有利。2014 年 10 月在三维地震资料基础上，在曹妃甸 6-4 构造的有利断块钻探了第一口探井——CFD6-4-1 井，发现了该油田，2015 年 4~8 月相继钻探了 CFD6-4-2、CFD6-4-3、CFD6-4-4、CFD6-4-6D、CFD6-4-9D 井等 10 口井，成功评价了该油田，2016 年 9~12 月，钻探了 CFD6-4-11d 井、QHD31-4-1d 井，进一步对油田展开滚动扩边评价，升级和增加了油田储量。目前曹妃甸 6-4 油田共投产 22 口开发井，目前计量日产油 3327m³，分配日产油 3172m³，气油比 53m³/m³，含水 7.0%，整体生产平稳（图 9-6）。

曹妃甸 6-4 构造位于石臼坨凸起西段陡坡带，其古近系整体表现为依附于石南一号边界断层发育的大型断鼻构造，划分为陡坡带、断阶带两个构造带，进一步又被派生断层分隔为多个断块。新近系整体表现为一系列继承性发育的具有断鼻背景的断块构造。明化镇组下段储层主要为曲流河沉积的细砂岩和粉砂岩，储层具有高孔特高渗的物性特征；馆陶组储层主要为辫状河沉积的含砾中、粗砂岩，储层具有高孔高渗的物性特征。

新近系、古近系多层系含油，复式成藏。油层段测试产能高，油品好：明化镇组下段测试日产油 76.0m³，地面原油密度 0.932~0.951t/m³，原油性质为重质油，馆陶组测试日产油 95.2m³，地面原油密度 0.888~0.909t/m³，原油性质为中质油，东二下段测试日产油 368.9m³，地面原油密度 0.859~0.863t/m³，原油性质为轻质油，东三段测试日产油 28.0~240.5m³，地面原油密度 0.838~0.862t/m³，原油性质为轻质油。

复算后，曹妃甸油田探明叠合含油面积 14.41km²，累计计算探明原油地质储量 6654.91 万 t（6467.37 万 m³），探明溶解气地质储量 28.39 亿 m³。

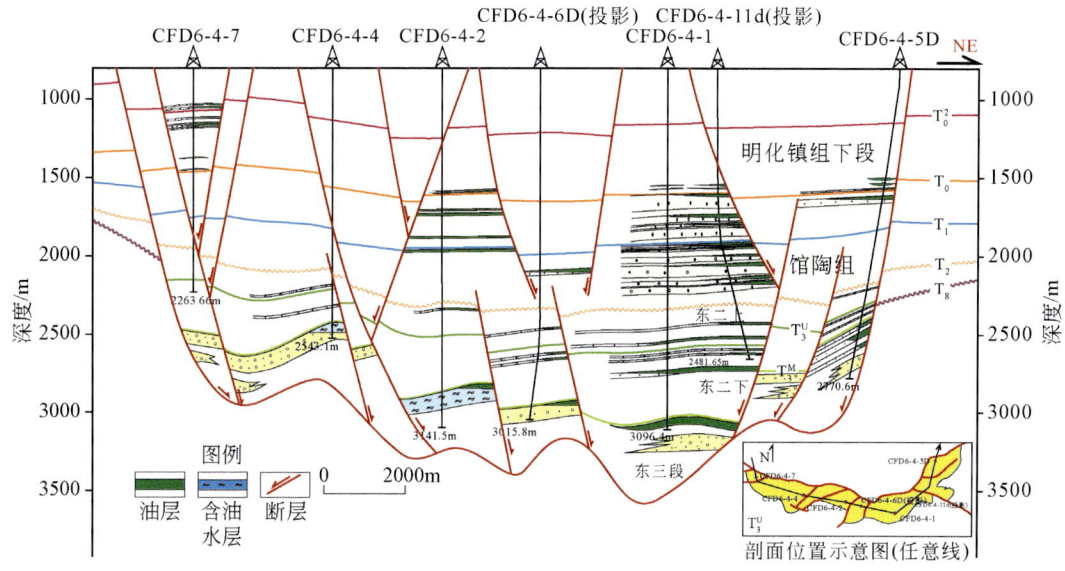

图 9-6 曹妃甸 6-4 油田油藏综合图

陡坡砂体型构造脊所控制的油藏一般紧邻富烃洼陷，为油气汇聚的优势指向区，但深浅层油气藏丰度、富集程度存在明显差异，主要受深层"中转砂体"控制，断层根部砂体面积越大、分布越广、与烃源岩直接接触面积越大，越有利于浅层油气聚集。对于陡坡区的浅层圈闭，如果在其深层存在较大砂体，会形成构造脊，一般都能形成好的油藏。近年来，陡坡带先后发现的曹妃甸 6-4 等大型油田都是成功勘探案例。

9.2 勘探潜力分析

浅层隐性优质油气藏勘探地质理论认识和实践是对陆相复杂断陷盆地油气成藏理论的补充和延伸，可为中国近海其他海域与陆地区域的高勘探成熟区油气勘探提供指导和借鉴。

渤海海域推广应用前景广阔，应用该理论和技术，目前在石臼坨凸起、渤南低凸起、沙垒田凸起、渤东凹陷、渤中凹陷、黄河口凹陷等发现了一批有利目标和砂体，资源量巨大，成藏条件较好，具有良好的勘探前景。

9.2.1 石臼坨凸起区浅层油气聚集带

石臼坨凸起位于渤海中北部海域，面积约 1350km^2，夹持在渤中凹陷和秦南凹陷两大富生烃凹陷之间，是渤海海域最重要的含油气区带之一。石臼坨凸起成藏条件非常优越，具体表现为：

（1）石臼坨凸起夹持于渤中凹陷和秦南凹陷两大富生烃凹陷之间，具有"双凹供烃"的特征，沙三段、沙一、二段以及东三段三套烃源岩均已进入生烃门限，为石臼坨凸起提供充足油源。

（2）新近系明化镇组下段发育来自北部燕山褶皱带的极浅水三角洲沉积体系，砂体纵向叠置、横向连片，易于形成规模较大、孔渗良好的储集体，并与滨浅湖泥岩形成良好的储盖组合。

（3）晚期新构造运动强烈，在石臼坨凸起浅层发育大量晚期活动断裂，在低幅构造背景下，晚期断裂与极浅水三角洲前缘砂体耦合形成大量构造-岩性圈闭，为油气大面积成藏提供了重要的圈闭条件。

（4）发育于凸起边界断层下降盘的古近系扇体、长期活动的边界断层、具有高孔高渗的馆陶组砂砾岩体、晚期活动断裂以及明化镇组下段极浅水三角洲前缘砂体组成良好的油气输导体系，其中古近系扇体可以"中转"油气，边界断层控制凹陷向凸起的垂向运移，馆陶组构造脊控制了油气的优势运移方向，晚期断层从馆陶组汲取油气，向明化镇组下段砂体运移。

石臼坨凸起西段南堡 35-2 油田围区构造-岩性圈闭具有较大的勘探潜力。对南堡 35-2 油田核心区及围区构造进行精细梳理，利用 90°相移地震资料针对明化镇组下段砂体进行精细刻画，共追踪潜力砂体 25 个，资源规模 1000 万 t。

石臼坨凸起中段有利目标秦皇岛 32-6 北构造明化镇组下段整体为一大型低幅度背斜，良好的构造背景有利于构造-岩性圈闭的大量发育，在明化镇组下段 0、Ⅰ、Ⅱ、Ⅲ和Ⅳ等 5 个油组内共追踪刻画了 8 个潜力砂体，秦皇岛 32-6 南构造落实了一系列低幅断背斜、断鼻型圈闭，面积相对较小，明化镇组下段Ⅰ、Ⅱ、Ⅲ、Ⅳ、Ⅴ油组内追踪潜力砂体 16 个，具有较大的勘探潜力。

石臼坨凸起东段秦皇岛 33-1 油田围区构造-岩性圈闭搜索落实了秦皇岛 27-3 和秦皇岛 28-2 两个构造，具有较大的勘探潜力。石臼坨凸起东段较西段更靠近渤中凹陷和秦南凹陷，具有"双凹供烃"的特征，明化镇组下段发育来自北部燕山褶皱带的极浅水三角洲沉积体系，砂体纵向叠置、横向连片，易于形成规模较大、孔渗良好的储集体，追踪出 5 套规模性砂体，具有较大勘探潜力。

9.2.2 渤南低凸起及围区

渤中 29-4 构造是由渤南凸起披覆断裂背斜构造和边界大断层下降盘的断鼻组成的复杂断块型构造，呈北东或近东西走向，由多条长期发育的近东西向深大断层及其派生的一系列同向或反向次级断层所夹持。油田主体区发育深入南侧黄河口凹陷的大型构造脊，是深层油气运移的优势指向区。此外构造区内有多条长期活动断层贯穿油源和构造脊，其中凸起南界边界断层延伸距离最长，在工区范围内延伸长度超过 16km，贯穿油源，近东西走向，是本区最主要的控凹断层和运移断层；其余主控断层延伸距离较短，一般在 5~6km 左右，主要为北东走向，都切穿了深层构造脊顶面，与浅层砂体配置关系较好，是浅层油气运移再分配成藏的关键控制因素。

渤中 29-4 油田明化镇组下段发育浅水三角洲沉积，沉积微相主要为水下分流河道、水下分流河道间，储层物性好，属于中-高孔、中渗储层。根据储层厚度、砂层发育情况明化镇组下段垂向上共划分为 5 个油组，已钻井证实油气主要富集于Ⅱ~Ⅴ油组，其中Ⅱ~Ⅲ油组岩性组合为大套泥岩与多套厚层砂岩互层，主力砂体厚度平均在 12m 左右，最厚达到 22m；Ⅳ~Ⅴ油组表现为砂泥薄互层沉积，平面上叠置连片分布。渤中 29-4 油田发育多套主力含油气砂体,储层厚度较大,地震特征相似响应好,边界清晰利于砂体追踪刻画。

龙口 19-25 构造区位于渤南低凸起东段,东距最近的蓬莱 19-3 油田 M 平台约 9km。构造区是从潜山基底高背景上发育起来的,具有披覆性质的断鼻构造。围区钻井证实渤中凹陷生成的油气已经运移至斜坡带,且运移至浅层馆陶组,可进一步向凸起龙口 19-25 构造区运移。龙口 19-25 构造区为渤南低凸起东段局部潜山高点,成藏条件有利。

龙口 7-6 油田位于渤东低凸起南段,东、西两侧紧邻渤东、渤中凹陷,具有优越的成藏背景。龙口 7-6 油田是发育在渤东低凸起南倾没端之上的大型似花状构造组合,为渤中、渤东两大富生烃凹陷夹持的继承性发育的构造脊,而且控花主干断层直接切入深洼烃源岩,具有较好的成藏背景;龙口 7-6 油田明化镇组下段为极浅水三角洲前缘沉积相带,岩性组合表现为砂、泥岩不等厚互层,砂岩百分含量在 21%~29% 之间,储盖组合较好;龙口 7-6 油田已钻井证实中块主干断层具有较好的运移运移能力,油气已经运移调节至浅层富集成藏,而且中块"花心"带为浅层油气运聚优势指向区,成藏潜力较大。

9.2.3 沙垒田凸起

沙垒田凸起西段构造特征总体表现为沙垒田凸起向歧口凹陷倾没的北西向构造脊,在该构造脊上,发育有两条北西向次级构造脊(北侧曹妃甸 2-1/2 构造脊、南侧曹妃甸 1-6/7-5),以及一条北东向次级构造脊(曹妃甸 8-1/2 构造脊),受三条次级构造脊分割,沙垒田凸起西段南北两侧分别与歧口凹陷、南堡凹陷相接,并在凸起上发育有歧口东北次洼,该带石油地质条件较为优越。

曹妃甸 8-1 构造位于沙垒田凸起西段曹妃甸 8-1/2 构造脊南端,为 NE 向走滑断层控制的断鼻构造。处于曹妃甸 8-1 构造低部位的 CFD8-4-1 井在明化镇组下段解释油层 1.9m,因此认为曹妃甸 8-1 构造高部位仍然具有一定勘探潜力。曹妃甸 8-1 构造东营组、馆陶组、明化镇组下段圈闭发育,且叠合性较好。

曹妃甸 9-1 构造位于沙垒田凸起西段曹妃甸 8-1/2 构造脊北端,紧邻沙东走滑断裂。曹妃甸 9-1 构造区整体为北北东向走滑断裂与北东向断裂夹持的低幅度的半背斜圈闭,具有良好的构造背景。明化镇组下段、馆陶组及东营组均具有较大的勘探潜力,石油潜在资源量共约 4000 万 t。

沙垒田凸起东段曹妃甸 12-2/11-4 构造紧邻曹妃甸 11-6/12-1 油田,距离最近平台约 5km。曹妃甸 12-2 构造共有 3 个断块、曹妃甸 11-4 有 1 个断块,与曹妃甸 11-6/12-1 油田具有统一的构造背景。周边还刻画了成藏条件类似的数十个潜力砂体。曹妃甸 11-1 北构造与曹妃甸 11-1 构造整体为一个北东向背斜构造,曹妃甸 11-1 北处于该背斜的北斜坡部位。曹妃甸 11-3 东构造整体处于曹妃甸 11-6 油田向曹妃甸 11-3/5 油田油气运聚的低幅构造脊上,该构造脊西高东低。

9.2.4 渤东凹陷斜坡区

蓬莱 13-2 油田位于渤海东部海域渤东凹陷东南斜坡区,整体处于两条北东-南西向大断层控制的花状构造带上。构造区紧邻渤中凹陷和渤东凹陷,且受走滑断裂影响,晚期形成多条北东东向呈雁行排列的次级断裂,油气成藏条件优越。

蓬莱 13-2 油田为发育在渤东凹陷深洼的大型似花状构造，控花主干断层深切烃源；与此同时，蓬莱 13-2 油田也是新近系缓坡背景之上发育的晚期反转构造，是油气横向运移通道上有利的局部中止点，是油气运聚的优势指向区；蓬莱 13-2 油田明化镇组沉积时期主要发育河流-浅水三角洲沉积，其中明化镇组下段以浅水三角洲沉积为主，发育水下分流河道、河口坝砂体；明化镇组上段以河流沉积为主，发育边滩砂体。明化镇组储盖组合理想，砂岩百分含量 24%～30%，砂岩物性较好，孔隙度 20%～35%，单层砂岩平均厚度 5.1m，最大单层砂岩厚度 33.4m；油田区反转西翼油气运移和保存条件较好，平面上油气成藏主要集中于反转构造西翼，垂向上油气主要分布在明化镇组上段 0 油组和明化镇组下段 II 油组，且发育平面展布广、垂向厚度大、储层物性好、断砂耦合有利的大规模砂体。因此，油田区西翼主力成藏层位断-砂耦合条件较好的潜力砂体具有较大的成藏潜力。

9.2.5 渤中凹陷西南部中浅层

渤中凹陷西南部为深层轻质油气聚集区，发现了渤中 19-6、渤中 19-6 北、渤中 13-2、渤中 21-2/22-1 构造区等多个大型油气田，证实了该区深层具有优越的油气汇聚条件。同时，渤中凹陷西南部浅层继承性发育一系列构造圈闭，且运移断层发育，具有良好成藏条件。该区目前已发现渤中 13-1 南和渤中 19-4 两个浅层油田，在其构造翼部以及构造宽缓部位还发育大量叠合性砂体与馆陶组构造圈闭等待钻探证实，是浅层原油勘探的下一个突破口。

通过对渤中 21/22 构造区"脊-断-砂"配置关系整体分析，渤中 22-1 构造深、浅层构造圈闭叠合性好，发育继承性构造脊，具有较好的汇油背景；渤中 22-1 构造发育深切基底的油源断层，且断距大于 50m，具备浅层油气运移充注的条件；另外该区馆陶组上部砂地比平均为 50%，发育较好的储盖组合条件。

9.2.6 黄河口凹陷油气聚集带

垦利 3-2 北构造位于渤海南部海域，处于黄河口中央构造脊南段，主要含油层位为明化镇组下段。该构造具有良好的油气运聚条件。目前该构造剩余未钻砂体或砂体独立高点 20 个，总面积约 60km^2，剩余潜在资源量约为 3000 万 t。

渤中 26-3 油田位于黄河口凹陷西北洼，早期主要受渤南低凸起边界断裂的控制，形成了大型断背斜的构造背景，晚期受次级断层的影响，发育了一系列的断块圈闭，成藏条件有利。全油田尚未钻探潜力砂体 39 个，主要集中在油田西侧。油田西部扩边滚动是下一步的主要勘探方向。

渤中 29-4 西及渤中 29-5 西构造位于渤中 29-35 构造脊西侧翼部，受一系列近东西长期活动断层控制，明化镇组下段 II～V 油组发育多个岩性-构造圈闭，断砂耦合条件较好。尚未钻探潜力砂体 11 个，石油潜在资源量 2000 万 t，天然气潜在资源量 8 亿 m^3。

渤中 36-1 构造位于黄河口东洼，在古近纪时期表现为依附于东西向边界断裂，并被北东向断裂分割的北高南低的披覆半背斜。渤中 36-1 油田及围区仍有未钻砂体 12 个，面积 0.6～6.14km^2，总面积为 28.0km^2；渤中 36-1 油田及围区岩性圈闭剩余石油潜在资源量约为 1500 万 t。

参 考 文 献

毕力刚, 李建平, 齐玉民, 等. 2009. 渤海青东凹陷垦利构造新生代微体古生物群特征及古环境分析. 古生物学报, 48(2): 155-162.

蔡观强, 郭峰, 刘显太, 等. 2007. 沾化凹陷新近系沉积岩地球化学特征及其物源指示意义. 地质科技情报, (6): 17-24.

陈发虎, 黄小忠, 张家武, 等. 2007. 新疆博斯腾湖记录的亚洲内陆干旱区小冰期湿润气候研究. 中国科学 D 辑: 地球科学, 37(1): 77-85.

陈留勤, 郭福生, 梁伟. 2014. 河流相层序地层学研究现状及发展方向. 地层学杂志, 38(2): 227-235.

陈容涛, 王清斌, 王飞龙, 等. 2017. 重矿物多元统计分析在物源研究中的应用——以黄河口凹陷为例. 新疆石油天然气, 13(2): 1-5.

陈涛, 王欢, 张祖青, 等. 2003. 粘土矿物对古气候指示作用浅析. 岩石矿物学杂志, 22(4): 416-420.

代黎明, 李建平, 周心怀, 等. 2007. 渤海海域新近系浅水三角洲沉积体系分析. 岩性油气藏, 19(4): 75-81.

邓强, 张卫平, 毛敏. 2009. 渤海海域新近系浅水湖盆三角洲沉积依据及特征分析. 录井工程, 20(2): 77-81.

杜庆祥, 郭少斌, 沈晓丽, 等. 2016. 渤海湾盆地南堡凹陷南部古近系沙河街组一段古水体特征. 古地理学报, 18(2): 173-183.

杜晓峰, 庞小军, 王清斌, 等. 2021. 渤海海域辽东凹陷东南缘沙二段优质储层差异及成因. 沉积学报, 39(5): 1239-1252.

杜耘, 薛怀平, 吴胜军, 等. 2003. 近代洞庭湖沉积与孕灾环境研究. 武汉大学学报(理学版), 49(6): 740-744.

段冬平, 侯加根, 刘钰铭, 等. 2014. 河控三角洲前缘沉积体系定量研究——以鄱阳湖三角洲为例. 沉积学报, 32(2): 270-276.

范晨子, 胡明月, 赵令浩, 等. 2012. 锆石铀-铅定年激光剥蚀-电感耦合等离子体质谱原位微区分析进展. 岩矿测试, 31(1): 29-46.

房亚男, 吴朝东, 王熠哲, 等. 2016. 准噶尔盆地南缘中-下侏罗统浅水三角洲类型及其构造和气候指示意义. 中国科学: 技术科学, 46(7): 737-756.

高瑞祺, 赵传本, 乔秀云, 等. 1999. 松辽盆地白垩纪石油地层孢粉学. 北京: 地质出版社.

高远. 2015. 晚白垩世松辽盆地古气候演化——来自松科 1 井大陆科学钻探的证据. 北京: 中国地质大学.

龚胜利, 毕力刚. 2001. 孢粉沉积作用与PL19-3地区晚第三纪沉积环境的关系. 中国海上油气(地质), 15(6): 388-392.

顾家裕. 1995. 陆相盆地层序地层学格架概念及模式. 石油勘探与开发, 22(4): 6-10.

顾家裕, 郭彬程, 张兴阳. 2005. 中国陆相盆地层序地层格架及模式. 石油勘探与开发, 32(5): 11-15.

郭彦如, 刘化清, 李相博, 等. 2008. 大型坳陷湖盆层序地层格架的研究方法体系——以鄂尔多斯盆地中生界延长组为例. 沉积学报, 26(3): 384-391.

韩晓东, 楼章华, 姚炎明, 等. 2000. 松辽盆地湖泊浅水三角洲沉积动力学研究. 矿物学报, 20(3): 305-313.

侯东梅, 周军良, 赵军寿, 等. 2021. 渤南低凸起西端浅水三角洲沉积特征——以 B 地区新近系明化镇组下段为例. 断块油气田, 28(2): 205-211.

胡明毅, 马艳荣, 刘仙晴, 等. 2009. 大型坳陷型湖盆浅水三角洲沉积特征及沉积相模式——以松辽盆地茂兴-敖南地区泉四段为例. 石油天然气学报, 31(3): 13-17.

胡受权, 陈国能, 王英民, 等. 1999. Fischer 图解及其沉积响应的计算机模拟——以泌阳断陷下第三系核三上段为例. 石油与天然气地质, (1): 72-77.

贾铁飞, 戴雪荣, 张卫国, 等. 2006. 全新世巢湖沉积记录及其环境变化意义. 地理科学, 26(6): 706-711.

姜在兴. 2012. 层序地层学研究进展: 国际层序地层学研讨会综述. 地学前缘, 1(1): 1-9.

金彦香, 强明瑞, 刘英英, 等. 2015. 共和盆地更尕海湖泊现代水环境与碳酸盐碳氧同位素组成变化. 科学通报, 60(9): 847-856.

金振奎, 李燕, 高白水, 等. 2014. 现代缓坡三角洲沉积模式——以鄱阳湖赣江三角洲为例. 沉积学报, 32(4): 710-723.

鞠建廷, 朱立平, 冯金良, 等. 2012. 粒度揭示的青藏高原湖泊水动力现代过程: 以藏南普莫雍错为例. 科学通报, 57(19): 1781-1790.

赖维成, 姜培海, 徐长贵, 等. 2004. 试论传统地层学与层序地层学间的统一性和继承性. 地层学杂志, 28(4): 331-335.

赖维成, 程建春, 周心怀, 等. 2009. 湖盆萎缩期准平原沉积层序划分与砂体特征研究——以黄河口地区新近系明下段为例. 中国海上油气, 21(3): 157-161.

李峰峰, 郭睿, 余义常. 2019. 层序地层划分方法进展及展望. 地质科技情报, 38(4): 215-224.

李建平, 刘豪, 牛成民, 等. 2013. 渤海湾盆地莱州湾北部地区新近系浅水三角洲演化规律. 北京: 中国石油大学.

李绍虎, 李树鹏, 胡言烨, 等. 2017. 层序地层学: 问题与讨论. 地球科学, 42(12): 2312-2326.

李思田, 杨士恭. 1992. 论沉积盆地的等时地层格架和基本建造单元. 沉积学报, 10(2): 11-22.

李思田, 林畅松, 解习农, 等. 1995. 大型陆相盆地层序地层学研究——以鄂尔多斯中生代盆地为例. 地学前缘, 2(4): 133-136, 148.

李思田, 卢宗盛, 朱伟林, 等. 1996. 含能源盆地沉积体系: 中国内陆和近海主要沉积体系类型的典型分析. 武汉: 中国地质大学出版社.

李玉成, 王苏民, 黄耀生. 1999. 气候环境变化的湖泊沉积学响应. 地球科学进展, 14(4): 99-103.

李元昊, 刘池洋, 王秀娟, 等. 2009. 鄂尔多斯盆地西北部延长组下部幕式成藏特征. 石油学报, 30(1): 61-67.

李治国. 2012. 近 50a 气候变化背景下青藏高原冰川和湖泊变化. 自然资源学报, 27(8): 1431-1443.

梁耀欢, 师永民, 徐蕾, 等. 2016. 扶余油层河湖频繁交替的比较沉积学依据. 科学技术与工程, 16 (14): 115-122.

廖远涛, 王华, 卢宗盛, 等. 2008. 大港油田中部滩海新近纪古湖泊发育的证据. 地球科学(中国地质大学学报), 33(3): 357-364.

林畅松. 2009. 沉积盆地的层序和沉积充填结构及过程响应. 沉积学报, 27(5): 849-862.

林畅松, 潘元林, 肖建新, 等. 2000. "构造坡折带"——断陷盆地层序分析和油气预测的重要概念. 地球科学, 25(3): 260-266.

林畅松, 施和生, 李浩, 等. 2018. 南海北部珠江口盆地陆架边缘斜坡带层序结构和沉积演化及控制作用. 地球科学, 43(10): 3407-3422.

刘迪. 2014. 柴达木盆地东坪地区新生界孢粉古生态特征及其古气候意义. 北京: 中国地质大学.

刘刚, 周东升. 2007. 微量元素分析在判别沉积环境中的应用——以江汉盆地潜江组为例. 石油实验地质, 29(3): 307-310, 314.

刘豪, 王英民, 王媛. 1998. 试论陆相层序地层学及其在油气勘探开发中的意义. 岩相古地理, 18(6): 33-39.

刘豪, 王英民, 王媛, 等. 2002. 准噶尔盆地侏罗系三工河组层序界面结构分析. 新疆石油地质, 23(2): 127-129.

刘豪, 徐长贵, 高阳东, 等. 2023. 断陷湖盆低勘探区源-汇系统与烃源岩预测——以珠江口盆地珠一坳陷北部洼陷区为例. 石油与天然气地质, (3): 565-583.

刘柳红, 朱如凯, 罗平, 等. 2009. 川中地区须五段—须六段浅水三角洲沉积特征与模式. 现代地质, 23(4): 667-675.

刘占红, 李思田, 辛仁臣, 等. 2007. 地层记录中的古气候信息及其与烃源岩发育的相关性——以渤海黄河口凹陷古近系为例. 地质通报, 26(7): 830-833, 835-840.

刘招君, 董清水, 郭巍, 等. 2002. 陆相层序地层学导论与应用. 北京: 石油工业出版社.

刘自亮, 朱筱敏, 廖纪佳, 等. 2013. 鄂尔多斯盆地西南缘上三叠统延长组层序地层学与砂体成因研究. 地学前缘, 20(2): 1-9.

刘宗堡, 李雪, 郑荣华, 等. 2022. 浅水三角洲前缘亚相储层沉积特征及沉积模式——以大庆长垣萨北油田北二区萨葡高油层为例. 岩性油气藏, 34(1): 1-13.

吕晓光, 李长山, 蔡希源, 等. 1999. 松辽大型浅水湖盆三角洲沉积特征及前缘相储层结构模型. 沉积学报, 17(4): 572-577.

马收先, 孟庆任, 曲永强. 2014. 轻矿物物源分析研究进展. 岩石学报, 30(2): 597-608.

马义权. 2017. 济阳坳陷古近系沙河街组湖相页岩岩学及古气候记录. 北京: 中国地质大学.

梅冥相. 2014. 层序地层学发展历程中的三个误判. 地学前缘, 21(2): 67-80.

米立军, 毕力刚, 龚胜利, 等. 2004. 渤海新近纪古湖发育的直接证据. 海洋地质与第四纪地质, (2): 37-42.

秦锋. 2021. 青藏高原草原带和荒漠带湖泊表层沉积物现代花粉研究. 中国科学: 地球科学, 51(3): 437-452.

覃红燕. 2013. 近50余年洞庭湖水文环境演变及其成因分析. 长沙: 湖南农业大学.

任建业, 陆永潮, 张青林. 2004. 断陷盆地构造坡折带形成机制及其对层序发育样式的控制. 地球科学, 29(5): 596-602.

沈吉. 2009. 湖泊沉积研究的历史进展与展望. 湖泊科学, 21(3): 307-313.

宋鹰, 钱祺钰, 张俊霞, 等. 2018. 碎屑锆石形态学分类体系及其在物源分析中的应用: 以松辽盆地松科一井为例. 地球科学, 43(6): 1997-2006.

谭明, 秦小光, 刘东生. 1998. 石笋记录的年际、十年、百年尺度气候变化. 中国科学 D 辑: 地球科学, 28(3): 272-277.

田立新, 余宏忠, 周心怀, 等. 2009. 黄河口凹陷油气成藏的主控因素. 新疆石油地质, 30(3): 319-321.

王成善, 李祥辉. 2003. 沉积盆地分析原理与方法. 北京: 高等教育出版社.

王广利, 王铁冠, 陈致林, 等. 2008. 济阳坳陷古近纪沟鞭藻分子化石的分布与控制因素. 沉积学报, 26(1): 100-104.

王鸿祯, 史晓颖. 1998. 沉积层序及海平面旋回的分类级别-旋回周期的成因讨论. 现代地质, 12(1): 1-16.

王蛟. 2007. 山东孤岛油田馆陶组沉积晚期浅水振荡湖泊沉积. 沉积学报, 25(1): 82-89.

王军, 杨勇, 张阳, 等. 2017. 水位变化对鄱阳湖三角洲分流河道沉积特征的影响. 中国石油大学学报(自然科学版), 41 (1): 1-9.

王夏斌, 姜在兴, 胡光义, 等. 2020. 浅水三角洲分流河道沉积模式分类. 地球科学与环境学报, 42(5): 654-667.

文华国, 郑荣才, 唐飞, 等. 2008. 鄂尔多斯盆地耿湾地区长6段古盐度恢复与古环境分析. 矿物岩石, 28(1): 114-120.

吴小红, 吕修祥, 周心怀, 等. 2010. 黄河口凹陷浅水三角洲沉积特征及其油气勘探意义. 石油与天然气地质, 31(2): 165-172.

吴因业. 1997. 陆相盆地层序地层学分析的方法与实践. 石油勘探与开发, 24(5): 7-10.

吴元保, 郑永飞. 2004. 锆石成因矿物学研究及其对U-Pb年龄解释的制约. 科学通报, 49(16): 1589-1604.

武富礼, 李文厚, 李玉宏, 等. 2004. 鄂尔多斯盆地上三叠统延长组三角洲沉积及演化. 古地理学报, 6(3): 307-315.

解习农, 程守田, 陆永潮. 1996. 陆相盆地幕式构造旋回与层序构成. 地球科学, 21(1): 27-33.

熊小辉, 肖加飞. 2011. 沉积环境的地球化学示踪. 地球与环境, 39(3): 405-414.

徐长贵. 2006. 渤海古近系坡折带成因类型及其对沉积体系的控制作用. 中国海上油气, 18(6): 365-371.

徐长贵. 2022. 中国近海油气勘探新进展与勘探突破方向. 中国海上油气, 34(1): 9-16.

徐长贵, 赖维成. 2005. 渤海古近系中深层储层预测技术及其应用. 中国海上油气, 17(4): 231-236.

徐长贵, 龚承林. 2023. 从层序地层走向源-汇系统的储层预测之路. 石油与天然气地质, 44(3): 521-538.

徐长贵, 姜培海, 武法东, 等. 2002. 渤中坳陷上第三系三角洲的发现、沉积特征及其油气勘探意义. 沉积学报, 20(4): 588-594.

徐长贵, 杜晓峰, 刘晓健, 等. 2020. 渤海海域太古界深埋变质岩潜山优质储集层形成机制与油气勘探意义. 石油与天然气地质, 41(2): 235-247.

徐长贵, 杨海风, 王德英, 等. 2021. 渤海海域莱北低凸起新近系大面积高丰度岩性油藏形成条件. 石油勘探与开发, 48(1): 12-25.

徐长贵, 杜晓峰, 庞小军, 等. 2022. 渤海南部明化镇组下段源-汇体系及其对大面积岩性油气藏的控制作用. 地质力学学报, 28(5): 728-742.

徐道一, 姚益民, 韩延本, 等. 2008. 山东东营凹陷新近系明化镇组天文地层研究. 古地理学报, 10(3): 287-296.

薛良清. 1990. 层序地层学在湖相盆地中的应用探讨. 石油勘探与开发, 17(6): 29-34.

殷鸿福, 童金南, 丁梅华, 等. 1994. 扬子区晚二叠世—中三叠世海平面变化. 地球科学, 19(5): 627-632.

尹太举, 李宣玥, 张昌民, 等. 2012. 现代浅水湖盆三角洲沉积砂体形态特征——以洞庭湖和鄱阳湖为例. 石油天然气学报, 34(10): 1-7, 166.

张昌民, 尹太举, 朱永进, 等. 2010. 浅水三角洲沉积模式. 沉积学报, 28(5): 933-944.

张成君, 张菀漪, 张丽, 等. 2016. 中国西部、东北地区湖泊沉积物中碳酸盐碳、氧和有机碳同位素组成及与环境的响应. 矿物岩石地球化学通报, 35(4): 609-617.

张家武, 金明, 陈发虎, 等. 2004. 青海湖沉积岩芯记录的青藏高原东北部过去800年以来的降水变化. 科学通报, 49(1): 10-14.

张顺. 2015. 松辽盆地北部地层学与沉积学研究进展. 大庆石油地质与开发, 34(3): 1-8.

朱红涛, 朱筱敏, 刘强虎, 等. 2022. 层序地层学与源-汇系统理论内在关联性与差异性. 石油与天然气地质, 43(4): 763-776.

朱伟林, 李建平, 周心怀, 等. 2008. 渤海新近系浅水三角洲沉积体系与大型油气田勘探. 沉积学报, 26(4): 575-582.

朱伟林, 米立军, 龚再升, 等. 2009. 渤海海域油气成藏与勘探. 北京: 科学出版社.

朱筱敏, 康安, 王贵文. 2003. 陆相坳陷型和断陷型湖盆层序地层样式探讨. 沉积学报, 21(2): 283-287.

朱筱敏, 陈贺贺, 葛家旺, 等. 2022. 陆相断陷湖盆层序构型与砂体发育分布特征. 石油与天然气地质, 43(4): 746-762.

邹才能, 陶士振, 谷志东. 2006. 中国低丰度大型岩性油气田形成条件和分布规律. 地质学报, 80(11): 1739-1751.

邹才能, 张光亚, 陶士振, 等. 2010. 全球油气勘探领域地质特征、重大发现及非常规石油地质. 石油勘探与开发, 37(2): 129-145.

Algeo T J, Tribovillard N. 2009. Environmental analysis of paleoceanographic systems based on molybdenum–uranium covariation. Chemical Geology, 268(3): 211-225.

Allen J P, Fielding C R. 2007. Sequence architecture within a low-accommodation setting: an example from the Permian of the Galilee and Bowen basins, Queensland, Australia. AAPG Bulletin, 91(11): 1503-1539.

Alonso-Zarza A M, Zhao Z, Song C H, et al. 2009. Mudflat/distal fan and shallow lake sedimentation (upper Vallesian–Turolian) in the Tianshui Basin, Central China: evidence against the late Miocene eolian loess. Sedimentary Geology, 222(1): 42-51.

Ambrosetti E, Martini I, Sandrelli F. 2017. Shoal-water deltas in high-accommodation settings: insights from the lacustrine Valimi Formation (Gulf of Corinth, Greece). Sedimentology, 64(2): 425-452.

Anderson J, Rodriguez A, Fletcher C, et al. 2001. Researchers focus attention on coastal response to climate change. EOS, 82(44): 513-520.

Anderson T W, Lewis C F M. 1992. Climatic influences of deglacial drainage in southern Canada at 10 to 8 ka suggested by pollen evidence. Geographie Physique et Quaternaire, 46: 255-272.

Andrew G S, Hardenbol J, Hathway B, et al. 2002. Global correlation of Cenomanian (Upper Cretaceous) sequence: evidence for milankovitch control on sea level. Geology, 30 (4): 291-294.

Anselmetti F S, Eberli G P. 1997. Sonic velocity in carbonate sediments and rocks//Palaz I, Marfurt K J. Carbonate Seismology. Houston, TX: Society of Exploration Geophysicists.

Argyilan E P, Forman S L. 2003. Lake level response to seasonal climatic variability in the Lake Michigan-Huron system from 1920 to 1995. Journal of Great Lakes Research, 29(3): 488-500.

Athy L F. 1930. Density, porosity, and compaction of sedimentary rocks. AAPG Bulletin, 14(1): 1-24.

Bailly C, Kernif T, Hamon Y, et al. 2022. Controlling factors of acoustic properties in continental carbonates: implications for high-resolution seismic imaging. Marine and Petroleum Geology, 137: 105518.

Bakke K, Kane I A, Martinsen O J, et al. 2013. Seismic modeling in the analysis of deep-water sandstone termination styles. AAPG Bulletin, 97(9): 1395-1419.

Bellwald B, Planke S, Piaseck E D, et al. 2018. Ice-stream dynamics of the SW Barents Sea revealed by high-resolution 3D seismic imaging of glacial deposits in the Hoop area. Marine Geology, 402: 165-183.

Belt F V D, Hoof T V, Pagnier H. 2015. Revealing the hidden Milankovitch record from Pennsylvanian cyclothem successions and implications regarding late Paleozoic chronology and terrestrial-carbon (coal) storage. Geosphere, 11(4): 1062-1076.

Berger W H. 2013. Milankovitch tuning of deep-sea records: implications for maximum rates of change of sea level. Global and Planetary Change, 101: 131-143.

Bhatia M R. 1983. Plate tectonics and geochemical composition of sandstones. The Journal of Geology, 91(6): 611-627.

Bhatia M R, Crook K A W. 1986. Trace element characteristics of graywackes and tectonic setting discrimination of sedimentary basins. Contributions to Mineralogy and Petrology, 92(2): 181-193.

Biddle K T, Schlager W, Rudolph K W, et al. 1992. Seismic model of a progradational carbonate platform, Picco di Vallandro, the Dolomites, northern Italy. AAPG Bulletin, 76(1): 14-30.

Birks H J B. 2019. Contributions of Quaternary botany to modern ecology and biogeography. Plant Ecology and Diversity, 12(3): 189-385.

Bischoff J, Mangelsdorf K, Schwamborn G, et al. 2014. Impact of Lake-Level and Climate Changes on Microbial Communities in a Terrestrial Permafrost Sequence of the El'gygytgyn Crater, Far East Russian Arctic. Permafrost and Periglacial Processes, 25(2): 107-116.

Blum M D, Törnqvist T E. 2000. Fluvial responses to climate and sea-level change: a review and look forward. Sedimentology, 47(Suppl 1): 2-48.

Bohacs K M, Carroll A R, Neal J E, et al. 2000. Lake-basin type, source potential, and hydrocarbon character: an integrated sequence-stratigraphic–geochemical framework. Alexandria, VA: American Association of Petroleum Geologists.

Borgh M T, Radivojević D, Matenco L. 2015. Constraining forcing factors and relative sea-level fluctuations in semi-enclosed basins: the late Neogene demise of Lake Pannon. Basin Research, 27(6): 681-695.

Brooks A S, Zastrow J C. 2002. The potential influence of climate change on offshore primary production in Lake Michigan. Journal of Great Lakes Research, 28(4): 597-607.

Brown A R. 1992a. Interpretation of three-dimensional seismic data. AAPG Memoir, 42(3): 253.

Brown A R. 1992b. Seismic interpretation today and tomorrow. Geophysics: The Leading Edge of Exploration, 11(11): 10-15.

Brown A R, Dahm C G, Graebner R J. 1981. A stratigraphic case history using three-dimensional seismic data in the Gulf of Thailand. Geophysical Prospecting, 29(3): 327-349.

Bruno L, Amorosi A, Severi P, et al. 2015. High-frequency depositional cycles within the late Quaternary alluvial succession of Reno River (northern Italy). Italian Journal of Geosciences, 134(2): 339-354.

Butzer K W. 1970. Contemporary depositional environments of the Omo Delta. Nature, 226(5244): 425-430.

Cahoon D R, White D A, Lynch J C. 2011. Sediment infilling and wetland formation dynamics in an active crevasse splay of the Mississippi River delta. Geomorphology, 131(3-4): 57-68.

Caldwell R L, Edmonds D A. 2014. The effects of sediment properties on deltaic processes and morphologies: a numerical modeling study. Journal of Geophysical Research: Earth Surface, 119(5): 961-982.

Campbell A E, Stafleu J. 1992. Seismic modeling of an Early Jurassic, drowned carbonate platform: Djebel Bou Dahar, High Atlas, Morocco. AAPG Bulletin, 76(11): 1760-1777.

Carr C J. 2017. River Basin Development and Human Rights in Eastern Africa—A Policy Crossroads. Cham: Springer International Publishing.

Carroll A R, Bohacs K M. 1999. Stratigraphic classification of ancient lakes: balancing tectonic and climatic controls. Geology, 27(2): 99.

Carroll A R, Chetel L M, Smith M E. 2006. Feast to famine: Sediment supply control on Laramide basin fill. Geology, 34(3): 197-200.

Catuneanu O. 2020. Sequence stratigraphy in the context of the "modeling revolution". Marine and Petroleum Geology, 116: 104309.

Catuneanu O, Eriksson P. 2006. Sedimentology and sequence stratigraphy of fluvial deposits: a tribute to Andrew Miall-Preface. Sedimentary Geology, 190(1-4): 1-5.

Catuneanu O, Willis A J, Miall A D. 1998. Temporal significance of sequence boundaries. Sedimentary Geology, 121(3): 157-178.

Catuneanu O, Abreu V, Bhattacharya J P, et al. 2009. Towards the standardization of sequence stratigraphy. Earth-Science Reviews, 92(1): 1-33.

Chapin M, Tiller G. 2007. Synthetic seismic modeling of turbidite outcrops//Nielsen T H, Shew R D, Steffens G S, et al. Atlas of Deep-Water Outcrops. Alexandria, VA: American Association of Petroleum Geologists.

Chappell J, Shackleton N J. 1986. Oxygen isotopes and sea level. Nature, 324(6093): 137-140.

Chappellaz J, Barnola J M, Raynaud D, et al. 1990. Ice core record of atmospheric methane over the past 160,000 years. Nature, 345(6271): 127-131.

Christie D N, Peel F J, Apps G M, et al. 2021. Forward modelling for structural stratigraphic analysis, offshore Sureste Basin, Mexico. Frontiers in Earth Science, 9: 767329.

Coleman J M. 1988. Dynamic changes and processes in the Mississippi River delta. Geological Society of America Bulletin, 100(7): 999-1015.

Connolly W M, Stanton R J. 1992. Interbasinal cyclostratigraphic correlation of Milankovitch band transgressive-regressive cycles - correlation of Desmoinesian-Missourian strata between southeastern Arizona and the midcontinent of North America. Geology, 20: 999-1002.

Cornel O, Janok P B. 2006. Terminal distributary channels and delta front architecture of river-dominated delta systems. Journal of Sediment Research, 76: 212e233.

Cross T A, Lessenge M A. 1998. Sediment volume partitioning: rationale for stratigraphic model evaluation and high resolution stratigraphic correlation. Sequence Stratigraphy Concepts and Applications: NPE Special Publication, 8: 171-195.

Crowley J W, Katz R F, Huybers P, et al. 2015. Glacial cycles drive variations in the production of oceanic crust. Science, 347(6227): 1237-1240.

Dabard M P, Loi A, Paris F, et al. 2015. Sea-level curve for the middle to early late Ordovician in the Armorican massif (western France): icehouse third-order glacio-eustatic cycles. Palaeogeography, Palaeoclimatology,

Palaeoecology, 436: 96-111.

Davis D W, Krogh T E, Williams I S. 2003. Historical development of zircon geochronology. Reviews in Mineralogy and Geochemistry, 53(1): 145-181.

Dearing J A. 1997. Sedimentary indicators of lake-level changes in the humid temperate zone: a critical review. Journal of Paleolimnology, 18(1): 1-14.

Debret M, Bentaleb I, Sebag D, et al. 2014. Influence of inherited paleotopography and water level rise on the sedimentary infill of Lake Ossa (S Cameroon) inferred by continuous color and bulk organic matter analyses. Palaeogeography, Palaeoclimatology, Palaeoecology, 411: 110-121.

DeCelles P G, Kapp P, Ding L, et al. 2007. Late Cretaceous to mid-tertiary basin evolution in the central Tibetan Plateau: changing environments in response to tectonic partitioning, aridification, and regional elevation gain. Geological Society of America Bulletin, 119(5): 654-580.

Dickinson W R. 1970a. Interpreting detrital modes of graywacke and arkose. SEPM Journal of Sedimentary Research, 40(2): 695-707.

Dickinson W R. 1970b. Relations of andesites, granites, and derivative sandstones to arc-trench tectonics. Reviews of Geophysics, 8(4): 813.

Dickinson W R. 1982. Compositions of sandstones in Circum-Pacific subduction complexes and fore-arc basins. AAPG Bulletin, 66(2): 121-137.

Dickinson W R. 1985. Interpreting provenance relations from detrital modes of sandstones//Zuffa G G. Provenance of Arenites. Dordrecht: Springer Netherlands.

Dickinson W R, Suczek C A. 1979. Plate tectonics and sandstone compositions. AAPG Bulletin, 63(12): 2164-2182.

Dickinson W R, Gehrels G E. 2009. Use of U-Pb ages of detrital zircons to infer maximum depositional ages of strata: a test against a Colorado Plateau Mesozoic database. Earth and Planetary Science Letters, 288(1): 115-125.

Dickinson W R, Beard L S, Brakenridge G R, et al. 1983. Provenance of North American Phanerozoic sandstones in relation to tectonic setting. Geological Society of America Bulletin, 94(2): 222.

Dickinson W R, Klute M A, Hayes M J, et al. 1988. Paleogeographic and paleotectonic setting of Laramide sedimentary basins in the central Rocky Mountain region. Geological Society of America Bulletin, 100(7): 1023-1039.

Dietze E, Hartmann K, Diekmann B, et al. 2012. An end-member algorithm for deciphering modern detrital processes from lake sediments of Lake Donggi Cona, NE Tibetan Plateau, China. Sedimentary Geology, 243-244: 169-180.

Doherty P D, Soreghan G S, Castagna J P. 2002. Outcrop-based reservoir characterization: a composite phylloid-algal mound, western Orogrande Basin (New Mexico). AAPG Bulletin, 86(5): 779-795.

Donaldson A C. 1974. Pennsylvanian sedimentation of central Appalachians// Briggs G. Carboniferous of the Southeastern United States. Boulder, CO: Geological Society of America.

Dong S, Li Z, Chen Q, et al. 2018. Total organic carbon and its environmental significance for the surface sediments in groundwater recharged lakes from the Badain Jaran Desert, northwest China. Journal of

Limnology, 77(1): 121-129.

Edmonds D A, Slingerland R L. 2007. Mechanics of river mouth bar formation: implications for the morphodynamics of delta distributary networks. Journal of Geophysical Research: Earth Surface, 112(F2): 1-14.

Edmonds D A, Slingerland R L. 2008. Stability of delta distributary networks and their bifurcations. Water Resources Research, 44(9): W09426.

Embry A F. 1993. Transgressive-regressive (T-R) sequence analysis of the Jurassic succession of the Sverdrup Basin, Canadian Arctic Archipelago. Canadian Journal of Earth Sciences, 30(2): 301-320.

Esposito C R, Georgiou I Y, Kolker A S. 2013. Hydrodynamic and geomorphic controls on mouth bar evolution. Geophysical Research Letters, 40(8): 1540-1545.

Falivene O, Arbués J L, Benjumea B, et al. 2010. Synthetic seismic models from outcrop-derived reservoir-scale three-dimensional facies models: the Eocene Ainsa turbidite system (southern Pyrenees). AAPG Bulletin, 94(3): 317-343.

Feng Y L, Yang Z, Zhu J C, et al. 2021. Sequence stratigraphy in post-rift river-dominated lacustrine delta deposits: a case study from the Upper Cretaceous Qingshankou Formation, northern Songliao Basin, northeastern China. Geological Journal, 56(1): 316-336.

Fidolini F, Ghinassi M. 2016. Friction- and inertia-dominated effluents in a lacustrine, river-dominated deltaic succession (Pliocene Upper Valdarno Basin, Italy). Journal of Sedimentary Research, 86(9): 1083-1101.

Finkelstein S A, Davis A M. 2006. Paleoenvironmental records of water level and climatic changes from the middle to late holocene at a Lake Erie coastal wetland, Ontario, Canada. Quaternary Research, 65(1): 33-43.

Fischer A. 1964. The Lofer cyclothems of the alpine Triassic. Bulletin Kansas Geological Survey, 169: 107-149.

Fisher J A, Nichols G J, Waltham D A. 2007. Unconfined flow deposits in distal sectors of fluvial distributary systems: examples from the Miocene Luna and Huesca Systems, northern Spain. Sedimentary Geology, 195(1): 55-73.

Fisk H N. 1961. Bar-finger sands of Mississippi delta//Peterson J A, Osmond J C. Geometry of Sandstone Bodies. Alexandria, VA: American Association of Petroleum Geologists.

Fisk H N, Kolb C R, McFarlan E, et al. 1954. Sedimentary framework of the modern Mississippi delta [Louisiana]. Journal of Sedimentary Research, 24(2): 76-99.

Floyd P A, Leveridge B E. 1987. Tectonic environment of the Devonian Gramscatho basin, south Cornwall: framework mode and geochemical evidence from turbiditic sandstones. Journal of the Geological Society, 144(4): 531-542.

Frimmel H E, Fölling P G, Eriksson P G. 2002. Neoproterozoic tectonic and climatic evolution recorded in the Gariep Belt, Namibia and South Africa. Basin Research, 14(1): 55-67.

Gale A S, Hardenbol J, Hathway B, et al. 2002. Global correlation of Cenomanian (Upper Cretaceous) sequences: evidence for Milankovitch control on sea level. Geology, 30(4): 291-294.

Gałka M, Tobolski K, Bubak I. 2015. Late glacial and early Holocene lake level fluctuations in NE Poland tracked by macro-fossil, pollen and diatom records. Quaternary International, 388: 23-38.

Gallagher K, Lambeck K. 1989. Subsidence, sedimentation and sea-level changes in the Eromanga Basin,

Australia. Basin Research, 2(2): 115-131.

Galloway W E, Yancey M S, Whipple A P. 1977. Seismic stratigraphic model of depositional platform margin, eastern Anadarko basin, Oklahoma. Payton C E. Seismic Stratigraphy, 61 (9): 1437-1447.

Ganil M R, Bhattacharya J P. 2007. Basic building blocks and process variability of a Cretaceous Delta: internal facies architecture reveals a more dynamic interaction of river, wave, and tidal processes than is indicated by external shape. Journal of Sedimentary Research, 77(4): 284-302.

Gao D. 2007. Application of three-dimensional seismic texture analysis with special reference to deep-marine facies discrimination and interpretation: Offshore Angola, west Africa. AAPG Bulletin, 91(12): 1665-1683.

Gartner G L B, Schlager W. 1999. Discriminating between onlap and lithologic interfingering in seismic models of outcrops. AAPG Bulletin, 83(6): 952-971.

Gartner G L B, Morsilli M, Schlager W, et al. 2002. Toe-of-slope of a Cretaceous carbonate platform in outcrop, seismic model and offshore seismic data (Apulia, Italy). International Journal of Earth Sciences, 91(2): 315-330.

Ghinassi M, Libsekal Y, Papini M, et al. 2009. Palaeoenvironments of the Buia Homo site: high-resolution facies analysis and non-marine sequence stratigraphy in the Alat formation (Pleistocene Dandiero Basin, Danakil depression, Eritrea). Palaeogeography, Palaeoclimatology, Palaeoecology, 280(3): 415-431.

Gingele F X, de Deckker P, Hillenbrand C D. 2001. Late Quaternary fluctuations of the Leeuwin current and palaeoclimates on the adjacent land masses: clay mineral evidence. Australian Journal of Earth Sciences, 48 (6): 867-874.

Goff J A. 2015. Comment on "glacial cycles drive variations in the production of oceanic crust". Science, 349(6252): 1065.

Goslin J, Lanoë B V V, Spada G, et al. 2015. A new Holocene relative sea-level curve for western Brittany (France): insights on isostatic dynamics along the Atlantic coasts of north-western Europe. Quaternary Science Reviews, 129: 341-365.

Grasseau N, Grélaud C, Lopez-Blanco M, et al. 2019. Forward seismic modeling as a guide improving detailed seismic interpretation of deltaic systems: example of the Eocene Sobrarbe delta outcrop (South-Pyrenean foreland basin, Spain), as a reference to the analogous subsurface Albian-Cenomanian Torok-Nanushuk delta of the Colville Basin (NPRA, USA). Marine and Petroleum Geology, 100: 225-245.

Grenfell S E, Grenfell M C, Rowntree K M, et al. 2014. Fluvial connectivity and climate: a comparison of channel pattern and process in two climatically contrasting fluvial sedimentary systems in South Africa. Geomorphology, 205(Special I): 142-154.

Grippa A, Hurst A, Palladino G, et al. 2019. Seismic imaging of complex geometry: forward modeling of sandstone intrusions. Earth and Planetary Science Letters, 513: 51-63.

Hao S M, Liu H, Du X F, et al. 2021. Sedimentary characteristics of shallow-water delta and responses features in palaeoenvironment: a case study from the lower part of Neogene Minghuazhen Formation (Bonan area, Bohai Bay Basin, E China). Arabian Journal of Geosciences, 14(4): 326.

Haq B U, Schutter S R. 2008. A chronology of Paleozoic sea-level changes. Science, 322(5898): 64-68.

Haq B U, Hardenbol J, Vail P R. 1987. Chronology of fluctuating sea levels since the Triassic. Science,

235(4793): 1153-1165.

Harishidayat D, Raja W R. 2022. Quantitative seismic geomorphology of four different types of the continental slope channel complexes in the Canterbury basin, New Zealand. Applied Sciences, 12(9): 4386.

He Y, Kerans C, Zeng H, et al. 2019. Improving three-dimensional high-order seismic-stratigraphic interpretation for reservoir model construction: an example of geostatistical and seismic forward modeling of Permian San Andres shelf-Grayburg platform mixed clastic-carbonate strata. AAPG Bulletin, 103: 1839-1887.

He Z X, Zhang X J, Bao S Y, et al. 2015. Multiple climatic cycles imprinted on regional uplift-controlled fluvial terraces in the lower Yalong River and Anning River, SE Tibetan Plateau. Geomorphology, 100(250): 95-112.

Helland-Hansen W, Helle H B, Sunde K. 1994. Seismic modeling of Tertiary sandstone clinothems, Spitsbergen. Basin Research, 6(4): 181-191.

Hilterman F J. 1970. Three-dimensional seismic modeling. Geophysics, 35: 683-703.

Hodgetts D, Howell J A. 2000. Synthetic seismic modelling of a large-scale geological cross-section from the Book Cliffs, Utah, USA. Petroleum Geoscience, 6(3): 221-229.

Holgate N E, Hampson G J, Jackson C A L, et al. 2014. Constraining uncertainty in interpretation of seismically imaged clinoforms in deltaic reservoirs, Troll field, Norwegian North Sea: insights from forward seismic models of outcrop analogs. AAPG Bulletin, 98(12): 2629-2663.

Hovius N, Leeder M. 1998. INVITED EDITORIAL Clastic sediment supply to basins. Basin Research, 10(1): 1-5.

Howe T. 2017. The evolution and stratigraphic architecture of Fluvio-Lacustrine deltas: reservoir characteristics from the Red River Delta, Lake Texoma and the Denton Creek Delta, Grapevine Lake, TX. Fort Worth: Texas Christian University.

Hoy R G, Ridgway K D. 2003. Sedimentology and sequence stratigraphy of fan-delta and river-delta deposystems, Pennsylvanian Minturn Formation, Colorado. AAPG Bulletin, 87(7): 1169-1191.

Hu S B, O'Sullivan P B, Raza A, et al. 2001. Thermal history and tectonic subsidence of the Bohai Basin, northern China: a Cenozoic rifted and local pull-apart basin. Physics of the Earth and Planetary Interiors, 126(3-4): 221-235.

Huang C, Wang H, Wu Y, et al. 2012. Genetic types and sequence stratigraphy models of Palaeogene slope break belts in Qikou Sag, Huanghua Depression, Bohai Bay Basin, eastern China. Sedimentary Geology, 261-262: 65-75.

Hubbard S M, Smith D G, Nielsen H, et al. 2011. Seismic geomorphology and sedimentology of a tidally influenced river deposit, Lower Cretaceous Athabasca oil sands, Alberta, Canada. AAPG Bulletin, 95(7): 1123-1145.

Huling G, Holbrook J. 2016. Clustering of elongate muddy Delta lobes within Fluvio–Lacustrine systems. Jurassic Kayenta Formation, Utah, 106: 142-162.

Hyne N J, Cooper W A. 1979. Stratigraphy of intermontane, lacustrine delta, Catatumbo River, Lake Maracaibo, Venezuela. AAPG Bulletin, 63(11): 2042-2057.

Ingersoll R V, Bullard T F, Ford R L, et al. 1984. The effect of grain size on detrital modes: a test of the Gazzi-Dickinson point-counting method. Journal of Sedimentary Research, 54(1): 103-116.

Ivanić M, Lojen S, Grozić D, et al. 2018. Geochemistry of sedimentary organic matter and trace elements in modern lake sediments from transitional karstic land-sea environment of the Neretva River delta (Kuti Lake, Croatia). Quaternary International, 494: 286-299.

Jackson C A L, Grunhagen H, Howell J A, et al. 2010. 3D seismic imaging of lower delta-plain beach ridges: Lower Brent Group, northern North Sea. Journal of the Geological Society, 167(6): 1225-1236.

Jackson S E, Pearson N J, Griffin W L, et al. 2004. The application of laser ablation-inductively coupled plasma-mass spectrometry to in situ U–Pb zircon geochronology. Chemical Geology, 211(1): 47-69.

Jafarian E, de Jong K, Kleipool L M, et al. 2018. Synthetic seismic model of a Permian biosiliceous carbonate–carbonate depositional system (Spitsbergen, Svalbard Archipelago). Marine and Petroleum Geology, 92: 78-93.

Janson X, Kerans C, Bellian J A, et al. 2007. Three-dimensional geological and synthetic seismic model of Early Permian redeposited basinal carbonate deposits, Victorio Canyon, west Texas. AAPG Bulletin, 91(10): 1405-1436.

Johansen S, Arntsen B, Raknes E, et al. 2023. Seismic forward modelling of the Kvalhovden outcrop, Spitsbergen, Norway. Marine and Petroleum Geology, 147: 106000.

Kasse C. 2014. Fluvial response to rapid high-amplitude lake-level changes during the Late Weichselian and early Holocene, Ain River valley, Jura, France. Boreas, 43(2): 403-421.

Katz B J, Liu X. 1998. Summary of the AAPG research symposium on lacustrine basin exploration in China and Southeast Asia. AAPG Bulletin, 82(7): 1300-1307.

Ke W T, Shaw J B, Mahon R C, et al. 2019. Distributary channel networks as moving boundaries: causes and morphodynamic effects. Journal of Geophysical Research-Earth Surface, 124: 1878-1898.

Keith M L, Weber J N. 1964. Carbon and oxygen isotopic composition of selected limestones and fossils. Geochimica et Cosmochimica Acta, 28(10): 1787-1816.

Kenter J A M, Gartner G L B, Schlager W. 2001. Seismic models of a mixed carbonate-siliciclastic shelf margin: permian upper San Andres Formation, Last Chance Canyon, New Mexico. Geophysics, 66(6): 1744-1748.

Kenter J A M, van Hoeflaken F, Bahamonde J R, et al. 2002. Anatomy and lithofacies of an intact and seismic-scale Carboniferous carbonate platform (Asturias, NW Spain): analogues of hydrocarbon reservoirs in the Pricaspian Basin (Kazakhstan)//Zempolich W G, Cook H E. Paleozoic carbonates of the Commonwealth of Independent States (CIS): Subsurface Reservoirs and Outcrop Analogs. McLean, VA: SEPM Society for Sedimentary Geology.

Keumsuk L, McMechan G A, Gani M R, et al. 2007. 3-D architecture and sequence stratigraphic evolution of a forced regressive top-truncated mixed-influenced delta, Cretaceous Wall Creek sandstone, Wyoming, U. S. A. Journal of Sedimentary Research, 77 (4): 284-302.

Kim W, Dai A, Muto T, et al. 2009. Delta progradation driven by an advancing sediment source: coupled theory and experiment describing the evolution of elongated deltas. Water Resources Research, 45(6): W06402. 1-W06402. 17.

Kroonenberg S B, Rusakov G V, Svitoch A A. 1997. The wandering of the Volga delta: a response to rapid Caspian sea-level change. Sedimentary Geology, 107(3): 189-209.

Kuhlmann J, Asioli A, Trincardi F, et al. 2015. Sedimentary response to Milankovitch-type climatic oscillations and formation of sediment undulations: evidence from a shallow-shelf setting at Gela Basin on the Sicilian continental margin. Quaternary Science Reviews, 108: 76-94.

Laird K R, Cumming B F. 2008. Reconstruction of Holocene lake level from diatoms, chrysophytes and organic matter in a drainage lake from the Experimental Lakes Area (northwestern Ontario, Canada). Quaternary Research, 69(2): 292-305.

Last W M, Smol J P. 2001. Tracking environmental change using lake sediments. Volume 1: Basin analysis, coring, and chronological techniques. Freshwater Biology, 49(5): 678-679.

Lemons D R, Chan M A. 1999. Facies architecture and sequence stratigraphy of fine-grained lacustrine deltas along the eastern margin of late Pleistocene Lake Bonneville, northern Utah and southern Idaho. AAPG Bulletin, 83(4): 635-665.

Lenters J D. 2001. Long-term trends in the seasonal cycle of great lakes water levels. Journal of Great Lakes Research, 27(3): 342-353.

Li J P, Liu H, Niu C M, et al. 2014. Evolution regularity of the Neogene shallow water delta in the Laibei area, Bohai Bay Basin, northern China. Journal of Palaeogeography, 3(3): 257-269.

Li Z, Wei Z, Dong S, et al. 2018. The paleoenvironmental significance of spatial distributions of grain size in groundwater-recharged lakes: a case study in the hinterland of the Badain Jaran Desert, northwest China: grain size distribution in groundwater-recharged lake sediment. Earth Surface Processes and Landforms, 43(2): 363-372.

Li Z L, Wei Z Q, Dong S P, et al. 2017. The paleoenvironmental significance of spatial distributions of grain size in groundwater-recharged lakes: a case study in the hinterland of the Badain Jaran Desert, northwest China. Earth Surface Processes and Landforms, 43(2): 363-372.

Lin C, Zheng H, Ren J. 2004. The control of syndepositional faulting on the Eogene sedimentary basin fills of the Dongying and Zhanhua sags, Bohai Bay Basin. Science in China Series D, 47(9): 769.

Liu H, Wang Y M. 2012. Restoration of thickness of eroded strata in key periods of tectonic change in a multi-stage superimposed Tarim Basin in China. Journal of Palaeogeography, 1 (2): 1-24.

Liu H, Wang Y M, Xin R, et al. 2006. Study on the slope break belts in the Jurassic down-warped lacustrine basin in western-margin area, Junggar Basin, northwestern China. Marine and Petroleum Geology, 23(9): 913-930.

Liu H, Xia Q L, Somerville Ian D, et al. 2015. Paleogene of the Huanghekou Sag in the Bohai Bay Basin, NE China: deposition–erosion response to a slope break system of rift lacustrine basins. Geological Journal, 50: 71-92.

Liu H, Somerville I D, Lin C, et al. 2016a. Distribution of Palaeozoic tectonic superimposed unconformities in the Tarim Basin, NW China: significance for the evolution of palaeogeomorphology and sedimentary response. Geological Journal, 51(4): 627-651.

Liu H, Zhao C, Ju Y, et al. 2016b. Evolution of lacustrine basin in relation to variation in palaeowater depth and delta development: neogene Bohai Bay Basin, Huanghekou area, northern China. Arabian Journal of Geosciences, 9(16): 672.

Liu H, Meng J, Banerjee S. 2017. Estimation of palaeo-slope and sediment volume of a lacustrine rift basin: a semi-quantitative study on the southern steep slope of the Shijiutuo Uplift, Bohai Offshore Basin, China. Journal of Asian Earth Sciences, 147: 148-163.

Liu H, Xia Q L, Zhou X H. 2018. Geologic-seismic models, prediction of shallow-water lacustrine delta sandbody and hydrocarbon potential in the Late Miocene, Huanghekou Sag, Bohai Bay Basin, northern China. Journal of Palaeogeography-English, 7(1): 66-87.

Liu H, Meng J, Zhang Y Z, et al. 2019. Pliocene seismic stratigraphy and deep-water sedimentation in the Qiongdongnan Basin, South China Sea: source-to-sink systems and hydrocarbon accumulation significance. Geological Journal, 54(1): 392-408.

Liu H, van Loon A J, Xu J, et al. 2020. Relationships between tectonic activity and sedimentary source-to-sink system parameters in a lacustrine rift basin: a quantitative case study of the Huanghekou Depression (Bohai Bay Basin, E China). Basin Research, 32: 587-612.

Ma Y, Fan M, Lu Y, et al. 2016. Climate-driven paleolimnological change controls lacustrine mudstone depositional process and organic matter accumulation: constraints from lithofacies and geochemical studies in the Zhanhua Depression, eastern China. International Journal of Coal Geology, 167(100): 103-118.

Machlus M L, Olsen P E, Christie-Blick N, et al. 2008. Spectral analysis of the lower Eocene Wilkins Peak Member, Green River Formation, Wyoming: support for Milankovitch cyclicity. Earth and Planetary Science Letters, 268(1): 64-75.

Mangili C, Brauer A, Plessen B, et al. 2010. Effects of detrital carbonate on stable oxygen and carbon isotope data from varved sediments of the interglacial Piànico palaeolake (Southern Alps, Italy): detrital carbonate bias on stable isotopes from bulk carbonates. Journal of Quaternary Science, 25(2): 135-145.

Maslov L A. 2014. Self-organization of the Earth's climate system versus Milankovitch-Berger astronomical cycles. Journal of Advances in Modeling Earth Systems, 6(3): 650-657.

Mcglue M M, Scholz C A, Karp T, et al. 2006. Facies architecture of flexural margin lowstand delta deposits in Lake Edward, East African Rift: constraints from seismic reflection imaging. Journal of Sedimentary Research, 76(5): 942-958.

McLennan S M, Taylor S R. 1982. Geochemical constraints on the growth of the continental crust. The Journal of Geology, 90(4): 347-361.

McLennan S M, Hemming S, McDaniel D K, et al. 1993. Geochemical approaches to sedimentation, provenance, and tectonics. Geological Society of America Special Papers. Geological Society of America, 284: 21-40.

Meng Y M, Hu R Z, Huang X W. et al. 2018. The relationship between stratabound Pb-Zn-Ag and porphyry-skarn Mo mineralization in the Laochang deposit, southwestern China: constraints from pyrite Re-Os isotope, sulfur isotope, and trace element data. Journal of Geochemical Exploration, 194: 218-238.

Miller D J, Eriksson K A. 2000. Sequence stratigraphy of Upper Mississippian strata in the Central Appalachians: a record of Glacioeustasy and Tectonoeustasy in a foreland Basin setting. AAPG Bulletin, 84(2): 210-233.

Mirosław-Grabowska J, Zawisza E. 2014. Late Glacial-early Holocene environmental changes in Charzykowskie Lake (northern Poland) based on oxygen and carbon isotopes and cladocera data. Quaternary International, 328-329(1): 156-166.

Mitchum R M J. 1977. Seismic stratigraphy and global changes in sea level: Part 6. Stratigraphic interpretation of seismic reflection patterns in depositional sequence. Payton C E. Seismic stratigraphy—Applications to hydrocarbon exploration. Alexandria, VA: American Association of Petroleum Geologists.

Montero-Serrano J C, Föllmi K B, Adatte T, et al. 2015. Continental weathering and redox conditions during the early Toarcian oceanic anoxic event in the northwestern Tethys: insight from the Posidonia shale section in the Swiss Jura Mountains. Palaeogeography, Palaeoclimatology, Palaeoecology, 429: 83-99.

Morton A C, Hallsworth C. 1994. Identifying provenance-specific features of detrital heavy mineral assemblages in sandstones. Sedimentary Geology, 90(3): 241-256.

Muller S D, Richard P J H, Guiot J, et al. 2003. Postglacial climate in the St. Lawrence lowlands, southern Québec: pollen and lake-level evidence. Palaeogeography, Palaeoclimatology, Palaeoecology, 193(1): 51-72.

Nemec W. 1990. Deltas—Remarks on terminology and classification. Coarse-Grained Deltas, 10: 3-12.

Nesbitt H W, Young G M. 1982. Early Proterozoic climates and plate motions inferred from major element chemistry of lutites. Nature, 299(5885): 715-717.

Nichols G J. 2005. Sedimentary evolution of the Lower Clair Group, Devonian, West of Shetland: climate and sediment supply controls on fluvial, aeolian and lacustrine deposition. Geological Society, London, Petroleum Geology Conference Series, 6(1): 957-967.

Nichols G J, Fisher J A. 2007. Processes, facies and architecture of fluvial distributary system deposits. Sedimentary Geology, 195(1): 75-90.

North C P, Davidson S K. 2012. Unconfined alluvial flow processes: recognition and interpretation of their deposits, and the significance for palaeogeographic reconstruction. Earth-Science Reviews, 111(1): 199-223.

Olariu C, Bhattacharya J P. 2006. Terminal distributary channels and delta front architecture of river-dominated delta systems. Journal of Sedimentary Research, 76(2): 212-233.

Olariu C, Bhattacharya J P, Leybourne M I, et al. 2012. Interplay between river discharge and topography of the basin floor in a hyperpycnal lacustrine delta. Sedimentology, 59(2): 704-728.

Overeem I, Kroonenberg S B, Veldkamp A, et al. 2003. Small-scale stratigraphy in a large ramp delta: recent and Holocene sedimentation in the Volga delta, Caspian Sea. Sedimentary Geology, 159(3): 133-157.

Pardoe H S. 2021. Identifying floristic diversity from the pollen record in open environments: considerations and limitations. Palaeogeography, Palaeoclimatology, Palaeoecology, 578: 110560.

Parisopoulos G A, Malakou M, Giamouri M. 2009. Evaluation of lake level control using objective indicators: the case of micro prespa. Journal of Hydrology, 367(1): 86-92.

Paumard V, Lang S, Posamentier H W, et al. 2020. On the value of seismic stratigraphy and seismic geomorphology—Comments on "development patterns of an isolated oligo-mesophotic carbonate buildup, early Miocene, Yadana field, offshore Myanmar" by Teillet et al. Marine and Petroleum Geology, 122: 104689.

Peck J, Green R, Shanahan T, et al. 2004. A magnetic mineral record of Late Quaternary tropical climate variability from Lake Bosumtwi, Ghana. Palaeogeography, Palaeoclimatology, Palaeoecology, 215(1): 37-57.

Peng Y, Xiao J, Nakamura T, et al. 2005. Holocene East Asian monsoonal precipitation pattern revealed by grain-size distribution of core sediments of Daihai Lake in Inner Mongolia of north-central China. Earth and Planetary Science Letters, 233(3): 467-479.

Pezzetta J M. 1973. The Saint Clair River Delta: sedimentary characteristics and depositional environments. Journal of Sedimentary Research, 43(1): 168-187.

Pinous O V, Karogodin Y N, Ershov S V, et al. 1999. Sequence stratigraphy, facies, and sea level change of the Hauterivian productive complex, Priobskoe Oil Field (West Siberia). AAPG Bulletin, 83(6): 972-999.

Pla-Pueyo S, Viseras C, Candy I, et al. 2015. Climatic control on palaeohydrology and cyclical sediment distribution in the Plio-Quaternary deposits of the Guadix Basin (Betic Cordillera, Spain). Quaternary International, 389: 56-69.

Plink-Björklund P. 2020. Shallow-water deltaic clinoforms and process regime. Basin Research, 32(2): 251-262.

Plint A G. 2000. Sequence stratigraphy and paleogeography of a Cenomanian deltaic complex: the Dunvegan and lower Kaskapau formations in subsurface and outcrop, Alberta and British Columbia, Canada. Bulletin of Canadian Petroleum Geology, 48(1): 43-79.

Polderman N J, Pryor S C. 2004. Linking synoptic-scale climate phenomena to lake-level variability in the Lake Michigan-Huron Basin. Journal of Great Lakes Research, 30(3): 419-434.

Posamentier H W, Vail P R. 1988. Eustatic controls on clastic deposition II—sequence and systems tract models//Wilgus C K, Hastings B S, Kendall C G, et al. Sea Level Changes—An Integrated Approach: 42. Denver: Society of Economic Paleontologists and Mineralogists (SEPM).

Posamentier H W, Allen G. 1999. Siliciclastic sequence stratigraphy, concepts and applications: 7. SEPM, Concepts in Sedimentology and Paleontology. Tulsa City: Society of Sedimentary Geology.

Posamentier H W, Morris W R. 2000. Aspects of the stratal architecture of forced regressive deposits//Hunt D, Gawthorpe R L. Sedimentary Responses to Forced Regressions. London: Geological Society of London.

Posamentier H W, Kolla V. 2003. Seismic geomorphology and stratigraphy of depositional elements in deep-water settings. Journal of Sedimentary Research, 73: 367-388.

Posamentier H W, Paumard V, Lang S C. 2022. Principles of seismic stratigraphy and seismic geomorphology I: extracting geologic insights from seismic data. Earth-Science Reviews, 228: 103963.

Postma G. 1990. An analysis of the variation in delta architecture. Terra Nova, 2(2): 124-130.

Postma G. 1995. Sea-level-related architectural trends in coarse-grained delta complexes. Sedimentary Geology, 98(1): 3-12.

Pribyl P, Shuman B N. 2014. A computational approach to Quaternary lake-level reconstruction applied in the central Rocky Mountains, Wyoming, USA. Quaternary Research, 82(1): 249-259.

Rades E F, Tsukamoto S, Frechen M, et al. 2015. A lake-level chronology based on feldspar luminescence dating of beach ridges at Tangra Yum Co (Southern Tibet). Quaternary Research, 83(3): 469-478.

Raeuchle S K, Hamilton D S, Uzcategui M. 1997. Integrating 3-D seismic imaging and seismic attribute analysis with genetic stratigraphy: implications for infield reserve growth and field extension, Budare Field, Venezuela. Geophysics, 62(5): 1510-1523.

Ramdani A, Khanna P, Gairola G S, et al. 2022. Assessing and processing three-dimensional photogrammetry, sedimentology, and geophysical data to build high-fidelity reservoir models based on carbonate outcrop analogues. AAPG Bulletin, 106(10): 1975-2011.

Ran F, Nie X, Li Z, et al. 2021. Chronological records of sediment organic carbon at an entrance of Dongting

Lake: response to historical meteorological events. Science of the Total Environment, 794: 148801.

Rankey E C. 2017. Seismic architecture and seismic geomorphology of heterozoan carbonates: eocene-oligocene, browse Basin, Northwest Shelf, Australia. Marine and Petroleum Geology, 82: 424-443.

Ravnas R, Steel R J. 1998. Architecture of marine rift-basin successions. AAPG Bulletin, 82: 110-146.

Reynolds A D. 2022. Variability in fluvially-dominated, fine-grained, shallow-water deltas. Sedimentology, 69(7): 2779.

Rijks E J K, Jauffred J C E M. 1991. Attribute extraction: an important application in any detailed 3-D interpretation study. Geophysics: The Leading Edge of Exploration, 10(9): 11-19.

Ritchie B D, Gawthorpe R L, Hardy S. 2004. Three-dimensional numerical modeling of deltaic depositional sequences 2: influence of local controls. Journal of Sedimentary Research, 74(2): 221-238.

Roberts H H. 1980. Sedimentary structures associated with Mississippi River delta-front deposits. AAPG Bulletin, 64 (9): 1567.

Roberts H H. 1998. Delta switching: early responses to the Atchafalaya River diversion. Journal of Coastal Research, 14: 882-899.

Roberts H H, Sydow J. 2003. Late Quaternary stratigraphy and sedimentology of the offshore Mahakam delta, east Kalimantan (Indonesia)//Sidi F H, Nummedal D, Imbert P. Tropical Deltas of Southeast Asia—Sedimentology, Stratigraphy, and Petroleum Geology. McLean, VA: SEPM Society for Sedimentary Geology.

Roberts H H, Coleman J M, Bentley S J, et al. 2003. An embryonic major delta lobe: a new generation of delta studies in the Atchafalaya-Wax Lake delta system. Gulf Coast Association of Geological Societies Transactions, 53: 690-703.

Roser B P, Korsch R J. 1988. Provenance signatures of sandstone-mudstone suites determined using discriminant function analysis of major-element data. Chemical Geology, 67(1): 119-139.

Rubey W W, Hubbert M K. 1959. Role of fluid pressure in mechanics of overthrust faulting. Geological Society of America Bulletin, 70(2): 167.

Salonen J S, Seppä H, Luoto M, et al. 2012. A North European pollen–climate calibration set: analysing the climatic responses of a biological proxy using novel regression tree methods. Quaternary Science Reviews, 45: 95-110.

Sawyer E W. 1986. The influence of source rock type, chemical weathering and sorting on the geochemistry of clastic sediments from the Quetico Metasedimentary Belt, Superior Province, Canada. Chemical Geology, 55(1): 77-95.

Schramm M W J, Dedman E V, Lindsey J P. 1977. Practical stratigraphic modeling and interpretation//Payton C E. Seismic Stratigraphy. Alexandria, VA: American Association of Petroleum Geologists.

Schwab A M, Pince J M. 1996. Oligocene–Miocene shallow carbonates in offshore Tunisia: a composite case study for a seismic forward model. Bulletin de la Société Géologique de France, 5: 234-246.

Schwab A M, Cronin B T, Ferreira H. 2007. Seismic expression of channel outcrops: offset stacked versus amalgamated channel systems. Marine and Petroleum Geology, 24: 504-514.

Scotchman J I, Pickering K T, Sutcliffe C, et al. 2015. Milankovitch cyclicity within the middle Eocene deep-marine Guaso System, Ainsa Basin, Spanish Pyrenees. Earth-Science Reviews, 144: 107-121.

Shanahan T M, Overpeck J T, Sharp W E. et al. 2007. Simulating the response of a closed-basin lake to recent climate changes in tropical West Africa (Lake Bosumtwi, Ghana). Hydrol Process, 21(13): 1678-1691.

Shanahan T M, McKay N, Overpeck J T, et al. 2013. Spatial and temporal variability in sedimentological and geochemical properties of sediments from an anoxic crater lake in West Africa: implications for paleoenvironmental reconstructions. Palaeogeography, Palaeoclimatology, Palaeoecology, 374: 96-109.

Shaw J B, Mohrig D. 2014. The importance of erosion in distributary channel network growth, Wax Lake Delta, Louisiana, USA. Geology, 42: 31-34.

Shuster M W, Aigner T. 1994. Two-dimensional synthetic seismic and log cross sections from stratigraphic forward models. AAPG Bulletin, 78: 409-431.

Stafleu J, Schlager W. 1993. Pseudo-toplap in seismic models of the Schlern-Raibl contact (Sella Platform, northern Italy). Basin Research, 5: 55-65.

Stafleu J, Schlager W. 1995. Pseudo-unconformities in seismic models of large outcrops. Geologische Rundschau, 84: 761-769.

Su M, Yao J, Chen Q, et al. 2020. Application of seismic sedimentology in lithostratigraphic trap exploration: a case study from Banqiao Sag, Bohai Bay Basin, China. Interpretation, 8: T501-T514.

Sun G T, Zeng Q D, Li T Y, et al. 2019a. Ore genesis of the Baiyun gold deposit in Liaoning province, NE China: constraints from fluid inclusions and zircon U-Pb ages. Arabian Journal of Geosciences, 12 (9): 299.

Sun Z H, Zhu H T, Xu C G, et al. 2020. Reconstructing provenance interaction of multiple sediment sources in continental down-warped lacustrine basins: an example from the Bodong area, Bohai Bay Basin, China. Marine and Petroleum Geology, 113(2020): 104142.

Sun Z Y, Palke A C, Breeding C M, et al. 2019b. A new method for determining gem tourmaline species by LA-ICP-MS. GEMS and Gemology, 55(1): 2-17.

Syvitski J P M, Milliman J D. 2007. Geology, geography, and humans battle for dominance over the delivery of fluvial sediment to the coastal ocean. Journal of Geology, 115: 1-19.

Syvitski J P M, Kettner A J, Correggiari A, et al. 2005. Distributary channels and their impact on sediment dispersal. Marine Geology, 222-223(1): 75-94.

Taft L, Mischke S, Wiechert U, et al. 2014. Sclerochronological oxygen and carbon isotope ratios in Radix (Gastropoda) shells indicate changes of glacial meltwater flux and temperature since 4, 200 cal yr BP at Lake Karakul, eastern Pamirs (Tajikistan). Journal of Paleolimnology, 52(1): 27-41.

Talbot M R, Johannessen T. 1992. A high resolution palaeoclimatic record for the last 27, 500 years in tropical West Africa from the carbon and nitrogen isotopic composition of lacustrine organic matter. Earth and Planetary Science Letters, 110(1): 23-37.

Tan M X, Zhu X M, Liu Q H, et al. 2020. Multiple fluvial styles in Late Miocene post-rift successions of the offshore Bohai Bay Basin (China): evidence from a seismic geomorphological study. Marine and Petroleum Geology, 113: 104173.

Tian L X, Liu H, Niu C M, et al. 2019. Development characteristics and controlling factor analysis of the Neogene Minghuazhen Formation shallow water delta in Huanghekou area, Bohai offshore basin. Journal of Palaeogeography-English, 8(3): 251-269.

Tomanka G D. 2013. Morphology, Mechanisms, and Processes for the formation of a non-bifurcating fluvial-deltaic channel prograding into Grapevine Reservoir, Texas. Arlington: The University of Texas at Arlington.

Tomassi A, Trippetta F, de Franco R, et al. 2022. From petrophysical properties to forward-seismic modeling of facies heterogeneity in the carbonate realm (Majella Massif, central Italy). Journal of Petroleum Science and Engineering, 211: 110242.

Tye R S, Coleman J M. 1989. Depositional processes and stratigraphy of fluvially dominated lacustrine deltas: Mississippi delta plain. Journal of Sedimentary Research, 59(6): 973-996.

Vail P R, Mitchum R M, Thompson S. 1977. Seismic stratigraphy and global changes of sea level, Part 4: global cycles of relative changes of sea level//Payton C E. Seismic stratigraphy- Applications to hydrocarbon exploration: AAPG Memoir, 26: 83-97.

Vail P R, Audemard F, Bowman S A, et al. 1991. The stratigraphic signatures of tectonics, eustasy and sedimentology: an overview. Cycles and events in stratigraphy. Berlin: Springer-Verlag.

van Daele M, Van Welden A, Moernaut J, et al. 2011. Reconstruction of Late-Quaternary sea- and lake-level changes in a tectonically active marginal basin using seismic stratigraphy: the Gulf of Cariaco, NE Venezuela. Marine Geology, 279: 37-51.

van Heerden I L. 1983. Deltaic sedimentation in eastern Atchafalaya Bay, Louisiana. Baton Rouge: Louisiana State University and Agricultural and Mechanical College.

van Heerden I L, Roberts H H. 1988. Facies development of Atchafalaya Delta, Louisiana: a modern bayhead delta. AAPG Bulletin, 72(4): 439-453.

van Heerden I L, Roberts H H, Penland S, et al. 1991. Subaerial Delta Development, Eastern Atchafalaya Bay, Louisiana//Shanley K W, Perkins B F. Coastal Depositional Systems in the Gulf of Mexico: Quaternary Framework and Environmental Issues. Houston: SEPM Society for Sedimentary Geology.

van Wagoner J, Posamentier H, Mitchum R, et al. 1988. An overview of sequence stratigraphy and key definitions. Sea Level Changes: An Integrated Approach, 42: 39-45.

van Wagoner J, Mitchum R M, Campion K M, et al. 1990. Siliciclastic sequence stratigraphy in well logs, cores, and outcrops: concepts for high-resolution correlation of time and facies. Alexandria, VA: American Association of Petroleum Geologists.

Vanderaveroet P. 2000. Miocene to Pleistocene clay mineral sedimentation on the New Jersey shelf. Oceanologica Acta, 23 (1): 25-36.

Velpuri N M, Senay G B, Asante K O. 2012. A multi-source satellite data approach for modelling Lake Turkana water level: calibration and validation using satellite altimetry data. Hydrology and Earth System Sciences, 16(1): 1-18.

Vermeesch P. 2004. How many grains are needed for a provenance study? Earth and Planetary Science Letters, 224(3): 441-451.

Wale A, Rientjes T, Dost R, et al. 2008. Hydrological Balance of Lake Tana Upper Blue Nile Basin, Ethiopia//Melesse A M. Nile River Basin: Hydrology, Climate and Water Use. Berlin: Springer Dordrecht.

Waltham D. 2015. Milankovitch period uncertainties and their impact on cyclostratigraphy. Journal of

Sedimentary Research, 85(8): 990-998.

Wang Y M, Liu H, Xin R C, et al. 2004. Lacustrine basin slope break — a new domain of strata and lithological trap exploration. Petroleum Science, 1(2): 55-61.

Weimer P. 1990. Sequence stratigraphy, facies geometries, and depositional history of the Mississippi Fan, Gulf of Mexico. AAPG Bulletin, 74(4): 425-453.

Welder F A. 1955. Deltaic Processes in Cubits Gap Area Plaquemines Parish, Louisiana. Baton Rouge: Louisiana State University and Agricultural and Mechanical College.

Wellner R, Beaubouef R, van Wagoner J, et al. 2005. Jet-plume depositional bodies—the primary building blocks of Wax Lake Delta. New Orleans, Louisiana: GCAGS 55th Annual Convention.

Williams G D. 1993. Tectonics and seismic sequence stratigraphy: an introduction. Geological Society Special Publication, 71: 1-13.

Winkler A, Wolf-Welling T C W, Stattegger K. 2002. Clay mineral sedimentation in high northern latitude deep-sea basins since the Middle Miocene (ODP Leg151, NAAG). International Journal of Earth Sciences, 91(1): 133-148.

Winsemann J, Lang J, Fedele J J, et al. 2021. Re-examining models of shallow-water deltas: insights from tank experiments and field examples. Sedimentary Geology, 421: 105962.

Wood W L, Stockberger M T, Madalon L J. 1994. Modeling beach and nearshore profile response to lake level change. Journal of Great Lakes Research, 20(1): 206-214.

Woszczyk M, Grassineau N, Tylmann W, et al. 2014. Stable C and N isotope record of short term changes in water level in lakes of different morphometry: Lake Anastazewo and Lake Skulskie, central Poland. Organic Geochemistry, 76(1): 278-287.

Wright L D, Coleman J M. 1974. Mississippi River mouth processes: effluent dynamics and morphologic development. The Journal of Geology, 82(6): 751-778.

Wu H C, Zhang S H, Sui S W, et al. 2007. Recognition of Milankovitch cycles in the natural gamma-ray logging of Upper Cretaceous terrestrial strata in the Songliao Basin. Acta Geologica Sinica-English Edition, 81(6): 996-1001.

Wu Y F, Li J W, Evans K, et al. 2019. Source and possible tectonic driver for Jurassic-Cretaceous gold deposits in the West Qinling Orogen, China. Geoscience Frontiers, 10 (1): 107-117.

Wuebbles D J, Hayhoe K, Parzen J. 2010. Introduction: assessing the effects of climate change on Chicago and the Great Lakes. Journal of Great Lakes Research, 36(Suppl 2): 1-6.

Wünnemann B, Yan D, Ci R. 2015. Morphodynamics and lake level variations at Paiku Co, southern Tibetan Plateau, China. Geomorphology, 100(426): 489-501.

Xu Z, Wu S, Liu Z, et al. 2019. Sandbody architecture of the bar finger within shoal water delta front: insights from the lower member of Minghuazhen Formation, Neogene, Bohai BZ25 oilfield, Bohai Bay Basin, East China. Petroleum Exploration and Development, 46(2): 335-346.

Yang D M, Huang Y J, Wang C S. 2022. SediRate-Fischer plots as a tool to illustrate relative sea-level and lake-level changes in subaqueous terrigenous deposits. Sedimentology, 69(5): 2080-2098.

Yihdego Y, Webb J A, Leahy P. 2015. Modelling of lake level under climate change conditions: Lake

Purrumbete in southeastern Australia. Environmental Earth Sciences, 73: 3855-3872.

Zachos J, Pagani M, Sloan L, et al. 2001. Trends, rhythms, and aberrations in global climate 65 Ma to present. Science, 292(5517): 686-693.

Zeng H, Hentz T F. 2004. High-frequency sequence stratigraphy from seismic sedimentology: applied to Miocene, Vermilion Block 50, Tiger Shoal area, offshore Louisiana. AAPG Bulletin, 88(2): 153-174.

Zeng H, Backus M M, Barrow K T, et al. 1996. Facies mapping from three-dimensional seismic data: potential and guidelines from a Tertiary Sandstone-Shale Sequence Model, Powderhorn Field, Calhoun County, Texas. AAPG Bulletin, 80: 16-46.

Zeng H, Xu L, Wang G, et al. 2016. Prediction of ultrathin lacustrine sandstones by joint investigation of tectonic geomorphology and sedimentary geomorphology using seismic data. Marine and Petroleum Geology, 78: 759-765.

Zeng H L, Loucks R G, Brown L F. 2007. Mapping sediment-dispersal patterns and associated systems tracts in fourth- and fifth-order sequences using seismic sedimentology: example from Corpus Christi Bay, Texas. AAPG Bulletin, 91(7): 981-1003.

Zhang L, Bao Z D, Dou L X, et al. 2018. Sedimentary characteristics and pattern of distributary channels in shallow water deltaic red bed succession: a case from the Late Cretaceous Yaojia formation, southern Songliao Basin, NE China. Journal of Petroleum Science and Engineering, 171: 1171-1190.

Zhang S H, Zhao Y, Davis G A, et al. 2014. Temporal and spatial variations of Mesozoic magmatism and deformation in the North China Craton: implications for lithospheric thinning and decratonization. Earth-Science Reviews, 131(1): 49-87.

Zhang T, Hu S, Bu Q, et al. 2021. Effects of lacustrine depositional sequences on organic matter enrichment in the Chang 7 Shale, Ordos Basin, China. Marine and Petroleum Geology, 124: 104778.

Zhao W Z, Zou C N, Chi Y L, et al. 2011. Sequence stratigraphy, seismic sedimentology, and lithostratigraphic plays: Upper Cretaceous, Sifangtuozi area, southwest Songliao Basin, China. AAPG Bulletin, 95(2): 241-265.

Zhu L, Zhen X, Wang J, et al. 2009. A∼30,000-year record of environmental changes inferred from Lake Chen Co, Southern Tibet. Journal of Paleolimnology, 42(3): 343-358.

Zhu X M, Zeng H L, Li S L, et al. 2017. Sedimentary characteristics and seismic geomorphologic responses of a shallow-water delta in the Qingshankou Formation from the Songliao Basin, China. Marine and Petroleum Geology, 100(79): 131-148.

Zhu X M, Pan R, Li S L, et al. 2018. Seismic sedimentology of sand-gravel bodies on the steep slope of rift basins—A case study of the Shahejie Formation, Dongying Sag, Eastern China. Interpretation, 6(2): SD13-SD27.

Zou C N, Zhang X Y, Luo P, et al. 2010. Shallow-lacustrine sand-rich deltaic depositional cycles and sequence stratigraphy of the Upper Triassic Yanchang Formation, Ordos Basin, China. Basin Research, 22(1): 108-125.